Student Solutions Manual
for Gustafson and Frisk's
Beginning and Intermediate Algebra
AN INTEGRATED APPROACH

Diane Koenig
Michael G. Welden

Rock Valley College

Brooks/Cole Publishing Company

 An International Thomson Publishing Company

Pacific Grove • Albany • Bonn • Boston • Cincinnati • Detroit • London
Madrid • Melbourne • Mexico City • New York • Paris • San Francisco
Singapore • Tokyo • Toronto • Washington

*In memory of
the loving parents, Darryl and Joan Vaupel,
and dear grandmother, Bernice Gocken Fruin,
of Diane Koenig*

A ROBERT W. PIRTLE BOOK

Sponsoring Editor: Elizabeth Barelli Rammel
Editorial Assistant: Linda Row
Production Coordinator: Dorothy Bell
Cover Design: E. Kelly Shoemaker
Cover Illustration: Laura Militzer Bryant
Printing and Binding: Malloy Lithographing, Inc.

COPYRIGHT © 1996 by Brooks/Cole Publishing Company
A division of International Thomson Publishing Inc.
I(T)P® The ITP logo is a registered trademark under license.

For more information, contact:

BROOKS/COLE PUBLISHING COMPANY
511 Forest Lodge Rd.
Pacific Grove, CA 93950
USA

International Thomson Publishing Europe
Berkshire House 168-173
High Holborn
London WC1V 7AA
England

Thomas Nelson Australia
102 Dodds Street
South Melbourne, 3205
Victoria, Australia

Nelson Canada
1120 Birchmount Road
Scarborough, Ontario
Canada M1K 5G4

International Thomson Editores
Campos Eliseos 385, Piso 7
Col. Polanco
11560 México D. F. México

International Thomson Publishing GmbH
Königswinterer Strasse 418
53227 Bonn
Germany

International Thomson Publishing Asia
221 Henderson Road
#05-10 Henderson Building
Singapore 0315

International Thomson Publishing Japan
Hirakawacho Kyowa Building, 3F
2-2-1 Hirakawacho
Chiyoda-ku, Tokyo 102
Japan

All rights reserved. No part of this work may be reproduced, stored in a retrieval system, or transcribed, in any form or by any means—electronic, mechanical, photocopying, recording, or otherwise—without the prior written permission of the publisher, Brooks/Cole Publishing Company, Pacific Grove, California 93950.

Printed in the United States of America

10 9 8 7 6 5 4 3 2

ISBN 0-534-34071-7

PREFACE

Contained in this manual are detailed solutions for every odd-numbered exercise contained in the text BEGINNING AND INTERMEDIATE ALGEBRA: AN INTEGRATED APPROACH, by R. David Gustafson and Peter D. Frisk. In order to benefit the most from it you hould work the problem on your own first, compare your answer with the manual, then look at the solution in the manual if you need assistance in working the problem. Realize that many exercises can be worked in more than one way but in order to limit the cost of this manual only one solution is provided. If you have the right answer but obtained it using a method different from the manual, your work is probably also correct.

Remember, try to work the problems on your own before turning to the manual. The solution process is more important than the answer, and understanding is more important than memorization. If you understand *how* each exercise is worked, you will be able to do well on the examination.

We hope you find this material helpful.

Diane Koenig

Michael Welden

CONTENTS

CHAPTER 1	REAL NUMBERS AND THEIR BASIC PROPERTIES	1
CHAPTER 2	EQUATIONS AND INEQUALITIES	23
CHAPTER 3	GRAPHING AND SYSTEMS OF EQUATIONS	70
CHAPTER 4	POLYNOMIALS	103
CHAPTER 5	FACTORING POLYNOMIALS	131
CHAPTER 6	RATIONAL EXPRESSIONS	156
CHAPTER 7	MORE EQUATIONS, INEQUALITIES, AND FACTORING	198
CHAPTER 8	SLOPE, EQUATIONS OF LINES, AND FUNCTIONS	234
CHAPTER 9	RATIONAL EXPONENTS AND RADICALS	257
CHAPTER 10	QUADRATIC EQUATIONS	277
CHAPTER 11	MORE FUNCTIONS AND CONIC SECTIONS	307
CHAPTER 12	MORE ON SYSTEMS OF EQUATIONS AND INEQUALITIES	326
CHAPTER 13	EXPONENTIAL AND LOGARITHMIC FUNCTIONS	362
CHAPTER 14	MISCELLANEOUS TOPICS	381

Solutions to Odd-Numbered Exercises

Exercise 1.1 (page 9)

1. The natural numbers in the set are 1, 2, 6, 9.

3. The positive integers in the set are 1, 2, 6, 9.

5. The integers in the set are $-3, -1, 0, 1, 2, 6$, and 9.

7. The real numbers in the set are $-3, -\frac{1}{2}, -1, 0, 1, 2, \frac{5}{3}, \sqrt{7}, 3.25, 6, 9$.

9. The odd integers in the set are $-3, -1, 1$, and 9.

11. The composite numbers in the set are 6 and 9.

13. $4 + 5 = 9$; 9 is a natural number, an odd integer, a composite number, and a whole number.

15. $15 - 15 = 0$; 0 is an even integer and a whole number.

17. $3 \cdot 8 = 24$; 24 is a natural number, an even integer, a composite number and a whole number.

19. $24 \div 8 = 3$; 3 is a natural number, an odd integer, a prime number, and a whole number.

21. $5\ \boxed{?}\ 3+2$
    $5\ \boxed{=}\ 5$

23. $25\ \boxed{?}\ 32$
    $25\ \boxed{<}\ 32$

25. $5+7\ \boxed{?}\ 10$
    $12\ \boxed{>}\ 10$

27. $3+9\ \boxed{?}\ 20-8$
    $12\ \boxed{=}\ 12$

29. $4 \cdot 2\ \boxed{?}\ 2 \cdot 4$
    $8\ \boxed{=}\ 8$

31. $8 \div 2\ \boxed{?}\ 4+2$
    $4\ \boxed{<}\ 6$

33. $3+2+5\ \boxed{?}\ 5+2+3$
    $10\ \boxed{=}\ 10$

35. $7 > 3$

37. $8 \leq 8$

39. $3 + 4 = 7$

41. $7 \geq 3$

43. $0 < 6$

45. $8 < 3 + 8$

47. $10 - 4 > 6 - 2$

49. $3 \cdot 4 > 2 \cdot 3$

51. $\frac{24}{6} > \frac{12}{4}$

53. 6 is greater than 3, and 6 lies to the right of 3.

55. 11 is greater than 6, and 11 lies to the right of 6.

57. 2 is greater than 0, and 2 lies to the right of 0.

59. 8 is greater than 0, and 8 lies to the right of 0.

61.

63.

65.

67.

69.

71.

73. $|36| = 36$

75. $|0| = 0$

77. $|-230| = -(-230) = 230$

79. $|20 - 12| = |8| = 8$

Review Exercises (page 12)

1. true
3. false
5. true
7. true

Exercise 1.2 (page 25)

1. $\frac{6}{12} = \frac{1 \cdot \cancel{6}}{2 \cdot \cancel{6}} = \frac{1}{2}$

3. $\frac{15}{20} = \frac{3 \cdot \cancel{5}}{4 \cdot \cancel{5}} = \frac{3}{4}$

5. $\frac{24}{18} = \frac{4 \cdot \cancel{6}}{3 \cdot \cancel{6}} = \frac{4}{3}$

7. $\frac{72}{64} = \frac{9 \cdot \cancel{8}}{8 \cdot \cancel{8}} = \frac{9}{8}$

9. $\frac{1}{2} \cdot \frac{3}{5} = \frac{1 \cdot 3}{2 \cdot 5} = \frac{3}{10}$

11. $\frac{4}{3} \cdot \frac{6}{5} = \frac{4 \cdot 6}{3 \cdot 5} = \frac{4 \cdot 2 \cdot \cancel{3}}{\cancel{3} \cdot 5} = \frac{8}{5}$

13. $\frac{5}{12} \cdot \frac{18}{5} = \frac{\cancel{5} \cdot 3 \cdot \cancel{6}}{2 \cdot \cancel{6} \cdot \cancel{5}} = \frac{3}{2}$

15. $\frac{17}{34} \cdot \frac{3}{6} = \frac{\cancel{17} \cdot \cancel{3}}{2 \cdot \cancel{17} \cdot 2 \cdot \cancel{3}} = \frac{1}{4}$

17. $12 \cdot \frac{5}{6} = \frac{12}{1} \cdot \frac{5}{6} = \frac{2 \cdot \cancel{6} \cdot 5}{1 \cdot \cancel{6}} = 10$

19. $\frac{10}{21} \cdot 14 = \frac{10}{21} \cdot \frac{14}{1} = \frac{10 \cdot 2 \cdot \cancel{7}}{3 \cdot \cancel{7} \cdot 1} = \frac{20}{3}$

21. $\frac{3}{5} \div \frac{2}{3} = \frac{3}{5} \cdot \frac{3}{2} = \frac{9}{10}$

23. $\frac{3}{4} \div \frac{6}{5} = \frac{3}{4} \cdot \frac{5}{6} = \frac{\cancel{3} \cdot 5}{4 \cdot \cancel{3} \cdot 2} = \frac{5}{8}$

25. $\frac{2}{13} \div \frac{8}{13} = \frac{2}{13} \cdot \frac{13}{8} = \frac{\cancel{2} \cdot \cancel{13}}{\cancel{13} \cdot \cancel{2} \cdot 4} = \frac{1}{4}$

27. $\frac{21}{35} \div \frac{3}{14} = \frac{21}{35} \cdot \frac{14}{3} = \frac{\cancel{3} \cdot 7 \cdot 14}{5 \cdot 7 \cdot \cancel{3}} = \frac{14}{5}$

29. $6 \div \frac{3}{14} = \frac{6}{1} \cdot \frac{14}{3} = \frac{2 \cdot \cancel{3} \cdot 14}{1 \cdot \cancel{3}} = \frac{28}{1} = 28$

31. $\frac{42}{30} \div 7 = \frac{42}{30} \div \frac{7}{1} = \frac{42}{30} \cdot \frac{1}{7} = \frac{\cancel{6} \cdot \cancel{7}}{5 \cdot \cancel{6} \cdot \cancel{7}} = \frac{1}{5}$

33. $\frac{3}{5} + \frac{3}{5} = \frac{3+3}{5} = \frac{6}{5}$

35. $\frac{4}{13} - \frac{3}{13} = \frac{4-3}{13} = \frac{1}{13}$

37. $\frac{1}{6} + \frac{1}{24} = \frac{1 \cdot \mathbf{4}}{6 \cdot \mathbf{4}} + \frac{1}{24}$
$= \frac{4}{24} + \frac{1}{24}$
$= \frac{4+1}{24}$
$= \frac{5}{24}$

39. $\frac{3}{5} + \frac{2}{3} = \frac{3 \cdot \mathbf{3}}{5 \cdot \mathbf{3}} + \frac{2 \cdot \mathbf{5}}{3 \cdot \mathbf{5}}$
$= \frac{9}{15} + \frac{10}{15}$
$= \frac{9+10}{15}$
$= \frac{19}{15}$

41. $\frac{9}{4} - \frac{5}{6} = \frac{9 \cdot \mathbf{3}}{4 \cdot \mathbf{3}} - \frac{5 \cdot \mathbf{2}}{6 \cdot \mathbf{2}}$
$= \frac{27}{12} - \frac{10}{12}$
$= \frac{27-10}{12}$
$= \frac{17}{12}$

43. $\frac{7}{10} - \frac{1}{14} = \frac{7 \cdot \mathbf{7}}{10 \cdot \mathbf{7}} - \frac{1 \cdot \mathbf{5}}{14 \cdot \mathbf{5}}$
$= \frac{49}{70} - \frac{5}{70}$
$= \frac{49-5}{70}$
$= \frac{44}{70}$
$= \frac{\not{7} \cdot 2 \cdot 11}{\not{7} \cdot 35}$
$= \frac{22}{35}$

45. $\frac{5}{14} - \frac{4}{21} = \frac{5 \cdot \mathbf{3}}{14 \cdot \mathbf{3}} - \frac{4 \cdot \mathbf{2}}{21 \cdot \mathbf{2}}$
$= \frac{15}{42} - \frac{8}{42}$
$= \frac{15-8}{42}$
$= \frac{7}{42}$
$= \frac{1}{6}$

47. $3 - \frac{3}{4} = \frac{3 \cdot \mathbf{4}}{1 \cdot \mathbf{4}} - \frac{3}{4}$
$= \frac{12}{4} - \frac{3}{4}$
$= \frac{12-3}{4}$
$= \frac{9}{4}$

49. $\frac{17}{3} + 4 = \frac{17}{3} + \frac{4 \cdot \mathbf{3}}{1 \cdot \mathbf{3}}$
$= \frac{17}{3} + \frac{12}{3}$
$= \frac{17+12}{3}$
$= \frac{29}{3}$

51. $\frac{3}{15} + \frac{6}{10} = \frac{3 \cdot \mathbf{2}}{15 \cdot \mathbf{2}} + \frac{6 \cdot \mathbf{3}}{10 \cdot \mathbf{3}}$
$= \frac{6}{30} + \frac{18}{30}$
$= \frac{6+18}{30}$
$= \frac{24}{30}$
$= \frac{4}{5}$

53. $4\frac{3}{5} + \frac{3}{5} = \frac{23}{5} + \frac{3}{5}$
$= \frac{23 + 3}{5}$
$= \frac{26}{5}$
$= 5\frac{1}{5}$

55. $3\frac{1}{3} - 1\frac{2}{3} = \frac{10}{3} - \frac{5}{3}$
$= \frac{10 - 5}{3}$
$= \frac{5}{3}$
$= 1\frac{2}{3}$

57. $3\frac{3}{4} - 2\frac{1}{2} = \frac{15}{4} - \frac{5}{2}$
$= \frac{15}{4} - \frac{5 \cdot 2}{2 \cdot 2}$
$= \frac{15 - 10}{4}$
$= \frac{5}{4}$
$= 1\frac{1}{4}$

59. $8\frac{2}{9} - 7\frac{2}{3} = \frac{74}{9} - \frac{23}{3}$
$= \frac{74}{9} - \frac{23 \cdot 3}{3 \cdot 3}$
$= \frac{74}{9} - \frac{69}{9}$
$= \frac{74 - 69}{9}$
$= \frac{5}{9}$

61. $2\frac{3}{7} + 2\frac{3}{7} + 2\frac{3}{7} = 3\left(2\frac{3}{7}\right) = \frac{3}{1}\left(\frac{17}{7}\right) = \frac{51}{7} = 7\frac{2}{7}$; The perimeter of the triangle is $7\frac{2}{7}$ cm.

63. $10 - 6\frac{3}{10} = \frac{100}{10} - \frac{63}{10} = \frac{37}{10} = 3\frac{7}{10}$; Jim has to run $3\frac{7}{10}$ km to reach the finish line.

65. $7\frac{2}{3} + 15\frac{1}{4} + 19\frac{1}{2} + 10\frac{3}{4} = \frac{23}{3} + \frac{61}{4} + \frac{39}{2} + \frac{43}{4} = \frac{92}{12} + \frac{183}{12} + \frac{234}{12} + \frac{129}{12} = \frac{638}{12} = \frac{319}{6} = 53\frac{1}{6}$

The length of the fence needed to enclose the garden is $53\frac{1}{6}$ ft.

67. 22% of 11,431,000 = 0.22 × 11,431,000 = 2,514,820
There are 2,514,820 nonwhite citizens of Illinois.

69. 36% of 750 = 0.36 × 750 = 270; The weight of the water removed is 270 pounds.

71.
```
   23.45
 +135.2
  158.65
```

73.
```
  67.235
 -22.45
  44.785
```

75.
```
    3.4
  ×13.2
     68
    102
     34
   44.88
```

77.
```
           4.55
  0.23)1.0465
       -92
        1265
        -115
         115
        -115
```

79. $323.24 + 27.2543 = 350.4943$
The answer rounded to two decimal places is 350.49.

81. $55.77443 - 0.568245 = 55.206185$
The answer rounded to two decimal places is 55.21.

83. $25.25 \cdot 132.179 = 3337.51975$
The answer rounded to two decimal places is 3337.52.

85. $4.5694323 \div 0.456 = 10.02068487$
The answer rounded to two decimal places is 10.02.

87. $A = 62.17 \cdot 62.17 = 3865.1089$
The answer rounded to two decimal places is 3865.11 ft^2.

89. $15675.2 \div 25.5 = 614.7137255$
Diego purchased 614.7137255 gallons of gasoline. At an average price of \$1.27 per gallon, he spent $614.7137255 \times 1.27 = \$780.6864314$
Rounded to two places \$780.69.

91. $A = l \times w = 253.5 \times 178.5 = 45249.75$ square feet. Because each 55 gallon drum covers 4000 square feet, it will take $45249.75 \div 4000 = 11.312437$ 55 gallon drums to cover the parking lot. Since you can only purchase full drums of sealer, it will cost $12 \times \$97.50 = \$1170.00$.

93. There are $3 \times 7 = 21$ days in three weeks. The cost of storage for the 37 television sets for the 21 days at \$3.25 for each television set per day is $37 \times 21 \times \$3.25 = \$2525.25$.

95. The Holstein cow produces $0.035 \times 7600 = 266$ pounds of butterfat. The Guernsey cow produces $0.05 \times 6500 = 325$ pounds of butterfat. The Guernsey cow produces more butterfat.

97. The first bid is \$9350.00. The second bid is $\$4500 + \$27.50 \times 150 = \$4500.00 + \$4125.00 = \$8625.00$. The second contractor has the lower bid.

99. To compare the cost after 5 years we need to find the number of months in 5 years. There are $5 \times 12 = 60$ months in 5 years.
After 5 years the high-efficiency home heating system costs
$\quad \$4170 + \$57.50 \times 60 = \$4170 + \$3450 = \$7620.$
After 5 years the regular furnace costs
$\quad \$1730 + \$107.75 \times 60 = \$1730 + \$6465 = \$8195.$
The regular furnace is more expensive.

Review Exercises   (page 28)

1. $\quad 3 + 7 \;\boxed{?}\; 10$
$\quad\quad\quad 10 \;\boxed{=}\; 10$

3. $\quad |-2| \;\boxed{?}\; 2$
$\quad\quad\quad 2 \;\boxed{=}\; 2$

Exercise 1.3 (page 35)

1. $4^2 = 16$
3. $6^2 = 36$
5. $\left(\frac{1}{10}\right)^4 = \frac{1}{10000}$
7. $x^2 = x \cdot x$
9. $3z^4 = 3 \cdot z \cdot z \cdot z \cdot z$
11. $(5t)^2 = 5t \cdot 5t$
13. $5(2x)^3 = 5 \cdot 2x \cdot 2x \cdot 2x$
15. $4x^2 = 4(\mathbf{3})^2 = 4(9) = 36$
17. $(5y)^3 = (5 \cdot 2)^3 = (10)^3 = 1000$
19. $2x^y = 2(3)^2 = 2(9) = 18$
21. $(3y)^x = (3 \cdot 2)^3 = (6)^3 = 216$
23. $3 \cdot 5 - 4 = 15 - 4 = 11$
25. $3(5-4) = 3(1) = 3$
27. $3 + 5^2 = 3 + 25 = 28$
29. $(3+5)^2 = 8^2 = 64$
31. $2 + 3 \cdot 5 - 4 = 2 + 15 - 4 = 13$
33. $64 \div (3+1) = 64 \div 4 = 16$
35. $(7+9) \div (2 \cdot 4) = 16 \div 8 = 2$
37. $(5+7) \div 3 \cdot 4 = 12 \div 3 \cdot 4 = 4 \cdot 4 = 16$
39. $24 \div 4 \cdot 3 + 3 = 6 \cdot 3 + 3 = 18 + 3 = 21$
41. $49 \div 7 \cdot 7 + 7 = 7 \cdot 7 + 7 = 49 + 7 = 56$
43. $100 \div 10 \cdot 10 \div 100 = 10 \cdot 10 \div 100 = 100 \div 100 = 1$
45. $(100 \div 10) \cdot (10 \div 100) = 10 \cdot \frac{1}{10} = \frac{10}{1} \cdot \frac{1}{10} = 1$
47. $3^2 + 2(1+4) - 2 = 3^2 + 2(5) - 2 = 9 + 2(5) - 2 = 9 + 10 - 2 = 17$
49. $5^2 - (7-3)^2 = 5^2 - (4)^2 = 25 - 16 = 9$
51. $(2 \cdot 3 - 4)^3 = (6 - 4)^3 = (2)^3 = 8$
53. $\frac{3}{5} \cdot \frac{10}{3} + \frac{1}{2} \cdot 12 = \frac{3 \cdot 10}{5 \cdot 3} + \frac{1 \cdot 12}{2 \cdot 1} = 2 + 6 = 8$
55. $\left(\frac{1}{3} - \left(\frac{1}{2}\right)^2\right)^2 = \left(\frac{1}{3} - \frac{1}{4}\right)^2 = \left(\frac{1 \cdot 4}{3 \cdot 4} - \frac{1 \cdot 3}{4 \cdot 3}\right)^2 = \left(\frac{4-3}{12}\right)^2 = \left(\frac{1}{12}\right)^2 = \frac{1}{144}$
57. $\frac{(3+5)^2 + 2}{2(8-5)} = \frac{(8)^2 + 2}{2(3)} = \frac{64 + 2}{6} = \frac{66}{6} = 11$
59. $\frac{(5-3)^2 + 2}{4^2 - (8+2)} = \frac{(2)^2 + 2}{4^2 - 10} = \frac{4+2}{16-10} = \frac{6}{6} = 1$
61. $\frac{2[4 + 2(3-1)]}{3[3(2 \cdot 3 - 4)]} = \frac{2[4 + 2(2)]}{3[3(6-4)]} = \frac{2[4+4]}{3[3(2)]} = \frac{2[8]}{3[6]} = \frac{2 \cdot \cancel{2} \cdot 4}{3 \cdot \cancel{2} \cdot 3} = \frac{8}{9}$

63. $\dfrac{3\cdot 7 - 5(3\cdot 4 - 11)}{4(3+2) - 3^2 + 5} = \dfrac{3\cdot 7 - 5(12 - 11)}{4(5) - 3^2 + 5} = \dfrac{21 - 5(1)}{20 - 9 + 5} = \dfrac{21 - 5}{16} = \dfrac{16}{16} = 1$

65. $2x - y = 2(3) - 2 = 6 - 2 = 4$

67. $10 - 2x = 10 - 2(3) = 10 - 6 = 4$

69. $5z \div 2 + y = 5(4) \div 2 + 2 = 20 \div 2 + 2 = 10 + 2 = 12$

71. $4x - 2z = 4(3) - 2(4) = 12 - 8 = 4$

73. $x + yz = 3 + 2(4) = 3 + 8 = 11$

75. $3(2x + y) = 3[2(3) + 2] = 3[6 + 2] = 3[8] = 24$

77. $(3 + x)y = (3 + 3)(2) = (6)(2) = 12$

79. $(z + 1)(x + y) = (4 + 1)(3 + 2) = (5)(5) = 25$

81. $(x + y) \div (z + 1) = (3 + 2) \div (4 + 1) = 5 \div 5 = 1$

83. $xyz + z^2 - 4x = (3)(2)(4) + 4^2 - 4(3) = (3)(2)(4) + 16 - 4(3) = 24 + 16 - 12 = 28$

85. $3x^2 + 2y^2 = 3(3)^2 + 2(2)^2 = 3(9) + 2(4) = 27 + 8 = 35$

87. $\dfrac{2x + y^2}{y + 2z} = \dfrac{2(3) + (2)^2}{2 + 2(4)} = \dfrac{2(3) + 4}{2 + 8} = \dfrac{6 + 4}{2 + 8} = \dfrac{10}{10} = 1$

89. $\dfrac{2x^3 - (xy - 2)}{2(3y + 5z) - 27} = \dfrac{2(3)^3 - [3(2) - 2]}{2[3(2) + 5(4)] - 27} = \dfrac{2(3)^3 - [6 - 2]}{2[6 + 20] - 27} = \dfrac{2(3)^3 - [4]}{2[26] - 27}$

$= \dfrac{2(27) - 4}{2[26] - 27} = \dfrac{54 - 4}{52 - 27} = \dfrac{50}{25} = 2$

91. $\dfrac{x^2[14 - y(x + 2)]}{3[xy - z(5y - 9)]} = \dfrac{(3)^2[14 - 2(3 + 2)]}{3[3(2) - 4(5(2) - 9)]} = \dfrac{(3)^2[14 - 2(5)]}{3[3(2) - 4(10 - 9)]}$

$= \dfrac{(3)^2[14 - 10]}{3[3(2) - 4(1)]} = \dfrac{3^2[4]}{3[6 - 4]} = \dfrac{9(4)}{3[2]} = \dfrac{36}{6} = 6$

93. $39 = (3 \cdot 8) + (5 \cdot 3)$

95. $87 = (3 \cdot 8 + 5) \cdot 3$

97. $14 = (4 + 3) \cdot (5 - 3)$

99. $32 = (4 + 3) \cdot 5 - 3$

101. $P = 4s$
$= 4(4\ in.)$
$= 16\ in.$

103. $P = a + b + c$
$= 3m + 5m + 7m$
$= 15m$

105. $A = s^2$
$= (5\,m)^2$
$= 25\,m^2$

107. $A = lw$
$= (6\,ft)(10\,ft)$
$= 60\,ft^2$

109. $C = 2\pi r$
$\approx 2(14m)\left(\frac{22}{7}\right)$
$\approx \frac{28\,m}{1}\left(\frac{22}{7}\right)$
$\approx \frac{4 \cdot \cancel{7}m \cdot 22}{1 \cdot \cancel{7}}$
$\approx 88\,m$

111. $A = \pi r^2$
$\approx \left(\frac{22}{7}\right)(21\,ft)^2$
$\approx \left(\frac{22}{7}\right)\left(\frac{441\,ft^2}{1}\right)$
$\approx \frac{22 \cdot \cancel{7} \cdot 63\,ft^2}{\cancel{7} \cdot 1}$
$\approx 1386\,ft^2$

113. $V = \frac{1}{3}Bh$
$= \frac{1}{3}(3\,cm)(3\,cm)(2\,cm)$
$= \frac{1 \cdot \cancel{3}cm \cdot 3cm \cdot 2cm}{\cancel{3}}$
$= 6\,cm^3$

115. $V = \frac{4}{3}\pi r^3$
$\approx \frac{4}{3}\left(\frac{22}{7}\right)(6m)^3$
$\approx \frac{4 \cdot 22 \cdot 2 \cdot \cancel{3}m \cdot 2 \cdot 3\,m \cdot 2 \cdot 3\,m}{\cancel{3} \cdot 7}$
$\approx \frac{6336}{7}m^3$
$\approx 905\,m^3$

117. $V = \pi r^2 h + \frac{1}{3}Bh$
$\approx \frac{22}{7}(4\,cm)^2(14\,cm) + \frac{1}{3}\left(\frac{22}{7}\right)(4\,cm)^2(21\,cm)$
$\approx \frac{22 \cdot 4cm \cdot 4cm \cdot 2 \cdot \cancel{7}cm}{\cancel{7}} + \frac{1 \cdot 22 \cdot 4cm \cdot 4cm \cdot \cancel{3} \cdot \cancel{7}cm}{\cancel{3} \cdot \cancel{7}}$
$\approx 704\,cm^3 + 352\,cm^3$
$\approx 1056\,cm^3$

119. $V = \frac{4}{3}\pi r^3$
$= \frac{4}{3}\pi(21.35\,ft)^3$
$\approx 40764.51\,ft^3$

121. $V = lwh$
$= (40\,ft)(40\,ft)(9\,ft)$
$= 14400\,ft^3$
The amount of air for each student
is: $14400\,ft^3 \div 30 = 480\,ft^3$

123. $f = \dfrac{rs}{(r+s)(n-1)} = \dfrac{8(12)}{(8+12)(1.6-1)} = \dfrac{96}{(20)(.6)} = \dfrac{96}{12} = 8$

Review Exercises (page 39)

1. ⟵•—•——•—•⟶
     11 13   17 19

3.   17 is a prime number

Exercise 1.4 (page 45)

1. $4 + 8 = 12$

3. $(-3) + (-7) = -10$

5. $6 + (-4) = 2$

7. $9 + (-11) = -2$

9. $(-5) + (-7) = -12$

11. $(-0.4) + 0.9 = 0.5$

13. $\frac{1}{5} + \left(+\frac{1}{7}\right) = \frac{1 \cdot 7}{5 \cdot 7} + \left(+\frac{1 \cdot 5}{7 \cdot 5}\right) = \frac{7}{35} + \left(+\frac{5}{35}\right) = \frac{7 + (+5)}{35} = \frac{12}{35}$

15. $\left(-\frac{3}{4}\right) + \left(+\frac{2}{3}\right) = \left(-\frac{3 \cdot 3}{4 \cdot 3}\right) + \left(+\frac{2 \cdot 4}{3 \cdot 4}\right) = -\frac{9}{12} + \left(+\frac{8}{12}\right) = -\frac{1}{12}$

17.   5
    + −4
    ———
      1

19.   −1.3
   + 3.5
   ———
    2.2

21. $5 + [4 + (-2)] = 5 + [2] = 7$

23. $-2 + (-4 + 5) = -2 + (1) = -1$

25. $[-4 + (-3)] + [2 + (-2)] = [-7] + [0] = -7$

27. $-4 + (-3 + 2) + (-3) = -4 + (-1) + (-3) = -8$

29. $-|-9 + (-3)| + (-6) = -|-12| + (-6) = -(12) + (-6) = -18$

31. $\left|\frac{3}{5} + \left(-\frac{4}{5}\right)\right| = \left|-\frac{1}{5}\right| = \frac{1}{5}$

33. $-5.2 + |-2.5 + (-4)| = -5.2 + |-6.5| = -5.2 + 6.5 = 1.3$

35. $x + y = 2 + (-3) = -1$

37. $x + z + u = 2 + (-4) + 5 = -2 + 5 = 3$

39. $(x + u) + 3 = (2 + 5) + 3 = (7) + 3 = 10$

41. $x + (-1 + z) = 2 + [-1 + (-4)] = 2 + [-5] = -3$

43. $(x + z) + (u + z) = [2 + (-4)] + [5 + (-4)] = [-2] + [1] = -1$

45. $x + [5 + (y + u)] = 2 + [5 + ((-3) + (5))] = 2 + [5 + (2)] = 2 + [7] = 9$

47. $|2x + y| = |2(2) + (-3)| = |4 + (-3)| = |1| = 1$

49. $|x+z|+|x+y+z| = |2+(-4)| + |2+(-3)+(-4)|$
$= |-2| + |-5| = 2+5 = 7$

51. $8-4 = 4$

53. $8-(-4) = 8+(+4) = 12$

55. $-12-5 = -12+(-5)$
$= -17$

57. $0-(-5) = 0+(+5) = 5$

59. $\frac{5}{3} - \frac{7}{6} = \frac{5 \cdot 2}{3 \cdot 2} - \frac{7}{6} = \frac{10 + (-7)}{6} = \frac{3}{6} = \frac{1}{2}$

61. $-5 - \left(-\frac{3}{5}\right) = -\frac{5 \cdot 5}{1 \cdot 5} - \left(-\frac{3}{5}\right) = -\frac{25}{5} + \left(+\frac{3}{5}\right) = \frac{-25+(+3)}{5} = -\frac{22}{5}$

63. $-3\frac{1}{2} - 5\frac{1}{4} = -\frac{7}{2} - \frac{21}{4} = -\frac{7 \cdot 2}{2 \cdot 2} - \frac{21}{4} = -\frac{14}{4} - \frac{21}{4}$
$= \frac{-14+(-21)}{4} = -\frac{35}{4} = -8\frac{3}{4}$

65. $-6.7 - (-2.5) = -6.7 + (+2.5) = -4.2$

67. 8
    $\underline{-4}$
    4

69. -10
    $\underline{--3}$
    -7

71. $+3 - [(-4) - 3] = +3 - [(-4) + (-3)] = +3 - [-7] = +3 + [+7] = 10$

73. $(5-3) + (3-5) = (2) + (-2) = 0$

75. $5 - [4 + (-2) - 5] = 5 - [4 + (-2) + (-5)] = 5 - [-3] = 5 + [+3] = 8$

77. $[5 - (-34)] - [-2 + (-23)] = [5 + (+34)] - [-25] = [39] + [+25] = 64$

79. $\left(\frac{5}{2} - 3\right) - \left(\frac{3}{2} - 5\right) = \left(\frac{5}{2} - \frac{3 \cdot 2}{1 \cdot 2}\right) - \left(\frac{3}{2} - \frac{5 \cdot 2}{1 \cdot 2}\right) = \left(\frac{5}{2} - \frac{6}{2}\right) - \left(\frac{3}{2} - \frac{10}{2}\right)$
$= \left(\frac{5+(-6)}{2}\right) - \left(\frac{3+(-10)}{2}\right) = \left(\frac{-1}{2}\right) - \left(\frac{-7}{2}\right) = \frac{-1+(+7)}{2} = \frac{6}{2} = 3$

81. $(5.2 - 2.5) - (5.25 - 5) = (2.7) - (0.25) = (2.7) + (-0.25) = 2.45$

83. $-|-9 - (-7)| - (-3) = -|-9 + (+7)| + (+3)$
$= -|-2| + (+3) = -(2) + (+3) = 1$

85. $y - x = 5 - (-4) = 5 + (+4) = 9$

87. $x - y - z = (-4) - 5 - (-6) = (-4) + (-5) + (+6) = -9 + (+6) = -3$

89. $x - (y - z) = (-4) - [5 - (-6)] = -4 - [5 + (+6)] = -4 - [11] = -15$

91. $3 - [x + (-3)] = 3 - [(-4) + (-3)] = 3 - [-7] = 3 + [+7] = 10$

93. $\dfrac{y-x}{3-z} = \dfrac{5-(-4)}{3-(-6)} = \dfrac{5+(+4)}{3+(+6)} = \dfrac{9}{9} = 1$

95. $\dfrac{x-y}{y} - \dfrac{z}{y} = \dfrac{(-4)-5}{5} - \dfrac{-6}{5} = \dfrac{(-4)+(-5)}{5} - \dfrac{-6}{5}$
$= \dfrac{-9}{5} - \dfrac{-6}{5} = \dfrac{-9+(+6)}{5} = \dfrac{-3}{5} = -\dfrac{3}{5}$

97. $a + b - c = 2 + (-3) - (-4) = 2 + (-3) + (+4) = -1 + (+4) = 3$

99. $b - (c + a) = -3 - [(-4) + 2] = -3 - [-2] = -3 + [+2] = -1$

101. $\dfrac{a+b}{b-c} = \dfrac{2+(-3)}{-3-(-4)} = \dfrac{-1}{-3+(+4)} = \dfrac{-1}{1} = -1$

103. $\dfrac{|b+c|}{a-c} = \dfrac{|-3+(-4)|}{2-(-4)} = \dfrac{|-7|}{2+(+4)} = \dfrac{7}{6}$

105. $x^3 - y + z^2 = (-2.34)^3 - (3.47) + (0.72)^2 = -15.764504 \approx -15.8$

107. $x^2 - y^2 - z^2 = (-2.34)^2 - (3.47)^2 - (0.72)^2 = -7.0837 \approx -7.1$

109. $\$575 - \$400 = \$175$

111. $13 - 4 = 13 + (-4) = 9 = +9$

113. $-14 + 10 = -4°$

115. $1700 - (-300) = 1700 + (+300) = 2000 \text{ years}$

117. $-2300 + (+1750) + (+1875) = 1325 \; m$

119. $32000 \; ft - 28000 \; ft = 32000 \; ft + (-28000 \; ft) = 4000 \; ft$

121. $32° - 27° = 32° + (-27°) = 5°$

123. $4153 - 23 + 57 = 4153 + (-23) + 57 = 4187$

125. $500(2) - 300 = 1000 - 300 = 1000 + (-300) = 700$

127. Use positive numbers to denote deposites and negative numbers to denote withdrawals.
$$\$437.45 + \$25.17 + \$37.93 + \$45.26 + (-\$17.13) + (-\$83.44) + (-\$22.58)$$
$$= \$422.66$$
Sally had $422.66 in her account at the end of the month.

129. Because the buyer agreed to pay half of the title work, the amount to be subtracted for title work is $\frac{1}{2}(\$446.00) = \$223.00$
The woman received
$$\$115000.00 + (-\$78.00) + (-\$223.00) + (-\$216.00) +$$
$$(-\$7612.32) + (-\$23445.11) = \$83,425.57$$

Review Exercises   (page 48)

1. $x + 3(y - z) = 5 + 3(7 - 2)$
$ = 5 + 3(5)$
$ = 5 + 15$
$ = 20$

3. $x + 3y - z = 5 + 3 \cdot 7 - 2$
$ = 5 + 21 - 2$
$ = 26 - 2$
$ = 24$

Exercise 1.5   (page 53)

1. $(+6)(+8) = 48$

3. $(-8)(-7) = 56$

5. $(+9)(+7) = 63$

7. $(-7)(7) = -49$

9. $(+12)(-12) = -144$

11. $\left(\frac{1}{2}\right)(-32) = \left(\frac{1}{2}\right)\left(\frac{-32}{1}\right) = \frac{-32}{2} = -16$

13. $\left(-\frac{3}{4}\right)\left(-\frac{8}{3}\right) = \frac{(-3)(-8)}{4 \cdot 3} = \frac{24}{12} = 2$

15. $(-3)\left(-\frac{1}{3}\right) = \left(\frac{-3}{1}\right)\left(\frac{-1}{3}\right) = \frac{(-3)(-1)}{1 \cdot 3} = \frac{3}{3} = 1$

17. $(3)(-4)(-6) = (-12)(-6) = 72$

19. $(-2)(3)(4) = (-6)(4) = -24$

21. $(2)(-5)(-6)(-7) = (-10)(-6)(-7) = (60)(-7) = -420$

23. $(-2)(-2)(-2)(-3)(-4) = (4)(-2)(-3)(-4) = (-8)(-3)(-4)$
$ = (24)(-4) = -96$

25. $y^2 = (2)^2 = 4$

27. $-z^2 = -(-3)^2 = -(9) = -9$

29. $xy = (-1)(2) = -2$

31. $y + xz = 2 + (-1)(-3) = 2 + 3 = 5$

33. $(x + y)z = [(-1) + 2](-3)$
$ = [1](-3)$
$ = -3$

35. $(x-z)(x+z) = [(-1)-(-3)][(-1)+(-3)]$
$= [-1+3][(-1)+(-3)]$
$= [2][-4]$
$= -8$

37. $xy + yz = (-1)(2) + (2)(-3)$
$= (-2) + (-6)$
$= -8$

39. $xyz = (-1)(2)(-3) = (-2)(-3) = 6$

41. $y^2 z^2 = (2)^2(-3)^2 = 4(9) = 36$

43. $y(x-y)^2 = 2[(-1)-2]^2$
$= 2[(-1)+(-2)]^2$
$= 2[-3]^2$
$= 2(9)$
$= 18$

45. $x^2(y-z) = (-1)^2[2-(-3)]$
$= 1[2+3]$
$= 1[5]$
$= 5$

47. $(-x)(-y) + z^2 = [-(-1)][-(2)] + (-3)^2$
$= [1][-2] + 9$
$= -2 + 9$
$= 7$

49. $\frac{80}{-20} = -4$

51. $\frac{-110}{-55} = 2$

53. $\frac{-160}{40} = -4$

55. $\frac{320}{-16} = -20$

57. $\frac{8-12}{-2} = \frac{-4}{-2} = 2$

59. $\frac{20-25}{7-12} = \frac{-5}{-5} = 1$

61. $\frac{yz}{x} = \frac{3(4)}{-2} = \frac{12}{-2} = -6$

63. $\frac{tw}{y} = \frac{(5)(-18)}{3} = \frac{-90}{3} = -30$

65. $\frac{z+w}{x} = \frac{4+(-18)}{-2}$
$= \frac{-14}{-2}$
$= 7$

67. $\frac{xtz}{y+1} = \frac{(-2)(5)(4)}{3+1}$
$= \frac{-40}{4}$
$= -10$

69. $\frac{wz - xy}{x+y} = \frac{(-18)(4) - (-2)(3)}{-2+3} = \frac{-72 - (-6)}{1} = \frac{-72 + 6}{1} = -66$

71. $\dfrac{yw+xy}{xt} = \dfrac{3(-18)+(-2)(3)}{-2(5)} = \dfrac{-54+(-6)}{-10} = \dfrac{-60}{-10} = 6$

73. $\dfrac{2x^2+2y}{x+y} = \dfrac{2(4)^2+2(-6)}{(4)+(-6)} = \dfrac{2(16)+2(-6)}{(4)+(-6)} = \dfrac{32+(-12)}{(4)+(-6)} = \dfrac{20}{-2} = -10$

75. $\dfrac{2x^2-2z^2}{x+z} = \dfrac{2(4)^2-2(-3)^2}{(4)+(-3)} = \dfrac{2(16)-2(9)}{(4)+(-3)} = \dfrac{32-18}{(4)+(-3)} = \dfrac{14}{1} = 14$

77. $\dfrac{y^3+4z^3}{(x+y)^2} = \dfrac{(-6)^3+4(-3)^3}{(4+(-6))^2} = \dfrac{-216+4(-27)}{(-2)^2} = \dfrac{-216+(-108)}{4} = \dfrac{-324}{4} = -81$

79. $\dfrac{xy^2z+x^2y}{2y-2z} = \dfrac{4(-6)^2(-3)+(4)^2(-6)}{2(-6)-2(-3)} = \dfrac{4(36)(-3)+16(-6)}{-12-(-6)}$

$= \dfrac{144(-3)+(-96)}{-12+(+6)} = \dfrac{-432+(-96)}{-6} = \dfrac{-528}{-6} = 88$

81. $\dfrac{xyz-y^2z}{y(x+z)^4} = \dfrac{4(-6)(-3)-(-6)^2(-3)}{-6[4+(-3)]^4} = \dfrac{-24(-3)-36(-3)}{-6[1]^4}$

$= \dfrac{72-(-108)}{-6(1)} = \dfrac{180}{-6} = -30$

83. $\dfrac{2(x-y)(y-z)(x-z)}{2x-3y-6} = \dfrac{2[4-(-6)][-6-(-3)][4-(-3)]}{2(4)-3(-6)-6}$

$= \dfrac{2[4+(+6)][-6+(+3)][4+(+3)]}{8-(-18)-6}$

$= \dfrac{2[10][-3][7]}{8+(+18)-6}$

$= \dfrac{20[-3][7]}{26-6} = \dfrac{20[-3][7]}{20} = -21$

85. $x+y = \left(\dfrac{1}{2}\right)+\left(-\dfrac{2}{3}\right) = \left(\dfrac{1\cdot 3}{2\cdot 3}\right)+\left(-\dfrac{2\cdot 2}{3\cdot 2}\right) = \left(\dfrac{3}{6}\right)+\left(-\dfrac{4}{6}\right)$

$= \dfrac{3+(-4)}{6} = \dfrac{-1}{6} = -\dfrac{1}{6}$

87. $x + y + z = \left(\frac{1}{2}\right) + \left(-\frac{2}{3}\right) + \left(-\frac{3}{4}\right) = \left(\frac{1 \cdot 6}{2 \cdot 6}\right) + \left(-\frac{2 \cdot 4}{3 \cdot 4}\right) + \left(-\frac{3 \cdot 3}{4 \cdot 3}\right)$

$= \left(\frac{6}{12}\right) + \left(-\frac{8}{12}\right) + \left(-\frac{9}{12}\right) = \left(\frac{6 + (-8) + (-9)}{12}\right) = \frac{-11}{12} = -\frac{11}{12}$

89. $(x + y)(x - y) = \left(\left(\frac{1}{2}\right) + \left(-\frac{2}{3}\right)\right)\left(\frac{1}{2} - \left(-\frac{2}{3}\right)\right)$

$= \left(\left(\frac{1 \cdot 3}{2 \cdot 3}\right) + \left(-\frac{2 \cdot 2}{3 \cdot 2}\right)\right)\left(\left(\frac{1 \cdot 3}{2 \cdot 3}\right) - \left(-\frac{2 \cdot 2}{3 \cdot 2}\right)\right)$

$= \left(\left(\frac{3}{6}\right) + \left(-\frac{4}{6}\right)\right)\left(\left(\frac{3}{6}\right) - \left(-\frac{4}{6}\right)\right)$

$= \left(\frac{3 + (-4)}{6}\right)\left(\frac{3 - (-4)}{6}\right)$

$= \left(\frac{-1}{6}\right)\left(\frac{7}{6}\right)$

$= -\frac{7}{36}$

91. $(x + y + z)(xyz) = \left(\left(\frac{1}{2}\right) + \left(-\frac{2}{3}\right) + \left(-\frac{3}{4}\right)\right)\left(\left(\frac{1}{2}\right)\left(-\frac{2}{3}\right)\left(-\frac{3}{4}\right)\right)$

$= \left(\left(\frac{1 \cdot 6}{2 \cdot 6}\right) + \left(-\frac{2 \cdot 4}{3 \cdot 4}\right) + \left(-\frac{3 \cdot 3}{4 \cdot 3}\right)\right)\left(\frac{1(-1)(\not{2})(-1)(\not{3})}{\not{2}(\not{3})(4)}\right)$

$= \left(\left(\frac{6}{12}\right) + \left(-\frac{8}{12}\right) + \left(-\frac{9}{12}\right)\right)\left(\frac{1}{4}\right)$

$= \left(\frac{6 + (-8) + (-9)}{12}\right)\left(\frac{1}{4}\right)$

$= \left(\frac{-11}{12}\right)\left(\frac{1}{4}\right)$

$= -\frac{11}{48}$

93. $(+2)(+3) = +6$
The temperature has increased 6 degrees.

95. $(-30)(15) = -450$
Robert has lost $450.

Beginning & Intermediate Algebra: An Integrated Approach

97. Because the rate of the flow of the water is given in minutes, 2 hours would be 2(60 minutes) or 120 minutes. To represent the "2 hours **ago**", use -120. $(23)(-120) = -2760$; There were 2,760 gallons less two hours ago.

99. $\frac{-18}{-3} = +6$; The temperature has been falling for 6 hours.

101. $\frac{26 + 35 + 17 + (-25) + (-31) + (-12) + (-24)}{7} = \frac{-14}{7} = -2$

The Dow Jones Industrial Average had an average daily performance of a 2-point loss per day over that 7-day period.

103. $18(\$613.50) = \$11,043.00$; Since she has saved $15,000 and the estimated cost is $11,043.00, she does have enough to complete the 18-month Master's degree program.

Review Exercises   (page 56)

1. $30\left(37\frac{1}{2}\ lb\right) = \frac{30}{1}\left(\frac{75}{2}\ lb\right) = \frac{2 \cdot 15 \cdot 75}{2}\ lb = 1125\ lb$

3. $x^2 - yz^2 = (-5)^2 - (-8)(3)^2 = 25 - (-8)(9) = 25 - (-72) = 25 + (+72) = 97$

Exercise 1.6   (page 60)

1. $x + y$ **3.** $x(2y)$ **5.** $y - x$ **7.** $\frac{y}{x}$

9. $z + \frac{x}{y}$ **11.** $z - xy$ **13.** $3xy$ **15.** $\frac{x+y}{y+z}$

17. $xy + \frac{y}{z}$ **19.** $c + 4$ **21.** $\$9987\ t$ **23.** $\frac{x}{5}\ ft$

25. $\$(3d + 5)$ **27.** the sum of x and 3

29. the quotient obtained when x is divided by y

31. the product of 2, x, and y

33. the quotient obtained when 5 is divided by the sum of x and y

35. the quotient obtained when the sum of 3 and x is divided by y

37. the product of x, y, and the sum of x and y

39. $x + z = 8 + 2 = 10$

41. $y - z = 4 - 2 = 4 + (-2) = 2$

43. $yz - 3 = 4(2) - 3 = 8 - 3 = 5$

45. $\frac{xy}{z} = \frac{8(4)}{2} = \frac{32}{2} = 16$

47. 1 term, 6

49. 3 terms, -1

51. 4 terms, 3

53. 3 terms, -4

55. 4 terms, 3

57. 19 and x

59. 29, x, y, and z

61. 3, x, y, and z

63. 17, x, and z

65. 5, 1, and 8

67. x and y

69. 3, 1, and 25; Their product is $3(1)(25) = 75$.

71. x and y

Review Exercises (page 62)

1. 14% of $3800 = 0.14(3800) = 532$

3. $\frac{-4 + (7-9)}{(-9-7)+4} = \frac{-4+(-2)}{(-16)+4} = \frac{-6}{-12} = \frac{-1(\cancel{6})}{-1(2)(\cancel{6})} = \frac{1}{2}$

Exercise 1.7 (page 67)

1. $x + y = 12 + (-2) = 10$

3. $xy = 12(-2) = -24$

5. $x^2 = (12)^2 = 144$

7. $\frac{x}{y^2} = \frac{12}{(-2)^2} = \frac{12}{4} = 3$

9. $x + y = 5 + 7 = 12$
   $y + x = 7 + 5 = 12$

11. $3x + 2y = 3(5) + 2(7) = 15 + 14 = 29$
    $2y + 3x = 2(7) + 3(5) = 14 + 15 = 29$

13. $x(x + y) = 5(5 + 7) = 5(12) = 60$
    $(x + y)x = (5 + 7)5 = (12)5 = 60$

15. $(x + y) + z = [2 + (-3)] + 1 = [-1] + 1 = 0$
    $x + (y + z) = 2 + [(-3) + 1] = 2 + [-2] = 0$

17. $(xz)y = [2(1)](-3) = [2](-3) = -6$
    $x(yz) = 2[(-3)(1)] = 2[-3] = -6$

19. $x^2(yz^2) = 2^2[(-3)(1)^2] = 4[(-3)1] = 4[-3] = -12$
    $(x^2y)z^2 = [2^2(-3)](1)^2 = [4(-3)](1) = [-12](1) = -12$

21. $3(x+y) = 3x + 3y$ 23. $x(x+3) = x \cdot x + 3x = x^2 + 3x$

25. $-x(a+b) = -xa + (-xb) = -xa - xb$

27. $4(x^2 + x) = 4x^2 + 4x$

29. $-5(t+2) = -5t + (-10) = -5t - 10$

31. $-2a(x+a) = -2ax + (-2a \cdot a) = -2ax + (-2a^2) = -2ax - 2a^2$

33. The additive inverse of 2 is -2 because $2 + (-2) = 0$.
    The multiplicative inverse of 2 is $\frac{1}{2}$ because $2\left(\frac{1}{2}\right) = 1$.

35. The additive inverse of $\frac{1}{3}$ is $-\frac{1}{3}$ because $\frac{1}{3} + \left(-\frac{1}{3}\right) = 0$.
    The multiplicative inverse of $\frac{1}{3}$ is 3 because $\frac{1}{3}(3) = 1$.

37. The additive inverse of 0 is 0 because $0 + 0 = 0$.
    The multiplicative inverse of 0 is undefined since no number times 0 will give a product of 1.

39. The additive inverse of $-\frac{5}{2}$ is $-\left(-\frac{5}{2}\right) = \frac{5}{2}$ because $-\frac{5}{2} + \frac{5}{2} = 0$.
    The multiplicative inverse of $-\frac{5}{2}$ is $-\frac{2}{5}$ because $\left(-\frac{5}{2}\right)\left(-\frac{2}{5}\right) = 1$.

41. The additive inverse of -0.2 is $-(-0.2) = 0.2$ because $-0.2 + 0.2 = 0$.
    To find the mulitplicative inverse of 0.2 first write 0.2 in fraction form:
    $0.2 = \frac{2}{10} = \frac{1}{5}$. Then the multiplicative inverse is $\frac{5}{1} = 5$ because $0.2(5) = 1$.

43. The additive inverse of $\frac{4}{3}$ is $-\frac{4}{3}$ because $\frac{4}{3} + \left(-\frac{4}{3}\right) = 0$.
    The multiplicative inverse of $\frac{4}{3}$ is $\frac{3}{4}$ because $\frac{4}{3}\left(\frac{3}{4}\right) = 1$.

45. $3 + x = x + 3$ is justified by the commutative property of addition.

47. $xy = yx$ is justified by the commutative property of multiplication.

49. $-2(x+3) = -2x + (-2)(3)$ is justified by the distributive property.

51. $(x+y) + z = z + (x+y)$ is justified by the commutative property of addition.

53. $5 \cdot 1 = 5$ is justified by the identity property for multiplication.

55. $3 + (-3) = 0$ is justified by the additive inverse property.

57. $3(x+2) = 3x + 3(2)$

59. $y^2 x = xy^2$

61. $(x+y)z = (y+x)z$

63. $(xy)z = x(yz)$

65. $0 + x = x$

Review Exercises (page 69)

1. $x + y^2 \geq z$

3. $|x| \geq \boxed{0}$

5. The product of two negative numbers is a $\boxed{\text{positive}}$ number.

Chapter 1 Review Exercises (page 71)

1. 1, 2, 3, 4, 5

3. 1, 3, 5

5. $-5 \;\boxed{?}\; 12 - 12$
$-5 \;\boxed{<}\; 0$

$13 - 13 \;\boxed{?}\; 5 - \frac{25}{5}$
$0 \;\boxed{=}\; 0$

9. [number line with points at 10, 12, 14, 15, 16, 18, 20]

11. [number line from -3 to 2]

13. $|53 - 42| = |11| = 11$

15. $\frac{45}{27} = \frac{5 \cdot \cancel{9}}{3 \cdot \cancel{9}} = \frac{5}{3}$

17. $\frac{31}{15} \cdot \frac{10}{62} = \frac{\cancel{31} \cdot \cancel{2} \cdot \cancel{5}}{3 \cdot \cancel{5} \cdot \cancel{2} \cdot \cancel{31}} = \frac{1}{3}$

19. $\frac{1}{3} + \frac{1}{7} = \frac{1 \cdot 7}{3 \cdot 7} + \frac{1 \cdot 3}{7 \cdot 3} = \frac{7}{21} + \frac{3}{21} = \frac{10}{21}$

21. $32.71 + 15.9 = 48.61$

23. $5.3 \cdot 3.5 = 18.55$

25. $2.7(4.92 - 3.18) = 2.7(1.74) = 4.698 \approx 4.70$

27. $\frac{12.5}{14.7 - 11.2} = \frac{12.5}{3.5} \approx 3.5714285 \approx 3.57$

29. $\frac{5.2 + 4.7 + 9.5 + 8}{4} = \frac{27.5}{4} = 6.85$ hours

31. $3^4 = 81$

33. $-5^2 = -25$

35. $5 + 3^3 = 5 + 27 = 32$

37. $4 + (8 \div 4) = 4 + (2) = 6$

39. $5^3 - \frac{81}{3} = 125 - 27 = 98$

41. $\frac{4 \cdot 3 + 3^4}{31} = \frac{12 + 81}{31} = \frac{93}{31} = 3$

43. $y^2 - x = (8)^2 - 6 = 64 - 6 = 58$

45. $\frac{x+y}{x-4} = \frac{6+8}{6-4} = \frac{14}{2} = 7$

47. $y^4 = (3)^4 = 81$

49. $x^2 + xy^2 = (2)^2 + 2(3)^2 = 4 + 2(9) = 4 + 18 = 22$

51. The length of the steel band needed to go around the sides of the crate is:
$1.2\,ft + 4.2\,ft + 1.2\,ft + 4.2\,ft = 10.8\,ft$
The length of the steel band needed to go around the top and bottom lengthwise is:
$2.7\,ft + 4.2\,ft + 2.7\,ft + 4.2\,ft = 13.8\,ft$
The length of the steel band needed to go around the sides of the crate widthwise is:
$2(1.2\,ft + 2.7\,ft + 1.2\,ft + 2.7\,ft) = 2(7.8\,ft) = 15.6\,ft$
The total length of strapping needed is:
$10.8\,ft + 13.8\,ft + 15.6\,ft = 40.2\,ft$

53. $[-5 + (-5)] - (-5) = [-10] + (+5) = -5$

55. $\frac{5}{6} - \left(-\frac{2}{3}\right) = \frac{5}{6} - \left(-\frac{2 \cdot 2}{3 \cdot 2}\right) = \frac{5}{6} + \left(+\frac{4}{6}\right) = \frac{5 + (+4)}{6} = \frac{9}{6} = \frac{\cancel{3} \cdot 3}{2 \cdot \cancel{3}} = \frac{3}{2}$

57. $\left|\frac{3}{7} - \left(-\frac{4}{7}\right)\right| = \left|\frac{3}{7} + \left(+\frac{4}{7}\right)\right| = \left|\frac{3 + (+4)}{7}\right| = \left|\frac{7}{7}\right| = |1| = 1$

59. $3.7 + (-2.5) = 1.2$

61. $\frac{-14}{-2} = 7$

63. $\left(-\frac{3}{14}\right)\left(-\frac{7}{6}\right) = \frac{-1(\cancel{3})(-1)(\cancel{7})}{2 \cdot \cancel{7} \cdot 2 \cdot \cancel{3}} = \frac{1}{4}$

65. $\left(\frac{-3 + (-3)}{3}\right)\left(\frac{-15}{5}\right) = \frac{(-6)(-15)}{3 \cdot 5} = \frac{(-1)(6)(-1)(15)}{15} = \frac{(-6)(-1)}{1} = 6$

67. $\left(\frac{-10}{2}\right)^2 - (-1)^3 = (-5)^2 - (-1)^3 = 25 - (-1) = 25 + (+1) = 26$

69. $y + z = (-3) + (-1) = -4$

71. $x + (y + z) = 2 + [(-3) + (-1)] = 2 + [-4] = -2$

73. $x - (y - z) = 2 - [(-3) - (-1)] = 2 - [(-3) + (+1)]$
$= 2 - [-2] = 2 + [+2] = 4$

75. $xy = 2(-3) = -6$

77. $x(x + z) = 2[2 + (-1)] = 2[1] = 2$

79. $y^2z + x = (-3)^2(-1) + 2 = 9(-1) + 2 = -9 + 2 = -7$

81. $\frac{xy}{z} = \frac{2(-3)}{-1} = \frac{-6}{-1} = 6$

83. $\frac{3y^2 - x^2 + 1}{y|z|} = \frac{3(-3)^2 - (2)^2 + 1}{(-3)|-1|} = \frac{3(9) - 4 + 1}{-3(1)} = \frac{27 - 4 + 1}{-3} = \frac{24}{-3} = -8$

85. xz

87. $2(x + y)$

89. the product of 3, x, and y

91. 5 less than the product of y and z

93. 3 terms

95. The numerical coefficient is 1.

97. $x + y$ is a real number is justified by the closure property of addition.

99. $3 + (4 + 5) = (3 + 4) + 5$ is justified by the associative property of addition. Note that the parentheses moved but the order of the terms remained the same.

101. $a + x = x + a$ is justified by the commutative property of addition. Note that the order of the terms changed around the addition.

103. $3 + (x + 1) = (x + 1) + 3$ is justified by the commutative property of addition. Note that the order of the expressions changed around the addition.

105. $17 + (-17) = 0$ is justified by the additive inverse property since the sum of the two numbers is 0.

Chapter 1 Test   (page 74)

1. 31, 37, 41, 43, 47

3. 4 6 8 9

5. $-|23| = -(23) = -23$

7. $3(4-2)$? $-2(2-6)$
    $3(2)$? $-2(-4)$
    $6 \boxed{<} 8$

9. 25% of 136 ? $\frac{1}{2}$ of 68

    $0.25(136)$? $\frac{1}{2}\left(\frac{68}{1}\right)$

    $34 \boxed{=} 34$

11. $\frac{26}{40} = \frac{\cancel{2} \cdot 13}{\cancel{2} \cdot 20} = \frac{13}{20}$

13. $\frac{18}{35} \div \frac{9}{14} = \frac{18}{35} \cdot \frac{14}{9}$
    $= \frac{2 \cdot \cancel{9} \cdot 2 \cdot \cancel{7}}{5 \cdot \cancel{7} \cdot \cancel{9}}$
    $= \frac{4}{5}$

15. $\frac{17-5}{36} - \frac{2(13-5)}{12} = \frac{12}{36} - \frac{2(8)}{12}$
    $= \frac{12}{3 \cdot 12} - \frac{2 \cdot 2 \cdot \cancel{4}}{3 \cdot \cancel{4}}$
    $= \frac{1}{3} - \frac{4}{3}$
    $= -\frac{3}{3}$
    $= -1$

17. 17% of $457 = 0.17(457)$
    $= 77.69$
    ≈ 77.7

19. $A = \frac{1}{2}bh$
    $= \frac{1}{2}(16\,cm)(8\,cm)$
    $= 64\,cm^2$

21. $xy + z = (-2)(3) + 4 = -6 + 4 = -2$

23. $\frac{z + 4y}{2x} = \frac{4 + 4(3)}{2(-2)} = \frac{4 + 12}{-4} = \frac{16}{-4} = -4$

25. $x^3 + y^2 + z = (-2)^3 + (3)^2 + (4) = -8 + 9 + 4 = 1 + 4 = 5$

27. $\frac{xy}{x+y}$

29. $24x + 14y$

31. The numerical coefficient is 3.

33. The identity element for addition is 0.

35. $(xy)z = z(xy)$ is justified by the commutative property of multiplication. Note the order of the factors has been changed around multiplication.

37. $2 + x = x + 2$ is justified by the commutative property of addition. Note the order of the terms has been changed around addition.

Exercise 2.1   (page 85)

1. an equation **3.** not an equation **5.** an equation **7.** an equation

9. Substitute 1 for x in the equation $x + 2 = 3$ to get $1 + 2 = 3$, or $3 = 3$. Because this is a true equation, 1 is a solution.

11. Substitute -7 for a in the equation $a - 7 = 0$ to get $-7 - 7 = 0$, or $-14 = 0$. Because this is a false equation, -7 is not a solution.

13. Substitute 2 for x in the equation $2x = 4$ to get $2(2) = 4$, or $4 = 4$. Because this is a true equation, 2 is a solution.

15. Substitute 2 for x in the equation $3x - 1 = 7$ to get $3(2) - 1 = 7$, or $5 = 7$. Because this is a false equation, 2 is not a solution.

17. Substitute 28 for y in the equation $\frac{y}{7} = 4$ to get $\frac{28}{7} = 4$, or $4 = 4$. Because this is a true equation, 28 is a solution.

19. Substitute 0 for x in the equation $\frac{x}{5} = x$ to get $\frac{0}{5} = 0$, or $0 = 0$. Because this is a true equation, the 0 is a solution.

21. Substitute 3 for k in the equation $3k + 5 = 5k - 1$ to get $3(3) + 5 = 5(3) - 1$, or $14 = 14$. Because this is a true equation, 3 is a solution.

23. Substitute 0 for x in the equation $\frac{5+x}{10} - x = \frac{1}{2}$ to get $\frac{5+0}{10} - 0 = \frac{1}{2}$, or $\frac{1}{2} = \frac{1}{2}$. Because this is a true equation, the number 0 is a solution.

25.
$$x - 7 = 3$$
$$x - 7 + 7 = 3 + 7$$
$$x = 10$$
Check:
$$x - 7 = 3$$
$$10 - 7 = 3$$
$$3 = 3$$

27.
$$y + 7 = 12$$
$$y + 7 - 7 = 12 - 7$$
$$y = 5$$
Check:
$$y + 7 = 12$$
$$5 + 7 = 12$$
$$12 = 12$$

29.
$$-37 + z = 37$$
$$-37 + 37 + z = 37 + 37$$
$$z = 74$$
Check:
$$-37 + z = 37$$
$$-37 + 74 = 37$$
$$37 = 37$$

31.
$$-57 = b - 29$$
$$-57 + 29 = b - 29 + 29$$
$$-28 = b$$
$$b = -28$$
Check:
$$-57 = -28 - 29$$
$$-57 = -57$$

33.
$$\frac{4}{3} = -\frac{2}{3} + x$$
$$\frac{4}{3} + \frac{2}{3} = -\frac{2}{3} + \frac{2}{3} + x$$
$$\frac{6}{3} = x$$
$$2 = x$$
$$x = 2$$
Check:
$$\frac{4}{3} = -\frac{2}{3} + x$$
$$\frac{4}{3} = -\frac{2}{3} + 2$$
$$\frac{4}{3} = -\frac{2}{3} + \frac{2 \cdot 3}{1 \cdot 3}$$
$$\frac{4}{3} = \frac{-2 + 6}{3}$$
$$\frac{4}{3} = \frac{4}{3}$$

35.
$$d + \frac{2}{3} = \frac{3}{2}$$
$$d + \frac{2}{3} - \frac{2}{3} = \frac{3}{2} - \frac{2}{3}$$
$$d = \frac{3 \cdot 3}{2 \cdot 3} - \frac{2 \cdot 2}{3 \cdot 2}$$
$$d = \frac{9 - 4}{6}$$
$$d = \frac{5}{6}$$
Check:
$$d + \frac{2}{3} = \frac{3}{2}$$
$$\frac{5}{6} + \frac{2}{3} = \frac{3}{2}$$
$$\frac{5}{6} + \frac{2 \cdot 2}{3 \cdot 2} = \frac{3}{2}$$
$$\frac{9}{6} = \frac{3}{2}$$
$$\frac{3}{2} = \frac{3}{2}$$

37.
$$-\frac{3}{5} = x - \frac{2}{5}$$
$$-\frac{3}{5} + \frac{2}{5} = x - \frac{2}{5} + \frac{2}{5}$$
$$\frac{-3 + 2}{5} = x$$
$$x = -\frac{1}{5}$$
Check:
$$-\frac{3}{5} = x - \frac{2}{5}$$
$$-\frac{3}{5} = -\frac{1}{5} - \frac{2}{5}$$
$$-\frac{3}{5} = \frac{-1 - 2}{5}$$
$$-\frac{3}{5} = -\frac{3}{5}$$

39.
$$r - \frac{1}{5} = \frac{3}{10}$$
$$r - \frac{1}{5} + \frac{1}{5} = \frac{3}{10} + \frac{1}{5}$$
$$r = \frac{3}{10} + \frac{1 \cdot 2}{5 \cdot 2}$$
$$r = \frac{5}{10} = \frac{1}{2}$$
Check:
$$r - \frac{1}{5} = \frac{3}{10}$$
$$\frac{1}{2} - \frac{1}{5} = \frac{3}{10}$$
$$\frac{1 \cdot 5}{2 \cdot 5} - \frac{1 \cdot 2}{5 \cdot 2} = \frac{3}{10}$$
$$\frac{5}{10} - \frac{2}{10} = \frac{3}{10}$$
$$\frac{3}{10} = \frac{3}{10}$$

41.
$$3x = 3$$
$$\frac{3x}{3} = \frac{3}{3}$$
$$x = 1$$
Check:
$$3x = 3$$
$$3(1) = 3$$
$$3 = 3$$

43.
$$\frac{x}{5} = 5$$
$$\frac{5}{1} \cdot \frac{x}{5} = 5 \cdot 5$$
$$x = 25$$
Check:
$$\frac{x}{5} = 5$$
$$\frac{25}{5} = 5$$
$$5 = 5$$

45.
$$-32z = 64$$
$$\frac{-32z}{-32} = \frac{64}{-32}$$
$$z = -2$$
Check:
$$-32z = 64$$
$$-32(-2) = 64$$
$$64 = 64$$

47.
$$18z = -9$$
$$\frac{18z}{18} = \frac{-9}{18}$$
$$z = -\frac{1}{2}$$
Check:
$$18z = -9$$
$$18\left(-\frac{1}{2}\right) = -9$$
$$-\frac{18}{2} = -9$$
$$-9 = -9$$

49.
$$\frac{z}{7} = 14$$
$$\frac{\not{7} \cdot}{1} \cdot \frac{z}{\not{7}} = 7 \cdot 14$$
$$z = 98$$
Check:
$$\frac{z}{7} = 14$$
$$\frac{98}{7} = 14$$
$$14 = 14$$

51.
$$\frac{w}{7} = \frac{5}{7}$$
$$\frac{\not{7}}{1} \cdot \frac{w}{\not{7}} = \frac{\not{7}}{1} \cdot \frac{5}{\not{7}}$$
$$w = 5$$
Check:
$$\frac{w}{7} = \frac{5}{7}$$
$$\frac{5}{7} = \frac{5}{7}$$

53.
$$\frac{s}{-3} = -\frac{5}{6}$$
$$\frac{-\not{3} \cdot}{1} \cdot \frac{s}{-\not{3}} = \frac{-3}{1}\left(-\frac{5}{2 \cdot 3}\right)$$
$$s = \frac{5}{2}$$
Check:
$$\frac{s}{-3} = -\frac{5}{6}$$
$$\frac{\frac{5}{2}}{-3} = -\frac{5}{6}$$
$$\frac{5}{2} \cdot \frac{1}{-3} = -\frac{5}{6}$$
$$-\frac{5}{6} = -\frac{5}{6}$$

55.
$$0.25x = 1228$$
$$\frac{0.25x}{0.25} = \frac{1228}{0.25}$$
$$x = 4912$$
Check:
$$0.25x = 1228$$
$$0.25(4912) = 1228$$
$$1228 = 1228$$

57.
$$x - 3 = 12$$
$$x - 3 + 3 = 12 + 3$$
$$x = 15$$
Check:
$$x - 3 = 12$$
$$15 - 3 = 12$$
$$12 = 12$$

59.
$$-7y = 7$$
$$\frac{-7y}{-7} = \frac{7}{-7}$$
$$y = -1$$
Check:
$$-7y = 7$$
$$-7(-1) = 7$$
$$7 = 7$$

61.
$$4t = 108$$
$$\frac{4t}{4} = \frac{108}{4}$$
$$t = 27$$
Check:
$$4t = 108$$
$$4(27) = 108$$
$$108 = 108$$

63.
$$11x = -121$$
$$\frac{11x}{11} = \frac{-121}{11}$$
$$x = -11$$
Check:
$$11x = -121$$
$$11(-11) = -121$$
$$-121 = -121$$

65.
$$0 = 5 + x$$
$$0 - 5 = 5 - 5 + x$$
$$-5 = x$$
Check:
$$0 = 5 + x$$
$$0 = 5 + (-5)$$
$$0 = 0$$

67.
$$-9 + y = -9$$
$$-9 + 9 + y = -9 + 9$$
$$y = 0$$
Check:
$$-9 + y = -9$$
$$-9 + 0 = -9$$
$$-9 = -9$$

69.
$$\frac{b}{3} = 5$$
$$\frac{\cancel{3} \cdot}{1} \cdot \frac{b}{\cancel{3}} = 3 \cdot 5$$
$$b = 15$$
Check:
$$\frac{b}{3} = 5$$
$$\frac{15}{3} = 5$$
$$5 = 5$$

71.
$$-3 = \frac{s}{11}$$
$$11(-3) = \frac{11}{1} \cdot \frac{s}{11}$$
$$-33 = s$$
$$s = -33$$
Check:
$$-3 = \frac{s}{11}$$
$$-3 = \frac{-33}{11}$$
$$-3 = -3$$

73.
$$\frac{b}{3} = \frac{1}{3}$$
$$\frac{\cancel{3} \cdot}{1} \cdot \frac{b}{\cancel{3}} = \frac{\cancel{3}}{1}\left(\frac{1}{\cancel{3}}\right)$$
$$b = 1$$
Check:
$$\frac{b}{3} = \frac{1}{3}$$
$$\frac{1}{3} = \frac{1}{3}$$

75.
$$-34w = -17$$
$$\frac{-34w}{-34} = \frac{-17}{-34}$$
$$w = \frac{1}{2}$$
Check:
$$-34w = -17$$
$$-34\left(\frac{1}{2}\right) = -17$$
$$-17 = -17$$

77.
$$\frac{u}{5} = -\frac{3}{10}$$
$$\frac{\cancel{5}}{1} \cdot \frac{u}{\cancel{5}} = \frac{\cancel{5}}{1}\left(-\frac{3}{2 \cdot \cancel{5}}\right)$$
$$u = -\frac{3}{2}$$
Check:
$$\frac{u}{5} = -\frac{3}{10}$$
$$\frac{-\frac{3}{2}}{\frac{5}{1}} = -\frac{3}{10}$$
$$-\frac{3}{2}\left(\frac{1}{5}\right) = -\frac{3}{10}$$
$$-\frac{3}{10} = -\frac{3}{10}$$

79.
$$x + 17 = \frac{33}{2}$$
$$x + 17 - 17 = \frac{33}{2} - \frac{17 \cdot 2}{1 \cdot 2}$$
$$x = \frac{33}{2} - \frac{34}{2}$$
$$x = -\frac{1}{2}$$
Check:
$$x + 17 = \frac{33}{2}$$
$$-\frac{1}{2} + 17 = \frac{33}{2}$$
$$-\frac{1}{2} + \frac{17 \cdot 2}{1 \cdot 2} = \frac{33}{2}$$
$$\frac{-1}{2} + \frac{34}{2} = \frac{33}{2}$$
$$\frac{-1 + 34}{2} = \frac{33}{2}$$
$$\frac{33}{2} = \frac{33}{2}$$

81.
$$rb = p$$
$$0.40(200) = p$$
$$80 = p$$
$$p = 80$$

83.
$$rb = p$$
$$0.50(38) = p$$
$$19 = p$$
$$p = 19$$

85.
$$rb = p$$
$$0.15b = 48$$
$$\frac{0.15b}{0.15} = \frac{48}{0.15}$$
$$b = 320$$

87.
$$rb = p$$
$$0.35b = 133$$
$$\frac{0.35b}{0.35} = \frac{133}{0.35}$$
$$b = 380$$

89.
$$rb = p$$
$$0.28b = 42$$
$$\frac{0.28b}{0.28} = \frac{42}{0.28}$$
$$b = 150$$

91.
$$rb = p$$
$$r \cdot 357.5 = 71.5$$
$$\frac{r \cdot 357.5}{357.5} = \frac{71.5}{357.5}$$
$$r = .2$$
$$r = 20\%$$

93.
$$rb = p$$
$$r \cdot 4 = 0.32$$
$$\frac{r \cdot 4}{4} = \frac{0.32}{4}$$
$$r = 0.08$$
$$r = 8\%$$

95.
$$rb = p$$
$$r \cdot 17 = 34$$
$$\frac{r \cdot 17}{17} = \frac{34}{17}$$
$$r = 2$$
$$r = 200\%$$

97. Let $x =$ the cost of the condominium.
$$x = 102744 - 57595$$
$$x = 45149 \quad \text{The cost of the condominium is \$45,149}$$

99. Let $x =$ the number of people originally at the movie.
$$\tfrac{2}{3}x = 78$$
$$\tfrac{3}{2} \cdot \tfrac{2}{3}x = \tfrac{3}{2} \cdot 78$$
$$x = 117$$
There were 117 people originally at the movie.

101. Let $x =$ the size of the senior class.
$$\tfrac{4}{7}x = 868$$
$$\tfrac{7}{4} \cdot \tfrac{4}{7}x = \tfrac{7}{4} \cdot 868$$
$$x = 1519$$
There are 1,519 students in the senior class.

103. First find the number of people not satisfied with the service and then find the percent that number is of the total number of people surveyed.

Let $x =$ the number of people not satisfied with the service.

$$\boxed{\begin{array}{c}\text{The number not satisfied}\\\text{with the service}\end{array}} = \boxed{\begin{array}{c}\text{the total number}\\\text{surveyed}\end{array}} - \boxed{\begin{array}{c}\text{the number satisfied}\\\text{with the service.}\end{array}}$$

$$x = 9200 - 4140$$
$$x = 5060$$
Then, $\quad rb = p$
$$\frac{r(9200)}{9200} = \frac{5060}{9200}$$
$$r = .55 = 55\%$$
The percent of people not satisfied with the service is 55%.

105. Let $x =$ the selling price of the microwave.
$$0.05x = 13.50$$
$$\frac{0.05x}{0.05} = \frac{13.50}{0.05}$$
$$x = 270$$
The price of the microwave is $270.

107. Let $x =$ the total number of patients in January.
$$0.36x = 1008$$
$$\frac{0.36x}{0.36} = \frac{1008}{0.36}$$
$$x = 2800$$
In January the hospital treated 2,800 patients.

Review Exercises (page 88)

1. $3[2 - (-3)] = 3[2 + (+3)]$
$$= 3[5]$$
$$= 15$$
integer, composite

3. $\dfrac{2^3 - 14}{3^2 - 3} = \dfrac{8 - 14}{9 - 3}$
$$= \dfrac{-6}{6}$$
$$= -1$$
integer

5. closure property of addition

7. commutative property of addition

Exercise 2.2 (page 94)

1.
$$5x - 1 = 4$$
$$5x - 1 + \mathbf{1} = 4 + \mathbf{1}$$
$$5x = 5$$
$$\frac{5x}{\mathbf{5}} = \frac{5}{\mathbf{5}}$$
$$x = 1$$

Check:
$$5x - 1 = 4$$
$$5(\mathbf{1}) - 1 = 4$$
$$5 - 1 = 4$$
$$4 = 4$$

3.
$$6x + 2 = -4$$
$$6x + 2 - \mathbf{2} = -4 - \mathbf{2}$$
$$6x = -6$$
$$\frac{6x}{\mathbf{6}} = \frac{-6}{\mathbf{6}}$$
$$x = -1$$

Check:
$$6x + 2 = -4$$
$$6(\mathbf{-1}) + 2 = -4$$
$$-6 + 2 = -4$$
$$-4 = -4$$

5.
$$3x - 8 = 1$$
$$3x - 8 + \mathbf{8} = 1 + \mathbf{8}$$
$$3x = 9$$
$$\frac{3x}{\mathbf{3}} = \frac{9}{\mathbf{3}}$$
$$x = 3$$

Check:
$$3x - 8 = 1$$
$$3(\mathbf{3}) - 8 = 1$$
$$9 - 8 = 1$$
$$1 = 1$$

7.
$$11x + 17 = -5$$
$$11x + 17 - \mathbf{17} = -5 - \mathbf{17}$$
$$11x = -22$$
$$\frac{11x}{\mathbf{11}} = \frac{-22}{\mathbf{11}}$$
$$x = -2$$

Check:
$$11x + 17 = -5$$
$$11(\mathbf{-2}) + 17 = -5$$
$$-22 + 17 = -5$$
$$-5 = -5$$

9.
$$43t + 72 = 158$$
$$43t + 72 - \mathbf{72} = 158 - \mathbf{72}$$
$$43t = 86$$
$$\frac{43t}{\mathbf{43}} = \frac{86}{\mathbf{43}}$$
$$t = 2$$

Check:
$$43t + 72 = 158$$
$$43(\mathbf{2}) + 72 = 158$$
$$86 + 72 = 158$$
$$158 = 158$$

11.
$$-47 - 21s = 58$$
$$-47 + \mathbf{47} - 21s = 58 + \mathbf{47}$$
$$-21s = 105$$
$$\frac{-21s}{\mathbf{-21}} = \frac{105}{\mathbf{-21}}$$
$$s = -5$$

Check:
$$-47 - 21s = 58$$
$$-47 - 21(\mathbf{-5}) = 58$$
$$-47 + 105 = 58$$
$$58 = 58$$

13.
$$2y - \frac{5}{3} = \frac{4}{3}$$
$$2y - \frac{5}{3} + \mathbf{\frac{5}{3}} = \frac{4}{3} + \mathbf{\frac{5}{3}}$$
$$2y = 3$$
$$\frac{2y}{2} = \frac{3}{2}$$
$$y = \frac{3}{2}$$
Check:
$$2\left(\frac{\mathbf{3}}{\mathbf{2}}\right) - \frac{5}{3} = \frac{4}{3}$$
$$3 - \frac{5}{3} = \frac{4}{3}$$
$$\frac{9}{3} - \frac{5}{3} = \frac{4}{3}$$
$$\frac{4}{3} = \frac{4}{3}$$

15.
$$-4y - 12 = -20$$
$$-4y - 12 + \mathbf{12} = -20 + \mathbf{12}$$
$$-4y = -8$$
$$\frac{-4y}{-4} = \frac{-8}{-4}$$
$$y = 2$$
Check:
$$-4(\mathbf{2}) - 12 = -20$$
$$-8 - 12 = -20$$
$$-20 = -20$$

17.
$$\frac{x}{3} - 3 = -2$$
$$\frac{x}{3} - 3 + \mathbf{3} = -2 + \mathbf{3}$$
$$\frac{x}{3} = 1$$
$$\frac{\mathbf{3}}{1}\left(\frac{x}{\mathbf{3}}\right) = \mathbf{3}(1)$$
$$x = 3$$
Check:
$$\frac{\mathbf{3}}{3} - 3 = -2$$
$$1 - 3 = -2$$
$$-2 = -2$$

19.
$$\frac{z}{9} + 5 = -1$$
$$\frac{z}{9} + 5 - \mathbf{5} = -1 - \mathbf{5}$$
$$\frac{z}{9} = -6$$
$$\frac{\mathbf{9}}{1}\left(\frac{z}{\mathbf{9}}\right) = \mathbf{9}(-6)$$
$$z = -54$$
Check:
$$\frac{\mathbf{-54}}{9} + 5 = -1$$
$$-6 + 5 = -1$$
$$-1 = -1$$

21.
$$\frac{b}{3} + 5 = 2$$
$$\frac{b}{3} + 5 - \mathbf{5} = 2 - \mathbf{5}$$
$$\frac{b}{3} = -3$$
$$\frac{\mathbf{3}}{1}\left(\frac{b}{\mathbf{3}}\right) = \mathbf{3}(-3)$$
$$b = -9$$
Check:
$$\frac{b}{3} + 5 = 2$$
$$\frac{\mathbf{-9}}{3} + 5 = 2$$
$$-3 + 5 = 2$$
$$2 = 2$$

23.
$$\frac{s}{11} + 9 = 6$$
$$\frac{s}{11} + 9 - \mathbf{9} = 6 - \mathbf{9}$$
$$\frac{s}{11} = -3$$
$$\frac{\mathbf{11}}{1}\left(\frac{s}{\mathbf{11}}\right) = \mathbf{11}(-3)$$
$$s = -33$$
Check:
$$\frac{s}{11} + 9 = 6$$
$$\frac{\mathbf{-33}}{11} + 9 = 6$$
$$-3 + 9 = 6$$
$$6 = 6$$

25.
$$\frac{k}{5} - \frac{1}{2} = \frac{3}{2}$$
$$\frac{k}{5} - \frac{1}{2} + \mathbf{\frac{1}{2}} = \frac{3}{2} + \mathbf{\frac{1}{2}}$$
$$\frac{k}{5} = \frac{4}{2}$$
$$\frac{\cancel{5}}{1}\left(\frac{k}{\cancel{5}}\right) = 5(2)$$
$$k = 10$$

Check:
$$\frac{k}{5} - \frac{1}{2} = \frac{3}{2}$$
$$\frac{\mathbf{10}}{5} - \frac{1}{2} = \frac{3}{2}$$
$$2 - \frac{1}{2} = \frac{3}{2}$$
$$\frac{4}{2} - \frac{1}{2} = \frac{3}{2}$$
$$\frac{3}{2} = \frac{3}{2}$$

27.
$$\frac{w}{16} + \frac{5}{4} = 1$$
$$\frac{w}{16} + \frac{5}{4} - \mathbf{\frac{5}{4}} = 1 - \mathbf{\frac{5}{4}}$$
$$\frac{w}{16} = \frac{4}{4} - \frac{5}{4}$$
$$\frac{\mathbf{16}}{\mathbf{1}}\left(\frac{w}{16}\right) = \frac{\mathbf{16}}{\mathbf{1}}\left(-\frac{1}{4}\right)$$
$$w = -4$$

Check:
$$\frac{w}{16} + \frac{5}{4} = 1$$
$$\frac{\mathbf{-4}}{16} + \frac{5}{4} = 1$$
$$-\frac{1}{4} + \frac{5}{4} = 1$$
$$\frac{4}{4} = 1$$
$$1 = 1$$

29.
$$\frac{b+5}{3} = 11$$
$$\frac{\cancel{3}}{1}\left(\frac{b+5}{\cancel{3}}\right) = \mathbf{3}(11)$$
$$b + 5 = 33$$
$$b + 5 - \mathbf{5} = 33 - \mathbf{5}$$
$$b = 28$$
Check:
$$\frac{\mathbf{28} + 5}{3} = 11$$
$$\frac{33}{3} = 11$$
$$11 = 11$$

31.
$$\frac{r+7}{3} = 4$$
$$\frac{\cancel{3}}{1}\left(\frac{r+7}{\cancel{3}}\right) = \mathbf{3}(4)$$
$$r + 7 = 12$$
$$r + 7 - \mathbf{7} = 12 - \mathbf{7}$$
$$r = 5$$
Check:
$$\frac{\mathbf{5} + 7}{3} = 4$$
$$\frac{12}{3} = 4$$
$$4 = 4$$

33.
$$\frac{u-2}{5} = 1$$
$$\frac{5}{1}\left(\frac{u-2}{5}\right) = 5(1)$$
$$u - 2 = 5$$
$$u - 2 + 2 = 5 + 2$$
$$u = 7$$
Check:
$$\frac{7-2}{5} = 1$$
$$\frac{5}{5} = 1$$
$$1 = 1$$

35.
$$\frac{x-4}{4} = -3$$
$$\frac{4}{1}\left(\frac{x-4}{4}\right) = 4(-3)$$
$$x - 4 = -12$$
$$x - 4 + 4 = -12 + 4$$
$$x = -8$$
Check:
$$\frac{-8-4}{4} = -3$$
$$\frac{-12}{4} = -3$$
$$-3 = -3$$

37.
$$\frac{3x}{2} - 6 = 9$$
$$\frac{3x}{2} - 6 + 6 = 9 + 6$$
$$\frac{2}{3}\left(\frac{3x}{2}\right) = \frac{2}{3}\left(\frac{15}{1}\right)$$
$$\frac{2 \cdot 3 \cdot x}{3 \cdot 2} = \frac{2 \cdot 3 \cdot 5}{3 \cdot 1}$$
$$x = 10$$
Check:
$$\frac{3(10)}{2} - 6 = 9$$
$$15 - 6 = 9$$
$$9 = 9$$

39.
$$\frac{3y}{2} + 5 = 11$$
$$\frac{3y}{2} + 5 - 5 = 11 - 5$$
$$\frac{2}{3}\left(\frac{3y}{2}\right) = \frac{2}{3}\left(\frac{6}{1}\right)$$
$$\frac{2 \cdot 3 \cdot y}{3 \cdot 2} = \frac{2 \cdot 2 \cdot 3}{3}$$
$$y = 4$$
Check:
$$\frac{3(4)}{2} + 5 = 11$$
$$6 + 5 = 11$$
$$11 = 11$$

41.
$$\frac{3x - 12}{2} = 9$$
$$\frac{2}{1}\left(\frac{3x - 12}{2}\right) = 2(9)$$
$$3x - 12 = 18$$
$$3x - 12 + 12 = 18 + 12$$
$$3x = 30$$
$$\frac{3x}{3} = \frac{30}{3}$$
$$x = 10$$
Check:
$$\frac{3(10) - 12}{2} = 9$$
$$\frac{30 - 12}{2} = 9$$
$$\frac{18}{2} = 9$$
$$9 = 9$$

43.
$$\frac{5k - 8}{9} = 1$$
$$\frac{9}{1} \cdot \frac{5k - 8}{9} = 9 \cdot 1$$
$$5k - 8 = 9$$
$$5k - 8 + 8 = 9 + 8$$
$$5k = 17$$
$$\frac{5k}{5} = \frac{17}{5}$$
$$k = \frac{17}{5}$$
Check:
$$\frac{5\left(\frac{17}{5}\right) - 8}{9} = 1$$
$$\frac{17 - 8}{9} = 1$$
$$\frac{9}{9} = 1$$
$$1 = 1$$

45. $\frac{3z+2}{17} = 0$

$\frac{17}{1}\left(\frac{3z+2}{17}\right) = 17(0)$

$3z + 2 = 0$
$3z + 2 - 2 = 0 - 2$
$3z = -2$

$\frac{3z}{3} = \frac{-2}{3}$

$z = -\frac{2}{3}$

Check:
$\frac{3\left(-\frac{2}{3}\right) + 2}{17} = 0$

$\frac{-2 + 2}{17} = 0$

$\frac{0}{17} = 0$

$0 = 0$

47. $\frac{17k - 28}{21} + \frac{4}{3} = 0$

$\frac{17k - 28}{21} + \frac{4}{3} - \frac{4}{3} = 0 - \frac{4}{3}$

$\frac{17k - 28}{21} = -\frac{4}{3}$

$\frac{21}{1}\left(\frac{17k-28}{21}\right) = \frac{21}{1}\left(-\frac{4}{3}\right)$

$17k - 28 = -28$
$17k - 28 + 28 = -28 + 28$
$17k = 0$

$\frac{17k}{17} = \frac{0}{17}$

$k = 0$

Check:
$\frac{17(0) - 28}{21} + \frac{4}{3} = 0$

$\frac{0 - 28}{21} + \frac{4}{3} = 0$

$\frac{-28}{21} + \frac{4}{3} = 0$

$\frac{-4}{3} + \frac{4}{3} = 0$

$0 = 0$

49. $-\frac{x}{3} - \frac{1}{2} = -\frac{5}{2}$

$-\frac{x}{3} - \frac{1}{2} + \frac{1}{2} = -\frac{5}{2} + \frac{1}{2}$

$-\frac{x}{3} = \frac{-4}{2}$

$-\frac{3}{1}\left(-\frac{x}{3}\right) = -3(-2)$

$x = 6$

Check:
$-\frac{(6)}{3} - \frac{1}{2} = -\frac{5}{2}$

$-2 - \frac{1}{2} = -\frac{5}{2}$

$-\frac{4}{2} - \frac{1}{2} = -\frac{5}{2}$

$-\frac{5}{2} = -\frac{5}{2}$

51. $\frac{9 - 5w}{15} = \frac{2}{5}$

$\frac{15}{1}\left(\frac{9-5w}{15}\right) = \frac{15}{1}\left(\frac{2}{5}\right)$

$9 - 5w = 6$
$9 - 9 - 5w = 6 - 9$
$-5w = -3$

$\frac{-5w}{-5} = \frac{-3}{-5}$

$w = \frac{3}{5}$

Check:
$\frac{9 - 5\left(\frac{3}{5}\right)}{15} = \frac{2}{5}$

$\frac{9 - 3}{15} = \frac{2}{5}$

$\frac{6}{15} = \frac{2}{5}$

$\frac{2 \cdot 3}{3 \cdot 5} = \frac{2}{5}$

$\frac{2}{5} = \frac{2}{5}$

53. Let $x =$ the integer.
$$3x - 6 = 9$$
$$3x - 6 + \mathbf{6} = 9 + \mathbf{6}$$
$$3x = 15$$
$$\frac{3x}{3} = \frac{15}{3}$$
$$x = 5$$
Check:
$$3(\mathbf{5}) - 6 = 9$$
$$15 - 6 = 9$$
$$9 = 9$$
The required integer is 5.

55. Let $x =$ the current rent.
$$2x - 100 = 400$$
$$2x - 100 + \mathbf{100} = 400 + \mathbf{100}$$
$$2x = 500$$
$$\frac{2x}{2} = \frac{500}{2}$$
$$x = 250$$
Check:
$$2(\mathbf{250}) - 100 = 400$$
$$500 - 100 = 400$$
$$400 = 400$$
The current rent is 250.

57. Let $x =$ the number of days the owner was gone.
$$16 + 12x = 100$$
$$16 - \mathbf{16} + 12x = 100 - \mathbf{16}$$
$$12x = 84$$
$$\frac{12x}{12} = \frac{84}{12}$$
$$x = 7$$
Check:
$$16 + 12(\mathbf{7}) = 100$$
$$16 + 84 = 100$$
$$100 = 100$$
The owner was gone 7 days.

59. Let $x =$ how long she can talk after the first minute.
$$0.85 + 0.27x = 8.50$$
$$0.85 - \mathbf{0.85} + 0.27x = 8.50 - \mathbf{0.85}$$
$$0.27x = 7.65$$
$$\frac{0.27x}{0.27} = \frac{7.65}{0.27}$$
$$x \approx 28$$
Check:
$$0.85 + 0.27(\mathbf{28}) \approx 8.50$$
$$0.85 + 7.56 \approx 8.50$$
$$8.41 \approx 8.50$$
She can talk about 28 minutes in addition to the first minute, so 29 minutes altogether. **Note:** In the check, the values are approximately equal and the amount needed is less than the amount she has.

61. Let $x =$ the total ticket sales.
$$1500 + 0.20x = 2980$$
$$1500 - \mathbf{1500} + 0.20x = 2980 - \mathbf{1500}$$
$$0.20x = 1480$$
$$\frac{0.20x}{0.20} = \frac{1480}{0.20}$$
$$x = 7400$$
Verify the answer is correct. The ticket sales raised $7,400.

63. Let x = the score needed for an average of 90.

$$\frac{85 + 80 + 95 + 78 + x}{5} = 90$$

$$\frac{338 + x}{5} = 90$$

$$\frac{5}{1}\left(\frac{338 + x}{5}\right) = 5(90)$$

$$338 + x = 450$$
$$338 - 338 + x = 450 - 338$$
$$x = 112$$

Verify the answer is correct.
The score needed for an average of 90 is 112 which is impossible on a one hundred point test.

65. Let x = the original price of the sweater.

$$0.90(0.80x) = 36$$
$$(0.90 \cdot 0.80)x = 36$$
$$(0.72)x = 36$$
$$\frac{(0.72)x}{0.72} = \frac{36}{0.72}$$
$$x = 50$$

Verify the answer is correct.
The sweater originally cost $50.

67. **For a purchase of $100:**
Let r = the percent discount.
$$rb = p$$
$$r \cdot 100 = 15$$
$$\frac{r \cdot 100}{100} = \frac{15}{100}$$
$$r = .15 \text{ or } 15\%$$

For a purchase of $250:
Let r = the percent discount.
$$rb = p$$
$$r \cdot 250 = 15$$
$$\frac{r \cdot 250}{250} = \frac{15}{250}$$
$$r = 0.06 \text{ or } 6\%$$

The range of percent discount is 15% to 6%.

Review Exercises   (page 96)

1. $P = 2w + 2l$
$= 2(8.5\,cm) + 2(16.5\,cm)$
$= 17\,cm + 33\,cm$
$= 50\,cm$

3. $A = \frac{1}{2}h(b_1 + b_2)$
$= \frac{1}{2}(8.5\,in.)(6.7\,in. + 12.2in.)$
$= \frac{1}{2}(8.5\,in.)(18.9\,in.)$
$= 80.325\,in.^2$

Exercise 2.3   (page 104)

1. $3x + 17x = (3 + 17)x = 20x$

3. $8x^2 - 5x^2 = (8 - 5)x^2 = 3x^2$

5. $9x + 3y$ does not simplify.

7. $3(x + 2) + 4x = 3x + 6 + 4x = 7x + 6$

9. $5(z - 3) + 2z = 5z - 15 + 2z = 7z - 15$

11. $12(x + 11) - 11 = 12x + 132 - 11 = 12x + 121$

13. $8(y + 7) - 2(y - 3) = 8y + 56 - 2y + 6 = 6y + 62$

15. $2x + 4(y - x) + 3y = 2x + 4y - 4x + 3y = 2x - 4x + 4y + 3y = -2x + 7y$

17. $(x + 2) - (x - y) = x + 2 - x + y = x - x + 2 + y = 2 + y$

19. $2\left(4x + \frac{9}{2}\right) - 3\left(x + \frac{2}{3}\right) = 8x + 9 - 3x - 2 = 8x - 3x + 9 - 2 = 5x + 7$

21. $8x(x + 3) - 3x^2 = 8x^2 + 24x - 3x^2 = 8x^2 - 3x^2 + 24x = 5x^2 + 24x$

23.
$$3x + 2 = 2x$$
$$3x - \mathbf{2x} + 2 = 2x - \mathbf{2x}$$
$$x + 2 = 0$$
$$x + 2 - \mathbf{2} = 0 - \mathbf{2}$$
$$x = -2$$
Check:
$$3(-2) + 2 = 2(-2)$$
$$-6 + 2 = -4$$
$$-4 = -4$$

25.
$$5x - 3 = 4x$$
$$5x - \mathbf{4x} - 3 = 4x - \mathbf{4x}$$
$$x - 3 = 0$$
$$x - 3 + \mathbf{3} = 0 + \mathbf{3}$$
$$x = 3$$
Check:
$$5(3) - 3 = 4(3)$$
$$15 - 3 = 12$$
$$12 = 12$$

27.
$$9y - 3 = 6y$$
$$9y - \mathbf{6y} - 3 = 6y - \mathbf{6y}$$
$$3y - 3 = 0$$
$$3y - 3 + \mathbf{3} = 0 + \mathbf{3}$$
$$3y = 3$$
$$\frac{3y}{3} = \frac{3}{3}$$
$$y = 1$$
Check:
$$9(\mathbf{1}) - 3 = 6(\mathbf{1})$$
$$9 - 3 = 6$$
$$6 = 6$$

29.
$$8y - 7 = y$$
$$8y - \mathbf{y} - 7 = y - \mathbf{y}$$
$$7y - 7 = 0$$
$$7y - 7 + \mathbf{7} = 0 + \mathbf{7}$$
$$7y = 7$$
$$\frac{7y}{7} = \frac{7}{7}$$
$$y = 1$$
Check:
$$8(\mathbf{1}) - 7 = \mathbf{1}$$
$$8 - 7 = 1$$
$$1 = 1$$

31.
$$9 - 23w = 4w$$
$$9 - 23w + \mathbf{23w} = 4w + \mathbf{23w}$$
$$9 = 27w$$
$$\frac{9}{27} = \frac{27w}{27}$$
$$\frac{1}{3} = w$$
$$w = \frac{1}{3}$$
Check:
$$9 - 23\left(\frac{1}{3}\right) = 4\left(\frac{1}{3}\right)$$
$$9 - \frac{23}{3} = \frac{4}{3}$$
$$\frac{27}{3} - \frac{23}{3} = \frac{4}{3}$$
$$\frac{4}{3} = \frac{4}{3}$$

33.
$$22 - 3r = 8r$$
$$22 - 3r + \mathbf{3r} = 8r + \mathbf{3r}$$
$$22 = 11r$$
$$\frac{22}{11} = \frac{11r}{11}$$
$$2 = r$$
$$r = 2$$
Check:
$$22 - 3(\mathbf{2}) = 8(\mathbf{2})$$
$$22 - 6 = 16$$
$$16 = 16$$

35.
$$3(a+2) = 4a$$
$$3a + 6 = 4a$$
$$3a - \mathbf{3a} + 6 = 4a - \mathbf{3a}$$
$$6 = a$$
$$a = 6$$
Check:
$$3(\mathbf{6}+2) = 4(\mathbf{6})$$
$$3(8) = 24$$
$$24 = 24$$

37.
$$5(b+7) = 6b$$
$$5b + 35 = 6b$$
$$5b - \mathbf{5b} + 35 = 6b - \mathbf{5b}$$
$$35 = b$$
$$b = 35$$
Check:
$$5(\mathbf{35}+7) = 6(\mathbf{35})$$
$$5(42) = 210$$
$$210 = 210$$

39.
$$2 + 3(x-5) = 4(x-1)$$
$$2 + 3x - 15 = 4x - 4$$
$$3x - 13 = 4x - 4$$
$$3x - \mathbf{3x} - 13 = 4x - \mathbf{3x} - 4$$
$$-13 = x - 4$$
$$-13 + \mathbf{4} = x - 4 + \mathbf{4}$$
$$-9 = x$$
$$x = -9$$

Verify that the solution checks.

41.
$$10x + 3(2-x) = 5(x+2) - 4$$
$$10x + 6 - 3x = 5x + 10 - 4$$
$$7x + 6 = 5x + 6$$
$$7x - \mathbf{5x} + 6 = 5x - \mathbf{5x} + 6$$
$$2x + 6 = 6$$
$$2x + 6 - \mathbf{6} = 6 - \mathbf{6}$$
$$2x = 0$$
$$\frac{2x}{2} = \frac{0}{2}$$
$$x = 0$$

Verify that the solution checks.

43.
$$3(a+2) = 2(a-7)$$
$$3a + 6 = 2a - 14$$
$$3a - \mathbf{2a} + 6 = 2a - \mathbf{2a} - 14$$
$$a + 6 = -14$$
$$a + 6 - \mathbf{6} = -14 - \mathbf{6}$$
$$a = -20$$

Verify that the solution checks.

45.
$$9(x+11) + 5(13-x) = 0$$
$$9x + 99 + 65 - 5x = 0$$
$$4x + 164 = 0$$
$$4x + 164 - \mathbf{164} = 0 - \mathbf{164}$$
$$4x = -164$$
$$\frac{4x}{4} = \frac{-164}{4}$$
$$x = -41$$

Verify that the solution checks.

47.
$$\frac{3(t-7)}{2} = t - 6$$
$$\frac{\cancel{2}}{1}\left(\frac{3(t-7)}{\cancel{2}}\right) = 2(t-6)$$
$$3(t-7) = 2t - 12$$
$$3t - 21 = 2t - 12$$
$$3t - \mathbf{2t} - 21 = 2t - \mathbf{2t} - 12$$
$$t - 21 = -12$$
$$t - 21 + \mathbf{21} = -12 + \mathbf{21}$$
$$t = 9$$

Verify that the solution checks.

49.
$$\frac{5(2-s)}{3} = s + 6$$
$$\frac{\cancel{3}}{1} \cdot \left(\frac{5(2-s)}{\cancel{3}}\right) = 3(s+6)$$
$$5(2-s) = 3s + 18$$
$$10 - 5s = 3s + 18$$
$$10 - 5s + \mathbf{5s} = 3s + \mathbf{5s} + 18$$
$$10 = 8s + 18$$
$$10 - \mathbf{18} = 8s + 18 - \mathbf{18}$$
$$-8 = 8s$$
$$\frac{-8}{8} = \frac{8s}{8}$$
$$-1 = s$$

Verify that the solution checks.

51.
$$\frac{4(2x-10)}{3} = 2(x-4)$$
$$\frac{3}{1}\left(\frac{4(2x-10)}{3}\right) = 3 \cdot 2(x-4)$$
$$4(2x-10) = 6(x-4)$$
$$8x - 40 = 6x - 24$$
$$8x - \mathbf{6x} - 40 = 6x - \mathbf{6x} - 24$$
$$2x - 40 = -24$$
$$2x - 40 + \mathbf{40} = -24 + \mathbf{40}$$
$$2x = 16$$
$$\frac{2x}{2} = \frac{16}{2}$$
$$x = 8$$

Verify that the solution checks.

53.
$$3.1(x-2) = 1.3x + 2.8$$
$$3.1x - 6.2 = 1.3x + 2.8$$
$$3.1x - \mathbf{1.3x} - 6.2 = 1.3x - \mathbf{1.3x} + 2.8$$
$$1.8x - 6.2 = 2.8$$
$$1.8x - 6.2 + \mathbf{6.2} = 2.8 + \mathbf{6.2}$$
$$1.8x = 9.0$$
$$\frac{1.8x}{1.8} = \frac{9.0}{1.8}$$
$$x = 5$$

Verify that the solution checks.

55.
$$2.7(y+1) = 0.3(3y+33) \quad \text{Remove parentheses.}$$
$$2.7y + 2.7 = 0.9y + 9.9$$
$$2.7y - \mathbf{0.9y} + 2.7 = 0.9y - \mathbf{0.9y} + 9.9 \quad \text{Subtract 0.9y from both sides.}$$
$$1.8y + 2.7 = 9.9 \quad \text{Combine like terms.}$$
$$1.8y + 2.7 - \mathbf{2.7} = 9.9 - \mathbf{2.7} \quad \text{Subtract 2.7 from both sides.}$$
$$1.8y = 7.2 \quad \text{Combine like terms.}$$
$$\frac{1.8y}{1.8} = \frac{7.2}{1.8} \quad \text{Divide both sides by 1.8.}$$
$$y = 4$$

Verify that the solution checks.

57.
$$19.1x - 4(x + 0.3) = -46.5$$
$$19.1x - 4x - 1.2 = -46.5 \quad \text{Remove parentheses.}$$
$$15.1x - 1.2 = -46.5 \quad \text{Combine like terms.}$$
$$15.1x - 1.2 + \mathbf{1.2} = -46.5 + \mathbf{1.2} \quad \text{Add 1.2 to both sides.}$$
$$15.1x = -45.3 \quad \text{Combine like terms.}$$
$$\frac{15.1x}{15.1} = \frac{-45.3}{15.1} \quad \text{Divide both sides by 15.1.}$$
$$x = -3 \quad \text{Simplify.}$$

Verify that the solution checks.

59.
$$14.3(x+2)+13.7(x-3)=15.5$$
$$14.3x+28.6+13.7x-41.1=15.5 \quad \text{Remove parentheses.}$$
$$28x-12.5=15.5 \quad \text{Combine like terms.}$$
$$28x-12.5+\mathbf{12.5}=15.5+\mathbf{12.5} \quad \text{Add 12.5 to both sides.}$$
$$28x=28 \quad \text{Combine like terms.}$$
$$\frac{28x}{28}=\frac{28}{28} \quad \text{Divide both sides by 28.}$$
$$x=1 \quad \text{Simplify.}$$

Verify that the solution checks.

61.
$$x(2x-3)=2x^2+15$$
$$2x^2-3x=2x^2+15$$
$$2x^2-\mathbf{2x^2}-3x=2x^2-\mathbf{2x^2}+15$$
$$-3x=15$$
$$\frac{-3x}{-3}=\frac{15}{-3}$$
$$x=-5$$

Verify that the solution checks.

63.
$$a(a+2)=a(a-4)+16$$
$$a^2+2a=a^2-4a+16$$
$$a^2-\mathbf{a^2}+2a=a^2-\mathbf{a^2}-4a+16$$
$$2a=-4a+16$$
$$2a+\mathbf{4a}=-4a+\mathbf{4a}+16$$
$$6a=16$$
$$\frac{6a}{6}=\frac{16}{6}$$
$$a=\frac{8}{3}$$

Verify that the solution checks.

65.
$$\frac{x(2x-8)}{2}=x(x+2)$$
$$\frac{\mathbf{2}}{1}\left(\frac{x(2x-8)}{\mathbf{2}}\right)=2\cdot x(x+2)$$
$$x(2x-8)=2x(x+2)$$
$$2x^2-8x=2x^2+4x$$
$$2x^2-\mathbf{2x^2}-8x=2x^2-\mathbf{2x^2}+4x$$
$$-8x+\mathbf{8x}=4x+\mathbf{8x}$$
$$\frac{0}{12}=\frac{12x}{12}$$
$$0=x$$
$$x=0$$

Verify that the solution checks.

67.
$$2y^2-9=y(y+3)+y^2$$
$$2y^2-9=y^2+3y+y^2$$
$$2y^2-\mathbf{2y^2}-9=2y^2-\mathbf{2y^2}+3y$$
$$-9=3y$$
$$\frac{-9}{3}=\frac{3y}{3}$$
$$-3=y$$
$$y=-3$$

Verify that the solution checks.

69. $\dfrac{x(4x+3)+2(x^2+9)}{2} = 3x(x+2)$

$\dfrac{2}{1}\left(\dfrac{x(4x+3)+2(x^2+9)}{2}\right) = 2 \cdot 3x(x+2)$ Multiply both sides by 2.

$4x^2 + 3x + 2x^2 + 18 = 6x^2 + 12x$ Remove parentheses.

$6x^2 + 3x + 18 = 6x^2 + 12x$ Combine like terms.

$6x^2 - \mathbf{6x^2} + 3x + 18 = 6x^2 - \mathbf{6x^2} + 12x$ Subtract $6x^2$ from both sides.

$3x + 18 = 12x$ Combine like terms.

$3x - \mathbf{3x} + 18 = 12x - \mathbf{3x}$ Subtract $3x$ from both sides.

$18 = 9x$ Combine like terms.

$\dfrac{18}{9} = \dfrac{9x}{9}$ Divide both sides by 9.

$2 = x$ Simplify.

or $\quad x = 2$

Verify that the solution checks.

71. $8x + 3(2 - x) = 5(x + 2) - 4$

$8x + 6 - 3x = 5x + 10 - 4$

$5x + 6 = 5x + 6$

$5x - \mathbf{5x} + 6 = 5x - \mathbf{5x} + 6$

$6 = 6$

Because $6 = 6$ is true for every value x the original equation is an identity.

73. $s(s + 2) = s^2 + 2s + 1$

$s^2 + 2s = s^2 + 2s + 1$

$s^2 - \mathbf{s^2} + 2s = s^2 - \mathbf{s^2} + 2s + 1$

$2s = 2s + 1$

$2s - \mathbf{2s} = 2s - \mathbf{2s} + 1$

$0 = 1$

Because $0 = 1$ is false, the original equation has no solutions. It is an impossible equation.

75. $\dfrac{2(t-1)}{6} - 2 = \dfrac{t+2}{6}$

$\dfrac{6}{1}\left(\dfrac{2(t-1)}{6} - 2\right) = \dfrac{6}{1}\left(\dfrac{t+2}{6}\right)$

$\dfrac{6}{1}\left(\dfrac{2(t-1)}{6}\right) - 6(2) = \dfrac{6}{1}\left(\dfrac{t+2}{6}\right)$

$2(t - 1) - 12 = t + 2$

$2t - 2 - 12 = t + 2$

$2t - 14 = t + 2$

$2t - \mathbf{t} - 14 = t - \mathbf{t} + 2$

$t - 14 + \mathbf{14} = 2 + \mathbf{14}$

$t = 16$

Verify that the solution checks.

77. $2(3z + 4) = 2(3z - 2) + 13$

$6z + 8 = 6z - 4 + 13$

$6z + 8 = 6z + 9$

$6z - \mathbf{6z} + 8 = 6z - \mathbf{6z} + 9$

$8 = 9$

Because $8 = 9$ is false, the original equation has no solutions. It is an impossible equation.

79.
$$2(y-3) - \frac{y}{2} = \frac{3}{2}(y-4)$$
$$\frac{2}{1}\left(2(y-3) - \frac{y}{2}\right) = \frac{2}{1} \cdot \frac{3}{2}(y-4) \qquad \text{Multiply both sides by 2.}$$
$$2 \cdot 2(y-3) - \frac{2}{1}\left(\frac{y}{2}\right) = \frac{2}{1} \cdot \frac{3}{2}(y-4) \qquad \text{Use the distributive property.}$$
$$4(y-3) - y = 3(y-4) \qquad \text{Simplify.}$$
$$4y - 12 - y = 3y - 12 \qquad \text{Use the distributive property.}$$
$$3y - 12 = 3y - 12 \qquad \text{Combine like terms.}$$

Because the left-hand side of the equation is identical to the right-hand side, the equation is true for every value of x. It is an identity. Note: You may have done a couple more steps getting equations of $-12 = -12$ or $0 = 0$. In either case the conclusion is still that the original equation is an identity.

81.
$$\frac{3x+14}{2} = x - 2 + \frac{x+18}{2}$$
$$\frac{2}{1}\left(\frac{3x+14}{2}\right) = \frac{2}{1}\left(x - 2 + \frac{x+18}{2}\right) \qquad \text{Multiply both sides by 2.}$$
$$\frac{2}{1}\left(\frac{3x+14}{2}\right) = 2(x) - 2(2) + \frac{2}{1}\left(\frac{x+18}{2}\right) \qquad \text{Use the distributive property.}$$
$$3x + 14 = 2x - 4 + x + 18 \qquad \text{Simplify.}$$
$$3x + 14 = 3x + 14 \qquad \text{Combine like terms.}$$

Because the left-hand side of the equation is identical to the right-hand side, the equation is true for every value of x. It is an identity. Note: You may have done a couple more steps getting equations of $14 = 14$ or $0 = 0$. In either case the conclusion is still that the original equation is an identity.

83. Let $x =$ the length of one of the sections. Then, $2x =$ the length of the other section.

$$x + 2x = 12$$
$$3x = 12$$
$$\frac{3x}{3} = \frac{12}{3}$$
$$x = 4$$

One of the sections is $4\,ft$ and the other is $2(\mathbf{4})$ or $8\,ft$.

85. Let $x =$ the original price. Since it is discounted 20%, it is selling for 80% of its original price. Therefore,

$$0.80x = 969.20$$
$$\frac{0.80x}{0.80} = \frac{969.20}{0.80}$$
$$x = 1211.50$$

The stereo originally cost $1,211.50.

87. Let $x = $ the original price of the sofa.
Because the sofa and chair are discounted 35%, they are selling for 65% of their original prices.
$$0.65x + 0.65(300) = 780$$
$$0.65x + 195 = 780$$
$$0.65x + 195 - 195 = 780 - 195$$
$$0.65x = 585$$
$$\frac{0.65x}{0.65} = \frac{585}{0.65}$$
$$x = 900$$
The sofa originally cost $900.

89. Let $x = $ Tia's hourly rate.
$$40(x) + 14(1.5x) = 332.45$$
$$40x + 21x = 332.45$$
$$61x = 332.45$$
$$\frac{61x}{61} = \frac{332.45}{61}$$
$$x = 5.45$$
Tia's hourly rate is $5.45.

91. Let $x = $ the number of calories in a scoop of ice cream.
$2x + 100 = $ the number of calories in the pie.
$$x + (2x + 100) = 850$$
$$3x + 100 = 850$$
$$3x + 100 - 100 = 850 - 100$$
$$3x = 750$$
$$\frac{3x}{3} = \frac{750}{3}$$
$$x = 250$$
There are 250 calories in the scoop of ice cream.

93. Let $x = $ the amount of cement.
$3x = $ the amount of gravel.
$$x + 3x = 500$$
$$4x = 500$$
$$\frac{4x}{4} = \frac{500}{4}$$
$$x = 125$$
There is 125 pounds of cement in 500 pounds of dry concrete mix.

95. Let $x = $ the width of the smaller solar panel.
$x + 3.4 = $ the width of the wider solar panel.
$$x + (x + 3.4) = 18$$
$$2x + 3.4 = 18$$
$$2x + 3.4 - 3.4 = 18 - 3.4$$
$$2x = 14.6$$
$$\frac{2x}{2} = \frac{14.6}{2}$$
$$x = 7.3$$
The smaller solar panel is $7.3\,ft$ wide and the larger one is $7.3 + 3.4$ or $10.7\,ft$ wide.

97. Let $x = $ usual price for a single bottle of vitamins.
$\frac{1}{2}x = $ the price of the second bottle purchased.
$$x + \frac{1}{2}x = 2.25$$
$$\frac{2}{1}\left(x + \frac{1}{2}x\right) = 2(2.25)$$
$$2(x) + \frac{2}{1} \cdot \frac{1}{2}x = 2(2.25)$$
$$2x + x = 4.50$$
$$3x = 4.50$$
$$\frac{3x}{3} = \frac{4.50}{3}$$
$$x = 1.50$$
The usual price for a single bottle of vitaimins is $1.50.

99. Let $x =$ the monthly sales that will produce equal income.
$$600 + 0.02x = 0.05x$$
$$600 + 0.02x - \mathbf{0.02x} = 0.05x - \mathbf{0.02x}$$
$$600 = 0.03x$$
$$\frac{600}{0.03} = \frac{0.03x}{0.03}$$
$$20000 = x$$
$$\text{or} \quad x = 20000$$
The monthly sales that will produce equal income is $20,000.

Review Exercises (page 107)

1. $x^2 z(y^3 - z) = (-3)^2(0)[(-5)^3 - 0] = (-3)^2(0)[-125 - 0]$
$$= (-3)^2(0)[-125] = 9(0)[-125] = 0$$

3. $\dfrac{x - y^2}{2y - 1 + x} = \dfrac{(-3) - (-5)^2}{2(-5) - 1 + (-3)} = \dfrac{-3 - 25}{-10 - 1 - 3} = \dfrac{-28}{-14} = 2$

Exercise 2.4 (page 111)

1. $E = IR$; for I

$\dfrac{E}{R} = \dfrac{IR}{R}$

$\dfrac{E}{R} = I$

or $I = \dfrac{E}{R}$

3. $V = lwh$; for w

$\dfrac{V}{lh} = \dfrac{lwh}{lh}$

$\dfrac{V}{lh} = w$

or $w = \dfrac{V}{lh}$

5. $P = a + b + c$; for b

$P - a - c = a - a + b + c - c$

$P - a - c = b$

or $b = P - a - c$

7. $P = 2l + 2w$; for w

$P - 2l = 2l - 2l + 2w$

$P - 2l = 2w$

$\dfrac{P - 2l}{2} = \dfrac{2w}{2}$

$\dfrac{P - 2l}{2} = w$

or $w = \dfrac{P - 2l}{2}$

9. $A = P + Prt$; for t
$$A - P = P - P + Prt$$
$$A - P = Prt$$
$$\frac{A - P}{Pr} = \frac{Prt}{Pr}$$
$$\frac{A - P}{Pr} = t$$
or $t = \frac{A - P}{Pr}$

11. $C = 2\pi r$; for r
$$\frac{C}{2\pi} = \frac{2\pi r}{2\pi}$$
$$\frac{C}{2\pi} = r$$
or $r = \frac{C}{2\pi}$

13. $K = \frac{wv^2}{2g}$; for w
$$2g \cdot K = \frac{2g}{1}\left(\frac{wv^2}{2g}\right)$$
$$2gK = wv^2$$
$$\frac{2gK}{v^2} = \frac{wv^2}{v^2}$$
$$\frac{2gK}{v^2} = w$$
$$w = \frac{2gK}{v^2}$$

15. $P = I^2R$; for R
$$\frac{P}{I^2} = \frac{I^2R}{I^2}$$
$$\frac{P}{I^2} = R$$
$$R = \frac{P}{I^2}$$

17. $K = \frac{wv^2}{2g}$; for g
$$2g \cdot K = \frac{2g}{1}\left(\frac{wv^2}{2g}\right)$$
$$2gK = wv^2$$
$$\frac{2gK}{2K} = \frac{wv^2}{2K}$$
$$g = \frac{wv^2}{2K}$$

19. $F = \frac{GMm}{d^2}$; for M
$$d^2(F) = \frac{d^2}{1}\left(\frac{GMm}{d^2}\right)$$
$$d^2F = GMm$$
$$\frac{d^2F}{Gm} = \frac{GMm}{Gm}$$
$$\frac{d^2F}{Gm} = M$$
or $M = \frac{d^2F}{Gm}$

21. $F = \frac{GMm}{d^2}$; for d^2
$$d^2 \cdot F = \frac{d^2}{1}\left(\frac{GMm}{d^2}\right)$$
$$d^2F = GMm$$
$$\frac{d^2F}{F} = \frac{GMm}{F}$$
$$d^2 = \frac{GMm}{F}$$

23. $G = 2(r-1)b$; for r
$$G = 2b(r-1)$$
$$G = 2br - 2b$$
$$G + 2b = 2br - 2b + 2b$$
$$G + 2b = 2br$$
$$\frac{G + 2b}{2b} = \frac{2br}{2b}$$
$$\frac{G + 2b}{2b} = r$$
$$r = \frac{G + 2b}{2b}$$

25. $d = rt$; solve for t to get
$$t = \frac{d}{r}$$
Substitute 135 for d and 45 for r, and simplify.
$$t = \frac{135}{45}$$
$$t = 3$$

27. $i = prt$; solve for t to get
$$t = \frac{i}{pr}$$
Substitute 12 for i, 100 for p, and 0.06 for r, and simplify.
$$t = \frac{12}{100(0.06)}$$
$$t = \frac{12}{6}$$
$$t = 2$$

29. $P = a + b + c$; solve for c
$$c = P - a - b$$
Substitute 37 for P, 15 for a, and 19 for b and simplify.
$$c = 37 - 15 - 19$$
$$c = 3$$

31. $K = \frac{1}{2}h(a+b)$; solve for h to get
$$h = \frac{2K}{a+b}$$
Substitute 48 for K, 7 for a, and 5 for b, and simplify.
$$h = \frac{2(48)}{7+5}$$
$$h = \frac{96}{12}$$
$$h = 8$$

33. Solve $E = IR$ for I to get
$$I = \frac{E}{R}$$
Substitute 48 for E and 12 for R and simplify.
$$I = \frac{48}{12}$$
$$I = 4 \text{ amperes}$$

35. Solve $C = 2\pi r$ for r to get
$$r = \frac{C}{2\pi}$$
Substitute 14.32 for C and simplify.
$$C = \frac{14.32}{2\pi}$$
$$C \approx 2.28 \text{ ft}$$

37. Solve $P = I^2R$ for R to get
$$R = \frac{P}{I^2}$$
Substitute 2700 for P and 14 for I and simplify.
$$R = \frac{2700}{14^2}$$
$$R \approx 13.78 \text{ ohms}$$

39. Solve $F = \frac{GmM}{d^2}$; for m
$$d^2F = \frac{d^2}{1}\left(\frac{GmM}{d^2}\right)$$
$$d^2F = GmM$$
$$\frac{d^2F}{GM} = \frac{GmM}{GM}$$
$$\frac{d^2F}{GM} = m$$
or $m = \frac{d^2F}{GM}$

41. Solve $\qquad L = 2D + 3.25(r + R)$ for D:
$$L = 2D + 3.25r + 3.25R$$
$$L - \mathbf{3.25r} - \mathbf{3.25R} = 2D + 3.25r - \mathbf{3.25r} + 3.25R - \mathbf{3.25R}$$
$$L - 3.25r - 3.25R = 2D$$
$$\frac{L - 3.25r - 3.25R}{2} = \frac{2D}{2}$$
$$\frac{L - 3.25r - 3.25R}{2} = D$$

Substitute 25 for L, 1 for r, and 3 for R to get,
$$D = \frac{25 - 3.25(\mathbf{1}) - 3.25(\mathbf{3})}{2} = 6$$

The centers of the pulleys are 6 feet apart.

Review Exercises   (page 114)

1. $2x - 5y + 3x = 5x - 5y$

3. $\frac{3}{5}(x+5) - \frac{8}{5}(10+x) = \frac{3}{5}x + \frac{3}{5}(5) - \frac{8}{5}(10) - \frac{8}{5}x = \frac{3}{5}x - \frac{8}{5}x + 3 - 16 = -x - 13$

Exercise 2.5   (page 118)

1.   Let $\quad x =$ the smallest of the two consecutive even integers.
Then $x + 2 =$ the next consecutive even integer.

The smaller even integer	+	the next even integer	=	their sum.
x	+	$(x+2)$	=	54

$\begin{aligned} x + x + 2 &= 54 & &\text{The equation to solve.} \\ 2x + 2 &= 54 & &\text{Combine like terms.} \\ 2x + 2 - \mathbf{2} &= 54 - \mathbf{2} & &\text{Subtract 2 from both sides.} \\ 2x &= 52 & &\text{Combine like terms.} \\ \frac{2x}{2} &= \frac{52}{2} & &\text{Divide both sides by 2.} \\ x &= 26 & &\text{Simplify.} \end{aligned}$

The integers are 26 and $26 + 2$ or 28. Check: Is $26 + 28 = 54$? Yes.
The answer checks.

3. Let $x =$ the smallest of the three consecutive integers.
Then $x + 1 =$ the next consecutive integer, and,
$x + 2 =$ the largest of the three consecutive integers.

$$x + (x + 1) + (x + 2) = 120 \quad \text{The sum of the three consecutive is 120.}$$
$$3x + 3 = 120 \quad \text{Combine like terms.}$$
$$3x + 3 - 3 = 120 - 3 \quad \text{Subtract 3 from both sides.}$$
$$3x = 117 \quad \text{Combine like terms.}$$
$$\frac{3x}{3} = \frac{117}{3} \quad \text{Divide both sides by 3.}$$
$$x = 39 \quad \text{Simplify.}$$

The integers are 39, $39 + 1$ or 40, and $39 + 2$ or 41. Check: Is $39 + 40 + 41 = 120$? Yes.

5. Let $x =$ the smallest of the two integers.
Then $x + 1 =$ the next integer.

$$x + 2(x + 1) = 23 \quad \text{The sum of an integer and twice the next integer is 23.}$$
$$x + 2x + 2 = 23 \quad \text{Use the distributive property.}$$
$$3x + 2 = 23 \quad \text{Combine like terms.}$$
$$3x + 2 - 2 = 23 - 2 \quad \text{Subtract 2 from both sides.}$$
$$3x = 21 \quad \text{Combine like terms.}$$
$$\frac{3x}{3} = \frac{21}{3} \quad \text{Divide both sides by 3.}$$
$$x = 7 \quad \text{Simplify.}$$

The smaller integer is 7. Check: Is $7 + 2(8) = 23$? Yes.

7. Let $x =$ the smallest of the two integers.
Then $x + 10 =$ ten greater than the smaller integer.

$$\boxed{\text{The larger integer}} = 2 \cdot \boxed{\text{the smaller integer}} - 3$$

$$x + 10 = 2(x) - 3 \quad \text{The equation to solve.}$$
$$x - x + 10 = 2x - x - 3 \quad \text{Subtract } x \text{ from both sides.}$$
$$10 = x - 3 \quad \text{Combine like terms.}$$
$$10 + 3 = x - 3 + 3 \quad \text{Add 3 to both sides.}$$
$$13 = x \quad \text{Combine like terms.}$$

The smaller integer is 13. Check: The larger integer is $13 + 10$ or 23 and does $23 = 2(13) - 3 = 23$? Yes.

9. Let $x =$ the length of each side.
$$P = x + x + x$$
$$57 = 3x$$
$$\frac{57}{3} = \frac{3x}{3}$$
$$19 = x$$

Each side is 19 ft.

Check: Is $19 + 19 + 19 = 57$?
Yes.

11. Let $l =$ the length.
Then $l - 11 =$ the width.
$$P = 2w + 2l$$
$$94 = 2(l - 11) + 2l$$
$$94 = 2l - 22 + 2l$$
$$94 = 4l - 22$$
$$94 + 22 = 4l - 22 + 22$$
$$116 = 4l$$
$$\frac{116}{4} = \frac{4l}{4}$$
$$29 = l$$

The dimensions of the pool are 29 m by $29 - 11$ m or 18 m.
Check: Is $2(29) + 2(18) = 94$? Yes.

13. Let $w =$ the width.
Then $2w + 5 =$ the length.
$$P = 2w + 2l$$
$$112 = 2w + 2(2w + 5)$$
$$112 = 2w + 4w + 10$$
$$112 = 6w + 10$$
$$112 - 10 = 6w + 10 - 10$$
$$102 = 6w$$
$$\frac{102}{6} = \frac{6w}{6}$$
$$17 = w$$

The dimensions of the picture frame are 17 $in.$ by $2(17) + 5$ or 39 $in.$

15. Let $x =$ the measure of each angle.
$$x + x + x = 180$$
$$3x = 180$$
$$\frac{3x}{3} = \frac{180}{3}$$
$$x = 60$$

The measure of each angle is $60°$.

17. Let $b =$ the number of bolts,
$2b =$ the number of washers,
$2b - 1 =$ the number of locknuts.

$$b + 2b + (2b - 1) = 99$$
$$5b - 1 = 99$$
$$5b - 1 + 1 = 99 + 1$$
$$5b = 100$$
$$\frac{5b}{5} = \frac{100}{5}$$
$$b = 20$$

Liz has 20 bolts.

19. Let $x =$ the number of shares performing better than average,
$2x =$ the number of shares performing average.
$$x + 2x + 200 = 3500$$
$$3x + 200 = 3500$$
$$3x + 200 - 200 = 3500 - 200$$
$$3x = 3300$$
$$\frac{3x}{3} = \frac{3300}{3}$$
$$x = 1100$$

There are 1100 shares that performed better than average.

21. Let $x =$ the number of wide-screen sets,
$x + 40 =$ the number of portables, and
$x + 40 - 25 =$ the number of consoles.
$$7.50x + 1.50(x + 40) + 4.00(x + 40 - 25) = 276$$
$$7.50x + 1.50x + 60 + 4.00x + 160 - 100 = 276$$
$$13.00x + 120 = 276$$
$$13.00x + 120 - \mathbf{120} = 276 - \mathbf{120}$$
$$13.00x = 156$$
$$\frac{13.00x}{\mathbf{13.00}} = \frac{156}{\mathbf{13.00}}$$
$$x = 12$$

There are 12 wide-screen television sets in stock.

23. Let $x =$ the number of spreadsheets sold,
$x =$ the number of databases sold, and
$2x + 15 =$ the number of wordprocessing applications sold.
$$150x + 195x + 210(2x + 15) = 72000$$
$$150x + 195x + 420x + 3150 = 72000$$
$$765x + 3150 = 72000$$
$$765x + 3150 - \mathbf{3150} = 72000 - \mathbf{3150}$$
$$765x = 68850$$
$$\frac{765x}{\mathbf{765}} = \frac{68850}{\mathbf{765}}$$
$$x = 90$$

There were 90 spreadsheets sold.

25. Let $x =$ the number of days past the deadline the project takes to complete
cost to finish by the deadline $= 12000(60)$
cost to finish after the deadline $= 9400(60) + 9400x + 1000x$
To find how many days the project can last to make the expenditures equal, set these two expressions equal to each other.

$$\boxed{\begin{array}{c}\text{The cost to finish}\\ \text{by the deadline}\end{array}} = \boxed{\begin{array}{c}\text{the cost to finish}\\ \text{after the deadline.}\end{array}}$$

$$12000(60) = 9400(60) + 9400x + 1000x$$
$$720000 = 564000 + 10400x$$
$$720000 - \mathbf{564000} = 564000 - \mathbf{564000} + 10400x$$
$$156000 = 10400x$$
$$\frac{156000}{\mathbf{10400}} = \frac{10400x}{\mathbf{10400}}$$
$$15 = x$$

The expenditures of completing on time and running beyond the deadline using a smaller work crew will be equal when the project lasts 15 days beyond the deadline.

27. Let x = the number of shoes manufactured each month.

cost $= 9600 + 20x$
revenue $= 30x$

The break-even point is the value of x for which the monthly revenue is equal to the monthly cost.

$$\boxed{\text{The monthly revenue}} = \boxed{\text{the monthly cost.}}$$

$$\begin{aligned} 30x &= 9600 + 20x \\ 10x &= 9600 \\ x &= 960 \end{aligned}$$

If the company manufactures 960 pairs of shoes, it will break-even.

29. Let x = the number of plates to be manufactured for costs to be the same using either machine.

cost machine $1 = 500 + 2x$
cost machine $2 = 800 + 1x$

$$\boxed{\text{The cost using machine 1}} = \boxed{\text{the cost using machine 2.}}$$

$$\begin{aligned} 500 + 2x &= 800 + 1x \\ 500 + x &= 800 \\ x &= 300 \end{aligned}$$

If 300 plates are manufactured the cost is the same using either machine.

31. Let x = the number of gallons of paint manufactured by process A each month.
cost $= 75000 + 11x$
revenue $= 21x$

The break-even point is the value of x for which the monthly revenue is is equal to the monthly cost.

$$\boxed{\text{The monthly revenue}} = \boxed{\text{the monthly cost.}}$$

$$\begin{aligned} 21x &= 75000 + 11x \\ 10x &= 75000 \\ x &= 7500 \end{aligned}$$

If the company manufactures 7500 gallons of paint using process A, it will break-even.

33. Let x = the number of gallons to be manufactured for costs to be the same using either process.

cost process A $= 75000 + 11x$
cost process B $= 128000 + 5x$

$$\boxed{\text{The cost using process A}} = \boxed{\text{the cost using process B.}}$$

$$\begin{aligned} 75000 + 11x &= 128000 + 5x \\ 11x &= 53000 + 5x \\ 6x &= 53000 \\ x &\approx 8833 \end{aligned}$$

The cost is the same using either process when approximately 8833 gallons are manufactured. If expected sales are 8800 which is a smaller number than 8833, process A is cheaper for the company, since its fixed costs are cheaper.

Review Exercises (page 121)

1. $V = \frac{1}{3}hB$

$= \frac{1}{3}(6\ cm)(10\ cm)^2$

$= \frac{1}{3}(6\ cm)(100\ cm^2)$

$= 200\ cm^3$

3. $3(x+2) + 4(x-3) = 3x + 6 + 4x - 12$
$= 7x - 6$

5. $\frac{1}{2}(x+1) - \frac{1}{2}(x+4) = \frac{1}{2}x + \frac{1}{2} - \frac{1}{2}x - \frac{4}{2}$

$= \frac{1}{2}x - \frac{1}{2}x + \frac{1}{2} - \frac{4}{2}$

$= \frac{1}{2}x - \frac{1}{2}x + \frac{1-4}{2}$

$= -\frac{3}{2}$

Exercise 2.6 (page 125)

1. Let $x =$ the amount invested at 9% interest. Then $24000 - x =$ the amount invested at 8% interest.

$0.09x + 0.08(24000 - x) = 1965$
$0.09x + 1920 - 0.08x = 1965$
$0.01x + 1920 = 1965$
$0.01x = 45$
$x = 4500$

He invested $4,500 at 9% and $24,000 - $4,500, or $19,500 at 8%.

3. Let $x =$ the amount invested at each rate.

$0.08x + 0.11x = 712.50$
$0.19x = 712.50$
$x = 3750$

There is $3,750 invested at each rate.

5. Let $x =$ the amount needed to be invested at 7%.

$0.06(15000) + 0.07x = 1250$

$900 + 0.07x = 1250$

$0.07x = 350$

$x = 5000$

She needs to invest $5,000 at 7% in addition to what she already has invested to reach her goal.

7. Let $r =$ the interest rate of the bond funds. Then, $r + 0.01 =$ the amount invested in CDs.

Use $10500 for the amount invested in bonds since $\frac{1}{2}(\$21000) = \$10500$.

$10500r + 840 = 21000(r + 0.01)$
$10500r + 840 = 21000r + 210$
$840 = 10500r + 210$
$630 = 10500r$
$0.06 = r$

Bond funds paid an interest of 6% and the CDs paid 6% + 1% or 7%.

9. Let $t =$ the time until the cars meet. Then
$50t =$ the distance one car travels, and
$55t =$ the distance the other car travels.
$$50t + 55t = 315$$
$$105t = 315$$
$$t = 3$$
The cars will meet in 3 hours.

11. Let $t =$ the time until the cars are 715 miles apart. Then,
$60t =$ the distance of one car, and
$50t =$ the distance of the other car.
$$60t + 50t = 715$$
$$110t = 715$$
$$t = 6.5$$
The cars will be 715 miles apart in 6.5 hours.

13. Let $t =$ the time until the cars are 82.5 miles apart.
$42t =$ the distance one car travels, and
$53t =$ the distance the other car travels.
$$53t - 42t = 82.5$$
$$11t = 82.5$$
$$t = 7.5$$
The cars will be 82.5 miles apart in 7.5 hours. Notice the distances were subtracted, faster car's distance minus slower car's distance since the cars were going in the same direction.

15. Let $s =$ the speed of the slower plane. Then,
$s + 200 =$ the speed of the faster
$$5s + 5(s + 200) = 6000$$
$$5s + 5s + 1000 = 6000$$
$$10s = 5000$$
$$s = 500$$
The slower plane has a speed of 500 mph.

17. Let $x =$ the number of gallons of \$1.15 fuel.
$20 =$ the number of gallons of \$0.85 fuel.
$$1.15x + 0.85(20) = 1(x + 20)$$
$$1.15x + 17 = x + 20$$
$$1.15x - x + 17 = x - x + 20$$
$$0.15x + 17 - 17 = 20 - 17$$
$$\frac{0.15x}{0.15} = \frac{3}{0.15}$$
$$x = 20$$
Twenty gallons of fuel costing \$1.15 per gallon must be used.

19. Let $x =$ the number of liters of 3% salt solution that must be added.
$$0.03(x) + 0.07(50) = 0.05(x + 50)$$
$$0.03x + 3.5 = 0.05x + 2.5$$
$$3.5 = 0.02x + 2.5$$
$$1 = 0.02x$$
$$50 = x \quad \text{or} \quad x = 50$$
Fifty gallons of 3% salt solution be added.

21. Let $x =$ the number of ounces of water to be added.
$30 =$ the number of ounces of 10% solution.

$$0.0x + 0.10(30) = 0.08(x + 30)$$
$$0 + 3 = 0.08x + 2.4$$
$$0.6 = 0.08x$$
$$7.5 = x$$
or $\quad x = 7.5$

The nurse must add 7.5 ounces of water.

23. Let $x =$ the number pounds of lemon drops. Then, $100 - x =$ the number pounds of jelly beans.

$$1.90(x) + 1.20(100 - x) = 1.48(100)$$
$$1.90x + 120 - 1.20x = 148$$
$$0.70x + 120 = 148$$
$$0.70x = 28$$
$$x = 40$$

Forty pounds of lemon drops and $100 - 40$ or 60 pounds of jelly beans must be used.

25. Let $c =$ the cost per pound of the cashews. Then
$c - 0.30 =$ the cost per pound of the peanuts. Also,
$20 =$ the number of pounds used of each, since equal amounts are used and 40 pounds are used altogether.

$c(20) + (c - 0.30)(20) = 1.05(40)$	The value of the cashews plus the value of the peanuts equals the value of the final mixture.
$20c + 20c - 6 = 42$	Remove parentheses.
$40c - 6 = 42$	Collect like terms.
$40c = 48$	Add 6 to both sides.
$c = 1.20$	Divide both sides by 40.

The cashews are worth $1.20 per pound.

27. Let $x =$ the number of pounds of regular coffee to be used, and
$40 =$ the number of pounds of gormet coffee the shopkeeper wants to use.
$x + 40 =$ the number of pounds when the two are mixed.

$4(x) + 7(40) = 5(x + 40)$	The value of the regular coffee plus the value of the gormet coffee equals the value of the final mixture.
$4x + 280 = 5x + 200$	Remove parentheses.
$80 = x$	Subtract $4x$ and 200 from both sides.
or $\quad x = 80$	

The shopkeeper must use 80 pounds of regular coffee.

Review Exercises (page 128)

1. $A = P + Prt = 1200 + 1200(0.08)(3) = 1488$; $1488.

Exercise 2.7   (page 134)

1.
$$x + 2 > 5$$
$$x + 2 - \mathbf{2} > 5 - \mathbf{2}$$
$$x > 3$$

3.
$$-x - 3 \leq 7$$
$$-x - 3 + \mathbf{3} \leq 7 + \mathbf{3}$$
$$-x \leq 10$$
$$\frac{-x}{-1} \geq \frac{10}{-1}$$
$$x \geq -10$$

5.
$$3 + x < 2$$
$$3 - \mathbf{3} + x < 2 - \mathbf{3}$$
$$x < -1$$

7.
$$2x - 3 \leq 5$$
$$2x - 3 + \mathbf{3} \leq 5 + \mathbf{3}$$
$$2x \leq 8$$
$$\frac{2x}{2} \leq \frac{8}{2}$$
$$x \leq 4$$

9.
$$-3x - 7 > -1$$
$$-3x - 7 + \mathbf{7} > -1 + \mathbf{7}$$
$$-3x > 6$$
$$\frac{-3x}{-3} < \frac{6}{-3}$$
$$x < -2$$

11.
$$-4x + 1 > 17$$
$$-4x + 1 - \mathbf{1} > 17 - \mathbf{1}$$
$$-4x > 16$$
$$\frac{-4x}{-4} < \frac{16}{-4}$$
$$x < -4$$

13.
$$2x + 9 \leq x + 8$$
$$2x - \mathbf{x} + 9 \leq x - \mathbf{x} + 8$$
$$x + 9 \leq 8$$
$$x + 9 - \mathbf{9} \leq 8 - \mathbf{9}$$
$$x \leq -1$$

15.
$$9x + 13 \geq 8x$$
$$9x - \mathbf{8x} + 13 \geq 8x - \mathbf{8x}$$
$$x + 13 \geq 0$$
$$x + 13 - \mathbf{13} \geq 0 - \mathbf{13}$$
$$x \geq -13$$

17.
$$8x + 4 > 6x - 2$$
$$8x - \mathbf{6x} + 4 > 6x - \mathbf{6x} - 2$$
$$2x + 4 > -2$$
$$2x + 4 - \mathbf{4} > -2 - \mathbf{4}$$
$$2x > -6$$
$$\frac{2x}{2} > \frac{-6}{2}$$
$$x > -3$$

19.
$$5x + 7 < 2x + 1$$
$$5x - \mathbf{2x} + 7 < 2x - \mathbf{2x} + 1$$
$$3x + 7 - 7 < 1 - 7$$
$$3x < -6$$
$$\frac{3x}{3} < \frac{-6}{3}$$
$$x < -2$$

21.
$$7 - x \leq 3x - 1$$
$$7 - x + \boldsymbol{x} \leq 3x + \boldsymbol{x} - 1$$
$$7 \leq 4x - 1$$
$$7 + \boldsymbol{1} \leq 4x - 1 + \boldsymbol{1}$$
$$8 \leq 4x$$
$$\frac{8}{4} \leq \frac{4x}{4}$$
$$2 \leq x$$
$$x \geq 2$$

23.
$$9 - 2x > 24 - 7x$$
$$9 - 2x + \boldsymbol{7x} > 24 - 7x + \boldsymbol{7x}$$
$$9 + 5x > 24$$
$$5x + 9 - \boldsymbol{9} > 24 - \boldsymbol{9}$$
$$5x > 15$$
$$\frac{5x}{5} > \frac{15}{5}$$
$$x > 3$$

25.
$$3(x - 8) < 5x + 6$$
$$3x - 24 < 5x + 6$$
$$3x - \boldsymbol{3x} - 24 < 5x - \boldsymbol{3x} + 6$$
$$-24 < 2x + 6$$
$$-24 - \boldsymbol{6} < 2x + 6 - \boldsymbol{6}$$
$$-30 < 2x$$
$$\frac{-30}{2} < \frac{2x}{2}$$
$$-15 < x$$
$$x > -15$$

27.
$$8(5 - x) \leq 10(8 - x)$$
$$40 - 8x \leq 80 - 10x$$
$$40 - 8x + \boldsymbol{10x} \leq 80 - 10x + \boldsymbol{10x}$$
$$40 + 2x \leq 80$$
$$40 - \boldsymbol{40} + 2x \leq 80 - \boldsymbol{40}$$
$$2x \leq 40$$
$$\frac{2x}{2} \leq \frac{40}{2}$$
$$x \leq 20$$

29.
$$x(5x - 5) > 5x^2 + 15$$
$$5x^2 - 5x > 5x^2 + 15$$
$$5x^2 - \boldsymbol{5x^2} - 5x > 5x^2 - \boldsymbol{5x^2} + 15$$
$$-5x > 15$$
$$\frac{-5x}{-5} < \frac{15}{-5}$$
$$x < -3$$

31.
$$x(x + 8) \leq x^2 + 24$$
$$x^2 + 8x \leq x^2 + 24$$
$$x^2 - \boldsymbol{x^2} + 8x \leq x^2 - \boldsymbol{x^2} + 24$$
$$8x \leq 24$$
$$\frac{8x}{8} \leq \frac{24}{8}$$
$$x \leq 3$$

33.
$$89x^2 - 178 > 89x(x - 1)$$
$$89x^2 - 178 > 89x^2 - 89x$$
$$-178 > -89x$$
$$\frac{-178}{-89} < \frac{-89x}{-89}$$
$$2 < x$$
or $x > 2$

35.
$$\tfrac{5}{2}(7x - 15) + x \geq \tfrac{13}{2}x - \tfrac{3}{2}$$
$$\tfrac{\cancel{2}}{1}\!\left(\tfrac{5}{\cancel{2}}\right)(7x - 15) + 2x \geq \tfrac{\cancel{2}}{1}\!\left(\tfrac{13}{\cancel{2}}x\right) - \tfrac{\cancel{2}}{1}\!\left(\tfrac{3}{\cancel{2}}\right)$$
$$5(7x - 15) + 2x \geq 13x - 3$$
$$35x - 75 + 2x \geq 13x - 3$$
$$37x - 75 \geq 13x - 3$$
$$24x \geq 72$$
$$\frac{24x}{24} \geq \frac{72}{24}$$
or $x \geq 3$

37.
$$\frac{3x-3}{2} < 2x+2$$
$$\frac{2}{1}\left(\frac{3x-3}{2}\right) < 2(2x+2)$$
$$3x-3 < 4x+4$$
$$-7 < x$$
$$\text{or} \quad x > -7$$

<------o———→
     -7

39.
$$\frac{2(x+5)}{3} \le 3x-6$$
$$\frac{3}{1}\left(\frac{2(x+5)}{3}\right) \le 3(3x-6)$$
$$2(x+5) \le 9x-18$$
$$2x+10 \le 9x-18$$
$$28 \le 7x$$
$$\frac{28}{7} \le \frac{7x}{7}$$
$$\text{or} \quad x \ge 4$$

<------●———→
     4

41.
$$2 < x-5 < 5$$
$$2+5 < x-5+5 < 5+5$$
$$7 < x < 10$$

<—o———o—→
  7   10

43.
$$-5 < x+4 \le 7$$
$$-5-4 < x+4-4 \le 7-4$$
$$-9 < x \le 3$$

<—o———●—→
 -9   3

45.
$$0 \le x+10 \le 10$$
$$0-10 \le x+10-10 \le 10-10$$
$$-10 \le x \le 0$$

<—●———●—→
 -10 0

47.
$$4 < -2x < 10$$
$$\frac{4}{-2} > \frac{-2x}{-2} > \frac{10}{-2}$$
$$-2 > x > -5$$
$$\text{or} \quad -5 < x < -2$$

<—o———o—→
 -5   -2

49.
$$-3 \le \frac{x}{2} \le 5$$
$$2(-3) \le \frac{2}{1}\left(\frac{x}{2}\right) \le 2(5)$$
$$-6 \le x \le 10$$

<—●———●—→
 -6   10

51.
$$3 \le 2x-1 < 5$$
$$4 \le 2x < 6$$
$$\frac{4}{2} \le \frac{2x}{2} < \frac{6}{2}$$
$$2 \le x < 3$$

<—●———o—→
  2   3

53.
$$0 < 10 - 5x \leq 15$$
$$0 - \mathbf{10} < 10 - \mathbf{10} - 5x \leq 15 - \mathbf{10}$$
$$-10 < -5x \leq 5$$
$$\frac{-10}{-5} > x \geq \frac{5}{-5}$$
$$2 > x \geq -1$$
or $-1 \leq x < 2$

55.
$$-6 < 3(x+2) < 9$$
$$-6 < 3x + 6 < 9$$
$$-6 - \mathbf{6} < 3x + 6 - \mathbf{6} < 9 - \mathbf{6}$$
$$-12 < 3x < 3$$
$$\frac{-12}{3} < \frac{3x}{3} < \frac{3}{3}$$
$$-4 < x < 1$$

57.
$$x^2 + 3 \leq x(x-3) \leq x^2 + 9$$
$$x^2 + 3 \leq x^2 - 3x \leq x^2 + 9$$
$$3 \leq -3x \leq 9$$
$$\frac{3}{-3} \geq \frac{-3x}{-3} \geq \frac{9}{-3}$$
$$-1 \geq x \geq -3$$
or $-3 \leq x \leq -1$

59.
$$3 - x < 5 < 7 - x$$
$$3 - x + \boldsymbol{x} < 5 + \boldsymbol{x} < 7 - x + \boldsymbol{x}$$
$$3 - \mathbf{5} < 5 - \mathbf{5} + x < 7 - \mathbf{5}$$
$$-2 < x < 2$$

61. Let s = the score required on the last exam to earn a B.
$$\frac{68 + 75 + 79 + s}{4} \geq 80$$
$$\frac{4}{1}\left(\frac{68 + 75 + 79 + s}{4}\right) \geq 4(80)$$
$$68 + 75 + 79 + s \geq 320$$
$$222 + s \geq 320$$
$$s \geq 98$$
The student must receive a score of 98% or better.

63. Let r = economy rating for the third model car.
$$\frac{17 + 19 + r}{3} \geq 21$$
$$\frac{3}{1}\left(\frac{17 + 19 + r}{3}\right) \geq 3(21)$$
$$17 + 19 + r \geq 63$$
$$36 + r \geq 63$$
$$r \geq 27$$
The economy rating must be 27 mpg or better for the third model.

65. Let $s =$ the length of a side.
$$0 < 3s \leq 57$$
$$\frac{0}{3} < \frac{3s}{3} \leq \frac{57}{3}$$
$$0 < s \leq 19$$
The length of a side can be greater than $0\ ft$ but less than or equal to $19\ ft$.

67. The elevation in feet (f) and the elevation in miles (x) are related by
$$f = 5280x$$
The inequality in feet is:
$$470 \leq f \leq 13143$$
Substituting $5280x$ for f and solving and rounding to the nearest tenth gives:
$$470 \leq 5280x \leq 13143$$
$$\frac{470}{5280} \leq \frac{5280x}{5280} \leq \frac{13143}{5280}$$
$$0.1\ mi \leq x \leq 2.5\ mi$$

69. The plane's altitude, f, in feet and the altitude, x, in miles are related by the equation
$$f = 5280x$$
The range of altitudes are expressed by the inequalities
$$17500 \leq f \leq 21700$$

$$17500 \leq 5280x \leq 21700$$

$$3.3\ mi \leq x \leq 4.1\ mi$$

The altitudes of the plane,

rounded to the nearest tenth

will range from $3.3\ mi$ to $4.1\ mi$.

71. The range in temperature, C, in Celsius, and the temperature, F, in Fahrenheit are related by the equation
$$C = \frac{5}{9}(F - 32)$$
The range in temperatures are expressed by the inequalities
$$19 < C < 22$$
$$19 < \frac{5}{9}(F - 32) < 22$$
$$171 < 5(F - 32) < 198$$
$$171 < 5F - 160 < 198$$
$$331 < 5F < 358$$
$$66.2 < F < 71.6$$

The temperatures must range between $66.2°$ and $71.6°$.

73. The records' radii, r, and the circumference, C, are related by the equation
$$r = \frac{C}{2\pi}$$
The range of the radii are expressed by the inequalities
$$5.9 < r < 6.1$$
Substitute to find the range of the circumferences.
Continued on the next page:

75. The range in weights, p, in pounds, and the weights, w, in kilograms are related by the equation
$$p = 2.2w$$
The range in weights are expressed by the inequalities

Continued on the next page:

73. contiued:
$$5.9 < \frac{C}{2\pi} < 6.1$$
$$5.9 < \frac{C}{2(3.14)} < 6.1$$

$$37.052 < C < 38.308$$
The variation in the circumference is between $37.052\ in.$ and $38.308\ in.$

75. continued:
$$150 < p < 190$$
$$150 < 2.2w < 190$$
$$68.18 < w < 86.36$$
The range in weights in kilograms is between $68.18\ kg$ and $86.36\ kg$.

77. Let w = the rectangle's width. Then
$2w - 3$ = the rectangles length.
The range of the perimeter is expressed by the inequalities
$$24 < P < 48$$
Substitute $P = 2l + 2w = 2(2w - 3) + 2w$ in the double inequality for P and solve for w.
$$24 < 2(2w - 3) + 2w < 48$$
$$24 < 4w - 6 + 2w < 48$$
$$24 < 6w - 6 < 48$$
$$30 < 6w < 54$$
$$5 < w < 9$$
The width is between $5\ ft$ and $9\ ft$.

Review Exercises   (page 138)

1. $3x^2 - 2(y^2 - x^2) = 3x^2 - 2y^2 + 2x^2 = 5x^2 - 2y^2$

3. $\frac{1}{3}(x+6) - \frac{4}{3}(x-9) = \frac{1}{3}x + \frac{6}{3} - \frac{4}{3}x + \frac{36}{3} = -\frac{3}{3}x + 2 + 12 = -x + 14$

Chapter 2 Review Exercises   (page 138)

1. Substitute -2 for x in the equation $3x + 7 = 1$ to get
$$3(-2) + 7 = 1$$
$$-6 + 7 = 1$$
$$1 = 1$$
Since $1 = 1$, the solution checks.

3. Substitute -3 for x in the equation $2(x + 3) = x$ to get
$$2[(-3) + 3] = -3$$
$$2[0] = -3$$
$$0 = -3$$
Which is a false equation, thus, -3 is not a solution of the equation $2(x + 3) = x$.

5. Substitute -21 for x in the equation $3(x+5) = 2(x-3)$ to get
$$3[(-21)+5] = 2[(-21)-3]$$
$$3[-16] = 2[-24]$$
$$-48 = -48$$
Since $-48 = -48$ the solution checks.

7. $$x - 7 = -6$$
$$x - 7 + 7 = -6 + 7$$
$$x = 1$$
Check:
$$x - 7 = -6$$
$$1 - 7 = -6$$
$$-6 = -6$$

9. $$y - \frac{7}{2} = \frac{1}{2}$$
$$y - \frac{7}{2} + \frac{7}{2} = \frac{1}{2} + \frac{7}{2}$$
$$y = \frac{1+7}{2}$$
$$y = \frac{8}{2}$$
$$y = 4$$
Verify that the solution checks.

11. $$3x = 15$$
$$\frac{3x}{3} = \frac{15}{3}$$
$$x = 5$$
Verify that the solution checks.

13. $$10z = 5$$
$$\frac{10z}{10} = \frac{5}{10}$$
$$z = \frac{1}{2}$$
Verify that the solution checks.

15. $$\frac{y}{3} = 6$$
$$3\left(\frac{y}{3}\right) = 3(6)$$
$$y = 18$$
Verify that the solution checks.

17. $$\frac{a}{-7} = \frac{1}{14}$$
$$\frac{-7}{1}\left(\frac{a}{-7}\right) = \frac{-7}{1}\left(\frac{1}{14}\right)$$
$$a = -\frac{7}{14}$$
$$a = -\frac{1}{2}$$
Verify that the solution checks.

19. $$rb = p$$
$$0.35(700) = p$$
$$245 = p$$
or $p = 245$

21. $$rb = p$$
$$r2300 = 851$$
$$\frac{r2300}{2300} = \frac{851}{2300}$$
$$r = 0.37$$
or $r = 37\%$

23. $$5y + 6 = 21$$
$$5y + 6 - 6 = 21 - 6$$
$$5y = 15$$
$$\frac{5y}{5} = \frac{15}{5}$$
$$y = 3$$
Verify that the solution checks.

25.
$$12z + 4 = -8$$
$$12z + 4 - \mathbf{4} = -8 - \mathbf{4}$$
$$12z = -12$$
$$\frac{12z}{12} = \frac{-12}{12}$$
$$z = -1$$
Verify that the solution checks.

27.
$$13 - 13t = 0$$
$$13 - \mathbf{13} - 13t = 0 - \mathbf{13}$$
$$-13t = -13$$
$$\frac{-13t}{-13} = \frac{-13}{-13}$$
$$t = 1$$
Verify that the solution checks.

29.
$$23a - 43 = 3$$
$$23a - 43 + \mathbf{43} = 3 + \mathbf{43}$$
$$23a = 46$$
$$\frac{23a}{23} = \frac{46}{23}$$
$$a = 2$$
Verify that the solution checks.

31.
$$3x + 7 = 1$$
$$3x + 7 - \mathbf{7} = 1 - \mathbf{7}$$
$$3x = -6$$
$$\frac{3x}{3} = \frac{-6}{3}$$
$$x = -2$$
Verify that the solution checks.

33.
$$\frac{b+3}{4} = 2$$
$$\frac{\mathbf{4}}{\mathbf{1}}\left(\frac{b+3}{\mathbf{4}}\right) = \mathbf{4}(2)$$
$$b + 3 = 8$$
$$b + 3 - \mathbf{3} = 8 - \mathbf{3}$$
$$b = 5$$
Verify that the solution checks.

35.
$$\frac{x-8}{5} = 1$$
$$\frac{\mathbf{5}}{\mathbf{1}}\left(\frac{x-8}{\mathbf{5}}\right) = \mathbf{5}(1)$$
$$x - 8 = 5$$
$$x - 8 + \mathbf{8} = 5 + \mathbf{8}$$
$$x = 13$$
Verify that the solution checks.

37.
$$\frac{2(y-1)}{4} = 2$$
$$\frac{\mathbf{4}}{\mathbf{1}}\left(\frac{2(y-1)}{\mathbf{4}}\right) = \mathbf{4}(2)$$
$$2y - 2 = 8$$
$$2y - 2 + \mathbf{2} = 8 + \mathbf{2}$$
$$2y = 10$$
$$\frac{2y}{2} = \frac{10}{2}$$
$$y = 5$$
Verify that the solution checks.

39.
$$\frac{x}{2} + \frac{7}{2} = 11$$
$$\frac{\mathbf{2}}{\mathbf{1}}\left(\frac{x}{\mathbf{2}}\right) + \frac{\mathbf{2}}{\mathbf{1}}\left(\frac{7}{\mathbf{2}}\right) = \mathbf{2}(11)$$
$$x + 7 = 22$$
$$x + 7 - \mathbf{7} = 22 - \mathbf{7}$$
$$x = 15$$
Verify that the solution checks.

41.
$$\frac{a}{2} + \frac{9}{4} = 6$$
$$\frac{4}{1}\left(\frac{a}{2}\right) + \frac{4}{1}\left(\frac{9}{4}\right) = 4(6)$$
$$2a + 9 = 24$$
$$2a + 9 - 9 = 24 - 9$$
$$2a = 15$$
$$\frac{2a}{2} = \frac{15}{2}$$
$$a = \frac{15}{2}$$
Verify that the solution checks.

43. If the compact disk player is on sale at a 25% savings, it is being sold for 75% of its regular price.
Let $b =$ the regular price. Then,
$$rb = p$$
$$0.75b = 240$$
$$\frac{0.75b}{0.75} = \frac{240}{0.75}$$
$$b = 320$$
The compact disk player's regular price is $320.

45. Let $r =$ the percent of increase. Then,
$$560 + r560 = 1100$$
$$r560 = 540$$
$$r \approx 0.964$$
The percent of increase is approximately 96.4%.

47. $5x + 9x = (5+9)x = 14x$

49. $18b - 13b = (18-13)b = 5b$

51. $5y - 7y = (5-7)y = -2y$

53. $y^2 + 3(y^2 - 2) = y^2 + 3y^2 - 6 = 4y^2 - 6$

55. $7(x+2) + 2(x-7) = 7x + 14 + 2x - 14 = 9x$

57.
$$2x - 19 = 2 - x$$
$$2x + x - 19 = 2 - x + x$$
$$3x - 19 = 2$$
$$3x - 19 + 19 = 2 + 19$$
$$3x = 21$$
$$\frac{3x}{3} = \frac{21}{3}$$
$$x = 7$$
Verify that the solution checks.

59.
$$3x + 20 = 5 - 2x$$
$$3x + 2x + 20 = 5 - 2x + 2x$$
$$5x + 20 = 5$$
$$5x + 20 - 20 = 5 - 20$$
$$5x = -15$$
$$\frac{5x}{5} = \frac{-15}{5}$$
$$x = -3$$
Verify that the solution checks.

61.
$$10(t-3) = 3(t+11)$$
$$10t - 30 = 3t + 33$$
$$10t - 3t - 30 = 3t - 3t + 33$$
$$7t - 30 = 33$$
$$7t - 30 + 30 = 33 + 30$$
$$7t = 63$$
$$\frac{7t}{7} = \frac{63}{7}$$
$$t = 9$$

63.
$$x(x+6) = x^2 + 6$$
$$x^2 + 6x = x^2 + 6$$
$$x^2 - x^2 + 6x = x^2 - x^2 + 6$$
$$6x = 6$$
$$\frac{6x}{6} = \frac{6}{6}$$
$$x = 1$$

65.
$$\frac{3(u-2)}{5} = 3$$
$$\frac{5}{1}\left(\frac{3(u-2)}{5}\right) = 5(3)$$
$$3u - 6 = 15$$
$$3u - 6 + 6 = 15 + 6$$
$$3u = 21$$
$$\frac{3u}{3} = \frac{21}{3}$$
$$u = 7$$
Verify that the solution checks.

67.
$$\frac{7(x-4)}{4} = -21$$
$$\frac{4}{1}\left(\frac{7(x-4)}{4}\right) = 4(-21)$$
$$7x - 28 = -84$$
$$7x - 28 + 28 = -84 + 28$$
$$7x = -56$$
$$\frac{7x}{7} = \frac{-56}{7}$$
$$x = -8$$
Verify that the solution checks.

69.
$$\tfrac{2}{3}(5x - 3) = 38$$
$$\frac{3}{1} \cdot \tfrac{2}{3}(5x - 3) = 3(38)$$
$$2(5x - 3) = 114$$
$$10x - 6 = 114$$
$$10x - 6 + 6 = 114 + 6$$
$$10x = 120$$
$$\frac{10x}{10} = \frac{120}{10}$$
$$x = 12$$
Verify that the solution checks.

71.
$$\tfrac{3}{4}(7k - 5) = 12$$
$$\frac{4}{1} \cdot \tfrac{3}{4}(7k - 5) = 4(12)$$
$$3(7k - 5) = 48$$
$$21k - 15 = 48$$
$$21k - 15 + 15 = 48 + 15$$
$$21k = 63$$
$$\frac{21k}{21} = \frac{63}{21}$$
$$k = 3$$
Verify that the solution checks.

73.
$$\tfrac{1}{3}(4n - 3) = 5$$
$$\frac{3}{1} \cdot \tfrac{1}{3}(4n - 3) = 3(5)$$
$$4n - 3 = 15$$
$$4n - 3 + 3 = 15 + 3$$
$$4n = 18$$
$$\frac{4n}{4} = \frac{18}{4}$$
$$n = \tfrac{9}{2}$$
Verify that the solution checks.

75.
$$\tfrac{3}{5}(2x - 1) = -1$$
$$\frac{5}{1} \cdot \tfrac{3}{5}(2x - 1) = 5(-1)$$
$$3(2x - 1) = -5$$
$$6x - 3 = -5$$
$$6x - 3 + 3 = -5 + 3$$
$$6x = -2$$
$$\frac{6x}{6} = \frac{-2}{6}$$
$$x = -\tfrac{1}{3}$$
Verify that the solution checks.

77.
$$\tfrac{1}{4}\left(\tfrac{q}{2}+1\right)=1$$
$$\tfrac{q}{8}+\tfrac{1}{4}=1$$
$$\tfrac{8}{1}\cdot\tfrac{q}{8}+\tfrac{8}{1}\cdot\tfrac{1}{4}=8(1)$$
$$q+2=8$$
$$q+2-2=8-2$$
$$q=6$$

Verify that the solution checks.

79.
$$\tfrac{2r-10}{6}+7=17$$
$$\tfrac{2r-10}{6}=10$$
$$\tfrac{6}{1}\cdot\tfrac{2r-10}{6}=6(10)$$
$$2r-10=60$$
$$2r=70$$
$$\tfrac{2r}{2}=\tfrac{70}{2}$$
$$r=35$$

Verify that the solution checks.

81. $E=IR$; for R
$$\tfrac{E}{I}=\tfrac{IR}{I}$$
$$\tfrac{E}{I}=R$$
or $R=\tfrac{E}{I}$

83. $P=I^2R$; for R
$$\tfrac{P}{I^2}=\tfrac{I^2R}{I^2}$$
$$\tfrac{P}{I^2}=R$$
or $R=\tfrac{P}{I^2}$

85. $V=lwh$; for h
$$\tfrac{V}{lw}=\tfrac{lwh}{lw}$$
$$\tfrac{V}{lw}=h$$
or $h=\tfrac{V}{lw}$

87. $V=\pi r^2 h$; for h
$$\tfrac{V}{\pi r^2}=\tfrac{\pi r^2 h}{\pi r^2}$$
$$\tfrac{V}{\pi r^2}=h$$
or $h=\tfrac{V}{\pi r^2}$

89. $F=\tfrac{GMm}{d^2}$; for G
$$d^2\cdot F=\tfrac{d^2}{1}\cdot\tfrac{GMm}{d^2}$$
$$d^2 F=GMm$$
$$\tfrac{d^2 F}{Mm}=\tfrac{GMm}{Mm}$$
$$G=\tfrac{d^2 F}{Mm}$$

91. $T=n(V-3)$; for V
$$T=nV-3n$$
$$T+3n=nV-3n+3n$$
$$T+3n=nV$$
$$\tfrac{T+3n}{n}=\tfrac{nV}{n}$$
$$V=\tfrac{T+3n}{n}$$

93. Let n = the integer.
$$2n - 7 = 9$$
$$2n - 7 + 7 = 9 + 7$$
$$2n = 16$$
$$\frac{2n}{2} = \frac{16}{2}$$
$$n = 8$$
The integer is 8.

95. Let x = the number of feet of gutter required.
$$35 + 1.50x = 162.50$$
$$1.50x = 127.50$$
$$x = 85$$
The job requires 85 feet of rain gutter.

97. Let w = the width. Then, $2w + 3$ = the length.
$$P = 2w + 2l$$
$$84 = 2w + 2(2w + 3)$$
$$84 = 2w + 4w + 6$$
$$84 = 6w + 6$$
$$78 = 6w$$
$$w = 13$$
The rectangle is 13 $in.$ wide.

99. Let x = the number of baseball caps expected to be sold.
cost of machine 1 = $85 + 3x$
cost of machine 2 = $105 + 2.50x$

$$\boxed{\text{The cost of machine 1}} = \boxed{\text{the cost of using machine 2.}}$$

$$85 + 3x = 105 + 2.50x$$
$$85 + 0.5x = 105$$
$$0.5x = 20$$
$$x = 40$$
The expected sales are for 40 units on each machine, 80 units total.

101. Let t = the time until the two meet.
$3t$ = the distance the man walking travels, and
$12t$ = the distance the person bicycling travels.
$$3t + 12t = 5$$
$$15t = 5$$
$$t = \frac{1}{3}$$
The friends will meet in $\frac{1}{3}$ hour or 20 minutes.

103.
$$3x + 2 < 5$$
$$3x + 2 - 2 < 5 - 2$$
$$3x < 3$$
$$\frac{3x}{3} < \frac{3}{3}$$
$$x < 1$$

105.
$$5x - 3 \geq 2x + 9$$
$$5x - 2x - 3 \geq 2x - 2x + 9$$
$$3x - 3 \geq 9$$
$$3x - 3 + 3 \geq 9 + 3$$
$$3x \geq 12$$
$$\frac{3x}{3} \geq \frac{12}{3}$$
$$x \geq 4$$

107.
$$5(3 - x) \leq 3(x - 3)$$
$$15 - 5x \leq 3x - 9$$
$$15 - 5x + 5x \leq 3x + 5x - 9$$
$$15 \leq 8x - 9$$
$$15 + 9 \leq 8x - 9 + 9$$
$$24 \leq 8x$$
$$\frac{24}{8} \leq \frac{8x}{8}$$
$$3 \leq x$$
or $x \geq 3$

109.
$$8 < x + 2 < 13$$
$$8 - 2 < x + 2 - 2 < 13 - 2$$
$$6 < x < 11$$

111.
$$x^2 < x(x+1) \leq x^2 + 9$$
$$x^2 < x^2 + x \leq x^2 + 9$$
$$x^2 - x^2 < x^2 - x^2 + x \leq x^2 - x^2 + 9$$
$$0 < x \leq 9$$

Chapter 2 Test (page 141)

1. $5x + 3 = -2$
Replace x with -1:
$5(-1) + 3 = -2$
$-5 + 3 = -2$
$-2 = -2$
Since this is an identity, -1 is a solution of the equation.

3. $-3(2 - x) = 0$
Replace x with -2:
$-3[2 - (-2)] = 0$
$-3[4] = 0$
$-12 = 0$
Since this is a false equation, -2 is not a solution of the equation.

5.
$$x + 17 = -19$$
$$x + 17 - 17 = -19 - 17$$
$$x = -36$$
Verify that the solution checks.

7.
$$\frac{x}{7} = -1$$
$$\frac{7}{1}\left(\frac{x}{7}\right) = 7(-1)$$
$$x = -7$$
Verify that the solution checks.

9.
$$3 = 5 - 2x$$
$$3 - 5 = 5 - 5 - 2x$$
$$-2 = -2x$$
$$\frac{-2}{-2} = \frac{-2x}{-2}$$
$$1 = x$$
or $x = 1$

Verify that the solution checks.

11.
$$x(x + 5) = x^2 + 3x - 8$$
$$x^2 + 5x = x^2 + 3x - 8$$
$$x^2 - x^2 + 5x = x^2 - x^2 + 3x - 8$$
$$5x = 3x - 8$$
$$5x - 3x = 3x - 3x - 8$$
$$2x = -8$$
$$\frac{2x}{2} = \frac{-8}{2}$$
$$x = -4$$
Verify that the solution checks.

13.
$$\frac{5}{3}(x - 7) = 15(x + 1)$$
$$\frac{3}{1} \cdot \frac{5}{3}(x - 7) = 3[15(x + 1)]$$
$$5x - 35 = 45(x + 1)$$
$$5x - 35 = 45x + 45$$
$$5x - 5x - 35 = 45x - 5x + 45$$
$$-35 = 40x + 45$$
$$-35 - 45 = 40x + 45 - 45$$
$$-80 = 40x$$
$$\frac{-80}{40} = \frac{40x}{40}$$
$$x = -2$$

15. $x + 5(x - 3) = x + 5x - 15$
$= 6x - 15$

17. $x(x-3) + 2x^2 - 3x = x^2 - 3x + 2x^2 - 3x = 3x^2 - 6x$

19. $-3x(x+3) + 3x(x-3) = -3x^2 - 9x + 3x^2 - 9x = -18x$

21. $d = rt$; for t

$$\frac{d}{r} = \frac{rt}{r}$$

$$\frac{d}{r} = t$$

or $t = \frac{d}{r}$

23. $A = 2\pi rh$; for h

$$\frac{A}{2\pi r} = \frac{2\pi rh}{2\pi r}$$

$$\frac{A}{2\pi r} = h$$

or $h = \frac{A}{2\pi r}$

25. $P = \frac{RT}{v}$; solve for v

$$vP = \frac{\cancel{v}}{1} \cdot \frac{RT}{\cancel{v}}$$

$$vP = RT$$

$$\frac{vP}{P} = \frac{RT}{P}$$

$$v = \frac{RT}{P}$$

27. Let $x =$ the smaller odd integer
$x + 2 =$ the next consecutive odd integer.

$$x + (x+2) = 36$$
$$2x + 2 = 36$$
$$2x + 2 - 2 = 36 - 2$$
$$2x = 34$$
$$\frac{2x}{2} = \frac{34}{2}$$
$$x = 17$$

The integers are 17 and $17 + 2 = 19$.

29. Let $t =$ the time it will take the car and the truck to meet. Then,
$65t =$ the distance the car travels in that time (recall distance = rate · time)
$55t =$ the distance the truck travels in that time.

The distance the car travels	+	the distance the truck travels	=	the distance between Rockford and Madison.
$65t$	+	$55t$	=	72

$$120t = 72$$
$$t = \frac{3}{5}$$

The car and the truck will meet in $\frac{3}{5}$ hour or 36 minutes.

31. $8x - 20 \geq 4$
$8x - 20 + 20 \geq 4 + 20$
$8x \geq 24$

$$\frac{8x}{8} \geq \frac{24}{8}$$

$x \geq 3$

⟵•——⟶
   3

33. $-4 \leq 2(x+1) < 10$
$-4 \leq 2x + 2 < 10$
$-4 - 2 \leq 2x + 2 - 2 < 10 - 2$
$-6 \leq 2x < 8$

$$\frac{-6}{2} \leq \frac{2x}{2} < \frac{8}{2}$$

$-3 \leq x < 4$

⟵•———○⟶
 -3   4

Beginning & Intermediate Algebra: An Integrated Approach

Cumulative Review Exercises (page 142)

1. $\frac{27}{9} = 3$ is an integer, a rational number, a real number, and a positive number

3. [number line with points at 3, 4, 5, 6]

5. $\frac{|-3|-|3|}{|-3-3|} = \frac{3-3}{|-6|} = \frac{0}{6} = 0$

7. $2\frac{3}{5} + 5\frac{1}{2} = \frac{2 \cdot 5 + 3}{5} + \frac{5 \cdot 2 + 1}{2}$
$= \frac{13}{5} + \frac{11}{2}$
$= \frac{13 \cdot 2}{5 \cdot 2} + \frac{11 \cdot 5}{2 \cdot 5}$
$= \frac{26}{10} + \frac{55}{10}$
$= \frac{81}{10}$
$= 8\frac{1}{10}$

9. $(3x - 2y)z = [3(-5) - 2(3)](0)$
$= [-15 - 6](0)$
$= [-21](0)$
$= 0$

11. $x^2 - y^2 + z^2 = (-5)^2 - (3)^2 + (0)^2$
$= 25 - 9 + 0$
$= 16$

13. $p = 0.075(330)$
$= 24.75$

15. The coefficient of the second term is 5.

17. $3x - 5x + 2y = -2x + 2y$

19. $2x^2y^3 - xy(xy^2) = 2x^2y^3 - x^2y^3$
$= x^2y^3$

21. $3(x - 5) + 2 = 2x$
$3x - 15 + 2 = 2x$
$3x - 13 = 2x$
$3x - \mathbf{2x} - 13 = 2x - \mathbf{2x}$
$x - 13 = 0$
$x - 13 - 13 = 0 - 13$
$x = -13$

23. $\frac{2x - 1}{5} = \frac{1}{2}$
$\frac{10}{1}\left(\frac{2x-1}{5}\right) = \frac{10}{1}\left(\frac{1}{2}\right)$
$2(2x - 1) = 5(1)$
$4x - 2 = 5$
$4x - 2 + 2 = 5 + 2$
$4x = 7$
$\frac{4x}{4} = \frac{7}{4}$
$x = \frac{7}{4}$

25. $A = \frac{1}{2}h(b + B)$
$2(A) = 2 \cdot \frac{1}{2}h(b + B)$
$\frac{2A}{b + B} = \frac{h(b + B)}{b + B}$
$\frac{2A}{b + B} = h$
$h = \frac{2A}{b + B}$

27. $4^2 - 5^2 = 16 - 25$
$= -9$

29. $5(4^3 - 2^3) = 5(64 - 8)$
$= 5(56)$
$= 280$

31. $8(4 + x) > 10(6 + x)$
$32 + 8x > 60 + 10x$
$32 + 8x - \mathbf{8x} > 60 + 10x - \mathbf{8x}$
$32 > 60 + 2x$
$32 - \mathbf{60} > 60 - \mathbf{60} + 2x$
$-28 > 2x$
$\dfrac{-28}{2} > \dfrac{2x}{2}$
$-14 > x$
$x < -14$

33. $A = 2lw + 2wd + 2ld$
$202 = 2(9)(5) + 2(5)d + 2(9)d$
$202 = 90 + 10d + 18d$
$202 = 90 + 28d$
$202 - \mathbf{90} = 90 - \mathbf{90} + 28d$
$112 = 28d$
$\dfrac{112}{28} = \dfrac{28d}{28}$
$4 = d$
$d = 4$ in.

35. Let $x =$ the regular price of the TV.

$$\boxed{\text{The cost to the employee}} + \boxed{\text{the tax on the cost}} = \boxed{\text{price paid by the employee.}}$$

$0.75x + 0.08(0.75x) = 414.72$
$0.75x + 0.06x = 414.72$
$0.81x = 414.72$
$\dfrac{0.81x}{0.81} = \dfrac{414.72}{0.81}$
$x = 512.00$

The regular price of the TV is $512.00.

Exercise 3.1 (page 157)

1 – 8. All points are graphed on this coordinate plane:

1. Quadrant I
3. Quadrant II
5. Quadrant III
7. Quadrant IV

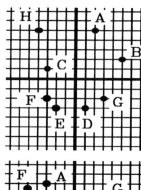

9 – 16. All points are graphed on this coordinate plane:

9. Quadrant II
11. Quadrant IV
13. Quadrant III
15. Quadrant I

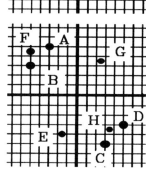

17 – 24. All points are graphed on this coordinate plane:

17. y-axis
19. x-axis
21. x-axis
23. both axes

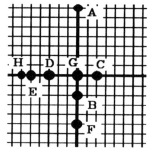

25. $(2, 3)$
27. $(-2, -3)$
29. $(0, 0)$
31. $(-5, -5)$

33.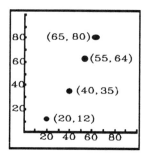

35. The fee can be calculated by multiplying the number of hours worked by $12.

1 hour: $1 \cdot 12 = \$12$
2 hours: $2 \cdot 12 = \$24$
3 hours: $3 \cdot 12 = \$36$
5 hours: $5 \cdot 12 = \$60$

37. The fee can be calculated by adding $10 dollars to the hourly rate (the number of hours times $40)

1 hour: $10 + 1 \cdot 40 = 10 + 40 = \$50$
2 hours: $10 + 2 \cdot 40 = 10 + 80 = \$90$
3 hours: $10 + 3 \cdot 40 = 10 + 120 = \$130$
5.5 hours: $10 + 5.5 \cdot 40 = 10 + 220 = \$230$

39. The maximum rate can be calculated by subtracting the age from 220.

20 yrs: $220 - 20 = 200$
30 yrs: $220 - 30 = 190$
40 yrs: $220 - 40 = 180$
60 yrs: $220 - 60 = 160$

41.

x	$x + 2 = y$	(x, y)
3	$3 + 2 = 5$	$(3, 5)$
1	$1 + 2 = 3$	$(1, 3)$
-2	$-2 + 2 = 0$	$(-2, 0)$

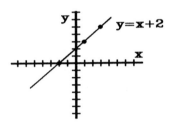

43.

x	$-2x = y$	(x, y)
2	$-2(2) = -4$	$(2, -4)$
1	$-2(1) = -2$	$(1, -2)$
-3	$-2(-3) = 6$	$(-3, 6)$

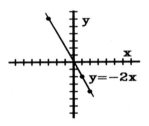

45.

x	$2x - 1 = y$	(x, y)
3	$2(3) - 1 = 5$	$(3, 5)$
-1	$2(-1) - 1 = -3$	$(-1, -3)$
-2	$2(-2) - 1 = -5$	$(-2, -5)$

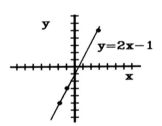

47.

x	$\frac{x}{2} - 2 = y$	(x, y)
8	$\frac{8}{2} - 2 = 2$	$(8, 2)$
0	$\frac{0}{2} - 2 = -2$	$(0, -2)$
-2	$\frac{-2}{2} - 2 = -3$	$(-2, -3)$

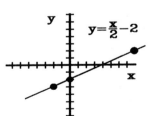

49. $x + y = 7$

y-intercept: set $x = 0$ and solve for y.

$0 + y = 7$

$y = 7 \quad (0, 7)$

x-intercept: set $y = 0$ and solve for x.

$x + 0 = 7$

$x = 7 \quad (7, 0)$

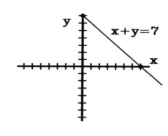

51. $x - y = 7$

y-intercept: set $x = 0$ and solve for y.

$0 - y = 7$

$y = -7 \quad (0, -7)$

x-intercept: set $y = 0$ and solve for x.

$x - 0 = 7$

$x = 7 \quad (7, 0)$

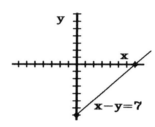

53. $2x + y = 5$

y-intercept: set $x = 0$ and solve for y.

$2(0) + y = 5$

$y = 5 \quad (0, 5)$

x-intercept: set $y = 0$ and solve for x.

$2x + 0 = 5$

$x = \frac{5}{2} \quad \left(\frac{5}{2}, 0\right)$

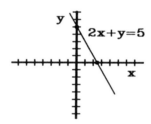

55. $2x + 3y = 12$

y-intercept: set $x = 0$ and solve for y.

$2(0) + 3y = 12$

$y = 4 \quad (0, 4)$

x-intercept: set $y = 0$ and solve for x.

$2x + 3(0) = 12$

$x = 6 \quad (6, 0)$

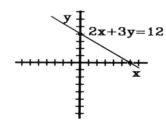

57.
$$3x + 12 = 4y$$
$$3x - 4y + 12 = 4y - 4y$$
$$3x - 4y + 12 = 0$$
$$3x - 4y + 12 - 12 = 0 - 12$$
$$3x - 4y = -12$$
y-intercept: set $x = 0$ and solve for y.
$$3(0) - 4y = -12$$
$$y = 3 \quad (0, 3)$$
x-intercept: set $y = 0$ and solve for x.
$$3x - 4(0) = -12$$
$$x = -4 \quad (-4, 0)$$

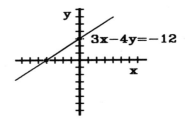

59. $2(x + 2) - y = 4$
$$2x + 4 - y = 4$$
$$2x - y = 0$$
y-intercept: set $x = 0$ and solve for y.
$$2(0) - y = 0$$
$$y = 0 \quad (0, 0)$$
x-intercept: will be $(0, 0)$ as well.
You need another point, try $y = 2$:
$$2x - y = 0$$
$$2x - 2 = 0$$
$$x = 1 \quad (1, 2)$$

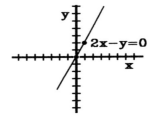

61. $y = -5$: horizontal

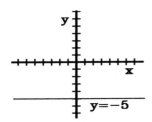

63. $x = 5$: vertical

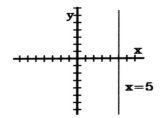

65. $y = 0$: horizontal

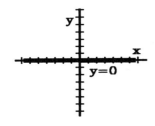

67. $2x = 5$: $x = \frac{5}{2}$: vertical

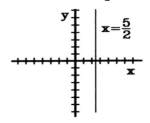

69. $3(x + 2) + x = 4$
$3x + 6 + x = 4$
$4x = -2$
$x = \frac{-2}{4}$
$x = -\frac{1}{2}$: vertical

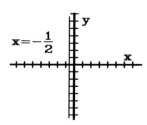

71. $3(y - 2) + 2 = y$
$3y - 6 + 2 = y$
$2y - 4 = 0$
$2y = 4$
$y = 2$: horizontal

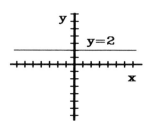

73. A horizontal line is like $y =$ number. A y-coordinate is -2, so the line is $y = -2$.

75. The x-axis is horizontal, so it is like $y =$ number. A y-coordinate is 0, so the line is $y = 0$.

Review Exercises (page 162)

1. $\frac{5(y - 2)}{3} = -(6 + y)$
$\frac{5y - 10}{3} = -6 - y$
$\frac{3}{1}\left(\frac{5y - 10}{3}\right) = 3(-6 - y)$
$5y - 10 = -18 - 3y$
$8y = -8$
$y = -1$

3. $\frac{5}{3}(x - 3) - 2 = \frac{3}{2}(x - 2)$
$\frac{6}{1}\left(\frac{5}{3}(x - 3) - 2\right) = \frac{6}{1}\left(\frac{3}{2}(x - 2)\right)$
$\frac{6}{1}\left(\frac{5}{3}\right)(x - 3) - 6(2) = \frac{6}{1}\left(\frac{3}{2}\right)(x - 2)$
$10(x - 3) - 12 = 9(x - 2)$
$10x - 30 - 12 = 9x - 18$
$10x - 42 = 9x - 18$
$x - 42 = -18$
$x = 24$

Exercise 3.2 (page 169)

1. Check $x = 1$ and $y = 1$ in both equations.

$x + y = 2$ $2x - y = 1$
$1 + 1 = 2$ $2(1) - 1 = 1$
$2 = 2$ $2 - 1 = 1$
              $1 = 1$

$(1, 1)$ is a solution for the system.

3. Check $x = 3$ and $y = -2$ in both equations.

$2x + y = 4$ $x + y = 1$
$2(3) - 2 = 4$ $3 - 2 = 1$
$6 - 2 = 4$ $1 = 1$
$4 = 4$

$(3, -2)$ is a solution for the system.

5. Check $x = 4$ and $y = 5$ in both equations.
$$2x - 3y = -7$$
$$2(4) - 3(5) = -7$$
$$8 - 15 = -7$$
$$-7 = -7$$

$$4x - 5y = 25$$
$$4(4) - 5(5) = 25$$
$$16 - 25 = 25$$
$$-9 \neq 25$$

$(4, 5)$ is not a solution for the system.

7. Check $x = -2$ and $y = -3$ in both equations.
$$4x + 5y = -23$$
$$4(-2) + 5(-3) = -23$$
$$-8 - 15 = -23$$
$$-23 = -23$$

$$-3x + 2y = 0$$
$$-3(-2) + 2(-3) = 0$$
$$6 - 6 = 0$$
$$0 = 0$$

$(-2, -3)$ is a solution for the system.

9. Check $x = \frac{1}{2}$ and $y = 3$ in both equations.
$$2x + y = 4$$
$$2\left(\frac{1}{2}\right) + 3 = 4$$
$$1 + 3 = 4$$
$$4 = 4$$

$$4x - 3y = 11$$
$$4\left(\frac{1}{2}\right) - 3(3) = 11$$
$$2 - 9 = 11$$
$$-7 \neq 11$$

$\left(\frac{1}{2}, 3\right)$ is not a solution for the system.

11. Check $x = -\frac{2}{5}$ and $y = \frac{1}{4}$ in both equations.
$$5x - 4y = -6$$
$$5\left(-\frac{2}{5}\right) - 4\left(\frac{1}{4}\right) = -6$$
$$-2 - 1 = -6$$
$$-3 \neq -6$$

$$8y = 10x + 12$$
$$8\left(\frac{1}{4}\right) = 10\left(-\frac{2}{5}\right) + 12$$
$$2 = -4 + 12$$
$$2 \neq 8$$

$\left(-\frac{2}{5}, \frac{1}{4}\right)$ is not a solution for the system.

13.

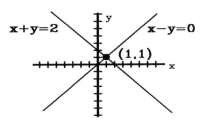

15.

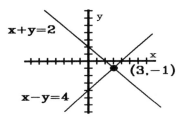

17.

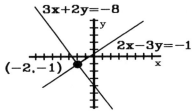

19.

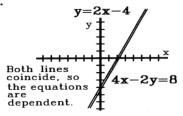

Both lines coincide, so the equations are dependent.

21.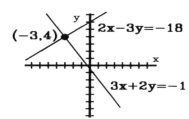

23.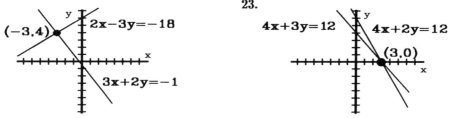

25.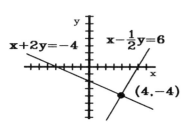

27.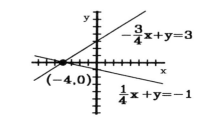

29.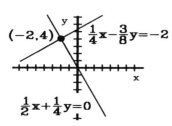

31.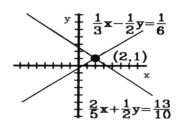

33. $(1, 3)$

35. $\left(\frac{2}{3}, -\frac{1}{3}\right)$

Review Exercises (page 172)

1. $a + b = 4 + (-2) = 2$

3. $\begin{aligned}\frac{ab + 2c}{a + b} &= \frac{4(-2) + 2(5)}{4 + (-2)} \\ &= \frac{-8 + 10}{2} \\ &= \frac{2}{2} \\ &= 1\end{aligned}$

Exercise 3.3   (page 177)

1. $y = 2x$
$x + y = 6$ Substitute $\boxed{y = 2x}$.
$x + y = 6$
$x + (\mathbf{2x}) = 6$
$3x = 6$
$x = 2$
Substitute $x = 2$ and solve for y in either equation. For example use the first equation.
$y = 2x$
$y = 2(2)$
$y = 4$
The solution is $(2, 4)$.

3. $y = 2x - 6$
$2x + y = 6$ Substitute $\boxed{y = 2x - 6}$.
$2x + y = 6$
$2x + (\mathbf{2x - 6}) = 6$
$4x = 12$
$x = 3$
Substitute $x = 3$ and solve for y in either equation. For example use the first equation.
$y = 2x - 6$
$y = 2(3) - 6$
$y = 0$
The solution is $(3, 0)$.

5. $y = 2x + 5$
$x + 2y = -5$
Substitute $\boxed{y = 2x + 5}$.
$x + 2y = -5$
$x + 2(\mathbf{2x + 5}) = -5$
$x + 4x + 10 = -5$
$5x = -15$
$x = -3$
Substitute $x = -3$ and solve for y.
$y = 2x + 5$
$y = 2(-3) + 5$
$y = -1$
The solution is $(-3, -1)$.

7. $2a + 4b = -24$
$a = 20 - 2b$

Substitute $\boxed{a = 20 - 2b}$ from equation 2 into equation 1.
$2a + 4b = -24$
$2(\mathbf{20 - 2b}) + 4b = -24$
$40 - 4b + 4b = -24$
$40 = -24$
The variables cancelled and the resulting equation is false. The system is inconsistent.

9. $2a = 3b - 13$
$b = 2a + 7$
Substitute $\boxed{b = 2a + 7}$.
$2a = 3b - 13$
$2a = 3(\mathbf{2a + 7}) - 13$
$2a = 6a + 21 - 13$
$-4a = 8$
$a = -2$
Substitute $a = -2$ and solve for b.
$b = 2a + 7$
$b = 2(-2) + 7$
$b = 3$
The solution is $(-2, 3)$.

11. $r + 3s = 9 \Rightarrow \boxed{r = -3s + 9}$.
$3r + 2s = 13$
$3r + 2s = 13$
$3(\mathbf{-3s + 9}) + 2s = 13$
$-9s + 27 + 2s = 13$
$-7s = -14$
$s = 2$
Substitute $s = 2$ and solve for r.
$r = -3s + 9$
$r = -3(2) + 9$
$r = 3$
The solution is $(3, 2)$.

13. $4x + 5y = 2$
$3x - y = 11 \Rightarrow \boxed{y = 3x - 11}$.
$4x + 5y = 2$
$4x + 5(\mathbf{3x - 11}) = 2$
$4x + 15x - 55 = 2$
$19x = 57$
$x = 3$
Substitute $x = 3$ and solve for y.
$y = 3x - 11$
$y = 3(\mathbf{3}) - 11$
$y = -2$
The solution is $(3, -2)$.

15. $2x + y = 0 \Rightarrow \boxed{y = -2x}$.
$3x + 2y = 1$
$3x + 2y = 1$
$3x + 2(-2x) = 1$
$3x - 4x = 1$
$-x = 1$
$x = -1$
Substitute $x = -1$ and solve for y.
$y = -2x$
$y = -2(\mathbf{-1})$
$y = 2$
The solution is $(-1, 2)$.

17. $3x + 4y = -7$
$2y - x = -1 \Rightarrow \boxed{x = 2y + 1}$.
$3x + 4y = -7$
$3(\mathbf{2y + 1}) + 4y = -7$
$6y + 3 + 4y = -7$
$10y = -10$
$y = -1$
Substitute $y = -1$ and solve for x.
$x = 2y + 1$
$x = 2(\mathbf{-1}) + 1$
$x = -1$
The solution is $(-1, -1)$.

19. $9x = 3y + 12$
$4 = 3x - y \Rightarrow \boxed{y = 3x - 4}$.
$9x = 3y + 12$
$9x = 3(\mathbf{3x - 4}) + 12$
$9x = 9x - 12 + 12$
$0 = 0$ TRUE
The equations are dependent.

21. $2x + 3y = 5 \Rightarrow \boxed{x = \dfrac{-3y + 5}{2}}$.
$3x + 2y = 5$
$3x + 2y = 5$
$3\left(\dfrac{-3y + 5}{2}\right) + 2y = 5$
$\dfrac{2}{1}\left(\dfrac{-9y + 15}{2} + 2y\right) = 2(5)$
$-9y + 15 + 4y = 10$
$-5y = -5$
$y = 1$
Substitute $y = 1$ and solve for x.
$x = \dfrac{-3y + 5}{2}$
$x = \dfrac{-3(1) + 5}{2}$
$x = \dfrac{2}{2} = 1$
The solution is $(1, 1)$

23. $2x + 5y = -2 \Rightarrow \boxed{x = \dfrac{-5y - 2}{2}}$.
$4x + 3y = 10$
$4x + 3y = 10$
$4\left(\dfrac{-5y - 2}{2}\right) + 3y = 10$
$-10y - 4 + 3y = 10$
$-7y = 14$
$y = -2$
Substitute $y = -2$ and solve for x.
$x = \dfrac{-5y - 2}{2}$
$x = \dfrac{-5(-2) - 2}{2}$
$x = \dfrac{8}{2} = 4$
The solution is $(4, -2)$.

25. $2x - 3y = -3 \Rightarrow \boxed{x = \frac{3y-3}{2}}$
$3x + 5y = -14$

$$3x + 5y = -14$$
$$3\left(\frac{3y-3}{2}\right) + 5y = -14$$
$$\frac{2}{1}\left(\frac{9y-9}{2} + 5y\right) = 2(-14)$$
$$9y - 9 + 10y = -28$$
$$19y = -19$$
$$y = -1$$

Substitute $y = -1$ and solve for x.

$$x = \frac{3y-3}{2}$$
$$x = \frac{3(-1)-3}{2}$$
$$x = \frac{-6}{2} = -3$$

The solution is $(-3, -1)$.

27. $7x - 2y = -1$
$-5x + 2y = -1 \Rightarrow \boxed{y = \frac{5x-1}{2}}$

$$7x - 2y = -1$$
$$7x - 2\left(\frac{5x-1}{2}\right) = -1$$
$$7x - 5x + 1 = -1$$
$$2x = -2$$
$$x = -1$$

Substitute $x = -1$ and solve for y.

$$y = \frac{5x-1}{2}$$
$$y = \frac{5(-1)-1}{2}$$
$$y = \frac{-6}{2} = -3$$

The solution is $(-1, -3)$.

29. $2a + 3b = 2 \Rightarrow \boxed{b = \frac{-2a+2}{3}}$
$8a - 3b = 3$

$$8a - 3b = 3$$
$$8a - 3\left(\frac{-2a+2}{3}\right) = 3$$
$$8a + 2a - 2 = 3$$
$$10a = 5$$
$$a = \tfrac{1}{2}$$

Substitute $a = \tfrac{1}{2}$ and solve for b.

$$b = \frac{-2a+2}{3}$$
$$b = \frac{-2\left(\tfrac{1}{2}\right)+2}{3}$$
$$b = \frac{-1+2}{3} = \tfrac{1}{3}$$

The solution is $\left(\tfrac{1}{2}, \tfrac{1}{3}\right)$.

31. $y - x = 3x \Rightarrow \boxed{y = 4x}$
$2(x+y) = 14 - y \Rightarrow 2x + 3y = 14$

$$2x + 3y = 14$$
$$2x + 3(4x) = 14$$
$$14x = 14$$
$$x = 1$$

Substitute $x = 1$ and solve for y.

$$y = 4x$$
$$y = 4(1) = 4$$

The solution is $(1, 4)$.

33. $3(x-1)+3=8+2y \Rightarrow 3x-3+3=8+2y \Rightarrow 3x-2y=8 \Rightarrow \boxed{y=\dfrac{3x-8}{2}}$

$2(x+1)=4+3y \Rightarrow 2x+2=4+3y \Rightarrow 2x=3y+2$

$$2x = 3y+2$$
$$2x = 3\left(\dfrac{3x-8}{2}\right)+2$$
$$2(2x) = \dfrac{2}{1}\left(\dfrac{9x-24}{2}+2\right)$$
$$4x = 9x-24+4$$
$$-5x = -20$$
$$x = 4$$

Substitute $x=4$ and solve for y.

$$y = \dfrac{3x-8}{2}$$

$$y = \dfrac{3(4)-8}{2} = \dfrac{12-8}{2} = \dfrac{4}{2} = 2$$

The solution is $(4, 2)$.

35. $6a = 5(3+b+a) - a \Rightarrow 6a = 15+5b+5a-a \Rightarrow 2a = 5b+15 \Rightarrow \boxed{a = \dfrac{5b+15}{2}}$

$3(a-b)+4b = 5(1+b) \Rightarrow 3a-3b+4b = 5+5b \Rightarrow 3a-4b=5$

$$3a - 4b = 5$$
$$3\left(\dfrac{5b+15}{2}\right) - 4b = 5$$
$$\dfrac{2}{1}\left(\dfrac{15b+45}{2} - 4b\right) = 2(5)$$
$$15b + 45 - 8b = 10$$
$$7b = -35$$
$$b = -5$$

Substitute $b=-5$ and solve for a.

$$a = \dfrac{5b+15}{2}$$

$$a = \dfrac{5(-5)+15}{2} = \dfrac{-10}{2} = -5$$

The solution is $(-5, -5)$.

37. $\frac{1}{2}x + \frac{1}{2}y = -1 \Rightarrow 2\left(\frac{1}{2}x + \frac{1}{2}y\right) = 2(-1) \Rightarrow x + y = -2 \Rightarrow \boxed{x = -y - 2}$

$\frac{1}{3}x - \frac{1}{2}y = -4 \Rightarrow 6\left(\frac{1}{3}x - \frac{1}{2}y\right) = 6(-4) \Rightarrow 2x - 3y = -24$

$$\begin{aligned} 2x - 3y &= -24 \\ 2(-y-2) - 3y &= -24 \\ -2y - 4 - 3y &= -24 \\ -5y &= -20 \\ y &= 4 \end{aligned}$$

Substitute $y = 4$ and solve for x.
$x = -y - 2$
$x = -4 - 2 = -6$
The solution is $(-6, 4)$.

39. $5x = \frac{1}{2}y - 1 \Rightarrow 10x = y - 2$

$\frac{1}{4}y = 10x - 1 \Rightarrow \boxed{y = 40x - 4}$

$$\begin{aligned} 10x &= y - 2 \\ 10x &= (40x - 4) - 2 \\ 10x &= 40x - 6 \\ -30x &= -6 \\ x &= \frac{-6}{-30} = \frac{1}{5} \end{aligned}$$

Substitute $x = \frac{1}{5}$ and solve for y.

$y = 40x - 4$
$y = 40\left(\frac{1}{5}\right) - 4 = 8 - 4 = 4$
The solution is $\left(\frac{1}{5}, 4\right)$.

41. $\frac{6x-1}{3} - \frac{5}{3} = \frac{3y+1}{2} \Rightarrow 6\left(\frac{6x-1}{3} - \frac{5}{3}\right) = 6\left(\frac{3y+1}{2}\right) \Rightarrow 12x - 2 - 10 = 9y + 3$
$\Rightarrow 12x = 9y + 15$

$\frac{1+5y}{4} + \frac{x+3}{4} = \frac{17}{2} \Rightarrow 1 + 5y + x + 3 = 34 \Rightarrow \boxed{x = -5y + 30}$

$$\begin{aligned} 12x &= 9y + 15 \\ 12(-5y + 30) &= 9y + 15 \\ -60y + 360 &= 9y + 15 \\ 345 &= 69y \\ 5 &= y \end{aligned}$$

Substitute $y = 5$ and solve for x.
$x = -5y + 30$
$x = -5(5) + 30$
$x = -25 + 30 = 5$
The solution is $(5, 5)$.

Review Exercises (page 178)

1. $3x + 6 = 24$
$3x + 6 - \mathbf{6} = 24 - \mathbf{6}$
$3x = 18$
$\frac{3x}{3} = \frac{18}{3}$
$x = 6$

3. $\frac{4}{5}x + 5 = 17$
$\frac{4}{5}x + 5 - \mathbf{5} = 17 - \mathbf{5}$
$\frac{4}{5}x = 12$
$\frac{5}{4}\left(\frac{4}{5}x\right) = \frac{5}{4}\left(\frac{12}{1}\right)$
$x = 15$

Exercise 3.4 (page 182)

1. Since the coefficients of y are additive inverses, add the equations together.
$$x + y = 5$$
$$\underline{x - y = -3}$$
$$2x = 2$$
$$x = 1$$
Substitute $x = 1$ into one equation.
$$x + y = 5$$
$$1 + y = 5$$
$$y = 4$$
The solution is $(1, 4)$.

3. Since the coefficients of y are additive inverses, add the equations together.
$$x - y = -5$$
$$\underline{x + y = 1}$$
$$2x = -4$$
$$x = -2$$
Substitute $x = -2$ into one equation.
$$x - y = -5$$
$$-2 - y = -5$$
$$-y = -3$$
$$y = 3$$
The solution is $(-2, 3)$.

5. Since the coefficients of x are additive inverses, add the equations together.
$$2x + y = -1$$
$$\underline{-2x + y = 3}$$
$$2y = 2$$
$$y = 1$$
Substitute $y = 1$ into one equation.
$$2x + y = -1$$
$$2x + 1 = -1$$
$$2x = -2$$
$$x = -1$$
The solution is $(-1, 1)$.

7. Since the coefficients of y are additive inverses, add the equations together.
$$2x - 3y = -11$$
$$\underline{3x + 3y = 21}$$
$$5x = 10$$
$$x = 2$$
Substitute $x = 2$ into one equation.
$$2x - 3y = -11$$
$$2(2) - 3y = -11$$
$$4 - 3y = -11$$
$$-3y = -15$$
$$y = 5$$
The solution is $(2, 5)$.

9. Since the coefficients of x are additive inverses, add the equations together.
$$2x + y = -2$$
$$\underline{-2x - 3y = -6}$$
$$-2y = -8$$
$$y = 4$$
Substitute $y = 4$ into one equation.
$$2x + y = -2$$
$$2x + 4 = -2$$
$$2x = -6$$
$$x = -3$$
The solution is $(-3, 4)$.

11. Since the coefficients of y are additive inverses, add the equations together.
$$4x + 3y = 24$$
$$\underline{4x - 3y = -24}$$
$$8x = 0$$
$$x = 0$$
Substitute $x = 0$ into one equation.
$$4x + 3y = 24$$
$$4(0) + 3y = 24$$
$$3y = 24$$
$$y = 8$$
The solution is $(0, 8)$.

13. Multiply the first equation by -1 and add.
$$x + y = 5 \Rightarrow -x - y = -5$$
$$\underline{x + 2y = 8}$$
$$y = 3$$
Substitute $y = 3$ into one equation.
$$x + y = 5$$
$$x + 3 = 5$$
$$x = 2$$
The solution is $(2, 3)$.

15. Multiply the first equation by -1 and add.
$$2x + y = 4 \Rightarrow -2x - y = -4$$
$$\underline{2x + 3y = 0}$$
$$2y = -4$$
$$y = -2$$
Substitute $y = -2$ into one equation.
$$2x + 3y = 0$$
$$2x + 3(-2) = 0$$
$$2x - 6 = 0$$
$$2x = 6$$
$$x = 3$$
The solution is $(3, -2)$.

17. Rewrite to align the like terms.
$$3x - 5y = -29$$
$$3x + 4y = 34$$
Multiply the first equation by -1.
$$-3x + 5y = 29$$
$$\underline{3x + 4y = 34}$$
$$9y = 63$$
$$y = 7$$
Substitute $y = 7$ into one equation.
$$3x - 5y = -29$$
$$3x - 5(7) = -29$$
$$3x - 35 = -29$$
$$3x = 6$$
$$x = 2$$
The solution is $(2, 7)$.

19. Rewrite to align the like terms.
$$2x - 3y = -6$$
$$2x - 3y = -8$$
Multiply the first equation by -1.
$$-2x + 3y = 6$$
$$\underline{2x - 3y = -8}$$
$$0 = -2 \quad \text{FALSE}$$
The system is inconsistent.

21. Rewrite to align the like terms.
$$-2x - 3y = -4$$
$$\underline{2x + 3y = 4}$$
$$0 = 0 \quad \text{TRUE}$$
The equations are dependent.

23. Rewrite to align the like terms.
$$4x + 3y = 16$$
$$2x + 3y = 8$$
Multiply the first equation by -1.
$$-4x - 3y = -16$$
$$\underline{2x + 3y = 8}$$
$$-2x = -8$$
$$x = 4$$
Substitute $x = 4$ into one equation.
$$4x + 3y = 16$$
$$4(4) + 3y = 16$$
$$16 + 3y = 16$$
$$3y = 0$$
$$y = 0$$
The solution is $(4, 0)$.

25. Multiply the first equation by -2.
$$2x + y = 10 \Rightarrow -4x - 2y = -20$$
$$\ \ x + 2y = 10$$
$$-3x\ = -10$$
$$x = \frac{10}{3}$$
Substitute $x = \frac{10}{3}$ into one equation.
$$x + 2y = 10$$
$$\frac{10}{3} + 2y = 10$$
$$3\left(\frac{10}{3} + 2y\right) = 3(10)$$
$$10 + 6y = 30$$
$$6y = 20$$
$$y = \frac{20}{6} = \frac{10}{3}$$
The solution is $\left(\frac{10}{3}, \frac{10}{3}\right)$.

27. Multiply the first equation by 2.
$$2x - y = 16 \Rightarrow 4x - 2y = 32$$
$$\ 3x + 2y = 3$$
$$7x\ = 35$$
$$x = 5$$
Substitute $x = 5$ into one equation.
$$2x - y = 16$$
$$2(5) - y = 16$$
$$10 - y = 16$$
$$-y = 6$$
$$y = -6$$
The solution is $(5, -6)$.

29. Multiply the first equation by 4 and multiply the second equation by 5.
$$4x + 5y = -20 \Rightarrow 16x + 20y = -80$$
$$5x - 4y = -25 \Rightarrow 25x - 20y = -125$$
$$41x\ = -205$$
$$x = -5$$
Substitute $x = -5$ into one of the equations, for example use equation one.
$$4x + 5y = -20$$
$$4(-5) + 5y = -20$$
$$-20 + 5y = -20$$
$$5y = 0$$
$$y = 0 \quad \text{The solution is } (-5, 0).$$

31. Rewrite to align like terms. Multiply the second equation by 3.
$$6x + 3y = 0 \Rightarrow 6x + 3y = 0$$
$$-2x + 5y = 12 \Rightarrow -6x + 15y = 36$$
$$18y = 36$$
$$y = 2$$
Substitute $y = 2$ into one of the equations, for example use equation one.
$$6x + 3y = 0$$
$$6x + 3(2) = 0$$
$$6x = -6$$
$$x = -1 \quad \text{The solution is } (-1, 2).$$

33. Rewrite to align like terms. Multiply the second equation by -2.
$$8x - 4y = 18 \Rightarrow \quad 8x - 4y = 18$$
$$3x - 2y = 8 \Rightarrow \quad \underline{-6x + 4y = -16}$$
$$2x \quad\quad = 2$$
$$x = 1$$
Substitute $x = 1$ into one of the equations, for example use equation one.
$$8x - 4y = 18$$
$$8(1) - 4y = 18$$
$$-4y = 10$$
$$y = -\frac{10}{4} = -\frac{5}{2} \quad\quad \text{The solution is } \left(1, -\frac{5}{2}\right).$$

35. Multiply the first equation by 5 and the second equation by 8 to clear the fractions.
$$3x + 4y = 5$$
$$-2x + 3y = 8$$
Multiply the first equation by 2 and the second by 3.
$$6x + 8y = 10$$
$$\underline{-6x + 9y = 24}$$
$$17y = 34$$
$$y = 2$$
Substitute $y = 2$ into one of the equations, for example use equation one.
$$3x + 4y = 5$$
$$3x + 4(2) = 5$$
$$3x + 8 = 5$$
$$3x = -3$$
$$x = -1$$
The solution is $(-1, 2)$.

37. Multiply both equations by 5 (to clear the fractions).
$$3x + 5y = 5$$
$$\underline{4x - 5y = -5}$$
$$7x \quad\quad = 0$$
$$x = 0$$
Substitute 0 for x in the first equation and solve for y.
$$3x + 5y = 5$$
$$3(0) + 5y = 5$$
$$5y = 5$$
$$y = 1$$
The solution is $(0, 1)$.

39. Multiply both equations by 6 to clear the fractions.
$$3x - 2y = -12$$
$$6x - 9 + 12y + 2 = 17$$
Rewrite second equation.
$$3x - 2y = -12$$
$$6x + 12y = 24$$
Multiply first equation by -2.
$$-6x + 4y = 24$$
$$\underline{6x + 12y = 24}$$
$$16y = 48$$
$$y = 3$$

Substitute $y = 3$ into one of the the equations, for example, use equation one, and solve for x.
$$3x - 2y = -12$$
$$3x - 2(3) = -12$$
$$3x - 6 = -12$$
$$3x = -6$$
$$x = -2$$
The solution is $(-2, 3)$.

41. Multiply first by 6 and second by 12 and rewrite equations.
$$3x - 9 + 2y + 10 = 11 \quad \Rightarrow \quad 3x + 2y = 10$$
$$4x + 12 - 5 = 3y + 9 \quad \Rightarrow \quad 4x - 3y = 2$$

1) Multiply first by 3 and second by 2.
$$9x + 6y = 30$$
$$\underline{8x - 6y = 4}$$
$$17x = 34$$
$$x = 2$$
The solution is (2, 2).

2) Substitute 2 for x into one of the equations and solve for y.
$$3x + 2y = 10$$
$$3(2) + 2y = 10$$
$$2y = 4$$
$$y = 2$$

Review Exercises (page 184)

1.
$$A = \tfrac{1}{2}bh$$
$$2A = \tfrac{2}{1} \cdot \tfrac{1}{2}bh$$
$$2A = bh$$
$$\tfrac{2A}{b} = \tfrac{bh}{b}$$
$$h = \tfrac{2A}{b}$$

3.
$$P = 2l + 2w$$
$$P - 2l = 2l - 2l + 2w$$
$$P - 2l = 2w$$
$$\tfrac{P - 2l}{2} = \tfrac{2w}{2}$$
$$w = \tfrac{P - 2l}{2}$$

Exercise 3.5 (page 192)

1. Let x = first number and y = the other number.
Set up two equations:
$$x = 2y$$
$$x + y = 96$$
Use the first equation to substitute:
$$x + y = 96$$
$$2y + y = 96$$
$$3y = 96$$
$$y = 32$$
Substitute $y = 32$ and solve for x:
$$x = 2y$$
$$x = 2(32)$$
$$x = 64$$
The numbers are 64 and 32.

3. Let x = first number and y = the other number.
Set up two equations:
$$3x + y = 29$$
$$x + 2y = 18 \quad \text{(Multiply by } -3\text{)}$$
Use the addition method to solve:
$$3x + y = 29$$
$$\underline{-3x - 6y = -54}$$
$$-5y = -25$$
$$y = 5$$
Substitute $y = 5$ and solve for x:
$$x + 2y = 18$$
$$x + 2(5) = 18$$
$$x = 8$$
The numbers are 8 and 5.

5. Let $c =$ number of cows and
$h =$ number of horses.
Set up two equations:
$$c = 5h$$
$$c + h = 168$$
Use the first equation to substitute:
$$c + h = 168$$
$$\mathbf{5h} + h = 168$$

$$6h = 168$$
$$h = 28$$
Substitute $h = 28$ and solve for c:
$$c = 5h$$
$$c = 5(\mathbf{28})$$
$$c = 140$$
There are 140 cows.

7. Let $p =$ cost of paint and
$b =$ cost of brush.
Set up two equations:
$$8p + 3b = 135 \text{ (Multiply by 2)}$$
$$6p + 2b = 100 \text{ (Multiply by} -3)$$
Use the addition method:
$$16p + 6b = 270$$
$$\underline{-18p - 6b = -300}$$
$$-2p \quad\quad = -30$$
$$p = 15$$
Substitute $p = 15$ and solve for b:
$$6p + 2b = 100$$
$$6(15) + 2b = 100$$
$$2b = 10$$
$$b = 5$$
A can of paint costs $15, while a brush costs $5.

9. Let $c =$ cost of cleaner and
$s =$ cost of soaking solution.
$$2c + 3s = 29.40 \text{ (Mult. by 3)}$$
$$3c + 2s = 28.60 \text{ (Mult. by} -2)$$

$$6c + 9s = 88.20$$
$$\underline{-6c - 4s = -57.20}$$
$$5s = 31.00$$
$$s = \tfrac{31}{5} = 6.20$$
Substitute and solve for c:
$$2c + 3s = 29.40$$
$$2c + 3(\mathbf{6.20}) = 29.40$$
$$2c = 10.80$$
$$c = 5.40$$
The cleaner costs $5.40 and the soaking solution costs $6.20.

11. Let $x =$ longer piece and
$y =$ other piece.
The sum of the pieces is 25:
$x + y = 25$.
One piece is 5 feet longer:
$x = y + 5$.
Use the second equation to substitute:
$$x + y = 25$$
$$\mathbf{y + 5} + y = 25$$
$$2y + 5 = 25$$
$$2y = 20$$
$$y = 10$$
Substitute 10 for y and solve for x:
$$x = y + 5$$
$$x = \mathbf{10} + 5$$
$$x = 15$$
The lengths should be 15 ft and 10 ft.

13. Let $M =$ amount Maria gets and $S =$ the amount Susan gets.
$$S = 50000 + M$$
$$S + M = 250000$$
Use the first equation to substitute:
$$S + M = 250000$$
$$\mathbf{50000 + M} + M = 250000$$
$$50000 + 2M = 250000$$
$$2M = 200000$$
$$M = 100000$$

Substitute 100000 for M and solve for S:
$$S = 50000 + M$$
$$S = 50000 + \mathbf{100000}$$
$$S = 150000$$
Susan should get $150,000.

15. Let $l =$ length and $w =$ width.
    The perimeter is 110:
    $$2l + 2w = 110.$$
    The length is 5 feet longer:
    $$l = w + 5.$$
    Use the second equation to substitute:
    $$2l + 2w = 110$$
    $$2(\boldsymbol{w+5}) + 2w = 110$$
    $$4w + 10 = 110$$
    $$4w = 100$$
    $$w = 25$$
    Substitute to solve for l:
    $$l = w + 5 = \boldsymbol{25} + 5 = 30$$
    The dimensions are 25 feet by 30 feet.

17. Let $l =$ length and $w =$ width.
    $$l = 2w + 2$$
    $$2l + 2w = 34$$
    Use the first equation to substitute:
    $$2l + 2w = 34$$
    $$2(\boldsymbol{2w+2}) + 2w = 34$$
    $$6w + 4 = 34$$
    $$6w = 30$$
    $$w = 5$$
    Substitute to solve for l:
    $$2l + 2w = 34$$
    $$2l + 2(\boldsymbol{5}) = 34$$
    $$2l + 10 = 34$$
    $$2l = 24$$
    $$l = 12$$
    The area is length $\cdot$ width, or $12 \cdot 5 = 60$ sq. ft.

19. Let $c =$ the cost of running the furnace and let $x =$ the number of years.

The cost of heating using 90+ furnace	=	the cost of the 90+ furnace	+	cost per year using 90+ furnace	$\cdot$	number of years.
c	=	2250	+	412	$\cdot$	x

The cost of heating using 80+ furnace	=	the cost of the 80+ furnace	+	cost per year using 80+ furnace	$\cdot$	number of years.
c	=	1715	+	466	$\cdot$	x

    Multiply equation one by -1 and add to the second equation and solve for x:
    $$-c = -2250 - 412x$$
    $$\underline{c = 1715 + 466x}$$
    $$0 = -535 + 54x$$
    $$535 = 54x$$
    $$9.9 \approx x$$
    If the furnaces are operated for 9.9 years the costs are the same.

21. Since 7 years is less than 9.9 years, the 80+ furnace is the one to choose.

23. Let $b =$ amount Bill invested and $j =$ amount Janette invested. The interest on Bill's money is $0.05b$, while the interest on Janette's money is $0.07j$:
    $$0.05b + 0.07j = 310.$$
    The total is $5000.
    $$b + j = 5000.$$
    Continued on the next page:

23. continued.
Multiply the first equation by -5 and the second equation by 100:
$$b + j = 5000. \ (\times -5) \Rightarrow -5b - 5j = -25000$$
$$0.05b + 0.07j = 310 \ (\times 100) \Rightarrow \underline{5b + 7j = 31000}$$
$$2j = 6000$$
$$j = 3000$$

Substitute 3000 for j and solve for b:
$$b + j = 5000$$
$$b + 3000 = 5000$$
$$b = 2000$$
Bill invested $2000 and Janette has $3000.

25. Let $s =$ number of students and $n =$ number of nonstudents. The total number sold is $s + n = 350$.
The money received was $s + 2n = 450$.

$$s + n = 350 \ (\times -1)$$
$$s + 2n = 450$$

$$-s - n = -350$$
$$\underline{s + 2n = 450}$$

$$n = 100$$

Substitute and solve for s:
$$s + n = 350$$
$$s + 100 = 350$$
$$s = 250$$
There were 250 students and 100 others.

27. Let $b =$ speed of boat in still water and $c =$ speed of current.

	r	t	d
Down	$b+c$	2	24
Up	$b-c$	3	24

There is an equation from each row:
$2(b + c) = 24$ ($\div 2$ **both sides**)
$3(b - c) = 24$ ($\div 3$ **both sides**)

$$b + c = 12$$
$$\underline{b - c = 8}$$
$$2b = 20$$
$$b = 10$$
The boat's speed is 10 mph.

29. Let $p =$ speed of plane in still air and $w =$ speed of wind.

	r	t	d
With	$p+w$	2	600
Against	$p-w$	3	600

There is an equation from each row:

$2(p + w) = 600$ ($\div 2$ **both sides**)
$3(p - w) = 600$ ($\div 3$ **both sides**)

$$p + w = 300$$
$$p - w = 200$$
$$2p = 500$$
$$p = 250$$
Substitute 250 for p and solve for w:
$$p + w = 300$$
$$250 + w = 300$$
$$w = 50$$
The speed of the wind is 50 mph.

31. Let $x =$ amount of 40% solution and $y =$ amount of 55%.

	%	Amt. Sol.	Alcohol
Sol. 1	0.40	x	$0.40x$
Sol. 2	0.55	y	$0.55y$
Mix.	0.50	15	$0.50(15)$

There is an equation from the last two columns:
$$x + y = 15 \;(\times -0.55)$$
$$0.40x + 0.55y = 0.50(15)$$

$$\begin{array}{r} -0.55x - 0.55y = -8.25 \\ \underline{0.40x + 0.55y = 7.5} \\ -0.15x = -0.75 \\ x = 5 \end{array}$$

Substitute 5 for x and solve for y:
$$x + y = 15$$
$$5 + y = 15$$
$$y = 10$$

The chemist should use 5 liters of 40% solution and 10 liters of 55% solution.

33. Let $p =$ number of pound of peanuts and $c =$ number of pounds of cashews

$$\boxed{\text{Value of peanuts}} + \boxed{\text{Value of cashews}} = \boxed{\text{Value of mixture}}$$

$$3p \;\;\; + \;\;\; 6c \;\;\; = 4(48) \quad \text{eq. 1}$$
$$p + c = 48 \quad \text{eq. 2}$$

Multiply equation 2 by -3 and add to eliminate p
$$\begin{array}{r} 3p + 6c = 192 \\ \underline{-3p - 3c = -144} \\ 3c = 48 \\ c = 16 \end{array}$$

Substitute 16 for c in equation 2 and solve for p:
$$p + c = 48$$
$$p + \mathbf{16} = 48$$
$$p = 32$$

The merchant should use 16 pounds of cashews and 32 poinds of peanuts.

35.
$$\boxed{\begin{array}{c}\text{Retail}\\\text{price}\end{array}} - \boxed{\text{discount}} = \boxed{\begin{array}{c}\text{sale}\\\text{price.}\end{array}}$$
$$r \;\;\; - \;\;\; d \;\;\; = 384$$

$$\boxed{\text{Discount}} = \boxed{\begin{array}{c}\text{discount}\\\text{rate}\end{array}} \cdot \boxed{\begin{array}{c}\text{retail}\\\text{price.}\end{array}}$$
$$d \;\;\; = \;\;\; 0.40 \;\;\; \cdot \;\;\; r$$

Substitute $0.40r$ for d in equation 1:
$$r - d = 384$$
$$r - \mathbf{0.40r} = 384$$
$$0.60r = 384$$
$$r = 640$$

The retail price is $640.

37. Let x = number of cheap radios and y = number of expensive
$$x + y = 25 \quad (\times -87)$$
$$87x + 119y = 2495$$

$$-87x - 87y = -2175$$
$$\underline{87x + 119y = 2495}$$
$$32y = 320$$
$$y = 10$$
Substitute and solve for x:
$$x + y = 25$$
$$x + 10 = 25$$
$$x = 15$$
They sold 15 cheap radios at $87.

39. Let l = lower rate and h = higher rate.
$$h = l + 0.01$$
$$950l + 1200h = 205.50$$
Use first equation to substitute:
$$950l + 1200h = 205.50$$
$$950l + 1200(l + 0.01) = 205.50$$
$$2150l + 12 = 205.50$$
$$l = 0.09$$
The lower rate is 9%.

Review Exercises (page 195)

1.
$$5x - 3 > 7$$
$$5x - 3 + 3 > 7 + 3$$
$$5x > 10$$
$$\frac{5x}{5} > \frac{10}{5}$$
$$x > 2$$

3.
$$-3x - 1 \leq 5$$
$$-3x - 1 + 1 \leq 5 + 1$$
$$-3x \leq 6$$
$$\frac{-3x}{-3} \geq \frac{6}{-3}$$
$$x \geq -2$$

Exercise 3.6 (page 200)

1.

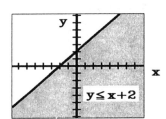

3.

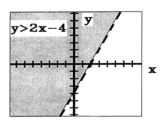

5.

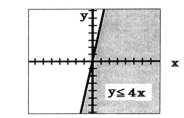

7.

9.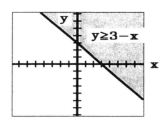

11.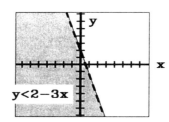

13.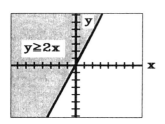

15.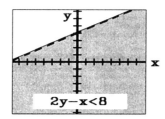

17.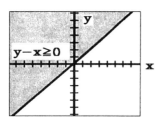

19.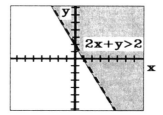

21.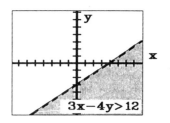

23.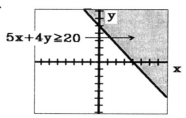

25. $3(x+y) + x < 6$
    $3x + 3y + x < 6$
    $4x + 3y < 6$

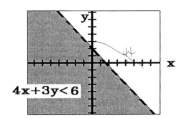

27. $4x - 3(x + 2y) \geq -6y$
    $4x - 3x - 6y \geq -6y$
    $x \geq 0$

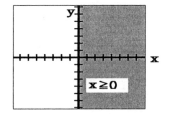

29. $7(x + 2y) - 2(x - 3y) < 50$
    $7x + 14y - 2x + 6y < 50$
    $5x + 20y < 50$
    $x + 4y < 10$

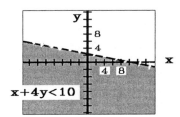

31. $5(x - 2y) > 5x$
    $5x - 10y > 5x$
    $-10y > 0$
    $y < 0$

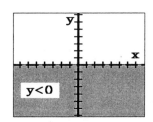

33. $x(x + 2) \leq x^2 + 3x + 1$
    $x^2 + 2x \leq x^2 + 3x + 1$
    $2x \leq 3x + 1$
    $-x \leq 1$
    $x \geq -1$

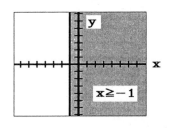

35. $x^2 + 3y \leq x(x + 2) - 1$
    $x^2 + 3y \leq x^2 + 2x - 1$
    $3y \leq 2x - 1$
    $3y - 2x \leq -1$

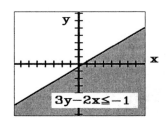

37.
$$3x + 7 \leq 5y + 7$$
$$3x - 5y \leq 0$$

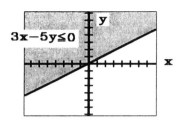

39.
$$(x+1)(x-2) + y^2 < x^2 + y(y-2)$$
$$x^2 - x - 2 + y^2 < x^2 + y^2 - 2y$$
$$-x - 2 < -2y$$
$$2y - x < 2$$

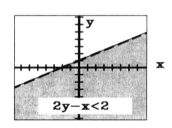

41. $3x + 4y \leq 120$

(10, 10), (0, 10), (0, 20), etc.

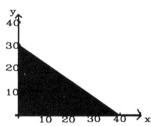

43. $100x + 88y \geq 4400$

(50, 10), (40, 10), (50, 50), etc.

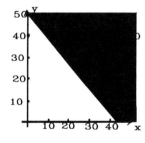

45. $40x + 50y \leq 8000$

(40, 40), (40, 80), (120, 10), etc.

Review Exercises (page 204)

1. Since the coefficients of y are additive inverses, add the equations together.

$$x + y = 5$$
$$\underline{x - y = -1}$$
$$2x = 4$$
$$x = 2$$

Substitute $x = 2$ into an equation.
$$x + y = 5$$
$$\mathbf{2} + y = 5$$
$$y = 3$$

The solution is $(2, 3)$.

3. Multiply the first eqution by 2 and the second equation by 3 so the coeficients of y are additive inverses.
$$\mathbf{2}(2x + 3y) = \mathbf{2}(0)$$
$$\mathbf{3}(3x - 2y) = \mathbf{3}(13)$$

Carry out the mulitplications and add the equations.
$$4x + 6y = 0$$
$$\underline{9x - 6y = 39}$$
$$13x = 39$$
$$x = 3$$

Substitute $x = 3$ into one of the original equations.
$$2x + 3y = 0$$
$$2(\mathbf{3}) + 3y = 0$$
$$6 + 3y = 0$$
$$3y = -6$$
$$y = -2$$

The solution is $(3, -2)$.

Exercise 3.7 (page 210)

1.

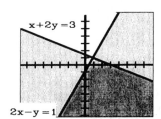

3.

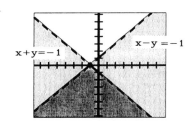

5.

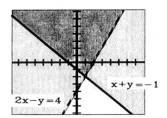

7.

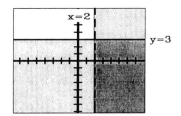

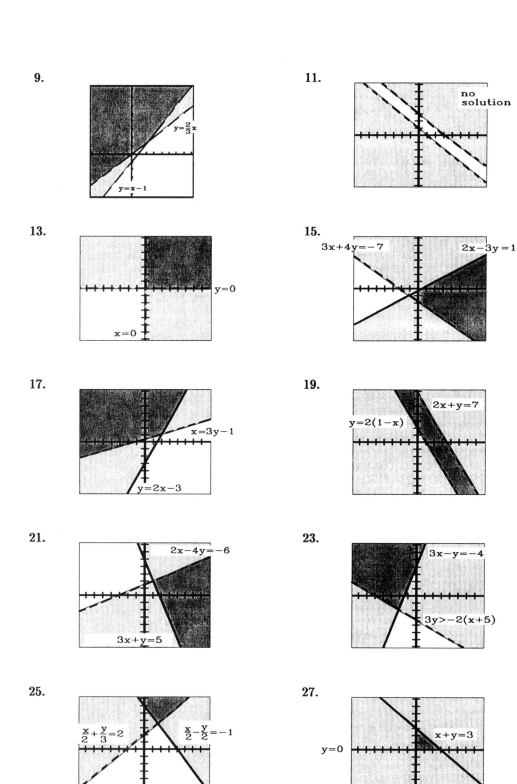

29.

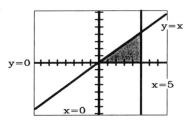

31. Let x = number of $10 CDs and y = the number of $15 CDs.

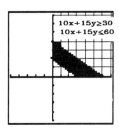

The customer can by the following combinataions:
3 $10 CDs and 0 $15 CDs
4 $10 CDs and 0 $15 CDs
5 $10 CDs and 0 $15 CDs
6 $10 CDs and 0 $15 CDs
2 $10 CDs and 1 $15 CD
3 $10 CDs and 1 $15 CD
4 $10 CDs and 1 $15 CD
0 $10 CDs and 2 $15 CDs
1 $10 CD and 2 $15 CDs
2 $10 CDs and 2 $15 CDs
3 $10 CDs and 2 $15 CDs
0 $10 CDs and 3 $15 CDs
1 $10 CD and 3 $15 CDs
0 $10 CDs and 4 $15 CDs

33. Let x = number of desk chairs and y = the number of side chairs.

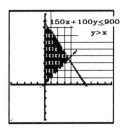

0 desk chairs and 5 side chairs
1 desk chair and 5 side chairs
2 desk chairs and 5 side chairs
0 desk chairs and 6 side chairs
1 desk chair and 6 side chairs
2 desk chairs and 6 side chairs

The following combinations can be ordered:
0 desk chairs and 1 side chair
1 desk chair and 2 side chairs
0 desk chairs and 3 side chairs
1 desk chair and 3 side chairs
2 desk chairs and 3 side chairs
0 desk chairs and 4 side chairs
1 desk chair and 4 side chairs
2 desk chairs and 4 side chairs
3 desk chairs and 4 side chairs
0 desk chairs and 7 side chairs
1 desk chair and 7 side chairs
0 desk chairs and 8 side chairs
0 desk chairs and 9 side chairs

Review Exercises (page 213)

1. $\frac{2+x}{11} = 3$

    $\frac{11}{1}\left(\frac{2+x}{11}\right) = 11(3)$

    $2 + x = 33$
    $2 - 2 + x = 33 - 2$
    $x = 31$

3. $\frac{2}{3}(5t - 3) = 38$

    $\frac{3}{2} \cdot \frac{2}{3}(5t - 3) = \frac{3}{2} \cdot \left(\frac{38}{1}\right)$

    $5t - 3 = 57$
    $5t - 3 + 3 = 57 + 3$
    $5t = 60$
    $\frac{5t}{5} = \frac{60}{5}$

Chapter 3 Review Exercises (page 215)

1-6. All points are graphed on this coordinate plane:

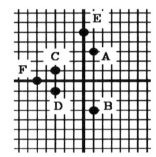

7. $(3, 1)$
9. $(-3, -4)$
11. $(0, 0)$
13. $(-5, 0)$

15.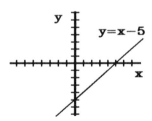

17.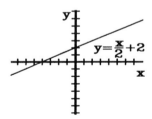

19.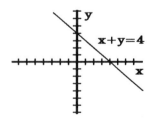

21.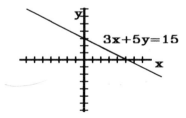

23. Check $x = 1$ and $y = 5$ in both equations.

$$3x - y = -2 \qquad 2x + 3y = 17$$
$$3(1) - 5 = -2 \qquad 2(1) + 3(5) = 17$$
$$3 - 5 = -2 \qquad 2 + 15 = 17$$
$$-2 = -2 \qquad 17 = 17$$

$(1, 5)$ is a solution for the system.

25. Check $x = 14$ and $y = \frac{1}{2}$ in both equations.

$$2x + 4y = 30 \qquad \frac{x}{4} - y = 3$$
$$2(14) + 4\left(\frac{1}{2}\right) = 30 \qquad \frac{14}{4} - \frac{1}{2} = 3$$
$$28 + 2 = 30 \qquad \frac{7}{2} - \frac{1}{2} = 3$$
$$30 = 30 \qquad \frac{6}{2} = \frac{6}{2}$$

$\left(14, \frac{1}{2}\right)$ is a solution for the system.

27.

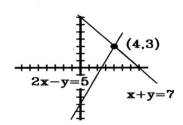

29.

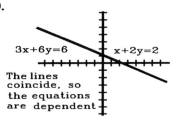

The lines coincide, so the equations are dependent

31. $x = 3y + 5$
$5x - 4y = 3$ Substitute $\boxed{x = 3y + 5}$.

$$5x - 4y = 3$$
$$5(\mathbf{3y + 5}) - 4y = 3$$
$$15y + 25 - 4y = 3$$
$$11y = -22$$
$$y = -2$$

Substitute $y = -2$ and solve for x:
$$x = 3y + 5 = 3(-2) + 5 = -6 + 5 = -1$$
The solution is $(-1, -2)$.

33. $8x + 5y = 3 \Rightarrow \boxed{y = \dfrac{-8x + 3}{5}}$
$5x - 8y = 13$

First, substitute:
$$5x - 8y = 13$$
$$5x - 8\left(\frac{-8x + 3}{5}\right) = 13$$
$$25x - 8(-8x + 3) = 65$$
$$25x + 64x - 24 = 65$$
$$89x = 89$$
$$x = 1$$

Second, substitute $x = 1$ and solve for y:
$$y = \frac{-8x + 3}{5} = \frac{-8(1) + 3}{5} = \frac{-5}{5} = -1$$

The solution is $(1, -1)$.

35. Since the coefficients of y are additive inverses, add the equations to eliminate y:
$$2x + y = 1$$
$$\underline{5x - y = 20}$$
$$7x = 21$$
$$x = 3$$
Substitute and solve for y:
$$2x + y = 1$$
$$2(3) + y = 1$$
$$y = -5$$
The solution is $(3, -5)$.

37.
$$5x + y = 2$$
$$3x + 2y = 11$$
Multiply the first equation by -2 and add:
$$-10x - 2y = -4$$
$$\underline{3x + 2y = 11}$$
$$-7x = 7$$
$$x = -1$$
Substitute -1 for x in the first equation and solve for y:
$$5x + y = 2$$
$$5(-1) + y = 2$$
$$-5 + y = 2$$
$$y = 7$$
The solution is $(-1, 7)$.

39. $11x + 3y = 27 \Rightarrow 44x + 12y = 108$
$8x + 4y = 36 \Rightarrow \underline{-24x - 12y = -108}$
$$20x = 0$$
$$x = 0$$
Substitute 0 for x and solve for y:
$$8x + 4y = 36$$
$$8(0) + 4y = 36$$
$$4y = 36$$
$$y = 9$$
The solution is $(0, 9)$.

41. $9x + 3y = \frac{5}{} \Rightarrow 9x + 3y = 5$
$3x + y = \frac{5}{3} \Rightarrow \underline{-9x - 3y = -5}$
$$0 = 0$$
Since this is true, the equations are dependent.

43. Let $x =$ first and $y =$ second number.
$$\boxed{x = 5y}$$
$$x + y = 18$$

$$5y + y = 18$$
$$6y = 18$$
$$y = 3$$
Substitute 3 for y and solve for x:
$$x = 5y = 5(3) = 15$$
The numbers are 3 and 15.

45. Let $g =$ grapefruit cost and $r =$ orange cost.
$$\boxed{g = r + 15}$$
$$g + r = 85$$

$$r + 15 + r = 85$$
$$2r = 70$$
$$r = 35$$
Substitute 35 for r and solve for g:
$$g = r + 15 = 35 + 15 = 50$$
The orange is 35 cents and the grapefruit 50 cents.

47. Let m = gallon milk and e = dozen eggs.

$2m + 3e = 6.80 \Rightarrow \quad 4m + 6e = 13.60$
$3m + 2e = 7.35 \Rightarrow \quad \underline{-9m - 6e = -22.05}$
$\quad\quad\quad\quad\quad\quad\quad\quad\quad -5m = -8.45$
$\quad\quad\quad\quad\quad\quad\quad\quad\quad\quad m = 1.69$

Each gallon of milk costs $1.69.

49.
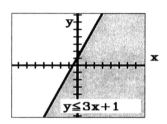

51.
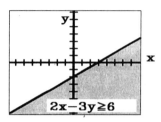

53.
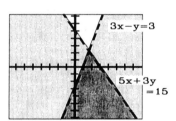

55.
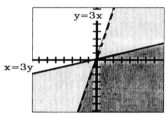

Chapter 3 Test (page 217)

1.
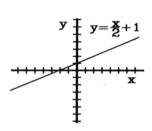

3.
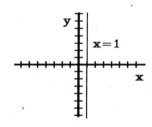

5. Check $x = 2$ and $y = -3$ in both equations.

$\quad\quad 3x - 2y = 12 \quad\quad\quad\quad\quad 2x + 3y = -5$
$\quad 3(2) - 2(-3) = 12 \quad\quad\quad 2(2) + 3(-3) = -5$
$\quad\quad\quad 6 + 6 = 12 \quad\quad\quad\quad\quad\quad 4 - 9 = -5$
$\quad\quad\quad\quad 12 = 12 \quad\quad\quad\quad\quad\quad\quad -5 = -5$

$(2, -3)$ is a solution to the system.

7.

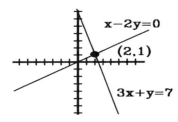

9. $y = x - 1$
$2x + y = -7$
Substitute $\boxed{y = x - 1}$.

$$2x + y = -7$$
$$2x + (x - 1) = -7$$
$$3x - 1 = -7$$
$$3x = -6$$
$$x = -2$$

Substitue -2 for x and solve for y:
$y = x - 1 = -2 - 1 = -3$
The solution is $(-2, -3)$.

11. $3x - y = 2$
$2x + y = 8$
$\overline{}$
$5x = 10$
$x = 2$
Substitute $x = 2$ and solve for y:
$2x + y = 8$
$2(2) + y = 8$
$y = 4$
The solution is $(2, 4)$.

13. Write each equation in slope-intercept form:

$$2x + 3(y - 2) = 0$$
$$2x + 3y - 6 = 0$$
$$2x + 3y = 6$$
$$3y = -2x + 6$$
$$\boxed{y = -\tfrac{2}{3}x + 2}$$

$$-3y = 2(x - 4)$$
$$-3y = 2x - 8$$

$$\boxed{y = -\tfrac{2}{3}x + \tfrac{8}{3}}$$

Note that both lines have slopes of $-\tfrac{2}{3}$, but have different y-intercepts. Thus the lines are parallel, and the system is inconsistent.

15. Let $x = $ 1st number and $y = $ 2nd number.
$x + y = -18$
$\boxed{x = 3y + 2}$

$$x + y = -18$$
$$3y + 2 + y = -18$$
$$4y + 2 = -18$$
$$4y = -20$$
$$y = -5$$

Substitute $y = -5$ and solve for x:
$$x = 3y + 2$$
$$x = 3(-5) + 2$$
$$x = -15 + 2$$
$$x = -13$$
The numbers are -5 and -13 and their product is $(-5)(-13) = 65$.

17.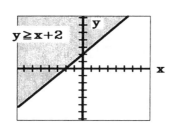

19.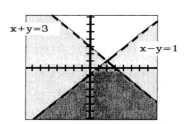

Exercise 4.1 (page 228)

1. base: 4
   exponent: 3
3. base: x
   exponent: 5
5. base: $2y$
   exponent: 3
7. base: x
   exponent: 4
9. base: x
   exponent: 1
11. base: x
    exponent: 3
13. $5^3 = 5 \cdot 5 \cdot 5 = 125$
15. $x^7 = x \cdot x \cdot x \cdot x \cdot x \cdot x \cdot x$
17. $-4x^5 = (-4) \cdot x \cdot x \cdot x \cdot x \cdot x$
19. $(3t)^5 = 3t \cdot 3t \cdot 3t \cdot 3t \cdot 3t$
21. $2 \cdot 2 \cdot 2 = 2^3$
23. $x \cdot x \cdot x \cdot x = x^4$
25. $(2x)(2x)(2x) = (2x)^3$
27. $-4 \cdot t \cdot t \cdot t \cdot t = -4t^4$
29. $5^4 = 5 \cdot 5 \cdot 5 \cdot 5 = 625$
31. $2^2 + 3^2 = 4 + 9 = 13$
33. $5^4 - 4^3 = 625 - 64 = 561$
35. $-5(3^4 + 4^3) = -5(81 + 64) = -5(145) = -725$
37. $x^4 x^3 = x^{4+3} = x^7$
39. $x^5 x^5 = x^{5+5} = x^{10}$
41. $tt^2 = t^{1+2} = t^3$
43. $a^3 a^4 a^5 = a^{3+4+5} = a^{12}$
45. $y^3(y^2 y^4) = y^3(y^{2+4}) = y^3 y^6 = y^{3+6} = y^9$
47. $4x^2(3x^5) = 4 \cdot 3 \cdot x^2 \cdot x^5 = 12x^{2+5} = 12x^7$
49. $(-y^2)(4y^3) = -1 \cdot 4 \cdot y^2 y^3 = -4y^5$
51. $6x^3(-x^2)(-x^4) = 6(-1)(-1)x^3 x^2 x^4 = 6x^9$
53. $(3^2)^4 = 3^{2 \cdot 4} = 3^8$
55. $(y^5)^3 = y^{5 \cdot 3} = y^{15}$
57. $(a^3)^7 = a^{3 \cdot 7} = a^{21}$
59. $(x^2 x^3)^5 = (x^5)^5 = x^{5 \cdot 5} = x^{25}$
61. $(3zz^2 z^3)^5 = (3z^6)^5 = 3^5(z^6)^5 = 243z^{30}$
63. $(x^5)^2(x^7)^3 = x^{10} x^{21} = x^{31}$
65. $(r^3 r^2)^4(r^3 r^5)^2 = (r^5)^4(r^8)^2 = r^{20} r^{16} = r^{36}$
67. $(s^3)^3(s^2)^2(s^5)^4 = s^9 s^4 s^{20} = s^{36}$
69. $(xy)^3 = x^3 y^3$
71. $(r^3 s^2)^2 = (r^3)^2(s^2)^2 = r^6 r^4$
73. $(4ab^2)^2 = 4^2 a^2 (b^2)^2 = 16a^2 b^4$

75. $(-2r^2s^3t)^3 = (-2)^3(r^2)^3(s^3)^3 t^3 = -8r^6s^9t^3$

77. $\left(\dfrac{a}{b}\right)^3 = \dfrac{a^3}{b^3}$

79. $\left(\dfrac{x^2}{y^3}\right)^5 = \dfrac{(x^2)^5}{(y^3)^5} = \dfrac{x^{10}}{y^{15}}$

81. $\left(\dfrac{-2a}{b}\right)^5 = \dfrac{(-2a)^5}{b^5} = \dfrac{(-2)^5 a^5}{b^5} = -\dfrac{32a^5}{b^5}$

83. $\left(\dfrac{b^2}{3a}\right)^3 = \dfrac{(b^2)^3}{(3a)^3} = \dfrac{b^6}{3^3 a^3} = \dfrac{b^6}{27a^3}$

85. $\dfrac{x^5}{x^3} = x^{5-3} = x^2$

87. $\dfrac{y^3 y^4}{yy^2} = \dfrac{y^7}{y^3} = y^{7-3} = y^4$

89. $\dfrac{12a^2 a^3 a^4}{4(a^4)^2} = \dfrac{12a^9}{4a^8} = 3a^{9-8} = 3a$

91. $\dfrac{(ab^2)^3}{(ab)^2} = \dfrac{a^3 b^6}{a^2 b^2} = a^{3-2} b^{6-2} = ab^4$

93. $\dfrac{20(r^4 s^3)^4}{6(rs^3)^3} = \dfrac{20r^{16} s^{12}}{6r^3 s^9} = \dfrac{10r^{13} s^3}{3}$

95. $\dfrac{17(x^4 y^3)^8}{34(x^5 y^2)^4} = \dfrac{17x^{32} y^{24}}{34 x^{20} y^8} = \dfrac{x^{12} y^{16}}{2}$

97. $\left(\dfrac{y^3 y}{2yy^2}\right)^3 = \dfrac{(y^4)^3}{(2y^3)^3} = \dfrac{y^{12}}{2^3 y^9} = \dfrac{y^{12}}{8y^9} = \dfrac{y^3}{8}$

99. $\left(\dfrac{-2r^3 r^3}{3r^4 r}\right)^3 = \dfrac{(-2r^6)^3}{(3r^5)^3} = \dfrac{(-2)^3 r^{18}}{3^3 r^{15}} = \dfrac{-8r^{18}}{27r^{15}} = -\dfrac{8r^3}{27}$

Review Exercises (page 229)

1.

3. the product of 3 and the sum of x and y

5. $|2x| + 3$

Exercise 4.2 (page 233)

1. $2^5 \cdot 2^{-2} = 2^{5-2} = 2^3 = 8$

3. $4^{-3} \cdot 4^{-2} \cdot 4^5 = 4^{-5} \cdot 4^5 = 4^0 = 1$

5. $\dfrac{3^5 \cdot 3^{-2}}{3^3} = \dfrac{3^3}{3^3} = 1$

7. $\dfrac{2^5 \cdot 2^7}{2^6 \cdot 2^{-3}} = \dfrac{2^{12}}{2^3} = 2^9 = 512$

9. $2x^0 = 2(1) = 2$

11. $(-x)^0 = 1$

13. $\left(\dfrac{a^2b^3}{ab^4}\right)^0 = 1$

15. $\dfrac{x^0 - 5x^0}{2x^0} = \dfrac{1-5}{2} = \dfrac{-4}{2} = -2$

17. $x^{-2} = \dfrac{1}{x^2}$

19. $b^{-5} = \dfrac{1}{b^5}$

21. $(2y)^{-4} = \dfrac{1}{(2y)^4} = \dfrac{1}{16y^4}$

23. $(ab^2)^{-3} = \dfrac{1}{(ab^2)^3} = \dfrac{1}{a^3b^6}$

25. $\dfrac{y^4}{y^5} = y^{4-5} = y^{-1} = \dfrac{1}{y}$

27. $\dfrac{(r^2)^3}{(r^3)^4} = \dfrac{r^6}{r^{12}} = r^{6-12} = r^{-6} = \dfrac{1}{r^6}$

29. $\dfrac{y^4 y^3}{y^4 y^{-2}} = \dfrac{y^7}{y^2} = y^5$

31. $\dfrac{a^4 a^{-2}}{a^2 a^0} = \dfrac{a^2}{a^2} = 1$

33. $(ab^2)^{-2} = \dfrac{1}{(ab^2)^2} = \dfrac{1}{a^2b^4}$

35. $(x^2y)^{-3} = \dfrac{1}{(x^2y)^3} = \dfrac{1}{x^6y^3}$

37. $(x^{-4}x^3)^3 = (x^{-1})^3 = x^{-3} = \dfrac{1}{x^3}$

39. $(y^3 y^{-2})^{-2} = (y^1)^{-2} = y^{-2} = \dfrac{1}{y^2}$

41. $(a^{-2}b^{-3})^{-4} = a^{-2(-4)}b^{-3(-4)} = a^8 b^{12}$

43. $(-2x^3y^{-2})^{-5} = (-2)^{-5}x^{-15}y^{10} = \dfrac{y^{10}}{(-2)^5 x^{15}} = \dfrac{y^{10}}{-32x^{15}} = -\dfrac{y^{10}}{32x^{15}}$

45. $\left(\dfrac{a^3}{a^{-4}}\right)^2 = (a^7)^2 = a^{14}$

47. $\left(\dfrac{b^5}{b^{-2}}\right)^{-2} = (b^7)^{-2} = b^{-14} = \dfrac{1}{b^{14}}$

49. $\left(\dfrac{4x^2}{3x^{-5}}\right)^4 = \left(\dfrac{4x^7}{3}\right)^4 = \dfrac{4^4 x^{28}}{3^4} = \dfrac{256 x^{28}}{81}$

51. $\left(\dfrac{12y^3 z^{-2}}{3y^{-4}z^3}\right)^2 = (4y^7 z^{-5})^2 = 16y^{14} z^{-10} = \dfrac{16y^{14}}{z^{10}}$

53. $\left(\dfrac{2x^3 y^{-2}}{4xy^2}\right)^7 = \left(\dfrac{x^2 y^{-4}}{2}\right)^7 = \left(\dfrac{x^2}{2y^4}\right)^7 = \dfrac{x^{14}}{128 y^{28}}$

55. $\left(\dfrac{14u^{-2}v^3}{21u^{-3}v}\right)^4 = \left(\dfrac{2uv^2}{3}\right)^4 = \dfrac{16u^4 v^8}{81}$

57. $\left(\dfrac{6a^2b^3}{2ab^2}\right)^{-2} = (3ab)^{-2} = \dfrac{1}{(3ab)^2} = \dfrac{1}{9a^2b^2}$

59. $\left(\dfrac{18a^2b^3c^{-4}}{3a^{-1}b^2c}\right)^{-3} = \left(\dfrac{6a^3bc^{-5}}{1}\right)^{-3} = \left(\dfrac{6a^3b}{c^5}\right)^{-3} = \left(\dfrac{c^5}{6a^3b}\right)^3 = \dfrac{c^{15}}{6^3 a^9 b^3} = \dfrac{c^{15}}{216 a^9 b^3}$

61. $\dfrac{(2x^{-2}y)^{-3}}{(4x^2y^{-1})^3} = \dfrac{2^{-3}x^6y^{-3}}{64x^6y^{-3}} = \dfrac{1}{2^3 \cdot 64} = \dfrac{1}{8 \cdot 64} = \dfrac{1}{512}$

63. $\dfrac{(17x^5y^{-5}z)^{-3}}{(17x^{-5}y^3z^2)^{-4}} = \dfrac{17^{-3}x^{-15}y^{15}z^{-3}}{17^{-4}x^{20}y^{-12}z^{-8}} = \dfrac{17^4 y^{15} y^{12} z^8}{17^3 x^{20} x^{15} z^3} = \dfrac{17 y^{27} z^5}{x^{35}}$

65. $x^{2m} x^m = x^{2m+m} = x^{3m}$

67. $u^{2m} v^{3n} u^{3m} v^{-3n} = u^{2m+3m} v^{3n-3n} = u^{5m} v^0 = u^{5m}$

69. $y^{3m+2} y^{-m} = y^{3m+2-m} = y^{2m+2}$

71. $\dfrac{y^{3m}}{y^{2m}} = y^{3m-2m} = y^m$

73. $\dfrac{x^{3n}}{x^{6n}} = x^{3n-6n} = x^{-3n} = \dfrac{1}{x^{3n}}$

75. $(x^{m+1})^2 = x^{2m+2}$

77. $(x^{3-2n})^{-4} = x^{-12+8n} = x^{8n-12}$

79. $(y^{2-n})^{-4} = y^{-8+4n} = y^{4n-8}$

Review Exercises (page 234)

1. $\dfrac{3a^2 + 4b + 8}{a + 2b^2} = \dfrac{3(-2)^2 + 4(3) + 8}{(-2) + 2(3)^2} = \dfrac{3(4) + 12 + 8}{-2 + 2(9)} = \dfrac{12 + 12 + 8}{-2 + 18} = \dfrac{32}{16} = 2$

Exercise 4.3 (page 238)

1. $23{,}000 = 2.3 \times 10^4$

3. $1{,}700{,}000 = 1.7 \times 10^6$

5. $0.062 = 6.2 \times 10^{-2}$

7. $0.0000051 = 5.1 \times 10^{-6}$

9. $42.5 \times 10^2 = 4.25 \times 10^1 \times 10^2 = 4.25 \times 10^3$

11. $0.25 \times 10^{-2} = 2.5 \times 10^{-1} \times 10^{-2} = 2.5 \times 10^{-3}$

13. $2.3 \times 10^2 = 230$ **15.** $8.12 \times 10^5 = 812{,}000$ **17.** $1.15 \times 10^{-3} = 0.00115$

19. $9.76 \times 10^{-4} = 0.000976$ **21.** $25 \times 10^6 = 25{,}000{,}000$ **23.** $0.51 \times 10^{-3} = 0.00051$

25. $25{,}700{,}000{,}000{,}000 = 2.57 \times 10^{13}\ mi$ **27.** $1.14 \times 10^8 = 114{,}000{,}000\ mi$

29. $0.00622 = 6.22 \times 10^{-3}\ mi$ **31.** $(3.4 \times 10^2)(2.1 \times 10^3) = (3.4)(2.1) \times 10^5$
$$= 7.14 \times 10^5$$
$$= 714{,}000$$

33. $\dfrac{9.3 \times 10^2}{3.1 \times 10^{-2}} = \dfrac{9.3}{3.1} \times 10^4 = 3.0 \times 10^4 = 30{,}000$

35. $\dfrac{96{,}000}{(12{,}000)(0.00004)} = \dfrac{9.6 \times 10^4}{(1.2 \times 10^4)(4 \times 10^{-5})} = \dfrac{9.6 \times 10^4}{4.8 \times 10^{-1}} = 2.0 \times 10^5 = 200{,}000$

37. $\dfrac{(12{,}000)(3600)}{0.0003} = \dfrac{(1.2 \times 10^4)(3.6 \times 10^3)}{3 \times 10^{-4}} = \dfrac{4.32 \times 10^7}{3 \times 10^{-4}} = 1.44 \times 10^{11}$

39. 3.6×10^7 miles $= \dfrac{3.6 \times 10^7\ mi}{1} \cdot \dfrac{5.28 \times 10^3\ ft}{mi} = 3.6 \times 5.28 \times 10^{10}\ ft$
$$= 19.008 \times 10^{10}\ ft = 1.9008 \times 10^{11}\ ft.$$

41. 3.3×10^4 cm per sec $= \dfrac{3.3 \times 10^4\ cm}{1\ sec} \cdot \dfrac{1\ m}{100\ cm} \cdot \dfrac{1\ km}{1000\ m}$
$$= \dfrac{3.3 \times 10^4\ km}{10^2 \times 10^3\ sec} = \dfrac{3.3 \times 10^4\ km}{10^5\ sec} = 3.3 \times 10^{-1}\ km/sec$$

Review Exercises (page 240)

1. $-5y^{55} = -5(-1)^{55} = -5(-1) = 5$ **3.** commutative property of addition

5. $3(x-4) - 6 = 0$
$3x - 12 - 6 = 0$
$3x - 18 = 0$
$3x = 18$
$x = 6$

Exercise 4.4 (page 243)

1. binomial
3. trinomial
5. monomial
7. binomial
9. trinomial
11. none (has 4 terms)
13. degree = 4
15. degree = 3
17. degree = 8 (from second term)
19. degree = 6 (from second term)
21. degree = 12 (from first term)
23. degree = 0

25. $P(x) = 5x - 3$
$P(2) = 5(2) - 3$
$= 7$

27. $P(x) = 5x - 3$
$P(-1) = 5(-1) - 3$
$= -5 - 3$
$= -8$

29. $P(x) = 5x - 3$
$P(w) = 5(w) - 3$
$= 5w - 3$

31. $P(x) = 5x - 3$
$P(-y) = 5(-y) - 3$
$= -5y - 3$

33. $Q(z) = -z^2 - 4$
$Q(0) = -(0)^2 - 4$
$= -0 - 4$
$= -4$

35. $Q(z) = -z^2 - 4$
$Q(-1) = -(-1)^2 - 4$
$= -1 - 4$
$= -5$

37. $Q(z) = -z^2 - 4$
$Q(r) = -(r)^2 - 4$
$= -r^2 - 4$

39. $Q(z) = -z^2 - 4$
$Q(3s) = -(3s)^2 - 4$
$= -9s^2 - 4$

41. $R(y) = y^2 - 2y + 3$
$R(0) = 0^2 - 2(0) + 3$
$= 0 - 0 + 3$
$= 3$

43. $R(y) = y^2 - 2y + 3$
$R(-2) = (-2)^2 - 2(-2) + 3$
$= 4 + 4 + 3$
$= 11$

45. $R(y) = y^2 - 2y + 3$
$R(-b) = (-b)^2 - 2(-b) + 3$
$= b^2 + 2b + 3$

47. $R(y) = y^2 - 2y + 3$
$R\left(-\frac{1}{4}w\right) = \left(-\frac{1}{4}w\right)^2 - 2\left(-\frac{1}{4}w\right) + 3$
$= \frac{1}{16}w^2 + \frac{1}{2}w + 3$

49.
$P(x) = 5x - 2$
$P\left(\frac{1}{5}\right) = 5\left(\frac{1}{5}\right) - 2$
$= 1 - 2$
$= -1$

51.
$P(x) = 5x - 2$
$P(u^2) = 5u^2 - 2$
$= 5u^2 - 2$

53.
$P(x) = 5x - 2$
$P(-4z^6) = 5(-4z^6) - 2$
$= -20z^6 - 2$

55.
$P(x) = 5x - 2$
$P(x^2y^2) = 5(x^2y^2) - 2$
$= 5x^2y^2 - 2$

57.
$P(x) = 5x - 2$
$P(x + h) = 5(x + h) - 2$
$= 5x + 5h - 2$

59.
$P(x) = 5x - 2, \quad P(h) = 5h - 2$
$P(x) + P(h) = (5x - 2) + (5h - 2)$
$= 5x + 5h - 4$

61.
$P(x) = 5x - 2$
$P(2y + z) = 5(2y + z) - 2$
$= 10y + 5z - 2$

63.
$P(x) = 5x - 2$
$P(2y) + P(z) = [5(2y) - 2] + [5z - 2]$
$= 10y - 2 + 5z - 2$
$= 10y + 5z - 4$

65.
$h(t) = -16t^2 + 120t + 16$
$h(0) = -16(0)^2 + 120(0) + 16$
$= -16(0) + 120(0) + 16$
$= 0 + 0 + 16$
$= 16$

The object was thrown from $16 \, ft$.

67.
$h(t) = -16t^2 + 120t + 16$
$h(6) = -16(6)^2 + 120(6) + 16$
$= -16(36) + 120(6) + 16$
$= -576 + 720 + 16$
$= 160$

The height at 6 seconds was $160 \, ft$.

Review Exercises (page 245)

1.
$5(u - 5) + 9 = 2u + 8$
$5u - 25 + 9 = 2u + 8$
$5u - 16 = 2u + 8$
$3u - 16 = 8$
$3u = 24$
$u = 8$

3.
$-4(3y + 2) \leq 20$
$-12y - 8 \leq 20$
$-12y \leq 28$
$\frac{-12y}{-12} \geq \frac{28}{-12}$
$y \geq -\frac{7}{3}$

$\longleftarrow\!\!\bullet\!\!\longrightarrow$
$-\frac{7}{3}$

5. $(x^2x^4)^3 = (x^6)^3 = x^{18}$

7. $\left(\frac{y^2y^5}{y^4}\right)^3 = \left(\frac{y^7}{y^4}\right)^3 = (y^3)^3 = y^9$

Exercise 4.5 (page 248)

1. like terms; $3y + 4y = 7y$

3. unlike terms

5. like terms;
$3x^3 + 4x^3 + 6x^3 = 13x^3$

7. like terms;
$-5x^3y^2 + 13x^3y^2 = 8x^3y^2$

9. like terms
$-23t^6 + 32t^6 + 56t^6 = 65t^6$

11. unlike terms

13. $4y + 5y = 9y$

15. $-8t^2 - 4t^2 = -12t^2$

17. $32u^3 - 16u^3 = 16u^3$

19. $18x^5y^2 - 11x^5y^2 = 7x^5y^2$

21. $3rst + 4rst + 7rst = 14rst$

23. $-4a^2bc + 5a^2bc - 7a^2bc = -6a^2bc$

25. $(3x)^2 - 4x^2 + 10x^2 = 9x^2 - 4x^2 + 10x^2 = 15x^2$

27. $5x^2y^2 + 2(xy)^2 - (3x^2)y^2 = 5x^2y^2 + 2x^2y^2 - 3x^2y^2 = 4x^2y^2$

29. $(-3x^2y)^4 + (4x^4y^2)^2 - 2x^8y^4 = 81x^8y^4 + 16x^8y^4 - 2x^8y^4 = 95x^8y^4$

31. $(3x + 7) + (4x - 3) = 3x + 7 + 4x - 3$
$= 3x + 4x + 7 - 3$
$= 7x + 4$

33. $(4a + 3) - (2a - 4) = 4a + 3 - 2a + 4$
$= 4a - 2a + 3 + 4$
$= 2a + 7$

35. $(2x + 3y) + (5x - 10y) = 2x + 3y + 5x - 10y$
$= 2x + 5x + 3y - 10y$
$= 7x - 7y$

37. $(-8x - 3y) - (11x + y) = -8x - 3y - 11x - y$
$= -8x - 11x - 3y - y$
$= -19x - 4y$

39. $(3x^2 - 3x - 2) + (3x^2 + 4x - 3) = 3x^2 - 3x - 2 + 3x^2 + 4x - 3$
$= 3x^2 + 3x^2 - 3x + 4x - 2 - 3$
$= 6x^2 + x - 5$

41. $(2b^2 + 3b - 5) - (2b^2 - 4b - 9) = 2b^2 + 3b - 5 - 2b^2 + 4b + 9$
$= 2b^2 - 2b^2 + 3b + 4b - 5 + 9$
$= 7b + 4$

43. $(2x^2 - 3x + 1) - (4x^2 - 3x + 2) + (2x^2 + 3x + 2)$
$= 2x^2 - 3x + 1 - 4x^2 + 3x - 2 + 2x^2 + 3x + 2$
$= 2x^2 - 4x^2 + 2x^2 - 3x + 3x + 3x + 1 - 2 + 2$
$= 3x + 1$

45. $2(x+3) + 3(x+3) = 2x + 6 + 3x + 9$
$= 2x + 3x + 6 + 9$
$= 5x + 15$

47. $-8(x-y) + 11(x-y) = -8x + 8y + 11x - 11y$
$= -8x + 11x + 8y - 11y$
$= 3x - 3y$

49. $2(x^2 - 5x - 4) - 3(x^2 - 5x - 4) + 6(x^2 - 5x - 4)$
$= 2x^2 - 10x - 8 - 3x^2 + 15x + 12 + 6x^2 - 30x - 24$
$= 2x^2 - 3x^2 + 6x^2 - 10x + 15x - 30x - 8 + 12 - 24$
$= 5x^2 - 25x - 20$

51. Add: $3x^2 + 4x + 5$
             $\underline{2x^2 - 3x + 6}$
             $5x^2 + x + 11$

53. Add: $2x^3 - 3x^2 + 4x - 7$
             $\underline{-9x^3 - 4x^2 - 5x + 6}$
             $-7x^3 - 7x^2 - x - 1$

55. Add: $-3x^2y + 4xy + 25y^2$
             $\underline{5x^2y - 3xy - 12y^2}$
             $2x^2y + xy + 13y^2$

57. Subtract: $3x^2 + 4x - 5$ becomes   Add: $3x^2 + 4x - 5$
                   $\underline{-2x^2 - 2x + 3}$ $\underline{2x^2 + 2x - 3}$
                                                                  $5x^2 + 6x - 8$

59. Subtract: $4x^3 + 4x^2 - 3x + 10$
                   $\underline{5x^3 - 2x^2 - 4x - 4}$

becomes

Add: $4x^3 + 4x^2 - 3x + 10$
      $\underline{-5x^3 + 2x^2 + 4x + 4}$
      $-x^3 + 6x^2 + x + 14$

61. Subtract: $-2x^2y^2 - 4xy + 12y^2$ ⇒   Add: $-2x^2y^2 - 4xy + 12y^2$
                   $\underline{10x^2y^2 + 9xy - 24y^2}$ $\underline{-10x^2y^2 - 9xy + 24y^2}$
                                                                      $-12x^2y^2 - 13xy + 36y^2$

63. $[x^2 + x - 3] + [(2x^2 - 3x + 4) + (3x^2 - 2)] = x^2 + x - 3 + 2x^2 - 3x + 4 + 3x^2 - 2$
$$= x^2 + 2x^2 + 3x^2 + x - 3x - 3 + 4 - 2$$
$$= 6x^2 - 2x - 1$$

65. $[(3t^3 + t^2) + (-t^3 + 6t - 3)] - [t^3 - 2t^2 + 2] = 3t^3 + t^2 - t^3 + 6t - 3 - t^3 + 2t^2 - 2$
$$= 3t^3 - t^3 - t^3 + t^2 + 2t^2 + 6t - 3 - 2$$
$$= t^3 + 3t^2 + 6t - 5$$

67. $[3x^2 + 4x - 7] + [(-2x^2 - 7x + 1) + (-4x^2 + 8x - 1)]$
$$= 3x^2 + 4x - 7 - 2x^2 - 7x + 1 - 4x^2 + 8x - 1$$
$$= 3x^2 - 2x^2 - 4x^2 + 4x - 7x + 8x - 7 + 1 - 1$$
$$= -3x^2 + 5x - 7$$

69. $2(x + 3) + 4(x - 2) = 2x + 6 + 4x - 8$
$$= 2x + 4x + 6 - 8$$
$$= 6x - 2$$

71. $-2(x^2 + 7x - 1) - 3(x^2 - 2x + 7) = -2x^2 - 14x + 2 - 3x^2 + 6x - 21$
$$= -2x^2 - 3x^2 - 14x + 6x + 2 - 21$$
$$= -5x^2 - 8x - 19$$

73. $2(2y^2 - 2y + 2) - 4(3y^2 - 4y - 1) + 4y(y^2 - y - 1)$
$$= 4y^2 - 4y + 4 - 12y^2 + 16y + 4 + 4y^3 - 4y^2 - 4y$$
$$= 4y^3 + 4y^2 - 12y^2 - 4y^2 - 4y + 16y - 4y + 4 + 4$$
$$= 4y^3 - 12y^2 + 8y + 8$$

75. $2a(ab^2 - b) - 3b(a + 2ab) + b(b - a + a^2b) = 2a^2b^2 - 2ab - 3ab - 6ab^2 + b^2 - ab + a^2b^2$
$$= 2a^2b^2 + a^2b^2 - 6ab^2 + b^2 - 2ab - 3ab - ab$$
$$= 3a^2b^2 - 6ab^2 + b^2 - 6ab$$

77. $-4xy^2(x+y+z) - 2x(xy^2 - 4y^2z) - 2y(8xy^2 - 1)$
$$= -4x^2y^2 - 4xy^3 - 4xy^2z - 2x^2y^2 + 8xy^2z - 16xy^3 + 2y$$
$$= -4x^2y^2 - 2x^2y^2 - 4xy^3 - 16xy^3 - 4xy^2z + 8xy^2z + 2y$$
$$= -6x^2y^2 - 20xy^3 + 4xy^2z + 2y$$

79. $P(x) = 3x - 5$
$$P(x+h) + P(x) = [3(x+h) - 5] + [3x - 5]$$
$$= 3x + 3h - 5 + 3x - 5$$
$$= 6x + 3h - 10$$

Review Exercises (page 251)

1. $ab + cd = (3)(-2) + (-1)(2) = -6 - 2 = -8$

3. $a(b+c) = 3[(-2) + (-1)] = 3[-3] = -9$

5. $-4(2x - 9) \geq 12$
$-8x + 36 \geq 12$
$-8x \geq -24$
$\dfrac{-8x}{-8} \leq \dfrac{-24}{-8}$
$x \leq 3$

Exercise 4.6 (page 257)

1. $(3x^2)(4x^3) = 3 \cdot 4 x^2 x^3 = 12x^5$

3. $(3b^2)(-2b)(4b^3) = 3(-2)(4)b^2bb^3 = -24b^6$

5. $(2x^2y^3)(3x^3y^2) = 2 \cdot 3 x^2 x^3 y^3 y^2 = 6x^5y^5$

7. $(x^2y^5)(x^2z^5)(-3y^2z^3) = -3x^2x^2y^5y^2z^5z^3 = -3x^4y^7z^8$

9. $(x^2y^3)^5 = x^{10}y^{15}$

11. $(a^3b^2c)(abc^3)^2 = (a^3b^2c)(a^2b^2c^6) = a^5b^4c^7$

13. $3(x + 4) = 3x + 3 \cdot 4 = 3x + 12$

15. $-4(t + 7) = -4t + (-4) \cdot 7 = -4t - 28$

17. $3x(x-2) = 3x \cdot x + 3x(-2) = 3x^2 - 6x$

19. $-2x^2(3x^2 - x) = -2x^2 \cdot 3x^2 + (-2x^2)(-x)$
$= -6x^4 + 2x^3$

21. $3xy(x+y) = 3xy \cdot x + 3xy \cdot y$
$= 3x^2y + 3xy^2$

23. $2x^2(3x^2 + 4x - 7) = 2x^2 \cdot 3x^2 + 2x^2 \cdot 4x + 2x^2 \cdot (-7) = 6x^4 + 8x^3 - 14x^2$

25. $\frac{1}{4}x^2(8x^5 - 4) = \frac{1}{4}x^2 \cdot 8x^5 + \frac{1}{4}x^2 \cdot (-4) = 2x^7 - x^2$

27. $-\frac{2}{3}r^2t^2(9r - 3t) = -\frac{2}{3}r^2t^2 \cdot 9r + \left(-\frac{2}{3}r^2t^2\right) \cdot (-3t) = -6r^3t^2 + 2r^2t^3$

29. $(3xy)(-2x^2y^3)(x+y) = (-6x^3y^4)(x+y) = (-6x^3y^4) \cdot x + (-6x^3y^4) \cdot y = -6x^4y^4 - 6x^3y^5$

$ \text{F} \text{O} \text{I} \text{L}$
31. $(a+4)(a+5) = a \cdot a + a \cdot 5 + 4 \cdot a + 4 \cdot 5 = a^2 + 5a + 4a + 20 = a^2 + 9a + 20$

$ \text{F} \text{O} \text{I} \text{L}$
33. $(3x-2)(x+4) = 3x \cdot x + 3x \cdot 4 + (-2)x + (-2)4 = 3x^2 + 12x - 2x - 8 = 3x^2 + 10x - 8$

$ \text{F} \text{O} \text{I} \text{L}$
35. $(2a+4)(3a-5) = 2a \cdot 3a + 2a(-5) + 4 \cdot 3a + 4(-5) = 6a^2 - 10a + 12a - 20 = 6a^2 + 2a - 20$

$ \text{F} \text{O} \text{I} \text{L}$
37. $(3x-5)(2x+1) = 3x \cdot 2x + 3x \cdot 1 + (-5)2x + (-5)1 = 6x^2 + 3x - 10x - 5 = 6x^2 - 7x - 5$

$ \text{F} \text{O} \text{I} \text{L}$
39. $(x+3)(2x-3) = x \cdot 2x + x(-3) + 3 \cdot 2x + 3(-3) = 2x^2 - 3x + 6x - 9 = 2x^2 + 3x - 9$

$ \text{F} \text{O} \text{I} \text{L}$
41. $(2t+3s)(3t-s) = 2t \cdot 3t + 2t(-s) + 3s \cdot 3t + 3s(-s)$
$= 6t^2 - 2ts + 9ts - 3s^2 = 6t^2 + 7ts - 3s^2$

43. $(x+y)(x+z) = \overset{F}{x\cdot x} + \overset{O}{x\cdot z} + \overset{I}{y\cdot x} + \overset{L}{y\cdot z} = x^2 + xz + xy + yz$

45. $(u+v)(u+2t) = \overset{F}{u\cdot u} + \overset{O}{u\cdot 2t} + \overset{I}{v\cdot u} + \overset{L}{v\cdot 2t} = u^2 + 2tu + uv + 2tv$

47. $(-2r-3s)(2r+7s) = \overset{F}{(-2r)2r} + \overset{O}{(-2r)(7s)} + \overset{I}{(-3s)2r} + \overset{L}{(-3s)7s}$
$= -4r^2 - 14rs - 6rs - 21s^2$
$= -4r^2 - 20rs - 21s^2$

49. $(4t-u)(-3t+u) = \overset{F}{4t(-3t)} + \overset{O}{4t(u)} + \overset{I}{(-u)(-3t)} + \overset{L}{(-u)(u)}$
$= -12t^2 + 4tu + 3tu - u^2$
$= -12t^2 + 7tu - u^2$

51.
```
     4x  +   3
      x  +   2
    ─────────────
    4x²  +  3x
            8x  +  6
    ─────────────────
    4x²  + 11x  +  6
```

53.
```
     4x  -  2y
     3x  +  5y
    ─────────────
    12x²  -  6xy
             20xy  - 10y²
    ──────────────────────
    12x²  + 14xy  - 10y²
```

55.
```
    x²  +   x  +  1
             x  -  1
    ───────────────────
    x³  +  x²  +  x
       -   x²  -  x  -  1
    ───────────────────────
    x³                -  1
```

57. $(x+4)(x+4) = x\cdot x + x\cdot 4 + 4\cdot x + 4\cdot 4 = x^2 + 4x + 4x + 16 = x^2 + 8x + 16$

59. $(t-3)(t-3) = t\cdot t + t(-3) + (-3)t + (-3)(-3)$
$= t^2 - 3t - 3t + 9$
$= t^2 - 6t + 9$

61. $(r+4)(r-4) = r\cdot r + r(-4) + 4\cdot r + 4(-4) = r^2 - 4r + 4r - 16 = r^2 - 16$

63. $(x+5)^2 = (x+5)(x+5)$
$= x\cdot x + x\cdot 5 + 5\cdot x + 5\cdot 5$
$= x^2 + 5x + 5x + 25$
$= x^2 + 10x + 25$

65. $(2s+1)(2s+1) = 2s \cdot 2s + 2s \cdot 1 + 1 \cdot 2s + 1 \cdot 1$
$$= 4s^2 + 2s + 2s + 1$$
$$= 4s^2 + 4s + 1$$

67. $(4x+5)(4x-5) = 4x \cdot 4x + 4x(-5) + 5 \cdot 4x + 5(-5)$
$$= 16x^2 - 20x + 20x - 25$$
$$= 16x^2 - 25$$

69. $(x-2y)^2 = (x-2y)(x-2y)$
$$= x \cdot x + x(-2y) + (-2y)x + (-2y)(-2y)$$
$$= x^2 - 2xy - 2xy + 4y^2$$
$$= x^2 - 4xy + 4y^2$$

71. $(2a-3b)^2 = (2a-3b)(2a-3b)$
$$= 2a \cdot 2a + 2a(-3b) + (-3b)2a + (-3b)(-3b)$$
$$= 4a^2 - 6ab - 6ab + 9b^2$$
$$= 4a^2 - 12ab + 9b^2$$

73. $(4x+5y)(4x-5y) = 4x \cdot 4x + 4x(-5y) + 5y \cdot 4x + 5y(-5y)$
$$= 16x^2 - 20xy + 20xy - 25y^2$$
$$= 16x^2 - 25y^2$$

75. $2(x-4)(x+1) = 2(x^2 + x - 4x - 4) = 2(x^2 - 3x - 4) = 2x^2 - 6x - 8$

77. $3a(a+b)(a-b) = 3a(a^2 - ab + ab - b^2) = 3a(a^2 - b^2) = 3a^3 - 3ab^2$

79. $(4t+3)(t^2 + 2t + 3) = 4t(t^2 + 2t + 3) + 3(t^2 + 2t + 3)$
$$= 4t^3 + 8t^2 + 12t + 3t^2 + 6t + 9$$
$$= 4t^3 + 11t^2 + 18t + 9$$

81. $(-3x+y)(x^2 - 8xy + 16y^2) = -3x(x^2 - 8xy + 16y^2) + y(x^2 - 8xy + 16y^2)$
$$= -3x^3 + 24x^2y - 48xy^2 + x^2y - 8xy^2 + 16y^3$$
$$= -3x^3 + 25x^2y - 56xy^2 + 16y^3$$

83. $(x - 2y)(x^2 + 2xy + 4y^2) = x(x^2 + 2xy + 4y^2) - 2y(x^2 + 2xy + 4y^2)$
$= x^3 + 2x^2y + 4xy^2 - 2x^2y - 4xy^2 - 8y^3$
$= x^3 - 8y^3$

85. $2t(t + 2) + 3t(t - 5) = 2t^2 + 4t + 3t^2 - 15t = 5t^2 - 11t$

87. $3xy(x + y) - 2x(xy - x) = 3x^2y + 3xy^2 - 2x^2y + 2x^2 = x^2y + 3xy^2 + 2x^2$

89. $(x + y)(x - y) + x(x + y) = x^2 - xy + xy - y^2 + x^2 + xy = 2x^2 + xy - y^2$

91. $(x + 2)^2 - (x - 2)^2 = (x + 2)(x + 2) - (x - 2)(x - 2)$
$= x^2 + 2x + 2x + 4 - (x^2 - 2x - 2x + 4)$
$= x^2 + 4x + 4 - x^2 + 2x + 2x - 4$
$= 8x$

93. $(2s - 3)(s + 2) + (3s + 1)(s - 3) = 2s^2 + 4s - 3s - 6 + 3s^2 - 9s + s - 3$
$= 5s^2 - 7s - 9$

95. $(s - 4)(s + 1) = s^2 + 5$
$s^2 + s - 4s - 4 = s^2 + 5$
$s^2 - 3s - 4 = s^2 + 5$
$-3s - 4 = 5$
$-3s = 9$
$s = -3$

97. $z(z + 2) = (z + 4)(z - 4)$
$z^2 + 2z = z^2 - 4z + 4z - 16$
$z^2 + 2z = z^2 - 16$
$2z = -16$
$z = -8$

99. $(x + 4)(x - 4) = (x - 2)(x + 6)$
$x^2 - 4x + 4x - 16 = x^2 + 6x - 2x - 12$
$x^2 - 16 = x^2 + 4x - 12$
$-16 = 4x - 12$
$-4 = 4x$
$-1 = x$

101. $(a - 3)^2 = (a + 3)^2$
$(a - 3)(a - 3) = (a + 3)(a + 3)$
$a^2 - 3a - 3a + 9 = a^2 + 3a + 3a + 9$
$a^2 - 6a + 9 = a^2 + 6a + 9$
$-6a + 9 = 6a + 9$
$9 = 12a + 9$
$0 = 12a$
$0 = a$
$a = 0$

103.
$$4 + (2y-3)^2 = (2y-1)(2y+3)$$
$$4 + (2y-3)(2y-3) = 4y^2 + 6y - 2y - 3$$
$$4 + 4y^2 - 6y - 6y + 9 = 4y^2 + 4y - 3$$
$$4y^2 - 12y + 13 = 4y^2 + 4y - 3$$
$$-12y + 13 = 4y - 3$$
$$13 = 16y - 3$$
$$16 = 16y$$
$$1 = y$$

105. Let x = first consecutive positive integer.
$x + 1$ = next consecutive positive integer.
$$(x+1)^2 - x^2 = 11$$
$$(x+1)(x+1) - x^2 = 11$$
$$x^2 + x + x + 1 - x^2 = 11$$
$$2x + 1 = 11$$
$$2x = 10$$
$$x = 5$$
The integers are 5 and 6.

107. Let s = side of softball square.
$s + 30$ = side of baseball square.
$$\boxed{\text{Area for baseball}} = \boxed{\text{Area for softball}} + 4500$$
$$(s+30)^2 = s^2 + 4500$$
$$(s+30)(s+30) = s^2 + 4500$$
$$s^2 + 30s + 30s + 900 = s^2 + 4500$$
$$60s + 900 = 4500$$
$$60s = 3600$$
$$s = 60$$
The distance between the bases in baseball is 90 feet.

109. Let r = smaller radius.
$r + 1$ = larger radius.
$$\boxed{\text{Area of larger}} = \boxed{\text{Area of smaller}} + 4\pi$$
$$\pi(r+1)^2 = \pi r^2 + 4\pi$$
$$\pi(r+1)(r+1) = \pi r^2 + 4\pi$$
$$\pi(r^2 + r + r + 1) = \pi r^2 + 4\pi$$
$$\pi(r^2 + 2r + 1) = \pi r^2 + 4\pi$$
$$\pi r^2 + 2\pi r + \pi = \pi r^2 + 4\pi$$
$$2\pi r + \pi = 4\pi$$
$$2\pi r = 3\pi$$
$$r = \frac{3\pi}{2\pi}$$
$$r = \frac{3}{2}$$
The radius of the smaller circle is $\frac{3}{2}$ inches.

Review Exercises (page 259)

1. the distributive property

3. the commutative property of multiplication

5. $\frac{5}{3}(5y+6) - 10 = 0$
$\frac{5}{3}(5y+6) = 10$
$3 \cdot \frac{5}{3}(5y+6) = 3 \cdot 10$
$5(5y+6) = 30$
$25y + 30 = 30$
$25y = 0$
$y = 0$

Exercise 4.7 (page 263)

1. $\frac{5}{15} = \frac{\cancel{5}}{\cancel{5} \cdot 3} = \frac{1}{3}$

3. $\frac{-125}{75} = \frac{\cancel{25}(-5)}{\cancel{25} \cdot 3} = -\frac{5}{3}$

5. $\frac{120}{160} = \frac{\cancel{40} \cdot 3}{\cancel{40} \cdot 4} = \frac{3}{4}$

7. $\frac{-3612}{-3612} = 1$

9. $\frac{-90}{360} = \frac{\cancel{-90}}{\cancel{-90}(-4)} = -\frac{1}{4}$

11. $\frac{5880}{2660} = \frac{\cancel{140} \cdot 42}{\cancel{140} \cdot 19} = \frac{42}{19}$

13. $\frac{x\cancel{y}}{\cancel{y}z} = \frac{x}{z}$

15. $\frac{r^3 s^2}{rs^3} = \frac{\cancel{r} \cdot r^2 \cdot \cancel{s^2}}{\cancel{r} \cdot \cancel{s^2} \cdot s} = \frac{r^2}{s}$

17. $\frac{8x^3 y^2}{4xy^3} = 2x^2 y^{-1} = \frac{2x^2}{y}$

19. $\frac{12u^5 v}{-4u^2 v^3} = -\frac{3(\cancel{4})u^3 \cancel{v^2} \cancel{v}}{\cancel{4} \cancel{u^2} \cancel{v} v^2} = -\frac{3u^3}{v^2}$

21. $\frac{-16r^3 y^2}{-4r^2 y^4} = \frac{4 r^2 r y^2}{r^2 y^2 y^2} = \frac{4r}{y^2}$

23. $\frac{-65 rs^2 t}{15 r^2 s^3 t} = \frac{-13(\cancel{5}) \cancel{r} \cancel{s^2} \cancel{t}}{3(\cancel{5}) r \cancel{r} \cancel{s^2} s \cancel{t}} = -\frac{13}{3rs}$

25. $\frac{x^2 x^3}{xy^6} = \frac{x^5}{xy^6} = \frac{\cancel{x} x^4}{\cancel{x} y^6} = \frac{x^4}{y^6}$

27. $\frac{(a^3 b^4)^3}{ab^4} = \frac{a^9 b^{12}}{ab^4} = a^8 b^8$

29. $\frac{15(r^2 s^3)^2}{-5(rs^5)^3} = \frac{-3 r^4 s^6}{r^3 s^{15}} = -3rs^{-9} = -\frac{3r}{s^9}$

31. $\frac{-32(x^3 y)^3}{128(x^2 y^2)^3} = \frac{x^9 y^3}{-4x^6 y^6} = -\frac{1}{4}x^3 y^{-3} = -\frac{x^3}{4y^3}$

33. $\frac{(5a^2 b)^3}{(2a^2 b^2)^3} = \frac{125 a^6 b^3}{8 a^6 b^6} = \frac{125}{8} b^{-3} = \frac{125}{8b^3}$

35. $\frac{-(3x^3 y^4)^3}{-(9x^4 y^5)^2} = \frac{27 x^9 y^{12}}{81 x^8 y^{10}} = \frac{1}{3} xy^2 = \frac{xy^2}{3}$

37. $\dfrac{(a^2 a^3)^4}{(a^4)^3} = \dfrac{(a^5)^4}{a^{12}} = \dfrac{a^{20}}{a^{12}} = a^8$

39. $\dfrac{(z^3 z^{-4})^3}{(z^{-3})^2} = \dfrac{(z^{-1})^3}{z^{-6}} = \dfrac{z^{-3}}{z^{-6}} = z^{-3-(-6)} = z^3$

41. $\dfrac{6x+9y}{3xy} = \dfrac{6x}{3xy} + \dfrac{9y}{3xy} = \dfrac{2}{y} + \dfrac{3}{x}$

43. $\dfrac{5x-10y}{25xy} = \dfrac{5x}{25xy} - \dfrac{10y}{25xy} = \dfrac{1}{5y} - \dfrac{2}{5x}$

45. $\dfrac{3x^2+6y^3}{3x^2 y^2} = \dfrac{3x^2}{3x^2 y^2} + \dfrac{6y^3}{3x^2 y^2} = \dfrac{1}{y^2} + \dfrac{2y}{x^2}$

47. $\dfrac{15a^3 b^2 - 10a^2 b^3}{5a^2 b^2} = \dfrac{15a^3 b^2}{5a^2 b^2} - \dfrac{10a^2 b^3}{5a^2 b^2} = 3a - 2b$

49. $\dfrac{4x-2y+8z}{4xy} = \dfrac{4x}{4xy} - \dfrac{2y}{4xy} + \dfrac{8z}{4xy} = \dfrac{1}{y} - \dfrac{1}{2x} + \dfrac{2z}{xy}$

51. $\dfrac{12x^3 y^2 - 8x^2 y - 4x}{4xy} = \dfrac{12x^3 y^2}{4xy} - \dfrac{8x^2 y}{4xy} - \dfrac{4x}{4xy} = 3x^2 y - 2x - \dfrac{1}{y}$

53. $\dfrac{-25x^2 y + 30xy^2 - 5xy}{-5xy} = \dfrac{-25x^2 y}{-5xy} + \dfrac{30xy^2}{-5xy} - \dfrac{5xy}{-5xy} = 5x - 6y - (-1) = 5x - 6y + 1$

55. $\dfrac{5x(4x-2y)}{2y} = \dfrac{20x^2 - 10xy}{2y} = \dfrac{20x^2}{2y} - \dfrac{10xy}{2y} = \dfrac{10x^2}{y} - 5x$

57. $\dfrac{(-2x)^3 + (3x^2)^2}{6x^2} = \dfrac{-8x^3 + 9x^4}{6x^2} = \dfrac{-8x^3}{6x^2} + \dfrac{9x^4}{6x^2} = -\dfrac{4x}{3} + \dfrac{3x^2}{2}$

59. $\dfrac{4x^2 y^2 - 2(x^2 y^2 + xy)}{2xy} = \dfrac{4x^2 y^2 - 2x^2 y^2 - 2xy}{2xy} = \dfrac{2x^2 y^2 - 2xy}{2xy} = \dfrac{2x^2 y^2}{2xy} - \dfrac{2xy}{2xy} = xy - 1$

61. $\dfrac{(3x-y)(2x-3y)}{6xy} = \dfrac{6x^2 - 9xy - 2xy + 3y^2}{6xy}$
$= \dfrac{6x^2 - 11xy + 3y^2}{6xy}$
$= \dfrac{6x^2}{6xy} - \dfrac{11xy}{6xy} + \dfrac{3y^2}{6xy}$
$= \dfrac{x}{y} - \dfrac{11}{6} + \dfrac{y}{2x}$

63.
$$\frac{(a+b)^2 - (a-b)^2}{2ab} = \frac{(a+b)(a+b) - (a-b)(a-b)}{2ab}$$
$$= \frac{a^2 + ab + ab + b^2 - (a^2 - ab - ab + b^2)}{2ab}$$
$$= \frac{a^2 + 2ab + b^2 - a^2 + 2ab - b^2}{2ab}$$
$$= \frac{4ab}{2ab}$$
$$= 2$$

Review Exercises (page 264)

1. $P(x) = 3x^2 + x$
$P(4) = 3(4)^2 + 4$
$= 3(16) + 4$
$= 48 + 4$
$= 52$

3. $0.000265 = 2.65 \times 10^{-4}$

5. $(3x^2 y^3 z)^0 = 1$

Exercise 4.8 (page 268)

1.
$$\begin{array}{r} x + 2 \\ x+2 \overline{\smash{)} x^2 + 4x + 4} \\ -(x^2 + 2x) \\ \hline 2x + 4 \\ -(2x + 4) \\ \end{array}$$
answer: $x + 2$

3.
$$\begin{array}{r} y + 12 \\ y+1 \overline{\smash{)} y^2 + 13y + 12} \\ -(y^2 + y) \\ \hline 12y + 12 \\ -(12y + 12) \\ \end{array}$$
answer: $y + 12$

5.
$$\begin{array}{r} a + b \\ a+b \overline{\smash{)} a^2 + 2ab + b^2} \\ -(a^2 + ab) \\ \hline ab + b^2 \\ -(ab + b^2) \\ \end{array}$$
answer: $a + b$

7.
$$\begin{array}{r} 3a - 2 \\ 2a+3 \overline{\smash{)} 6a^2 + 5a - 6} \\ -(6a^2 + 9a) \\ \hline -4a - 6 \\ -(-4a - 6) \\ \end{array}$$
answer: $3a - 2$

9.
$$
\begin{array}{r}
b + 3 \\
3b+2 \overline{\smash{)}\, 3b^2 + 11b + 6} \\
-(3b^2 + 2b) \\
\hline
9b + 6 \\
-(9b + 6) \\
\hline
\end{array}
$$

answer: $b+3$

11.
$$
\begin{array}{r}
x - 3y \\
2x-y \overline{\smash{)}\, 2x^2 - 7xy + 3y^2} \\
-(2x^2 - xy) \\
\hline
-6xy + 3y^2 \\
-(-6xy + 3y^2) \\
\hline
\end{array}
$$

answer: $x-3y$

13.
$$
\begin{array}{r}
2x + 1 \\
5x+3 \overline{\smash{)}\, 10x^2 + 11x + 3} \\
-(10x^2 + 6x) \\
\hline
5x + 3 \\
-(5x + 3) \\
\hline
\end{array}
$$

answer: $2x+1$

15.
$$
\begin{array}{r}
x - 7 \\
2x+4 \overline{\smash{)}\, 2x^2 - 10x - 28} \\
-(2x^2 + 4x) \\
\hline
-14x - 28 \\
-(-14x - 28) \\
\hline
\end{array}
$$

answer: $x-7$

17.
$$
\begin{array}{r}
3x + 2y \\
2x-y \overline{\smash{)}\, 6x^2 + xy - 2y^2} \\
-(6x^2 - 3xy) \\
\hline
4xy - 2y^2 \\
-(4xy - 2y^2) \\
\hline
\end{array}
$$

answer: $3x+2y$

19.
$$
\begin{array}{r}
2x - y \\
x+3y \overline{\smash{)}\, 2x^2 + 5xy - 3y^2} \\
-(2x^2 + 6xy) \\
\hline
-xy - 3y^2 \\
-(-xy - 3y^2) \\
\hline
\end{array}
$$

answer: $2x-y$

21.
$$
\begin{array}{r}
x + 5y \\
3x-2y \overline{\smash{)}\, 3x^2 + 13xy - 10y^2} \\
-(3x^2 - 2xy) \\
\hline
15xy - 10y^2 \\
-(15xy - 10y^2) \\
\hline
\end{array}
$$

answer: $x+5y$

23.
$$
\begin{array}{r}
x - 5y \\
4x+y \overline{\smash{)}\, 4x^2 - 19xy - 5y^2} \\
-(4x^2 + xy) \\
\hline
-20xy - 5y^2 \\
-(-20xy - 5y^2) \\
\hline
\end{array}
$$

answer: $x-5y$

25.
$$\begin{array}{r} x^2 + 2x - 1 \\ 2x+3 \overline{\smash{\big)}\, 2x^3 + 7x^2 + 4x - 3 } \\ \underline{-(2x^3 + 3x^2)} \\ 4x^2 + 4x \\ \underline{-(4x^2 + 6x)} \\ -2x - 3 \\ \underline{-(-2x - 3)} \end{array}$$
answer: $x^2 + 2x - 1$

27.
$$\begin{array}{r} 2x^2 + 2x + 1 \\ 3x+2 \overline{\smash{\big)}\, 6x^3 + 10x^2 + 7x + 2 } \\ \underline{-(6x^3 + 4x^2)} \\ 6x^2 + 7x \\ \underline{-(6x^2 + 4x)} \\ 3x + 2 \\ \underline{-(3x + 2)} \end{array}$$
answer: $2x^2 + 2x + 1$

29.
$$\begin{array}{r} x^2 + xy + y^2 \\ 2x+y \overline{\smash{\big)}\, 2x^3 + 3x^2y + 3xy^2 + y^3 } \\ \underline{-(2x^3 + x^2y)} \\ 2x^2y + 3xy^2 \\ \underline{-(2x^2y + xy^2)} \\ 2xy^2 + y^3 \\ \underline{-(2xy^2 + y^3)} \end{array}$$
answer: $x^2 + xy + y^2$

31.
$$\begin{array}{r} x + 1 \\ 2x+3 \overline{\smash{\big)}\, 2x^2 + 5x + 2 } \\ \underline{-(2x^2 + 3x)} \\ 2x + 2 \\ \underline{-(2x + 3)} \\ -1 \end{array}$$
answer: $x + 1 + \dfrac{-1}{2x+3}$

33.
$$\begin{array}{r} 2x + 2 \\ 2x+1 \overline{\smash{\big)}\, 4x^2 + 6x - 1 } \\ \underline{-(4x^2 + 2x)} \\ 4x - 1 \\ \underline{-(4x + 2)} \\ -3 \end{array}$$
answer: $2x + 2 + \dfrac{-3}{2x+1}$

35.
$$\begin{array}{r} x^2 + 2x + 1 \\ x+1 \overline{\smash{\big)}\ x^3 + 3x^2 + 3x + 1} \\ \underline{-(x^3 + x^2)} \\ 2x^2 + 3x \\ \underline{-(2x^2 + 2x)} \\ x + 1 \\ \underline{-(x + 1)} \end{array}$$

answer: $x^2 + 2x + 1$

37.
$$\begin{array}{r} x^2 + 2x - 1 \\ 2x+3 \overline{\smash{\big)}\ 2x^3 + 7x^2 + 4x + 3} \\ \underline{-(2x^3 + 3x^2)} \\ 4x^2 + 4x \\ \underline{-(4x^2 + 6x)} \\ -2x + 3 \\ \underline{-(-2x - 3)} \\ 6 \end{array}$$

answer: $x^2 + 2x - 1 + \dfrac{6}{2x+3}$

39.
$$\begin{array}{r} 2x^2 + 8x + 14 \\ x-2 \overline{\smash{\big)}\ 2x^3 + 4x^2 - 2x + 3} \\ \underline{-(2x^3 - 4x^2)} \\ 8x^2 - 2x \\ \underline{-(8x^2 - 16x)} \\ 14x + 3 \\ \underline{-(14x - 28)} \\ 31 \end{array}$$

answer: $2x^2 + 8x + 14 + \dfrac{31}{x-2}$

41.
$$\begin{array}{r} x + 1 \\ x-1 \overline{\smash{\big)}\ x^2 - 1} \\ \underline{-(x^2 - x)} \\ x - 1 \\ \underline{-(x - 1)} \end{array}$$

answer: $x + 1$

43.
$$\begin{array}{r} 2x - 3 \\ 2x+3 \overline{\smash{\big)}\ 4x^2 - 9} \\ \underline{-(4x^2 + 6x)} \\ -6x - 9 \\ \underline{-(-6x - 9)} \end{array}$$

answer: $2x - 3$

45.

$$\begin{array}{r} x^2 - x + 1 \\ x+1 \overline{\smash{\big)}\ x^3 + 1} \\ \underline{-(x^3 + x^2)} \\ -x^2 \\ \underline{-(-x^2 - x)} \\ x + 1 \\ \underline{-(x + 1)} \end{array}$$

answer: $x^2 - x + 1$

47.

$$\begin{array}{r} a^2 - 3a + 10 \\ a+3 \overline{\smash{\big)}\ a^3 + a} \\ \underline{-(a^3 + 3a^2)} \\ -3a^2 + a \\ \underline{-(-3a^2 - 9a)} \\ 10a \\ \underline{-(10a + 30)} \\ -30 \end{array}$$

answer: $a^2 - 3a + 10 + \dfrac{-30}{a+3}$

49.

$$\begin{array}{r} 5x^2 - x + 4 \\ 3x-4 \overline{\smash{\big)}\ 15x^3 - 23x^2 + 16x} \\ \underline{-(15x^3 - 20x^2)} \\ -3x^2 + 16x \\ \underline{-(-3x^2 + 4x)} \\ 12x \\ \underline{-(12x - 16)} \\ 16 \end{array}$$

answer: $5x^2 - x + 4 + \dfrac{16}{3x-4}$

Review Exercises (page 270)

1. 20, 21, 22, 24, 25, 26, 27, 28, 30

3. $|a-b| = |(-2) - (3)| = |-5| = 5$

5. $-|a^2 - b^2| = -|(-2)^2 - (3)^2| = -|4-9| = -|-5| = -(5) = -5$

7. $3(2x^2 - 4x + 5) + 2(x^2 + 3x - 7) = 6x^2 - 12x + 15 + 2x^2 + 6x - 14 = 8x^2 - 6x + 1$

Chapter 4 Review Exercises (page 272)

1. $5^3 = 5 \cdot 5 \cdot 5 = 125$

3. $(-8)^2 = (-8)(-8) = 64$

5. $3^2 + 2^2 = 9 + 4 = 13$

7. $3(3^3 + 3^3) = 3(27 + 27) = 3(54) = 162$

9. $x^3 x^2 = x^{3+2} = x^5$

11. $y^7 y^3 = y^{7+3} = y^{10}$

13. $2b^3 b^4 b^5 = 2b^{3+4+5} = 2b^{12}$

15. $(4^4 s)s^2 = 256 s^{1+2} = 256 s^3$

17. $(x^2 x^3)^3 = (x^{2+3})^3 = (x^5)^3 = x^{15}$

19. $(3x^0)^2 = (3 \cdot 1)^2 = 3^2 = 9$

21. $\dfrac{x^7}{x^3} = x^{7-3} = x^4$

23. $\dfrac{8(y^2 x)^2}{2^3 (yx^2)^2} = \dfrac{8 y^4 x^2}{8 y^2 x^4} = 1 y^{4-2} x^{2-4} = y^2 x^{-2} = \dfrac{y^2}{x^2}$

25. $x^{-2} x^3 = x^1 = x$

27. $\dfrac{x^3}{x^{-7}} = x^{3-(-7)} = x^{10}$

29. $\dfrac{x^3}{x^7} = x^{3-7} = x^{-4} = \dfrac{1}{x^4}$

31. $\left(\dfrac{3s}{6s^2}\right)^3 = \left(\dfrac{1}{2s}\right)^3 = \dfrac{1}{8s^3}$

33. $728 = 7.28 \times 10^2$

35. $0.0136 = 1.36 \times 10^{-2}$

37. $7.73 = 7.73 \times 10^0$

39. $0.018 \times 10^{-2} = 1.8 \times 10^{-2} \times 10^{-2} = 1.8 \times 10^{-4}$

41. $7.26 \times 10^5 = 726{,}000$

43. $2.68 \times 10^0 = 2.68$

45. $739 \times 10^{-2} = 7.39$

47. $\dfrac{(0.00012)(0.00004)}{0.00000016} = \dfrac{(1.2 \times 10^{-4})(4 \times 10^{-5})}{1.6 \times 10^{-7}} = \dfrac{4.8 \times 10^{-9}}{1.6 \times 10^{-7}} = 3 \times 10^{-2} = 0.03$

49. degree = 7; monomial

51. degree = 5; trinomial

53. $P(x) = 3x + 2$
$P(3) = 3(3) + 2$
$= 9 + 2$
$= 11$

55. $P(x) = 3x + 2$
$P(-2) = 3(-2) + 2$
$= -6 + 2$
$= -4$

57. $P(x) = 5x^4 - x$
$P(3) = 5(3)^4 - 3$
$= 5(81) - 3$
$= 405 - 3$
$= 402$

59. $P(x) = 5x^4 - x$
$P(-2) = 5(-2)^4 - -2$
$= 5(16) + 2$
$= 80 + 2$
$= 82$

61. $3x + 5x - x = 7x$

63. $(xy)^2 + 3x^2y^2 = x^2y^2 + 3x^2y^2 = 4x^2y^2$

65. $3x^2y^0 + 2x^2 = 3x^2 + 2x^2 = 5x^2$

67. $(3x^2 + 2x) + (5x^2 - 8x) = 3x^2 + 2x + 5x^2 - 8x$
$= 8x^2 - 6x$

69. $3(9x^2 + 3x + 7) + 2(2x^2 - 8x + 3) - 2(11x^2 - 5x + 9)$
$= 27x^2 + 9x + 21 + 4x^2 - 16x + 6 - 22x^2 + 10x - 18$
$= 9x^2 + 3x + 9$

71. $(2x^2y^3)(5xy^2) = 10x^3y^5$

73. $5(x + 3) = 5x + 15$

75. $x^2(3x^2 - 5) = 3x^4 - 5x^2$

77. $-x^2y(y^2 - xy) = -x^2y^3 + x^3y^2$

79. $(x + 3)(x + 2) = x^2 + 2x + 3x + 6$
$= x^2 + 5x + 6$

81. $(3a - 3)(2a + 2) = 6a^2 + 6a - 6a - 6 = 6a^2 - 6$

83. $(a - b)(2a + b) = 2a^2 + ab - 2ab - b^2 = 2a^2 - ab - b^2$

85. $(-3a - b)(3a - b) = -9a^2 + 3ab - 3ab + b^2 = -9a^2 + b^2$

87. $(y - 2)(y + 2) = y^2 + 2y - 2y - 4 = y^2 - 4$

89. $(x - 3)^2 = (x - 3)(x - 3) = x^2 - 3x - 3x + 9 = x^2 - 6x + 9$

91. $(2y + 1)^2 = (2y + 1)(2y + 1) = 4y^2 + 2y + 2y + 1 = 4y^2 + 4y + 1$

93. $(3x + 1)(x^2 + 2x + 1) = 3x^3 + 6x^2 + 3x + x^2 + 2x + 1 = 3x^3 + 7x^2 + 5x + 1$

95. $x^2 + 3 = x(x + 3)$
$x^2 + 3 = x^2 + 3x$
$3 = 3x$
$1 = x$

97. $(x + 2)(x - 5) = (x - 4)(x - 1)$
$x^2 - 5x + 2x - 10 = x^2 - x - 4x + 4$
$-3x - 10 = -5x + 4$
$2x - 10 = 4$
$2x = 14$
$x = 7$

99. $x^2 + x(x + 2) = x(2x + 1) + 1$
$x^2 + x^2 + 2x = 2x^2 + x + 1$
$2x^2 + 2x = 2x^2 + x + 1$
$2x = x + 1$
$x = 1$

101. $\dfrac{3x + 6y}{2xy} = \dfrac{3x}{2xy} + \dfrac{6y}{2xy} = \dfrac{3}{2y} + \dfrac{3}{x}$

103. $\dfrac{15a^2bc + 20ab^2c - 25abc^2}{-5abc} = \dfrac{15a^2bc}{-5abc} + \dfrac{20ab^2c}{-5abc} - \dfrac{25abc^2}{-5abc} = -3a - 4b + 5c$

105.
```
              x   +  1
    x + 2 ) x²  + 3x  + 5
         - ( x²  + 2x )
                 x   + 5
              - ( x   + 2 )
                      3
```
answer: $\dfrac{x^2 + 3x + 5}{x + 2} = x + 1 + \dfrac{3}{x + 2}$

107.
```
              2x  + 1
    x + 3 ) 2x²  + 7x  + 3
         - ( 2x²  + 6x )
                 x   + 3
              - ( x   + 3 )
```
answer: $2x + 1$

109.
```
                  3x² + 2x  + 1
    2x - 1 ) 6x³ +  x²  + 0x  + 1
           - ( 6x³  - 3x² )
                    4x²  + 0x
                 - ( - 4x²  - 2x )
                            2x  + 1
                         - ( 2x  - 1 )
                                  2
```
answer: $3x^2 + 2x + 1 + \dfrac{2}{2x - 1}$

Chapter 4 Test (page 273)

1. $2xxxyyyy = 2x^3y^4$

3. $y^2(yy^3) = y^2y^4 = y^{2+4} = y^6$

5. $(2x^3)^5(x^2)^3 = 2^5x^{15}x^6 = 32x^{21}$

7. $3x^0 = 3(1) = 3$

9. $\dfrac{y^2}{yy^{-2}} = \dfrac{y^2}{y^{-1}} = y^{2-(-1)} = y^3$

11. $28{,}000 = 2.8 \times 10^4$

13. $7.4 \times 10^3 = 7400$

15. $3x^2 + 2$ is a binomial.

17. $P(x) = x^2 + x - 2$
    $P(-2) = (-2)^2 + (-2) - 2$
    $ = 4 - 2 - 2$
    $ = 0$

19. $-6(x - y) + 2(x + y) - 3(x + 2y) = -6x + 6y + 2x + 2y - 3x - 6y = -7x + 2y$

21. Add:
```
    3x³ + 4x² -  x  - 7
    2x³ - 2x² + 3x  + 2
    5x³ + 2x² + 2x  - 5
```

23. $(-2x^3)(2x^2y) = -4x^5y$

25. $(2x-5)(3x+4) = 6x^2 + 8x - 15x - 20$
$= 6x^2 - 7x - 20$

27. $(a+2)^2 = (a-3)^2$
$(a+2)(a+2) = (a-3)(a-3)$
$a^2 + 2a + 2a + 4 = a^2 - 3a - 3a + 9$
$4a + 4 = -6a + 9$
$10a + 4 = 9$
$10a = 5$
$a = \frac{1}{2}$

29. $\frac{6a^2 - 12b^2}{24ab} = \frac{6a^2}{24ab} - \frac{12b^2}{24ab} = \frac{a}{4b} - \frac{b}{2a}$

Cumulative Review Exercises (page 274)

1. 1, 2, 6, 7

3. $-2, 0, 1, 2, \frac{13}{12}, 6, 7$

5. 2, 7

7. $-2, 0, 2, 6$

9. $-(|5|-|3|) = -(5-3) = -(2) = -2$

11. $2 + 4 \cdot 5 = 2 + 20 = 22$

13. $20 \div (-10 \div 2) = 20 \div (-5) = -4$

15. $-\frac{5}{6} \cdot \frac{3}{20} = -\frac{\cancel{5} \cdot \cancel{3}}{2 \cdot \cancel{3} \cdot 4 \cdot \cancel{5}} = -\frac{1}{8}$

17. $-\left(\frac{1}{3}+\frac{3}{4}\right)\left(\frac{5}{3}+\frac{1}{2}\right) = -\left(\frac{4}{12}+\frac{9}{12}\right)\left(\frac{10}{6}+\frac{3}{6}\right) = -\left(\frac{13}{12}\right)\left(\frac{13}{6}\right) = -\frac{169}{72}$

19. The commutative property of addition.

21. The additive inverse of -5 is $-(-5) = 5$.

23. $2x - 5 = 11$
$2x - 5 + 5 = 11 + 5$
$2x = 16$
$\frac{2x}{2} = \frac{16}{2}$
$x = 8$

25. $4(y-3) + 4 = -3(y+5)$
$4y - 12 + 4 = -3y - 15$
$4y - 8 = -3y - 15$
$4y + 3y - 8 = -3y + 3y - 15$
$7y - 8 = -15$
$7y - 8 + 8 = -15 + 8$
$7y = -7$
$y = -1$

27.
$$S = \frac{n(a+l)}{2}$$
$$2S = \frac{2}{1} \cdot \frac{n(a+l)}{2}$$
$$2S = na + nl$$
$$2S - \mathbf{nl} = na + nl - \mathbf{nl}$$
$$2S - nl = na$$
$$\frac{2S - nl}{\mathbf{n}} = \frac{na}{\mathbf{n}}$$
$$a = \frac{2S - nl}{n} \quad \text{or}$$
$$a = \frac{2S}{n} - l$$

29.
$$5x - 3 > 7$$
$$5x - 3 + \mathbf{3} > 7 + \mathbf{3}$$
$$5x > 10$$
$$\frac{5x}{5} > \frac{10}{5}$$
$$x > 2$$

31.
$$-2 < -x + 3 < 5$$
$$-2 - \mathbf{3} < -x + 3 - \mathbf{3} < 5 - \mathbf{3}$$
$$-5 < -x < 2$$
$$\frac{-5}{-1} > \frac{-x}{-1} > \frac{2}{-1}$$
$$5 > x > -2$$
$$-2 < x < 5$$

33.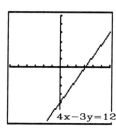

35.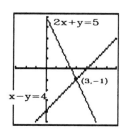

37. Since the coefficients of y are additive inverses, first add the equations to eliminate y and solve for x:
$$x + y = 1$$
$$\underline{x - y = 7}$$
$$2x \quad\quad = 8$$
$$x = 4$$
Next, substitute $x = 4$ in either equation, for example the first equation, and solve for y:
$$x + y = 1$$
$$\mathbf{4} + y = 1$$
$$y = -3$$
The solution is $(4, -3)$.

Exercise 5.1 (page 284)

NOTE: In problems 1 – 12, your steps may be different, but your final answer should be the same.

1. $12 = 2 \cdot 6$
    $= 2 \cdot 2 \cdot 3$
    $= 2^2 \cdot 3$

3. $15 = 3 \cdot 5$

5. $40 = 4 \cdot 10$
    $= 2 \cdot 2 \cdot 2 \cdot 5$
    $= 2^3 \cdot 5$

7. $98 = 2 \cdot 49$
    $= 2 \cdot 7 \cdot 7$
    $= 2 \cdot 7^2$

9. $225 = 9 \cdot 25$
    $= 3 \cdot 3 \cdot 5 \cdot 5$
    $= 3^2 \cdot 5^2$

11. $288 = 8 \cdot 36$
    $= 2 \cdot 4 \cdot 4 \cdot 9$
    $= 2 \cdot 2 \cdot 2 \cdot 2 \cdot 2 \cdot 3 \cdot 3$
    $= 2^5 \cdot 3^2$

13. $3x + 6 = 3 \cdot x + 3 \cdot 2$
    $= 3(x + 2)$

15. $xy - xz = x \cdot y - x \cdot z$
    $= x(y - z)$

17. $t^3 + 2t^2 = t \cdot t^2 + 2 \cdot t^2$
    $= t^2(t + 2)$

19. $r^4 - r^2 = r^2 \cdot r^2 - 1 \cdot r^2$
    $= r^2(r^2 - 1)$

21. $a^3b^3z^3 - a^2b^3z^2 = a^2b^3z^2 \cdot az - a^2b^3z^2 \cdot 1 = a^2b^3z^2(az - 1)$

23. $24x^2y^3z^4 + 8xy^2z^3 = 8xy^2z^3 \cdot 3xyz + 8xy^2z^3 \cdot 1 = 8xy^2z^3(3xyz + 1)$

25. $12uvw^3 - 18uv^2w^2 = 6uvw^2 \cdot 2w - 6uvw^2 \cdot 3v = 6uvw^2(2w - 3v)$

27. $3x + 3y - 6z = 3 \cdot x + 3 \cdot y - 3 \cdot 2z = 3(x + y - 2z)$

29. $ab + ac - ad = a \cdot b + a \cdot c - a \cdot d = a(b + c - d)$

31. $4y^2 + 8y - 2xy = 2y \cdot 2y + 2y \cdot 4 - 2y \cdot x = 2y(2y + 4 - x)$

33. $12r^2 - 3rs + 9r^2s^2 = 3r \cdot 4r - 3r \cdot s + 3r \cdot 3rs^2 = 3r(4r - s + 3rs^2)$

35. $abx - ab^2x + abx^2 = abx \cdot 1 - abx \cdot b + abx \cdot x = abx(1 - b + x)$

37. $4x^2y^2z^2 - 6xy^2z^2 + 12xyz^2 = 2xyz^2(2xy - 3y + 6)$

39. $70a^3b^2c^2 + 49a^2b^3c^3 - 21a^2b^2c^2 = 7a^2b^2c^2(10a + 7bc - 3)$

41. $-a - b = (-1)a + (-1)b$
    $= (-1)(a + b)$
    $= -(a + b)$

43. $-2x + 5y = (-1)2x + (-1)(-5y)$
    $= (-1)(2x - 5y)$
    $= -(2x - 5y)$

45. $\quad -2a + 3b = (-1)2a + (-1)(-3b)$
$\qquad\qquad = (-1)(2a - 3b)$
$\qquad\qquad = -(2a - 3b)$

47. $\quad -3m - 4n + 1 = (-1)3m + (-1)4n + (-1)(-1)$
$\qquad\qquad\qquad = -(3m + 4n - 1)$

49. $\quad -3xy + 2z + 5w = (-1)3xy + (-1)(-2z) + (-1)(-5w)$
$\qquad\qquad\qquad = -(3xy - 2z - 5w)$

51. $\quad -3ab - 5ac + 9bc = (-1)3ab + (-1)5ac + (-1)(-9bc)$
$\qquad\qquad\qquad = -(3ab + 5ac - 9bc)$

53. $\quad -3x^2y - 6xy^2 = (-3xy)x + (-3xy)2y$
$\qquad\qquad\qquad = -3xy(x + 2y)$

55. $\quad -4a^2b^3 + 12a^3b^2 = (-4a^2b^2)b + (-4a^2b^2)(-3a)$
$\qquad\qquad\qquad = -4a^2b^2(b - 3a)$

57. $\quad -4a^2b^2c^2 + 14a^2b^2c - 10ab^2c^2 = (-2ab^2c)2ac + (-2ab^2c)(-7a) + (-2ab^2c)5c$
$\qquad\qquad\qquad\qquad\qquad = -2ab^2c(2ac - 7a + 5c)$

59. $\quad -14a^6b^6 + 49a^2b^3 - 21ab = (-7ab)2a^5b^5 + (-7ab)(-7ab^2) + (-7ab)3$
$\qquad\qquad\qquad\qquad = -7ab(2a^5b^5 - 7ab^2 + 3)$

61. $\quad -5a^2b^3c + 15a^3b^4c^2 - 25a^4b^3c = (-5a^2b^3c)1 + (-5a^2b^3c)(-3abc) + (-5a^2b^3c)5a^2$
$\qquad\qquad\qquad\qquad\qquad = -5a^2b^3c(1 - 3abc + 5a^2)$

63. $\quad (x - 2)(x + 3) = 0$
$\quad x - 2 = 0 \quad \text{or} \quad x + 3 = 0$
$\quad x = 2 \quad\qquad\qquad x = -3$

65. $\quad (x - 4)(x + 1) = 0$
$\quad x - 4 = 0 \quad \text{or} \quad x + 1 = 0$
$\quad x = 4 \quad\qquad\qquad x = -1$

67. $\quad (2x - 5)(3x + 6) = 0$
$\quad 2x - 5 = 0 \quad \text{or} \quad 3x + 6 = 0$
$\quad 2x = 5 \qquad\qquad\quad 3x = -6$
$\quad x = \dfrac{5}{2} \qquad\qquad\quad x = -2$

69.
$$(x-1)(x+2)(x-3) = 0$$
$x - 1 = 0$ or $x + 2 = 0$ or $x - 3 = 0$
$x = 1$ | $x = -2$ | $x = 3$

71. $x(x-3) = 0$
$x = 0$ or $x - 3 = 0$
| $x = 3$

73. $x(2x-5) = 0$
$x = 0$ or $2x - 5 = 0$
| $2x = 5$
| $x = \frac{5}{2}$

75. $x^2 - 7x = 0$
$x(x-7) = 0$
$x = 0$ or $x - 7 = 0$
| $x = 7$

77. $3x^2 + 8x = 0$
$x(3x+8) = 0$
$x = 0$ or $3x + 8 = 0$
| $3x = -8$
| $x = -\frac{8}{3}$

79. $8x^2 - 16x = 0$
$8x(x-2) = 0$
$8x = 0$ or $x - 2 = 0$
| $x = 2$
$x = \frac{0}{8}$
$x = 0$

81. $10x^2 - 2x = 0$
$2x(5x-1) = 0$
$2x = 0$ or $5x - 1 = 0$
| $5x = 1$
$x = \frac{0}{2}$ | $x = \frac{1}{5}$
$x = 0$

Review Exercises (page 286)

1. $3x - 2(x+1) = 5$
$3x - 2x - 2 = 5$
$x - 2 = 5$
$x = 7$

3. $\frac{2x-7}{5} = 3$

$\frac{\cancel{5}}{1}\left(\frac{2x-7}{\cancel{5}}\right) = 5(3)$

$2x - 7 = 15$
$2x = 22$
$x = 11$

Exercise 5.2 (page 288)

1. $(x+y)2 + (x+y)b = (x+y)(2+b)$

3. $3(x+y) - a(x+y) = (x+y)(3-a)$

5. $3(r-2s) - x(r-2s) = (r-2s)(3-x)$

7. $(x-3)^2 + (x-3) = (x-3)(x-3) + 1(x-3)$
    $= (x-3)(x-3+1)$
    $= (x-3)(x-2)$

9. $2x(a^2+b) + 2y(a^2+b) = x \cdot 2(a^2+b) + y \cdot 2(a^2+b)$
    $= 2(a^2+b)(x+y)$

11. $3x^2(r+3s) - 6y^2(r+3s) = x^2 \cdot 3(r+3s) - 2y^2 \cdot 3(r+3s)$
    $= 3(r+3s)(x^2 - 2y^2)$

13. $3x(a+b+c) - 2y(a+b+c) = (a+b+c)(3x-2y)$

15. $14x^2y(r+2s-t) - 21xy(r+2s-t) = 7xy(r+2s-t)2x + 7xy(r+2s-t)(-3)$
    $= 7xy(r+2s-t)(2x-3)$

17. $(x+3)(x+1) - y(x+1) = (x+1)[(x+3) - y] = (x+1)(x+3-y)$

19. $(3x-y)(x^2-2) + 1 \cdot (x^2-2) = (x^2-2)(3x-y+1)$

21. $2x + 2y + ax + ay = 2(x+y) + a(x+y)$ Factor 2 from the first two terms and a from the last two.
    $= (x+y)(2+a)$

23. $7r + 7s - kr - ks = 7(r+s) - k(r+s)$ Factor 7 from the first two terms and $-k$ from the last two.
    $= (r+s)(7-k)$

25. $xr + xs + yr + ys = x(r+s) + y(r+s)$ Factor x from the first two terms and y from the last two.
    $= (r+s)(x+y)$

27. $2ax + 2bx + 3a + 3b = 2x(a+b) + 3(a+b)$ Factor $2x$ from the first two terms and 3 from the last two.
    $= (a+b)(2x+3)$

29. $2ab + 2ac + 3b + 3c = 2a(b+c) + 3(b+c)$ Factor $2a$ from the first two terms and 3 from the last two.
    $= (b+c)(2a+3)$

31. $2x^2 + 2xy - 3x - 3y = 2x(\boldsymbol{x+y}) - 3(\boldsymbol{x+y})$ Factor $2x$ from the first two terms and -3 from the last two.
$= (\boldsymbol{x+y})(2x-3)$

33. $3tv - 9tw + uv - 3uw = 3t(\boldsymbol{v-3w}) + u(\boldsymbol{v-3w}) = (\boldsymbol{v-3w})(3t+u)$

35. $9mp + 3mq - 3np - nq = 3m(\boldsymbol{3p+q}) - n(\boldsymbol{3p+q}) = (\boldsymbol{3p+q})(3m-n)$

37. $mp - np - m + n = p(\boldsymbol{m-n}) - 1(\boldsymbol{m-n}) = (\boldsymbol{m-n})(p-1)$

39. $x(a-b) + y(b-a) = x(a-b) - y(-b+a)$ Factor $-y$ from the last two terms.
$= x(\boldsymbol{a-b}) - y(\boldsymbol{a-b})$ Rewrite $-b+a$ as $a-b$.
$= (a-b)(x-y)$ Factor out the common factor $(a-b)$.

41. $ax^3 + bx^3 + 2ax^2y + 2bx^2y = x^2[ax + bx + 2ay + 2by]$ Factor x^2 from all four terms.
$= x^2[x(\boldsymbol{a+b}) + 2y(\boldsymbol{a+b})]$ In the brackets, factor x from the first two terms and $2y$ from the last two.
$= x^2[(\boldsymbol{a+b})(x+2y)]$ Factor the common factor of $(a+b)$ in the brackets.
$= x^2(a+b)(x+2y)$

43. $4a^2b + 12a^2 - 8ab - 24a = 4a[ab + 3a - 2b - 6]$ Factor $4a$ from all four terms.
$= 4a[a(\boldsymbol{b+3}) - 2(\boldsymbol{b+3})]$ In the brackets, factor a from the first two terms and -2 from the last two.
$= 4a[(\boldsymbol{b+3})(a-2)]$ Factor the common factor of $(b+3)$ in the brackets.
$= 4a(b+3)(a-2)$

45. $x^3 + 2x^2 + x + 2 = x^2(\boldsymbol{x+2}) + 1(\boldsymbol{x+2}) = (\boldsymbol{x+2})(x^2+1)$

47. $x^3y - x^2y - xy^2 + y^2 = y[x^3 - x^2 - xy + y]$
$= y[x^2(\boldsymbol{x-1}) - y(\boldsymbol{x-1})]$
$= y[(\boldsymbol{x-1})(x^2-y)]$
$= y(x-1)(x^2-y)$

49. $x^2 + xy + x + 2x + 2y + 2 = x(\boldsymbol{x+y+1}) + 2(\boldsymbol{x+y+1}) = (\boldsymbol{x+y+1})(x+2)$

51. $am + bm + cm - an - bn - cn = m(\boldsymbol{a+b+c}) - n(\boldsymbol{a+b+c})$
$= (\boldsymbol{a+b+c})(m-n)$

53. $ad - bd - cd + 3a - 3b - 3c = d(\boldsymbol{a-b-c}) + 3(\boldsymbol{a-b-c}) = (\boldsymbol{a-b-c})(d+3)$

55. $ax^2 - ay + bx^2 - by + cx^2 - cy = a(x^2 - y) + b(x^2 - y) + c(x^2 - y)$
$= (x^2 - y)(a + b + c)$

57. $2r - bs - 2s + br = 2r - 2s + br - bs = 2(r - s) + b(r - s) = (r - s)(2 + b)$

59. $ax + by + bx + ay = ax + bx + ay + by = x(a + b) + y(a + b) = (a + b)(x + y)$

61. $ac + bd - ad - bc = ac - bc - ad + bd = c(a - b) - d(a - b) = (a - b)(c - d)$

63. $ar^2 - brs + ars - br^2 = r[ar - bs + as - br]$
$= r[ar - br + as - bs]$
$= r[r(a - b) + s(a - b)]$
$= r[(a - b)(r + s)]$
$= r(a - b)(r + s)$

65. $ba + 3 + a + 3b = ab + a + 3b + 3 = a(b + 1) + 3(b + 1) = (b + 1)(a + 3)$

67. $pr + qs - ps - qr = pr - ps - qr + qs = p(r - s) - q(r - s) = (r - s)(p - q)$

Review Exercises (page 290)

1. $u^3 u^2 u^4 = u^9$

3. $\dfrac{a^3 b^4}{a^2 b^5} = a^1 b^{-1} = \dfrac{a}{b}$

Exercise 5.3 (page 293)

1. $x^2 - 16 = x^2 - 4^2 = (x + 4)(x - 4)$

3. $y^2 - 49 = y^2 - 7^2 = (y + 7)(y - 7)$

5. $4y^2 - 49 = (2y)^2 - 7^2 = (2y + 7)(2y - 7)$

7. $9x^2 - y^2 = (3x)^2 - y^2 = (3x + y)(3x - y)$

9. $25t^2 - 36u^2 = (5t)^2 - (6u)^2 = (5t + 6u)(5t - 6u)$

11. $16a^2 - 25b^2 = (4a)^2 - (5b)^2 = (4a + 5b)(4a - 5b)$

13. $a^2 + b^2$ is prime (sum of 2 squares).

15. $a^4 - 4b^2 = (a^2)^2 - (2b)^2 = (a^2 + 2b)(a^2 - 2b)$

17. $49y^2 - 225z^4 = (7y)^2 - (15z^2)^2 = (7y + 15z^2)(7y - 15z^2)$

19. $196x^4 - 169y^2 = (14x^2)^2 - (13y)^2 = (14x^2 + 13y)(14x^2 - 13y)$

21. $8x^2 - 32y^2 = 8(x^2 - 4y^2)$
$= 8[x^2 - (2y)^2]$
$= 8(x + 2y)(x - 2y)$

23. $2a^2 - 8y^2 = 2(a^2 - 4y^2)$
$= 2[a^2 - (2y)^2]$
$= 2(a + 2y)(a - 2y)$

25. $3r^2 - 12s^2 = 3(r^2 - 4s^2)$
$= 3[r^2 - (2s)^2]$
$= 3(r + 2s)(r - 2s)$

27. $x^3 - xy^2 = x(x^2 - y^2)$
$= x(x + y)(x - y)$

29. $4a^2x - 9b^2x = x(4a^2 - 9b^2)$
$= x[(2a)^2 - (3b)^2]$
$= x(2a + 3b)(2a - 3b)$

31. $3m^3 - 3mn^2 = 3m(m^2 - n^2)$
$= 3m(m + n)(m - n)$

33. $4x^4 - x^2y^2 = x^2(4x^2 - y^2)$
$= x^2[(2x)^2 - y^2]$
$= x^2(2x + y)(2x - y)$

35. $2a^3b - 242ab^3 = 2ab(a^2 - 121b^2)$
$= 2ab[a^2 - (11b)^2]$
$= 2ab(a + 11b)(a - 11b)$

37. $x^4 - 81 = (x^2)^2 - 9^2$
$= (x^2 + 9)(x^2 - 9)$
$= (x^2 + 9)(x^2 - 3^2)$
$= (x^2 + 9)(x + 3)(x - 3)$

39. $a^4 - 16 = (a^2)^2 - 4^2$
$= (a^2 + 4)(a^2 - 4)$
$= (a^2 + 4)(a^2 - 2^2)$
$= (a^2 + 4)(a + 2)(a - 2)$

41. $a^4 - b^4 = (a^2)^2 - (b^2)^2$ $a^4 - b^4$ is a difference of two squares
$= (a^2 + b^2)(a^2 - b^2)$ $a^2 - b^2$ is a difference of two squares
$= (a^2 + b^2)(a + b)(a - b)$

43. $81r^4 - 256s^4 = (9r^2)^2 - (16s^2)^2$
$= (9r^2 + 16s^2)(9r^2 - 16s^2)$
$= (9r^2 + 16s^2)[(3r)^2 - (4s)^2]$
$= (9r^2 + 16s^2)(3r + 4s)(3r - 4s)$

45. $a^4 - b^8 = (a^2)^2 - (b^4)^2$
$= (a^2 + b^4)(a^2 - b^4)$
$= (a^2 + b^4)[a^2 - (b^2)^2]$
$= (a^2 + b^4)(a + b^2)(a - b^2)$

47. $x^8 - y^8 = (x^4)^2 - (y^4)^2$
$= (x^4 + y^4)(x^4 - y^4)$
$= (x^4 + y^4)[(x^2)^2 - (y^2)^2]$
$= (x^4 + y^4)(x^2 + y^2)(x^2 - y^2)$
$= (x^4 + y^4)(x^2 + y^2)(x^2 - y^2)$
$= (x^4 + y^4)(x^2 + y^2)(x + y)(x - y)$

49. $2x^4 - 2y^4 = 2[(x^2)^2 - (y^2)^2]$
$= 2(x^2 + y^2)(x^2 - y^2)$
$= 2(x^2 + y^2)(x + y)(x - y)$

51. $a^4b - b^5 = b[(a^2)^2 - (b^2)^2]$
$= b(a^2 + b^2)(a^2 - b^2)$
$= b(a^2 + b^2)(a + b)(a - b)$

53. $48m^4n - 243n^5 = 3n(16m^4 - 81n^4)$
$= 3n[(4m^2)^2 - (9n^2)^2]$
$= 3n(4m^2 + 9n^2)(4m^2 - 9n^2)$
$= 3n(4m^2 + 9n^2)[(2m)^2 - (3n)^2]$
$= 3n(4m^2 + 9n^2)(2m + 3n)(2m - 3n)$

55. $3a^5y + 6ay^5 = 3ay(a^4 + 2y^4)$ [cannot be factored any further]

57. $3a^{10} - 3a^2b^4 = 3a^2(a^8 - b^4)$
$= 3a^2(a^4 + b^2)(a^4 - b^2)$
$= 3a^2(a^4 + b^2)(a^2 + b)(a^2 - b)$

59. $2x^8y^2 - 32y^6 = 2y^2(x^8 - 16y^4)$
$= 2y^2(x^4 + 4y^2)(x^4 - 4y^2)$
$= 2y^2(x^4 + 4y^2)(x^2 + 2y)(x^2 - 2y)$

61. $a^6b^2 - a^2b^6c^4 = a^2b^2(a^4 - b^4c^4)$
$= a^2b^2(a^2 + b^2c^2)(a^2 - b^2c^2)$
$= a^2b^2(a^2 + b^2c^2)(a + bc)(a - bc)$

63. $a^2b^7 - 625a^2b^3 = a^2b^3(b^4 - 625)$
$= a^2b^3(b^2 + 25)(b^2 - 25)$
$= a^2b^3(b^2 + 25)(b + 5)(b - 5)$

65. $243r^5s - 48rs^5 = 3rs(81r^4 - 16s^4)$
$= 3rs(9r^2 + 4s^2)(9r^2 - 4s^2)$
$= 3rs(9r^2 + 4s^2)(3r + 2s)(3r - 2s)$

67. $16(x-y)^2 - 9 = [4(x-y)]^2 - 3^2$
$= [4(x-y) + 3][4(x-y) - 3]$
$= (4x - 4y + 3)(4x - 4y - 3)$

69. $a^3 - 9a + 3a^2 - 27 = a(a^2 - 9) + 3(a^2 - 9)$
$= (a + 3)(a^2 - 9)$
$= (a + 3)(a + 3)(a - 3)$

71. $y^3 - 16y - 3y^2 + 48 = y(y^2 - 16) - 3(y^2 - 16)$
$= (y - 3)(y^2 - 16)$
$= (y - 3)(y + 4)(y - 4)$

73. $3x^3 - 12x + 3x^2 - 12 = 3[x^3 - 4x + x^2 - 4]$
$= 3[x(x^2 - 4) + 1(x^2 - 4)]$
$= 3(x + 1)(x^2 - 4)$
$= 3(x + 1)(x + 2)(x - 2)$

75. $3m^3 - 3mn^2 + 3am^2 - 3an^2 = 3[m^3 - mn^2 + am^2 - an^2]$
$= 3[m(m^2 - n^2) + a(m^2 - n^2)]$
$= 3(m + a)(m^2 - n^2)$
$= 3(m + a)(m + n)(m - n)$

77. $2m^3n^2 - 32mn^2 + 8m^2 - 128 = 2[m^3n^2 - 16mn^2 + 4m^2 - 64]$
$= 2[mn^2(m^2 - 16) + 4(m^2 - 16)]$
$= 2(mn^2 + 4)(m^2 - 16)$
$= 2(mn^2 + 4)(m + 4)(m - 4)$

79. $x^2 - 25 = 0$
$(x+5)(x-5) = 0$
$x+5 = 0$ or $x-5 = 0$
$x = -5$ | $x = 5$

81. $y^2 - 49 = 0$
$(y+7)(y-7) = 0$
$y+7 = 0$ or $y-7 = 0$
$y = -7$ | $y = 7$

83. $4x^2 - 1 = 0$
$(2x+1)(2x-1) = 0$
$2x+1 = 0$ or $2x-1 = 0$
$2x = -1$ | $2x = 1$
$x = \frac{-1}{2}$ | $x = \frac{1}{2}$

85. $9y^2 - 4 = 0$
$(3y+2)(3y-2) = 0$
$3y+2 = 0$ or $3y-2 = 0$
$3y = -2$ | $3y = 2$
$y = \frac{-2}{3}$ | $y = \frac{2}{3}$

87. $x^2 = 49$
$x^2 - 49 = 0$
$(x+7)(x-7) = 0$
$x+7 = 0$ or $x-7 = 0$
$x = -7$ | $x = 7$

89. $4x^2 = 81$
$4x^2 - 81 = 0$
$(2x+9)(2x-9) = 0$
$2x+9 = 0$ or $2x-9 = 0$
$2x = -9$ | $2x = 9$
$x = \frac{-9}{2}$ | $x = \frac{9}{2}$

Review Exercises (page 295)

1. $\frac{p}{w} + \frac{v^2}{2g} + h = k$; solve for p

$\frac{2gw}{1}\left(\frac{p}{w} + \frac{v^2}{2g} + h\right) = 2gw \cdot k$

$2gp + v^2w + 2gwh = 2gwk$

$2gp = 2gwk - v^2w - 2gwh$

$p = \frac{2gwk - v^2w - 2gwh}{2g}$ or $p = w\left(k - \frac{v^2}{2g} - h\right)$

Exercise 5.4 (page 301)

1. $x^2 + 6x + 9 = (x+3)(x+3)$

3. $y^2 - 8y + 16 = (y-4)(y-4)$

5. $t^2 + 20t + 100 = (t+10)(t+10)$

7. $u^2 - 18u + 81 = (u-9)(u-9)$

9. $x^2 + 4xy + 4y^2 = (x+2y)(x+2y)$

11. $r^2 - 10rs + 25s^2 = (r-5s)(r-5s)$

13. $x^2 + 3x + 2 = (x+1)(x+2)$

15. $a^2 - 4a - 5 = (a-5)(a+1)$

17. $z^2 + 12z + 11 = (z+1)(z+11)$

19. $t^2 - 9t + 14 = (t-7)(t-2)$

21. $u^2 + 10u + 15$ is prime

23. $y^2 - y - 30 = (y-6)(y+5)$

25. $a^2 + 6a - 16 = (a+8)(a-2)$

27. $t^2 - 5t - 50 = (t-10)(t+5)$

29. $r^2 - 9r - 12$ is prime

31. $y^2 + 2yz + z^2 = (y+z)(y+z)$

33. $x^2 + 4xy + 4y^2 = (x+2y)(x+2y)$

35. $m^2 + 3mn - 10n^2 = (m+5n)(m-2n)$

37. $a^2 - 4ab - 12b^2 = (a-6b)(a+2b)$

39. $u^2 + 2uv - 15v^2 = (u+5v)(u-3v)$

41. $-x^2 - 7x - 10 = -(x^2 + 7x + 10)$
$ = -(x+5)(x+2)$

43. $-y^2 - 2y + 15 = -(y^2 + 2y - 15)$
$ = -(y+5)(y-3)$

45. $-t^2 - 15t + 34 = -(t^2 + 15t - 34)$
$ = -(t+17)(t-2)$

47. $-r^2 + 14r - 40 = -(r^2 - 14r + 40)$
$ = -(r-10)(r-4)$

49. $-a^2 - 4ab - 3b^2 = -(a^2 + 4ab + 3b^2)$
$ = -(a+b)(a+3b)$

51. $-x^2 + 6xy + 7y^2 = -(x^2 - 6xy - 7y^2)$
$ = -(x-7y)(x+y)$

53. $4 - 5x + x^2 = x^2 - 5x + 4$
$ = (x-4)(x-1)$

55. $10y + 9 + y^2 = y^2 + 10y + 9$
$ = (y+9)(y+1)$

57. $c^2 - 5 + 4c = c^2 + 4c - 5$
$ = (c+5)(c-1)$

59. $-r^2 + 2s^2 + rs = -r^2 + rs + 2s^2$
$ = -(r^2 - rs - 2s^2)$
$ = -(r-2s)(r+s)$

61. $4rx + r^2 + 3x^2 = r^2 + 4rx + 3x^2$
$ = (r+3x)(r+x)$

63. $-3ab + a^2 + 2b^2 = a^2 - 3ab + 2b^2$
$ = (a-2b)(a-b)$

65. $2x^2 + 10x + 12 = 2(x^2 + 5x + 6)$
$ = 2(x+2)(x+3)$

67. $3y^3 + 6y^2 + 3y = 3y(y^2 + 2y + 1)$
$ = 3y(y+1)(y+1)$

69. $-5a^2 + 25a - 30 = -5(a^2 - 5a + 6)$
$ = -5(a-2)(a-3)$

71. $3z^2 - 15tz + 12t^2 = 3(z^2 - 5tz + 4t^2)$
$ = 3(z-4t)(z-t)$

73. $12xy + 4x^2y - 72y = 4y(3x + x^2 - 18)$
$ = 4y(x^2 + 3x - 18)$
$ = 4y(x+6)(x-3)$

75. $-4x^2y - 4x^3 + 24xy^2 = -4x(xy + x^2 - 6y^2)$
$ = -4x(x^2 + xy - 6y^2)$
$ = -4x(x+3y)(x-2y)$

77. $$\begin{aligned} ax^2 + 4ax + 4a + bx + 2b &= a(x^2 + 4x + 4) + b(x + 2) \\ &= a(x+2)(x+2) + b(x+2) \\ &= (x+2)[a(x+2) + b] \\ &= (x+2)(ax + 2a + b) \end{aligned}$$

79. $$\begin{aligned} a^2 + 8a + 15 + ab + 5b &= (a+3)(a+5) + b(a+5) \\ &= [(a+3) + b](a+5) \\ &= (a+3+b)(a+5) \end{aligned}$$

81. $$\begin{aligned} a^2 + 2ab + b^2 - 4 &= (a+b)(a+b) - 4 \\ &= (a+b)^2 - 2^2 \\ &= (a+b+2)(a+b-2) \end{aligned}$$

83. $$\begin{aligned} b^2 - y^2 - 4y - 4 &= b^2 - (y^2 + 4y + 4) \\ &= b^2 - (y+2)(y+2) \\ &= b^2 - (y+2)^2 \\ &= [b + (y+2)][b - (y+2)] \\ &= (b+y+2)(b-y-2) \end{aligned}$$

85. $x^2 - 13x + 12 = 0$
$(x-12)(x-1) = 0$
$x - 1 = 0$ or $x - 12 = 0$
$x = 1$ | $x = 12$

87. $x^2 - 2x - 15 = 0$
$(x-5)(x+3) = 0$
$x - 5 = 0$ or $x + 3 = 0$
$x = 5$ | $x = -3$

89. $-4x - 21 + x^2 = 0$
$x^2 - 4x - 21 = 0$
$(x+3)(x-7) = 0$
$x + 3 = 0$ or $x - 7 = 0$
$x = -3$ | $x = 7$

91. $x^2 + 8 - 9x = 0$
$x^2 - 9x + 8 = 0$
$(x-8)(x-1) = 0$
$x - 8 = 0$ or $x - 1 = 0$
$x = 8$ | $x = 1$

93. $a^2 + 8a = -15$
$a^2 + 8a + 15 = 0$
$(a+5)(a+3) = 0$
$a + 5 = 0$ or $a + 3 = 0$
$a = -5$ | $a = -3$

95. $2y - 8 = -y^2$
$y^2 + 2y - 8 = 0$
$(y+4)(y-2) = 0$
$y + 4 = 0$ or $y - 2 = 0$
$y = -4$ | $y = 2$

97. $x^3 + 3x^2 + 2x = 0$
$x(x^2 + 3x + 2) = 0$
$x(x+2)(x+1) = 0$
$x = 0$ or $x + 2 = 0$ or $x + 1 = 0$
| $x = -2$ | $x = -1$

99.
$$x^3 - 27x - 6x^2 = 0$$
$$x^3 - 6x^2 - 27x = 0$$
$$x(x^2 - 6x - 27) = 0$$
$$x(x+3)(x-9) = 0$$

$x = 0$ or $x + 3 = 0$ or $x - 9 = 0$
 $\phantom{\text{or}}$ $x = -3$ $\phantom{\text{or}}$ $x = 9$

101.
$$(x-1)(x^2 + 5x + 6) = 0$$
$$(x-1)(x+3)(x+2) = 0$$

$x - 1 = 0$ or $x + 3 = 0$ or $x + 2 = 0$
$x = 1$ $\phantom{\text{or}}$ $x = -3$ $\phantom{\text{or}}$ $x = -2$

Review Exercises (page 303)

1. $x - 3 > 5$
$x > 8$

<--o---> 8

3. $-3x - 5 \geq 4$
$-3x \geq 9$
$\dfrac{-3}{-3}x \leq \dfrac{9}{-3}$
$x \leq -3$

<---•--- -3

5. $\dfrac{3(x-1)}{4} < 12$

$\dfrac{4}{1}\left(\dfrac{3(x-1)}{4}\right) < 4(12)$

$3(x-1) < 48$
$3x - 3 < 48$
$3x < 51$
$x < 17$

<--o---> 17

7. $-2 < x \leq 4$

<--o----•--> -2 4

Exercise 5.5 (page 311)

1. $2x^2 - 3x + 1 = (2x - 1)(x - 1)$

3. $3a^2 + 13a + 4 = (3a + 1)(a + 4)$

5. $4z^2 + 13z + 3 = (4z + 1)(z + 3)$

7. $6y^2 + 7y + 2 = (3y + 2)(2y + 1)$

9. $6x^2 - 7x + 2 = (2x - 1)(3x - 2)$

11. $3a^2 - 4a - 4 = (3a + 2)(a - 2)$

13. $2x^2 - 3x - 2 = (2x + 1)(x - 2)$

15. $2m^2 + 5m - 12 = (2m - 3)(m + 4)$

17. $10y^2 - 3y - 1 = (2y - 1)(5y + 1)$

19. $12y^2 - 5y - 2 = (3y - 2)(4y + 1)$

21. $5t^2 + 13t + 6 = (5t + 3)(t + 2)$

23. $16m^2 - 14m + 3 = (8m - 3)(2m - 1)$

25. $3x^2 - 4xy + y^2 = (3x - y)(x - y)$

27. $2u^2 + uv - 3v^2 = (2u + 3v)(u - v)$

29. $4a^2 - 4ab + b^2 = (2a - b)(2a - b)$

31. $6r^2 + rs - 2s^2 = (2r - s)(3r + 2s)$

33. $4x^2 + 8xy + 3y^2 = (2x + y)(2x + 3y)$

35. $4a^2 - 15ab + 9b^2 = (4a - 3b)(a - 3b)$

37. $-13x + 3x^2 - 10 = 3x^2 - 13x - 10$
$= (3x + 2)(x - 5)$

39. $15 + 8a^2 - 26a = 8a^2 - 26a + 15$
$= (4a - 3)(2a - 5)$

41. $12y^2 + 12 - 25y = 12y^2 - 25y + 12$
$= (3y - 4)(4y - 3)$

43. $3x^2 + 6 + x = 3x^2 + x + 6$
This trinomial is prime.

45. $2a^2 + 3b^2 + 5ab = 2a^2 + 5ab + 3b^2$
$= (2a + 3b)(a + b)$

47. $pq + 6p^2 - q^2 = 6p^2 + pq - q^2$
$= (3p - q)(2p + q)$

49. $b^2 + 4a^2 + 16ab = b^2 + 16ab + 4a^2$
This trinomial is prime.

51. $12x^2 + 10y^2 - 23xy = 12x^2 - 23xy + 10y^2$
$= (4x - 5y)(3x - 2y)$

53. $4x^2 + 10x - 6 = 2(2x^2 + 5x - 3)$
$= 2(2x - 1)(x + 3)$

55. $y^3 + 13y^2 + 12y = y(y^2 + 13y + 12)$
$= y(y + 12)(y + 1)$

57. $6x^3 - 15x^2 - 9x = 3x(2x^2 - 5x - 3)$
$= 3x(x - 3)(2x + 1)$

59. $30r^5 + 63r^4 - 30r^3 = 3r^3(10r^2 + 21r - 10)$
$= 3r^3(2r + 5)(5r - 2)$

61. $4a^2 - 4ab - 8b^2 = 4(a^2 - ab - 2b^2)$
$= 4(a - 2b)(a + b)$

63. $8x^2 - 12xy - 8y^2 = 4(2x^2 - 3xy - 2y^2)$
$= 4(2x + y)(x - 2y)$

65. $-16m^3n - 20m^2n^2 - 6mn^3 = -2mn(8m^2 + 10mn + 3n^2)$
$= -2mn(2m + n)(4m + 3n)$

67. $-28u^3v^3 + 26u^2v^4 - 6uv^5 = -2uv^3(14u^2 - 13uv + 3v^2)$
$= -2uv^3(2u - v)(7u - 3v)$

69. $\underline{4x^2 + 4xy + y^2} - 16 = (2x + y)(2x + y) - 16$ Factor the first three terms.
$= (2x + y)^2 - 4^2$ Rewrite the multiplication as quantity squared.
$= [(2x + y) + 4][(2x + y) - 4]$ Factor as the difference of two squares.
$= (2x + y + 4)(2x + y - 4)$ Rewrite without the innermost parentheses.

71. $9 \underline{- a^2 - 4ab - 4b^2} = 9 - (a^2 + 4ab + 4b^2)$ Factor -1 from the last three terms.
$= 9 - (a + 2b)(a + 2b)$ Factor the last three terms.
$= 3^2 - (a + 2b)^2$ Rewrite the multiplication as quantity squared.
$= [3 + (a + 2b)][3 - (a + 2b)]$ Factor as the difference of two squares.
$= (3 + a + 2b)(3 - a - 2b)$ Remove the innermost parentheses.

73. $\quad \underline{4x^2 + 4xy + y^2} \underline{- a^2 - 2ab - b^2} = (4x^2 + 4xy + y^2) - (a^2 + 2ab + b^2)$
$$= (2x+y)(2x+y) - (a+b)(a+b)$$
$$= \underline{(2x+y)}^2 - \underline{(a+b)}^2$$
$$= [(2x+y) + (a+b)][(2x+y) - (a+b)]$$
$$= (2x + y + a + b)(2x + y - a - b)$$

75. $\quad 2x^2z - 4xyz + 2y^2z - 18z^3 = 2z(x^2 - 2xy + y^2 - 9z^2)$
$$= 2z[(x-y)(x-y) - 9z^2]$$
$$= 2z[\underline{(x-y)}^2 - (3z)^2]$$
$$= 2z[\underline{(x-y)} + (3z)][\underline{(x-y)} - (3z)]$$
$$= 2z(x - y + 3z)(x - y - 3z)$$

77. $x^2 + 9x + 20$: Find two numbers with a product of $+20$ and a sum of $+9 \Rightarrow$ $[+4$ and $+5]$. Use these numbers to replace $+9x$ with $+4x$ and $+5x$, and factor by grouping.

$$x^2 + 9x + 20 = \underline{x^2 + 4x} + \underline{5x + 20} = x(\boldsymbol{x+4}) + 5(\boldsymbol{x+4}) = (x+5)(\boldsymbol{x+4})$$

79. $2r^2 + 9r + 10$: Find two numbers with a product of $+20$ and a sum of $+9 \Rightarrow$ $[+4$ and $+5]$. Use these numbers to replace $+9r$ with $+4r$ and $+5r$, and factor by grouping.

$$2r^2 + 9r + 10 = \underline{2r^2 + 4r} + \underline{5r + 10} = 2r(\boldsymbol{r+2}) + 5(\boldsymbol{r+2}) = (2r+5)(\boldsymbol{r+2})$$

81. $6x^2 - 7x - 5$: Find two numbers with a product of -30 and a sum of $-7 \Rightarrow$ $[-10$ and $+3]$. Use these numbers to replace $-7x$ with $-10x$ and $+3x$, and factor by grouping.

$$6x^2 - 7x - 5 = \underline{6x^2 - 10x} + \underline{3x - 5} = 2x(\boldsymbol{3x-5}) + 1(\boldsymbol{3x-5}) = (2x+1)(\boldsymbol{3x-5})$$

83. $12t^2 + 13t - 4$: Find two numbers with a product of -48 and a sum of $+13$ $\Rightarrow [-3$ and $+16]$. Use these numbers to replace $+13t$ with $-3t$ and $+16t$, and factor by grouping.

$$12t^2 + 13t - 4 = \underline{12t^2 - 3t} + \underline{16t - 4} = 3t(\boldsymbol{4t-1}) + 4(\boldsymbol{4t-1}) = (3t+4)(\boldsymbol{4t-1})$$

85.
$$2x^2 - 5x + 2 = 0$$
$$(2x-1)(x-2) = 0$$
$2x - 1 = 0$ or $x - 2 = 0$
$2x = 1$ | $x = 2$
$x = \frac{1}{2}$

87.
$$5x^2 - 6x + 1 = 0$$
$$(5x-1)(x-1) = 0$$
$5x - 1 = 0$ or $x - 1 = 0$
$5x = 1$ | $x = 1$
$x = \frac{1}{5}$

89.
$$3x^2 - 8x = 3$$
$$3x^2 - 8x - 3 = 0$$
$$(3x+1)(x-3) = 0$$
$3x + 1 = 0$ or $x - 3 = 0$
$3x = -1$ | $x = 3$
$x = -\frac{1}{3}$

91.
$$15x^2 - 2 = 7x$$
$$15x^2 - 7x - 2 = 0$$
$$(5x+1)(3x-2) = 0$$
$5x + 1 = 0$ or $3x - 2 = 0$
$5x = -1$ | $3x = 2$
$x = -\frac{1}{5}$ $x = \frac{2}{3}$

93.
$$x(6x+5) = 6$$
$$6x^2 + 5x = 6$$
$$6x^2 + 5x - 6 = 0$$
$$(2x+3)(3x-2) = 0$$
$2x + 3 = 0$ or $3x - 2 = 0$
$2x = -3$ | $3x = 2$
$x = -\frac{3}{2}$ $x = \frac{2}{3}$

95.
$$(x+1)(8x+1) = 18x$$
$$8x^2 + 9x + 1 = 18x$$
$$8x^2 - 9x + 1 = 0$$
$$(8x-1)(x-1) = 0$$
$8x - 1 = 0$ or $x - 1 = 0$
$8x = 1$ | $x = 1$
$x = \frac{1}{8}$

97.
$$2x(3x^2 + 10x) = -6x$$
$$6x^3 + 20x^2 = -6x$$
$$6x^3 + 20x^2 + 6x = 0$$
$$2x(3x^2 + 10x + 3) = 0$$
$$2x(3x+1)(x+3) = 0$$
$2x = 0$ or $3x + 1 = 0$ or $x + 3 = 0$
$x = \frac{0}{2}$ $3x = -1$ $x = -3$
$x = 0$ $x = -\frac{1}{3}$

99.
$$x^3 + 7x^2 = x^2 - 9x$$
$$x^3 + 6x^2 + 9x = 0$$
$$x(x^2 + 6x + 9) = 0$$
$$x(x+3)(x+3) = 0$$
$x = 0$ or $x + 3 = 0$ or $x + 3 = 0$
| $x = -3$ | $x = -3$

Review Exercises (page 313)

1. $l = f + (n-1)d$; solve for n
    $l = f + nd - d$
    $l - f = f - f + nd - d$
    $l - f + d = nd - d + d$
    $l - f + d = nd$
    $\dfrac{l - f + d}{d} = \dfrac{nd}{d}$
    $\dfrac{l - f + d}{d} = n$, or $n = \dfrac{l - f + d}{d}$

Exercise 5.6 (page 315)

1. $6x + 3 = 3(2x + 1)$

3. $x^2 - 6x - 7 = (x - 7)(x + 1)$

5. $6t^2 + 7t - 3 = (2t + 3)(3t - 1)$

7. $4x^2 - 25 = (2x)^2 - 5^2 = (2x + 5)(2x - 5)$

9. $t^2 - 2t + 1 = (t - 1)(t - 1)$

11. $3a^2 - 12 = 3(a^2 - 4) = 3(a + 2)(a - 2)$

13. $x^2y^2 - 2x^2 - y^2 + 2 = x^2(y^2 - 2) - 1(y^2 - 2)$
    $= (y^2 - 2)(x^2 - 1^2)$
    $= (y^2 - 2)(x + 1)(x - 1)$

15. $70p^4q^3 - 35p^4q^2 + 49p^5q^2 = 7p^4q^2(10q - 5 + 7p)$

17. $2ab^2 + 8ab - 24a = 2a(b^2 + 4b - 12)$
    $= 2a(b + 6)(b - 2)$

19. $-8p^3q^7 - 4p^2q^3 = -4p^2q^3(2pq^4 + 1)$

21. $4a^2 - 4ab + b^2 - 9 = (2a - b)(2a - b) - 9$
    $= (2a - b)^2 - 3^2$
    $= (2a - b + 3)(2a - b - 3)$

23. $x^2 + 7x + 1$ is a prime trinomial.

25. $25x^2 + 16y^2$ is a prime binomial

27. $14t^3 - 40t^2 + 6t^4 = 2t^2(7t - 20 + 3t^2)$
$= 2t^2(3t^2 + 7t - 20)$
$= 2t^2(3t - 5)(t + 4)$

29. $a^2(x - a) - b^2(x - a) = (x - a)(a^2 - b^2)$
$= (x - a)(a + b)(a - b)$

31. $2c^2 - 5cd - 3d^2 = (2c + d)(c - 3d)$

33. $-16x^4y^2z + 24x^5y^3z^4 - 15x^2y^3z^7 = -x^2y^2z(16x^2 - 24x^3yz^3 + 15yz^6)$

35. $81p^4 - 16q^4 = (9p^2)^2 - (4q^2)^2$
$= (9p^2 + 4q^2)(9p^2 - 4q^2)$
$= (9p^2 + 4q^2)[(3p)^2 - (2q)^2]$
$= (9p^2 + 4q^2)(3p + 2q)(3p - 2q)$

37. $4x^2 + 9y^2$ is a prime binomial (sum of 2 squares).

39. $4x^2y^2 - y^4 = y^2(4x^2 - y^2)$
$= y^2((2x)^2 - y^2)$
$= y^2(2x - y)(2x + y)$

41. $10r^2 - 13r - 4$ is a prime trinomial.

43. $21t^3 - 10t^2 + t = t(21t^2 - 10t + 1) = t(3t - 1)(7t - 1)$

45. $2a^2c - 2b^2c + 4a^2d - 4b^2d = 2(a^2c - b^2c + 2a^2d - 2b^2d)$
$= 2[c(a^2 - b^2) + 2d(a^2 - b^2)]$
$= 2[(a^2 - b^2)(c + 2d)]$
$= 2(a + b)(a - b)(c + 2d)$

Review Exercises (page 316)

1.
$2(t-5) + t = 3(2-t)$
$2t - 10 + t = 6 - 3t$
$3t - 10 = 6 - 3t$
$6t - 10 = 6$
$6t = 16$
$t = \frac{8}{3}$

3.
$5x^2 - 35x = 0$
$5x(x - 7) = 0$
$5x = 0$ or $x - 7 = 0$
$x = 0$ | $x = 7$

Exercise 5.7 (page 320)

1. Let $x =$ one of the positive numbers. Then, $x + 2 =$ the other positive number.
$x(x+2) = 35$
$x^2 + 2x = 35$
$x^2 + 2x - 35 = 0$
$(x+7)(x-5) = 0$

$x + 7 = 0$ or $x - 5 = 0$
$x = -7$ | $x = 5$

Since x is a positive number, the solution $x = -7$ cannot be used. The only solution is $x = 5$. The numbers are 5 and 7.

3. Let $x =$ the composite number.
$4 + x^2 = 10x - 5$
$x^2 - 10x + 4 = -5$
$x^2 - 10x + 9 = 0$
$(x-9)(x-1) = 0$
$x - 9 = 0$ or $x - 1 = 0$
$x = 9$ | $x = 1$

Since x is a composite number, the solution $x = 1$ cannot be used. The only solution is $x = 9$. The number is 9.

5. $h = vt - 16t^2$. Let $v = 144$. When the object hits the ground, $h = 0$. Substitute these values and solve for t.
$h = vt - 16t^2$
$0 = 144t - 16t^2$
$0 = 16t(9 - t)$

$16t = 0$ or $9 - t = 0$
$t = 0$ | $9 = t$

The solution $t = 0$ corresponds to the time when the object left the ground. $t = 9$ corresponds to the time when the object hit the ground It will hit the ground after 9 seconds.

7. $h = vt - 16t^2$. Let $v = 220$. When the object is at a height of 600 feet, $h = 600$. Substitute these values and solve for t.
$h = vt - 16t^2$
$600 = 220t - 16t^2$
$0 = -16t^2 + 220t - 600$
$0 = -4(4t^2 - 55t + 150)$
$0 = -4(4t^2 - 55t + 150)$
$0 = -4(t - 10)(4t - 15)$

$t - 10 = 0$ or $4t - 15 = 0$
$t = 10$ | $4t = 15$
$t = \frac{15}{4}$

The cannonball will be 600 feet above the ground at 10 seconds and $\frac{15}{4}$ seconds.

9. $h = -16t^2 + 64$. The dive lasts until the diver hits the water which is at $h = 0$.

$$h = -16t^2 + 64$$
$$0 = -16(t^2 - 4)$$
$$0 = -16(t+2)(t-2)$$

$t + 2 = 0 \quad \text{or} \quad t - 2 = 0$
$t = -2 \qquad\qquad t = 2$

Since time must be a positive number, the solution $t = -2$ must be ignored. The dive lasts 2 seconds.

11. Let $w =$ the width of the slab. Then $2w + 1 =$ the length of the slab.

$$A = lw$$
$$36 = (2w + 1)w$$
$$36 = 2w^2 + w$$
$$0 = 2w^2 + w - 36$$
$$0 = (w - 4)(2w + 9)$$

$w - 4 = 0 \quad \text{or} \quad 2w + 9 = 0$
$w = 4 \qquad\qquad 2w = -9$
$\qquad\qquad\qquad\qquad w = -\dfrac{9}{2}$

Since the width cannot be a negative number, the only solution is $w = 4$. The width of the slab of foam is $4\ m$ and the length is $2(4) + 1$ or $9\ m$.

13. Let $w =$ the width of room. $w + 2 =$ the length of the room.

$$A = lw$$
$$143 = (w + 2)w$$
$$143 = w^2 + 2w$$
$$0 = w^2 + 2w - 143$$
$$0 = (w - 11)(w + 13)$$

$w - 11 = 0 \quad \text{or} \quad w + 13 = 0$
$w = 11 \qquad\qquad w = -13$

Since the width must be a positive number, the only solution is $w = 11$. The width of the room is 11 feet, while the length is 13 feet. The perimeter is $11 + 11 + 13 + 13 = 48$ feet.

15. Let $h =$ the height of the triangle. $2h + 2 =$ the length of the base.

$$\text{Area} = \tfrac{1}{2}\,(\text{base})(\text{height})$$
$$2 \cdot 30 = \tfrac{2}{1} \cdot \tfrac{1}{2}(2h + 2)(h)$$
$$60 = (2h + 2)h$$
$$60 = 2h^2 + 2h$$
$$0 = 2h^2 + 2h - 60$$
$$0 = 2(h + 6)(h - 5)$$

$h + 6 = 0 \quad \text{or} \quad h - 5 = 0$
$h = -6 \qquad\qquad h = 5$

Since the height must be positive, the only solution is $h = 5$. The height is $5\ ft$ and the base is $12\ ft$.

17. Let $A =$ the area of the triangle.
$A - 3 =$ the base of the triangle.
$A - 6 =$ the height.

$$A = \tfrac{1}{2}(\text{base})(\text{height})$$
$$A = \tfrac{1}{2}(A-3)(A-6)$$
$$2A = (A-3)(A-6)$$
$$2A = A^2 - 9A + 18$$
$$0 = A^2 - 11A + 18$$
$$0 = (A-9)(A-2)$$
$$A - 9 = 0 \quad \text{or} \quad A - 2 = 0$$
$$A = 9 \qquad\qquad A = 2$$

Since the base must be a positive number, and $2 - 3 = -1$, the only solution is $A = 9$. The area 9 square units is the only solution.

19. Let $h =$ the height of the parallelogram.
$2h =$ the base of the parallelogram.

$$\text{Area} = (\text{base})(\text{height})$$
$$200 = (2h)h$$
$$200 = 2h^2$$
$$0 = 2h^2 - 200$$
$$0 = 2(h^2 - 100)$$
$$0 = 2(h-10)(h+10)$$
$$h - 10 = 0 \quad \text{or} \quad h + 10 = 0$$
$$h = 10 \qquad\qquad h = -10$$

Since the height must be positive, the only solution is $h = 10$. Therefore the base is $2(10)$ or $20\ cm$.

21. Let $h =$ the height and then $h =$ the second base.

$$A = \frac{h(B+b)}{2}$$
$$24 = \frac{h(8+h)}{2}$$
$$48 = h(8+h)$$
$$48 = 8h + h^2$$
$$0 = h^2 + 8h - 48$$
$$0 = (h+12)(h-4)$$
$$h + 12 = 0 \quad \text{or} \quad h - 4 = 0$$
$$h = -12 \qquad\qquad h = 4$$

Since the height must be positive, the only valid solution is $h = 4$, therefore, the height is $4\ m$.

23. Let $l =$ the length and
$l + 2 =$ the height
$B = l(l+2)$ since base is rectangle

$$V = \frac{Bh}{3}$$
$$192 = \frac{l(l+2)(12)}{3}$$
$$576 = l(l+2)(12)$$
$$0 = 12l^2 + 24l - 576$$
$$0 = 12(l^2 + 2l - 48)$$
$$0 = 12(l+8)(l-6)$$
$$l + 8 = 0 \quad \text{or} \quad l - 6 = 0$$
$$l = -8 \qquad\qquad l = 6$$

Since length must be positive, the only valid solution is $l = 6$. The length is $6\ cm$ and the width is $6 + 2$ or $8\ cm$.

25. Let $l =$ the length of the rectangular solid. Then, $l - 3 =$ the width, and $4 =$ the height.

$$V = (\text{length})(\text{width})(\text{height})$$
$$V = l(l-3)(4)$$
$$72 = (l^2 - 3l)(4)$$
$$72 = 4l^2 - 12l$$
$$0 = 4l^2 - 12l - 72$$
$$0 = 4(l-6)(l+3)$$

$l - 6 = 0$ or $l + 3 = 0$
$l = 6$ $l = -3$

Since the length must be a positive number, the only solution is $l = 6$. The length is 6 cm, the width is $6 - 3$ or 3 cm and their sum is $6 + 3$ or 9 cm.

Review Exercises (page 322)

1. $-2(5z + 2) = 3(2 - 3z)$
$-10z - 4 = 6 - 9z$
$-4 = 6 + z$
$-10 = z$

3. Let $w =$ the width. Then,
$3w =$ the length.
$P = 2(\text{length}) + 2(\text{width})$
$120 = 2(3w) + 2(w)$
$120 = 6w + 2w$
$120 = 8w$
$15 = w$
The width is 15 cm and the length is 45 cm, so the area is $(15)(45)$ or 675 cm^2.

Chapter 5 Review Exercises (page 324)

1. $35 = 5 \cdot 7$

3. $96 = 8 \cdot 12$
$= 2^3 \cdot 4 \cdot 3$
$= 2^3 \cdot 2^2 \cdot 3$
$= 2^5 \cdot 3$

5. $87 = 3 \cdot 29$

7. $2050 = 25 \cdot 82$
$= 5^2 \cdot 2 \cdot 41$
$= 2 \cdot 5^2 \cdot 41$

9. $3x + 9y = 3(x + 3y)$

11. $7x^2 + 14x = 7x(x + 2)$

13. $2x^3 + 4x^2 - 8x = 2x(x^2 + 2x - 4)$

15. $ax + ay - a = a(x + y - 1)$

17. $5a^2 + 5ab^2 + 10acd - 15a = 5a(a + b^2 + 2cd - 3)$

19. $(x+y)a + (x+y)b = (x+y)(a+b)$

21. $2x^2(x+2) + 6x(x+2) = (2x^2 + 6x)(x+2)$
$= 2x(x+3)(x+2)$

23. $3p + 9q + ap + 3aq = 3(p + 3q) + a(p + 3q)$
$= (p + 3q)(3 + a)$

25. $x^2 + ax + bx + ab = x(x + a) + b(x + a)$
$= (x + a)(x + b)$

27. $3x^2y - xy^2 - 6xy + 2y^2 = y(3x^2 - xy - 6x + 2y)$
$= y[x(3x - y) - 2(3x - y)]$
$= y(3x - y)(x - 2)$

29. $x^2 - 9 = (x+3)(x-3)$

31. $(x+2)^2 - y^2 = (x + 2 + y)(x + 2 - y)$

33. $6x^2y - 24y^3 = 6y(x^2 - 4y^2)$
$= 6y(x + 2y)(x - 2y)$

35. $x^2 + 10x + 21 = (x+3)(x+7)$

37. $x^2 + 2x - 24 = (x+6)(x-4)$

39. $2x^2 - 5x - 3 = (2x+1)(x-3)$

41. $6x^2 + 7x - 3 = (2x+3)(3x-1)$

43. $6x^3 + 17x^2 - 3x = x(6x^2 + 17x - 3)$
$= x(6x - 1)(x + 3)$

45. $x^2 + 2ax + a^2 - y^2 = (x+a)(x+a) - y^2$
$= (x+a)^2 - y^2$
$= (x+a+y)(x+a-y)$

47. $xa + yb + ya + xb = xa + ya + xb + yb$
$= a(x+y) + b(x+y)$
$= (x+y)(a+b)$

49. $x^2 + 2x = 0$
$x(x+2) = 0$
$x = 0$ or $x + 2 = 0$
$x = -2$

51. $x^2 - 9 = 0$
$(x-3)(x+3) = 0$
$x - 3 = 0$ or $x + 3 = 0$
$x = 3$ $x = -3$

53. $a^2 - 7a + 12 = 0$
$(a-3)(a-4) = 0$
$a - 3 = 0$ or $a - 4 = 0$
$a = 3$ | $a = 4$

55. $2x - x^2 + 24 = 0$
$-x^2 + 2x + 24 = 0$
$-(x-6)(x+4) = 0$
$x - 6 = 0$ or $x + 4 = 0$
$x = 6$ | $x = -4$

57. $2x^2 - 5x - 3 = 0$
$(x-3)(2x+1) = 0$
$x - 3 = 0$ or $2x + 1 = 0$
$x = 3$ | $2x = -1$
$x = -\frac{1}{2}$

59. $4x^2 = 1$
$4x^2 - 1 = 0$
$(2x-1)(2x+1) = 0$
$2x - 1 = 0$ or $2x + 1 = 0$
$2x = 1$ | $2x = -1$
$x = \frac{1}{2}$ | $x = -\frac{1}{2}$

61. $x^3 - 7x^2 + 12x = 0$
$x(x^2 - 7x + 12) = 0$
$x(x-3)(x-4) = 0$
$x = 0$ or $x - 3 = 0$ or $x - 4 = 0$
| $x = 3$ | $x = 4$

63. $2x^3 + 5x^2 = 3x$
$2x^3 + 5x^2 - 3x = 0$
$x(2x^2 + 5x - 3) = 0$
$x(2x-1)(x+3) = 0$
$x = 0$ or $2x - 1 = 0$ or $x + 3 = 0$
| $2x = 1$ | $x = -3$
$x = \frac{1}{2}$

65. Let x = one of the numbers.
$12 - x$ = the other number.
$x(12 - x) = 35$
$12x - x^2 = 35$
$0 = x^2 - 12x + 35$
$0 = (x-5)(x-7)$
$x - 5 = 0$ or $x - 7 = 0$
$x = 5$ | $x = 7$
The numbers are 5 and 7.

67. Let h = the height of the triangle.
$2h + 3$ = the base of the triangle.

$A = \frac{1}{2}bh$
$45 = \frac{1}{2}(2h+3)h$
$90 = 2h^2 + 3h$
$0 = 2h^2 + 3h - 90$
$0 = (h-6)(2h+15)$
$h - 6 = 0$ or $2h + 15 = 0$
$h = 6$ | $2h = -15$
$h = -\frac{15}{2}$

The height is 6 feet so the base is 15 feet.

69. Let $w =$ the width of the rectangle.
$2w + 3 =$ the length of the rectangle.
$$\text{Area} = (\text{length})(\text{width})$$
$$27 = (2w + 3)w$$
$$0 = 2w^2 + 3w - 27$$
$$0 = (2w + 9)(w - 3)$$

$$\begin{array}{lll} 2w + 9 = 0 & \text{or} & w - 3 = 0 \\ 2w = -9 & & w = 3 \\ w = -\frac{9}{2} & & \end{array}$$

Since the width must be positive, it is 3 feet.
The length is 9 feet.

Chapter 5 Test (page 326)

1. $196 = 4 \cdot 49 = 2^2 \cdot 7^2$

3. $60ab^2c^3 + 30a^3b^2c - 25a = 5a(12b^2c^3 + 6a^2b^2c - 5)$

5. $ax + ay + bx + by = a(\boldsymbol{x + y}) + b(\boldsymbol{x + y})$
$= (\boldsymbol{x + y})(a + b)$

7. $3a^2 - 27b^2 = 3(a^2 - 9b^2)$
$= 3(a + 3b)(a - 3b)$

9. $x^2 + 4x + 3 = (x + 1)(x + 3)$

11. $x^2 + 10xy + 9y^2 = (x + 9y)(x + y)$

13. $3x^2 + 13x + 4 = (3x + 1)(x + 4)$

15. $2x^2 + 3xy - 2y^2 = (2x - y)(x + 2y)$

17. $12a^2 + 6ab - 36b^2 = 6(2a^2 + ab - 6b^2)$
$= 6(2a - 3b)(a + 2b)$

19.
$$x^2 + 3x = 0$$
$$x(x + 3) = 0$$
$$\begin{array}{lll} x = 0 & \text{or} & x + 3 = 0 \\ & & x = -3 \end{array}$$

21.
$$9y^2 - 81 = 0$$
$$9(y^2 - 9) = 0$$
$$9(y - 3)(y + 3) = 0$$
$$\begin{array}{lll} y - 3 = 0 & \text{or} & y + 3 = 0 \\ y = 3 & & y = -3 \end{array}$$

23.
$$10x^2 - 13x = 9$$
$$10x^2 - 13x - 9 = 0$$
$$(2x + 1)(5x - 9) = 0$$
$$\begin{array}{lll} 2x + 1 = 0 & \text{or} & 5x - 9 = 0 \\ 2x = -1 & & 5x = 9 \\ x = -\frac{1}{2} & & x = \frac{9}{5} \end{array}$$

25.
$$10x^2 + 43x = 9$$
$$10x^2 + 43x - 9 = 0$$
$$(5x - 1)(2x + 9) = 0$$
$$\begin{array}{lll} 5x - 1 = 0 & \text{or} & 2x + 9 = 0 \\ 5x = 1 & & 2x = -9 \\ x = \frac{1}{5} & & x = -\frac{9}{2} \end{array}$$

27. $h = vt - 16t^2$. Let $v = 192$ and $h = 0$, and solve for t.
$$h = vt - 16t^2$$
$$0 = 192t - 16t^2$$
$$0 = 16t(12 - t)$$

$16t = 0$ or $12 - t = 0$
$t = 0$ $12 = t$

$t = 0$ is when the object is fired, so $t = 12$ is when the object hits the ground (after 12 seconds).

Exercise 6.1   (page 273)

1. $\frac{8}{10} = \frac{\cancel{2} \cdot 4}{\cancel{2} \cdot 5} = \frac{4}{5}$

3. $\frac{28}{35} = \frac{\cancel{7} \cdot 4}{\cancel{7} \cdot 5} = \frac{4}{5}$

5. $\frac{8}{52} = \frac{\cancel{4} \cdot 2}{\cancel{4} \cdot 13} = \frac{2}{13}$

7. $\frac{10}{45} = \frac{\cancel{5} \cdot 2}{\cancel{5} \cdot 9} = \frac{2}{9}$

9. $\frac{-18}{54} = \frac{-\cancel{18}}{\cancel{18} \cdot 3} = -\frac{1}{3}$

11. $\frac{4x}{2} = \frac{\cancel{2} \cdot 2x}{\cancel{2}} = 2x$

13. $\frac{-6x}{18} = \frac{-\cancel{6}x}{\cancel{6} \cdot 3} = -\frac{x}{3}$

15. $\frac{45}{9a} = \frac{\cancel{9} \cdot 5}{\cancel{9} \cdot a} = \frac{5}{a}$

17. $\frac{7+3}{5z} = \frac{10}{5z} = \frac{\cancel{5} \cdot 2}{\cancel{5} \cdot z} = \frac{2}{z}$

19. $\frac{(3+4)a}{24-3} = \frac{7a}{21} = \frac{\cancel{7}a}{\cancel{7} \cdot 3} = \frac{a}{3}$

21. $\frac{2x}{3x} = \frac{2\cancel{x}}{3\cancel{x}} = \frac{2}{3}$

23. $\frac{6x^2}{4x^2} = \frac{\cancel{2} \cdot 3\cancel{xx}}{\cancel{2} \cdot 2\cancel{xx}} = \frac{3}{2}$

25. $\frac{2x^2}{3y}$ in lowest terms

27. $\frac{15x^2y}{5xy^2} = \frac{\cancel{5} \cdot 3\cancel{x}xy}{\cancel{5}\cancel{x}yy} = \frac{3x}{y}$

29. $\frac{28x}{32y} = \frac{\cancel{4} \cdot 7x}{\cancel{4} \cdot 8y} = \frac{7x}{8y}$

31. $\frac{\cancel{x+3}}{3\cancel{(x+3)}} = \frac{1}{3}$

33. $\frac{5x + 35}{x + 7} = \frac{5\cancel{(x+7)}}{\cancel{x+7}} = 5$

35. $\frac{x^2 + 3x}{2x + 6} = \frac{x\cancel{(x+3)}}{2\cancel{(x+3)}} = \frac{x}{2}$

37. $\frac{15x - 3x^2}{25y - 5xy} = \frac{3x\cancel{(5-x)}}{5y\cancel{(5-x)}} = \frac{3x}{5y}$

39. $\frac{6a - 6b + 6c}{9a - 9b + 9c} = \frac{6\cancel{(a-b+c)}}{9\cancel{(a-b+c)}} = \frac{\cancel{3} \cdot 2}{\cancel{3} \cdot 3} = \frac{2}{3}$

41. $\frac{x-7}{7-x} = \frac{x-7}{-(-7+x)} = \frac{\cancel{x-7}}{-\cancel{(x-7)}} = -1$

43. $\frac{6x - 3y}{3y - 6x} = \frac{3(2x - y)}{-3(-y + 2x)} = \frac{\cancel{2x-y}}{-\cancel{(2x-y)}} = -1$

45. $\frac{a+b-c}{c-a-b} = \frac{a+b-c}{-(-c+a+b)} = \frac{\cancel{a+b-c}}{-\cancel{(a+b-c)}} = -1$

47. $\frac{x^2 + 3x + 2}{x^2 + x - 2} = \frac{\cancel{(x+2)}(x+1)}{\cancel{(x+2)}(x-1)} = \frac{x+1}{x-1}$

49. $\dfrac{x^2 - 8x + 15}{x^2 - x - 6} = \dfrac{(x-5)(\cancel{x-3})}{(\cancel{x-3})(x+2)} = \dfrac{x-5}{x+2}$

51. $\dfrac{2x^2 - 8x}{x^2 - 6x + 8} = \dfrac{2x(\cancel{x-4})}{(\cancel{x-4})(x-2)} = \dfrac{2x}{x-2}$

53. $\dfrac{xy + 2x^2}{2xy + y^2} = \dfrac{x(y + 2x)}{y(2x + y)} = \dfrac{x\cancel{(y+2x)}}{y\cancel{(y+2x)}} = \dfrac{x}{y}$

55. $\dfrac{x^2 + 3x + 2}{x^3 + x^2} = \dfrac{(x+2)(\cancel{x+1})}{x^2(\cancel{x+1})} = \dfrac{x+2}{x^2}$

57. $\dfrac{x^2 - 8x + 16}{x^2 - 16} = \dfrac{(x-4)(\cancel{x-4})}{(x+4)(\cancel{x-4})} = \dfrac{x-4}{x+4}$

59. $\dfrac{2x^2 - 8}{x^2 - 3x + 2} = \dfrac{2(x^2 - 4)}{(x-1)(x-2)} = \dfrac{2(x+2)(\cancel{x-2})}{(x-1)(\cancel{x-2})} = \dfrac{2(x+2)}{x-1}$

61. $\dfrac{x^2 - 2x - 15}{x^2 + 2x - 15} = \dfrac{(x-5)(x+3)}{(x+5)(x-3)}$ The fraction is in lowest terms.

63. $\dfrac{x^2 - 3(2x - 3)}{9 - x^2} = \dfrac{x^2 - 6x + 9}{-(-9 + x^2)} = \dfrac{(x-3)(x-3)}{-(x^2 - 9)} = \dfrac{(x-3)(\cancel{x-3})}{-(x+3)(\cancel{x-3})} = -\dfrac{x-3}{x+3}$

65. $\dfrac{4(x+3) + 4}{3(x+2) + 6} = \dfrac{4x + 12 + 4}{3x + 6 + 6} = \dfrac{4x + 16}{3x + 12} = \dfrac{4(\cancel{x+4})}{3(\cancel{x+4})} = \dfrac{4}{3}$

67. $\dfrac{x^2 - 9}{(2x+3) - (x+6)} = \dfrac{(x+3)(x-3)}{2x + 3 - x - 6} = \dfrac{(\cancel{x-3})(x+3)}{\cancel{x-3}} = x + 3$

Review Exercises (page 338)

1. If a, b and c are real numbers, then $(a + b) + c = a + (b + c)$.

3. The additive identity is 0.

5. The additive inverse of $-\dfrac{5}{3}$ is $\dfrac{5}{3}$.

Exercise 6.2 (page 341)

1. $\dfrac{2}{3} \cdot \dfrac{4}{5} = \dfrac{2 \cdot 4}{3 \cdot 5} = \dfrac{8}{15}$

3. $\dfrac{5}{7} \cdot \dfrac{9}{13} = \dfrac{5 \cdot 9}{7 \cdot 13} = \dfrac{45}{91}$

5. $\dfrac{2}{3} \cdot \dfrac{3}{5} = \dfrac{2 \cdot \cancel{3}}{\cancel{3} \cdot 5} = \dfrac{2}{5}$

7. $-\dfrac{3}{7} \cdot \dfrac{14}{9} = -\dfrac{\cancel{3} \cdot 2 \cdot \cancel{7}}{\cancel{7} \cdot \cancel{3} \cdot 3} = -\dfrac{2}{3}$

9. $\dfrac{25}{35} \cdot \dfrac{21}{55} = \dfrac{\cancel{5} \cdot \cancel{5} \cdot 3 \cdot \cancel{7}}{\cancel{5} \cdot \cancel{7} \cdot \cancel{5} \cdot 11} = \dfrac{3}{11}$

11. $\dfrac{-21}{18} \cdot \dfrac{-45}{14} = \dfrac{\cancel{3} \cdot \cancel{7} \cdot 5 \cdot \cancel{3} \cdot 3}{\cancel{3} \cdot \cancel{3} \cdot 2 \cdot 2 \cdot \cancel{7}} = \dfrac{15}{4}$

13. $\dfrac{2}{3} \cdot \dfrac{15}{2} \cdot \dfrac{1}{7} = \dfrac{\cancel{2} \cdot \cancel{3} \cdot 5 \cdot 1}{\cancel{3} \cdot \cancel{2} \cdot 7} = \dfrac{5}{7}$

15. $\dfrac{3x}{y} \cdot \dfrac{y}{2} = \dfrac{3x\cancel{y}}{\cancel{y} \cdot 2} = \dfrac{3x}{2}$

17. $\dfrac{5y}{7} \cdot \dfrac{7x}{5z} = \dfrac{\cancel{5}y \cdot \cancel{7}x}{\cancel{7} \cdot \cancel{5}z} = \dfrac{yx}{z}$

19. $\dfrac{3y}{4x} \cdot \dfrac{2x}{5} = \dfrac{3y \cdot \cancel{2x}}{\cancel{2} \cdot \cancel{2x} \cdot 5} = \dfrac{3y}{10}$

21. $\dfrac{7z}{9z} \cdot \dfrac{4z}{2z} = \dfrac{7\cancel{z} \cdot 2 \cdot 2\cancel{z}}{3 \cdot 3\cancel{z} \cdot 2\cancel{z}} = \dfrac{14}{9}$

23. $\dfrac{13x^2}{7x} \cdot \dfrac{28}{2x} = \dfrac{13\cancel{x}\cancel{x} \cdot \cancel{2} \cdot 2 \cdot \cancel{7}}{\cancel{7}\cancel{x} \cdot \cancel{2}\cancel{x}} = 26$

25. $\dfrac{2x^2y}{3xy} \cdot \dfrac{3xy^2}{2} = \dfrac{\cancel{2}x\cancel{x}y \cdot \cancel{3}xyy}{\cancel{3}\cancel{x}y \cdot \cancel{2}} = x^2y^2$

27. $\dfrac{8x^2y^2}{4x^2} \cdot \dfrac{2xy}{2y} = \dfrac{\cancel{4} \cdot 2x^2y^2 \cdot \cancel{2}xy}{\cancel{4} \cdot x^2 \cdot \cancel{2}y} = 2xy^2$

29. $\dfrac{-2xy}{x^2} \cdot \dfrac{3xy}{2} = -\dfrac{\cancel{2}\cancel{x}y \cdot 3\cancel{x}y}{\cancel{x}\cancel{x} \cdot \cancel{2}} = -3y^2$

31. $\dfrac{ab^2}{a^2b} \cdot \dfrac{b^2c^2}{abc} \cdot \dfrac{abc^2}{a^3c^2} = \dfrac{\cancel{a}bb \cdot bb\cancel{c}\cancel{c} \cdot \cancel{a}b\cancel{c}c}{\cancel{a}\cancel{a}b \cdot a\cancel{b}\cancel{c} \cdot aaa\cancel{c}\cancel{c}} = \dfrac{b^3c}{a^4}$

33. $\dfrac{10r^2st^3}{6rs^2} \cdot \dfrac{3r^3t}{2rst} \cdot \dfrac{2s^3t^4}{5s^2t^3} = \dfrac{\cancel{2} \cdot \cancel{5}\cancel{r}\cancel{r}\cancel{s}\cancel{t}\cancel{t}\cancel{t} \cdot \cancel{3}rrr\cancel{t} \cdot \cancel{2}\cancel{s}\cancel{s}\cancel{s}\cancel{t}\cancel{t}\cancel{t}\cancel{t}}{\cancel{2} \cdot \cancel{3}\cancel{r}\cancel{s}\cancel{s} \cdot \cancel{2}\cancel{r}\cancel{s}\cancel{t} \cdot \cancel{5}\cancel{s}\cancel{s}\cancel{t}\cancel{t}\cancel{t}} = \dfrac{r^3t^4}{s}$

35. $\dfrac{z+7}{7} \cdot \dfrac{z+2}{z} = \dfrac{(z+7)(z+2)}{7z}$

37. $\dfrac{x-2}{2} \cdot \dfrac{2x}{x-2} = \dfrac{\cancel{2}x\cancel{(x-2)}}{\cancel{2}\cancel{(x-2)}} = x$

39. $\dfrac{x+5}{5} \cdot \dfrac{x}{x+5} = \dfrac{x\cancel{(x+5)}}{5\cancel{(x+5)}} = \dfrac{x}{5}$

41. $\dfrac{(x+1)^2}{x+1} \cdot \dfrac{x+2}{x+1} = \dfrac{\cancel{(x+1)}\cancel{(x+1)}(x+2)}{\cancel{(x+1)}\cancel{(x+1)}} = x+2$

43. $\dfrac{2x+6}{x+3} \cdot \dfrac{3}{4x} = \dfrac{\cancel{2}(x+3) \cdot 3}{\cancel{(x+3)} \cdot \cancel{2} \cdot 2x} = \dfrac{3}{2x}$

45. $\dfrac{x^2-x}{x} \cdot \dfrac{3x-6}{3x-3} = \dfrac{\cancel{x}(x-1) \cdot \cancel{3}(x-2)}{\cancel{x} \cdot \cancel{3}\cancel{(x-1)}} = x-2$

47. $\dfrac{7y-14}{y-2} \cdot \dfrac{x^2}{7x} = \dfrac{\cancel{7}\cancel{(y-2)} \cdot \cancel{x}x}{\cancel{(y-2)} \cdot \cancel{7}\cancel{x}} = x$

49. $\dfrac{x^2+x-6}{5x} \cdot \dfrac{5x-10}{x+3} = \dfrac{(x+3)(x-2) \cdot \cancel{5}(x-2)}{\cancel{5}x(x+3)} = \dfrac{(x-2)(x-2)}{x}$

51. $\dfrac{m^2-2m-3}{2m+4} \cdot \dfrac{m^2-4}{m^2+3m+2} = \dfrac{(m-3)\cancel{(m+1)}(m+2)(m-2)}{2\cancel{(m+2)}(m+2)\cancel{(m+1)}} = \dfrac{(m-3)(m-2)}{2(m+2)}$

53. $\dfrac{x^2+7xy+12y^2}{x^2+2xy-8y^2} \cdot \dfrac{x^2-xy-2y^2}{x^2+4xy+3y^2} = \dfrac{\cancel{(x+3y)}\cancel{(x+4y)}\cancel{(x-2y)}\cancel{(x+y)}}{\cancel{(x+4y)}\cancel{(x-2y)}\cancel{(x+3y)}\cancel{(x+y)}} = 1$

55. $\dfrac{3r^2+15rs+18s^2}{6r^2-24s^2} \cdot \dfrac{2r-4s}{3r+9s} = \dfrac{3(r^2+5rs+6s^2) \cdot 2(r-2s)}{6(r^2-4s^2) \cdot 3(r+3s)}$

$= \dfrac{\cancel{3}(r+2s)(r+3s) \cdot \cancel{2}(r-2s)}{\cancel{2} \cdot \cancel{3}(r+2s)(r-2s) \cdot 3(r+3s)} = \dfrac{1}{3}$

57. $\dfrac{abc^2}{a+1} \cdot \dfrac{c}{a^2b^2} \cdot \dfrac{a^2+a}{ac} = \dfrac{\cancel{ab}\cancel{c}c \cdot c \cdot \cancel{a}(a+1)}{(a+1) \cdot \cancel{a}a\cancel{b}b \cdot a\cancel{c}} = \dfrac{c^2}{ab}$

59. $\dfrac{3x^2+5x+2}{x^2-9} \cdot \dfrac{x-3}{x^2-4} \cdot \dfrac{x^2+5x+6}{6x+4} = \dfrac{(3x+2)(x+1)(x-3)(x+2)(x+3)}{(x+3)(x-3)(x+2)(x-2) \cdot 2(3x+2)} = \dfrac{x+1}{2(x-2)}$

61. $\dfrac{x^2+5x+6}{x^2} \cdot \dfrac{x^2-2x}{x^2-9} \cdot \dfrac{x^2-3x}{x^2-4} = \dfrac{(x+2)(x+3) \cdot \cancel{x}(x-2) \cdot \cancel{x}(x-3)}{\cancel{x}\cancel{x} \cdot (x+3)(x-3)(x+2)(x-2)} = 1$

63. $\dfrac{x^2+4x}{xz} \cdot \dfrac{z^2+z}{x^2-16} \cdot \dfrac{z+3}{z^2+4z+3} = \dfrac{\cancel{x}(x+4) \cdot \cancel{z}(z+1)(z+3)}{\cancel{x}\cancel{z}(x+4)(x-4)(z+3)(z+1)} = \dfrac{1}{x-4}$

65. $\dfrac{x^3+8}{x^3-8} \cdot \dfrac{x-2}{x^2-4} \cdot (x^2+2x+4) = \dfrac{(x+2)(x^2-2x+4) \cdot (x-2) \cdot (x^2+2x+4)}{(x-2)(x^2+2x+4) \cdot (x+2)(x-2) \cdot 1} = \dfrac{x^2-2x+4}{x-2}$

67. $\dfrac{x^2+x-6}{5x^2+7x+2} \cdot \dfrac{5x+2}{-x^2-x+6} \cdot \dfrac{x+1}{x^2+4x+3} = \dfrac{(x+3)(x-2) \cdot (5x+2) \cdot (x+1)}{(5x+2)(x+1) \cdot (-1)(x^2+x-6) \cdot (x+3)(x+1)}$

$= \dfrac{(x+3)(x-2)(5x+2)(x+1)}{(5x+2)(x+1)(-1)(x+3)(x-2)(x+3)(x+1)}$

$= -\dfrac{1}{(x+3)(x+1)}$

Review Exercises (page 343)

1. $2x^3y^2(-3x^2y^4z) = 2(-3)x^3x^2y^2y^4z = -6x^5y^6z$

3. $(3y)^{-4} = \dfrac{1}{(3y)^4} = \dfrac{1}{81y^4}$

5. $\dfrac{x^{3m}}{x^{4m}} = x^{-m} = \dfrac{1}{x^m}$

Exercise 6.3 (page 346)

1. $\dfrac{1}{3} \div \dfrac{1}{2} = \dfrac{1}{3} \cdot \dfrac{2}{1} = \dfrac{2}{3}$

3. $\dfrac{1}{5} \div \dfrac{2}{3} = \dfrac{1}{5} \cdot \dfrac{3}{2} = \dfrac{3}{10}$

5. $\frac{2}{5} \div \frac{1}{3} = \frac{2}{5} \cdot \frac{3}{1} = \frac{6}{5}$

7. $\frac{8}{5} \div \frac{7}{2} = \frac{8}{5} \cdot \frac{2}{7} = \frac{16}{35}$

9. $\frac{21}{14} \div \frac{5}{2} = \frac{21}{14} \cdot \frac{2}{5} = \frac{3 \cdot 7 \cdot \cancel{2}}{\cancel{2} \cdot 7 \cdot 5} = \frac{3}{5}$

11. $\frac{6}{5} \div \frac{6}{7} = \frac{6}{5} \cdot \frac{7}{6} = \frac{\cancel{6} \cdot 7}{5 \cdot \cancel{6}} = \frac{7}{5}$

13. $\frac{35}{2} \div \frac{15}{2} = \frac{35}{2} \cdot \frac{2}{15} = \frac{\cancel{5} \cdot 7 \cdot \cancel{2}}{\cancel{2} \cdot 3 \cdot \cancel{5}} = \frac{7}{3}$

15. $\frac{x}{2} \div \frac{1}{3} = \frac{x}{2} \cdot \frac{3}{1} = \frac{3x}{2}$

17. $\frac{2}{y} \div \frac{4}{3} = \frac{2}{y} \cdot \frac{3}{4} = \frac{\cancel{2} \cdot 3}{y \cdot \cancel{2} \cdot 2} = \frac{3}{2y}$

19. $\frac{3x}{2} \div \frac{x}{2} = \frac{3x}{2} \cdot \frac{2}{x} = \frac{3\cancel{x} \cdot \cancel{2}}{\cancel{2} \cdot \cancel{x}} = 3$

21. $\frac{3x}{y} \div \frac{2x}{4} = \frac{3x}{y} \cdot \frac{4}{2x} = \frac{3\cancel{x} \cdot \cancel{2} \cdot 2}{y \cdot \cancel{2}\cancel{x}} = \frac{6}{y}$

23. $\frac{4x}{3x} \div \frac{2y}{9y} = \frac{4x}{3x} \cdot \frac{9y}{2y} = \frac{2 \cdot 2\cancel{x} \cdot 3 \cdot 3\cancel{y}}{3\cancel{x} \cdot 2\cancel{y}} = 6$

25. $\frac{x^2}{3} \div \frac{2x}{4} = \frac{x^2}{3} \cdot \frac{4}{2x} = \frac{\cancel{x}x \cdot \cancel{2} \cdot 2}{3 \cdot \cancel{2}\cancel{x}} = \frac{2x}{3}$

27. $\frac{y^2}{5z} \div \frac{3z}{2z} = \frac{y^2}{5z} \cdot \frac{2z}{3z} = \frac{y^2 \cdot 2\cancel{z}}{5\cancel{z} \cdot 3z} = \frac{2y^2}{15z}$

29. $\frac{x^2 y}{3xy} \div \frac{xy^2}{6y} = \frac{x^2 y}{3xy} \cdot \frac{6y}{xy^2} = \frac{\cancel{x}\cancel{x}\cancel{y}\cancel{y}x \cdot 2 \cdot \cancel{3}}{\cancel{3}\cancel{x}\cancel{y} \cdot \cancel{x}\cancel{y}y} = \frac{2}{y}$

31. $\frac{x+2}{3x} \div \frac{x+2}{2} = \frac{x+2}{3x} \cdot \frac{2}{x+2} = \frac{\cancel{(x+2)}(2)}{(3x)\cancel{(x+2)}} = \frac{2}{3x}$

33. $\frac{(z-2)^2}{3z^2} \div \frac{z-2}{6z} = \frac{(z-2)^2}{3z^2} \cdot \frac{6z}{z-2} = \frac{\cancel{(z-2)}(z-2)(2 \cdot \cancel{3}\cancel{z})}{(\cancel{3}\cancel{z}z)\cancel{(z-2)}} = \frac{2(z-2)}{z}$

35. $\frac{(z-7)^2}{z+2} \div \frac{z(z-7)}{5z^2} = \frac{(z-7)^2}{z+2} \cdot \frac{5z^2}{z(z-7)} = \frac{\cancel{(z-7)}(z-7)(5\cancel{z}z)}{(z+2)(\cancel{z})\cancel{(z-7)}} = \frac{5z(z-7)}{z+2}$

37. $\frac{x^2-4}{3x+6} \div \frac{x-2}{x+2} = \frac{(x+2)(x-2)}{3(x+2)} \cdot \frac{x+2}{x-2} = \frac{\cancel{(x+2)}\cancel{(x-2)}(x+2)}{3\cancel{(x+2)}\cancel{(x-2)}} = \frac{x+2}{3}$

39. $\frac{x^2-1}{3x-3} \div \frac{x+1}{3} = \frac{(x+1)(x-1)}{3(x-1)} \cdot \frac{3}{x+1} = \frac{\cancel{(x+1)}\cancel{(x-1)} \cdot \cancel{3}}{\cancel{3}\cancel{(x-1)}\cancel{(x+1)}} = 1$

41. $\frac{5x^2+13x-6}{x+3} \div \frac{5x^2-17x+6}{x-2} = \frac{(5x-2)(x+3)}{x+3} \div \frac{(5x-2)(x-3)}{x-2}$

$= \frac{(5x-2)(x+3)}{x+3} \cdot \frac{x-2}{(5x-2)(x-3)}$

$= \frac{\cancel{(5x-2)}(x+3)(x-2)}{\cancel{(x+3)}\cancel{(5x-2)}(x-3)}$

$= \frac{x-2}{x-3}$

43. $$\frac{2x^2+8x-42}{x-3} \div \frac{2x^2+14x}{x^2+5x} = \frac{2(x^2+4x-21)}{x-3} \div \frac{2x(x+7)}{x(x+5)}$$
$$= \frac{2(x+7)(x-3)}{x-3} \cdot \frac{x(x+5)}{2x(x+7)}$$
$$= \frac{\cancel{2}\cancel{(x+7)}\cancel{(x-3)} \cdot \cancel{x}(x+5)}{\cancel{(x-3)} \cdot \cancel{2}\cancel{x}\cancel{(x+7)}}$$
$$= x+5$$

45. $\frac{2}{3} \cdot \frac{15}{5} \div \frac{10}{5} = \frac{2}{3} \cdot \frac{15}{5} \cdot \frac{5}{10} = \frac{\cancel{2} \cdot \cancel{3} \cdot \cancel{5} \cdot \cancel{5}}{\cancel{3} \cdot \cancel{5} \cdot \cancel{2} \cdot \cancel{5}} = 1$ 47. $\frac{6}{7} \div \frac{5}{2} \cdot \frac{5}{4} = \frac{6}{7} \cdot \frac{2}{5} \cdot \frac{5}{4} = \frac{\cancel{2} \cdot 3 \cdot \cancel{2} \cdot \cancel{5}}{7 \cdot \cancel{5} \cdot \cancel{2} \cdot \cancel{2}} = \frac{3}{7}$

49. $\frac{x}{3} \cdot \frac{9}{4} \div \frac{x^2}{6} = \frac{x}{3} \cdot \frac{9}{4} \cdot \frac{6}{x^2} = \frac{\cancel{x} \cdot \cancel{3} \cdot 3 \cdot \cancel{2} \cdot 3}{\cancel{3} \cdot \cancel{2} \cdot 2 \cdot \cancel{x}x} = \frac{9}{2x}$

51. $\frac{x^2}{18} \div \frac{x^3}{6} \div \frac{12}{x^2} = \frac{x^2}{18} \cdot \frac{6}{x^3} \cdot \frac{x^2}{12} = \frac{\cancel{xx} \cdot \cancel{6} \cdot \cancel{x}x}{3 \cdot \cancel{6} \cdot \cancel{xxx} \cdot 12} = \frac{x}{36}$

53. $$\frac{x^2-1}{x^2-9} \cdot \frac{x+3}{x+2} \div \frac{5}{x+2} = \frac{(x+1)(x-1)}{(x+3)(x-3)} \cdot \frac{x+3}{x+2} \cdot \frac{x+2}{5}$$
$$= \frac{(x+1)(x-1)\cancel{(x+3)}\cancel{(x+2)}}{\cancel{(x+3)}(x-3)\cancel{(x+2)} \cdot 5}$$
$$= \frac{(x+1)(x-1)}{5(x-3)}$$

55. $\frac{x^2-4}{2x+6} \div \frac{x+2}{4} \cdot \frac{x+3}{x-2} = \frac{(x+2)(x-2)}{2(x+3)} \cdot \frac{4}{x+2} \cdot \frac{x+3}{x-2} = \frac{\cancel{(x+2)}\cancel{(x-2)} \cdot \cancel{2} \cdot 2\cancel{(x+3)}}{\cancel{2}\cancel{(x+3)}\cancel{(x+2)}\cancel{(x-2)}} = 2$

57. $$\frac{x-x^2}{x^2-4}\left(\frac{2x+4}{x+2} \div \frac{5}{x+2}\right) = \frac{-x(-1+x)}{(x+2)(x-2)}\left(\frac{2(x+2)}{x+2} \cdot \frac{x+2}{5}\right)$$
$$= \frac{-x(x-1) \cdot 2\cancel{(x+2)}\cancel{(x+2)}}{\cancel{(x+2)}(x-2)\cancel{(x+2)} \cdot 5}$$
$$= -\frac{2x(x-1)}{5(x-2)}$$

59. $\dfrac{y^2}{x+1} \cdot \dfrac{x^2+2x+1}{x^2-1} \div \dfrac{3y}{xy-y} = \dfrac{y^2}{x+1} \cdot \dfrac{(x+1)(x+1)}{(x+1)(x-1)} \cdot \dfrac{xy-y}{3y}$

$= \dfrac{y^2}{x+1} \cdot \dfrac{(x+1)(x+1)}{(x+1)(x-1)} \cdot \dfrac{y(x-1)}{3y}$

$= \dfrac{\cancel{y}y\cancel{(x+1)}\cancel{(x+1)} \cdot y\cancel{(x-1)}}{\cancel{(x+1)}\cancel{(x+1)}\cancel{(x-1)} \cdot 3\cancel{y}} = \dfrac{y^2}{3}$

61. $\dfrac{x^2+x-6}{x^2-4} \cdot \dfrac{x^2+2x}{x-2} \div \dfrac{x^2+3x}{x+2} = \dfrac{(x+3)(x-2)}{(x+2)(x-2)} \cdot \dfrac{x(x+2)}{x-2} \cdot \dfrac{x+2}{x(x+3)}$

$= \dfrac{\cancel{(x+3)}\cancel{(x-2)} \cdot \cancel{x}\cancel{(x+2)}(x+2)}{\cancel{(x+2)}\cancel{(x-2)}(x-2) \cdot \cancel{x}\cancel{(x+3)}}$

$= \dfrac{x+2}{x-2}$

63. $(a+2b) \div \left(\dfrac{a^2+4ab+4b^2}{a+b} \div \dfrac{a^2+7ab+10b^2}{a^2+6ab+5b^2} \right)$

$= \dfrac{a+2b}{1} \div \left(\dfrac{(a+2b)(a+2b)}{a+b} \div \dfrac{(a+2b)(a+5b)}{(a+5b)(a+b)} \right)$

$= \dfrac{a+2b}{1} \div \left(\dfrac{(a+2b)(a+2b)}{a+b} \cdot \dfrac{a+b}{a+2b} \right)$

$= \dfrac{a+2b}{1} \div \left(\dfrac{\cancel{(a+2b)}(a+2b)\cancel{(a+b)}}{\cancel{(a+b)}\cancel{(a+2b)}} \right)$

$= \dfrac{\cancel{a+2b}}{1} \cdot \dfrac{1}{\cancel{a+2b}}$

$= 1$

65. $\dfrac{x^2+2x-3}{x^2+x} \cdot \dfrac{x^2}{x^2-1} \div (x^2+3x) = \dfrac{(x+3)(x-1)}{x(x+1)} \cdot \dfrac{x^2}{(x+1)(x-1)} \div \dfrac{x(x+3)}{1}$

$= \dfrac{(x+3)\cancel{(x-1)} \cdot x^2}{x(x+1)(x+1)\cancel{(x-1)}} \cdot \dfrac{1}{x(x+3)}$

$= \dfrac{\cancel{(x+3)} \cdot x^2}{\cancel{x^2}(x+1)^2\cancel{(x+3)}}$

$= \dfrac{1}{(x+1)^2}$

67.
$$\frac{x^2+4x+3}{x^2-y^2} \div \frac{xy+y}{xy-x^2} \cdot \frac{x^2y+2xy^2+y^3}{x^2+3x} = \frac{(x+3)(x+1)}{(x+y)(x-y)} \div \frac{y(x+1)}{x(y-x)} \cdot \frac{y(x+y)(x+y)}{x(x+3)}$$

$$= \frac{(x+3)(x+1)}{(x+y)(x-y)} \cdot \frac{x(y-x)}{y(x+1)} \cdot \frac{y(x+y)(x+y)}{x(x+3)}$$

$$= \frac{\cancel{(x+3)}\cancel{(x+1)}\cdot\cancel{x}(y-x)\cdot\cancel{y}\cancel{(x+y)}(x+y)}{\cancel{(x+y)}(x-y)\cdot\cancel{y}\cancel{(x+1)}\cdot\cancel{x}\cancel{(x+3)}}$$

$$= \frac{(y-x)(x+y)}{x-y}$$

$$= \frac{-1\cancel{(x-y)}(x+y)}{\cancel{x-y}}$$

$$= -(x+y)$$
$$= -x-y$$

Review Exercises (page 348)

1. $-4(y^3-4y^2+3y-2)+6(-2y^2+4)-4(-2y^3-y)$
$$= -4y^3+16y^2-12y+8-12y^2+24+8y^3+4y$$
$$= 4y^3+4y^2-8y+32$$

3. $(3m+2)(-2m+1)(m-1) = (-6m^2+3m-4m+2)(m-1)$
$$= (-6m^2-m+2)(m-1)$$
$$= -6m^2(m-1)-m(m-1)+2(m-1)$$
$$= -6m^3+6m^2-m^2+m+2m-2$$
$$= -6m^3+5m^2+3m-2$$

5.
```
              5y² +  22y  + 114
      ┌─────────────────────────
y - 5 │ 5y³ -  3y² +   4y  -   1
       -(5y³ - 25y²)
       ─────────────
              22y² +   4y
            -(22y² - 110y)
            ──────────────
                     114y -    1
                   -(114y -  570)
                   ──────────────
                              569
```

$$\frac{5y^3-3y^2+4y-1}{y-5} = 5y^2+22y+114+\frac{569}{y-5}$$

Exercise 6.4 (page 351)

1. $\frac{1}{3}+\frac{1}{3}=\frac{1+1}{3}=\frac{2}{3}$

3. $\frac{1}{5}+\frac{2}{5}=\frac{1+2}{5}=\frac{3}{5}$

5. $\frac{2}{9}+\frac{1}{9}=\frac{2+1}{9}=\frac{3}{9}=\frac{\cancel{3}\cdot 1}{\cancel{3}\cdot 3}=\frac{1}{3}$

7. $\frac{8}{7}+\frac{6}{7}=\frac{8+6}{7}=\frac{14}{7}=\frac{7\cdot 2}{7}=2$

9. $\frac{21}{14}+\frac{7}{14}=\frac{21+7}{14}=\frac{28}{14}=\frac{\cancel{14}\cdot 2}{\cancel{14}}=2$

11. $\frac{6}{7}+\frac{6}{7}=\frac{6+6}{7}=\frac{12}{7}$

13. $\frac{35}{8}+\frac{15}{8}=\frac{35+15}{8}=\frac{50}{8}=\frac{\cancel{2}\cdot 25}{\cancel{2}\cdot 4}=\frac{25}{4}$

15. $\frac{14x}{11}+\frac{30x}{11}=\frac{14x+30x}{11}=\frac{44x}{11}=\frac{\cancel{11}\cdot 4x}{\cancel{11}}=4x$

17. $\frac{-77y}{126}+\frac{-7y}{126}=\frac{-77y+(-7y)}{126}=\frac{-84y}{126}=-\frac{\cancel{2}\cdot 2\cdot \cancel{3}\cdot \cancel{7}y}{\cancel{2}\cdot \cancel{3}\cdot 3\cdot \cancel{7}}=-\frac{2y}{3}$

19. $\frac{15z}{22}+\frac{-15z}{22}=\frac{15z+(-15z)}{22}=\frac{0}{22}=0$

21. $\frac{2x}{y}+\frac{2x}{y}=\frac{2x+2x}{y}=\frac{4x}{y}$

23. $\frac{4y}{3x}+\frac{2y}{3x}=\frac{4y+2y}{3x}=\frac{6y}{3x}=\frac{2\cdot \cancel{3}y}{\cancel{3}x}=\frac{2y}{x}$

25. $\frac{x^2}{4y}+\frac{x^2}{4y}=\frac{x^2+x^2}{4y}=\frac{2x^2}{4y}=\frac{\cancel{2}x^2}{\cancel{2}\cdot 2y}=\frac{x^2}{2y}$

27. $\frac{y+2}{5z}+\frac{y+4}{5z}=\frac{y+2+y+4}{5z}=\frac{2y+6}{5z}$

29. $\frac{3x-5}{x-2}+\frac{6x-13}{x-2}=\frac{3x-5+6x-13}{x-2}=\frac{9x-18}{x-2}=\frac{9\cancel{(x-2)}}{\cancel{x-2}}=9$

31. $\frac{5}{7}-\frac{4}{7}=\frac{5-4}{7}=\frac{1}{7}$

33. $\frac{4}{3}-\frac{8}{3}=\frac{4-8}{3}=\frac{-4}{3}=-\frac{4}{3}$

35. $\frac{17}{13}-\frac{15}{13}=\frac{17-15}{13}=\frac{2}{13}$

37. $\frac{21}{23}-\frac{45}{23}=\frac{21-45}{23}=\frac{-24}{23}=-\frac{24}{23}$

39. $\frac{39}{37}-\frac{2}{37}=\frac{39-2}{37}=\frac{\cancel{37}}{\cancel{37}}=1$

41. $\frac{-47}{123}-\frac{4}{123}=\frac{-47-4}{123}=\frac{-51}{123}=-\frac{\cancel{3}\cdot 17}{\cancel{3}\cdot 41}=-\frac{17}{41}$

43. $\frac{15}{21}-\left(\frac{-15}{21}\right)=\frac{15-(-15)}{21}=\frac{30}{21}=\frac{\cancel{3}\cdot 10}{\cancel{3}\cdot 7}=\frac{10}{7}$

45. $\frac{2x}{y} - \frac{x}{y} = \frac{2x-x}{y} = \frac{x}{y}$

47. $\frac{9y}{3x} - \frac{6y}{3x} = \frac{9y-6y}{3x} = \frac{\cancel{3}y}{\cancel{3}x} = \frac{y}{x}$

49. $\frac{3x^2}{4x} - \frac{x^2}{4x} = \frac{3x^2-x^2}{4x} = \frac{2x^2}{4x} = \frac{\cancel{2}\cdot\cancel{x}x}{\cancel{2}\cdot 2\cancel{x}} = \frac{x}{2}$

51. $\frac{y+2}{5z} - \frac{y+4}{5z} = \frac{y+2-(y+4)}{5z} = \frac{y+2-y-4}{5z} = \frac{-2}{5z} = -\frac{2}{5z}$

53. $\frac{6x-5}{3xy} - \frac{3x-5}{3xy} = \frac{6x-5-(3x-5)}{3xy} = \frac{6x-5-3x+5}{3xy} = \frac{\cancel{3}\cancel{x}}{\cancel{3}\cancel{x}y} = \frac{1}{y}$

55. $\frac{y+2}{2z} - \frac{y+4}{2z} = \frac{y+2-(y+4)}{2z} = \frac{y+2-y-4}{2z} = \frac{-\cancel{2}}{\cancel{2}z} = -\frac{1}{z}$

57. $\frac{5x+5}{3xy} - \frac{2x-4}{3xy} = \frac{5x+5-(2x-4)}{3xy} = \frac{5x+5-2x+4}{3xy} = \frac{3x+9}{3xy} = \frac{\cancel{3}(x+3)}{\cancel{3}xy} = \frac{x+3}{xy}$

59. $\frac{3y-2}{y+3} - \frac{2y-5}{y+3} = \frac{3y-2-(2y-5)}{y+3} = \frac{3y-2-2y+5}{y+3} = \frac{\cancel{y+3}}{\cancel{y+3}} = 1$

61. $\frac{3}{7} - \frac{5}{7} + \frac{2}{7} = \frac{3-5+2}{7} = \frac{0}{7} = 0$

63. $\frac{3}{5} - \frac{2}{5} + \frac{7}{5} = \frac{3-2+7}{5} = \frac{8}{5}$

65. $\frac{13x}{15} + \frac{12x}{15} - \frac{5x}{15} = \frac{20x}{15} = \frac{4\cdot\cancel{5}x}{3\cdot\cancel{5}} = \frac{4x}{3}$

67. $\frac{x}{3y} + \frac{2x}{3y} - \frac{x}{3y} = \frac{2x}{3y}$

69. $\frac{3x}{y+2} - \frac{3y}{y+2} + \frac{x+y}{y+2} = \frac{3x-3y+x+y}{y+2} = \frac{4x-2y}{y+2}$

71. $\frac{x+1}{x-2} - \frac{2(x-3)}{x-2} + \frac{3(x+1)}{x-2} = \frac{x+1-2(x-3)+3(x+1)}{x-2} = \frac{x+1-2x+6+3x+3}{x-2} = \frac{2x+10}{x-2}$

73. $\frac{3xy}{x-y} - \frac{x(3y-x)}{x-y} - \frac{x(x-y)}{x-y} = \frac{3xy-x(3y-x)-x(x-y)}{x-y} = \frac{3xy-3xy+x^2-x^2+xy}{x-y} = \frac{xy}{x-y}$

75. $\frac{2(2a+b)}{(a-b)^2} - \frac{2(2b+a)}{(a-b)^2} + \frac{3(b-a)}{(a-b)^2} = \frac{2(2a+b)-2(2b+a)+3(b-a)}{(a-b)^2}$

$= \frac{4a+2b-4b-2a+3b-3a}{(a-b)^2}$

$= \frac{-a+b}{(a-b)^2}$

$= \frac{-\cancel{(a-b)}}{\cancel{(a-b)}(a-b)} = -\frac{1}{a-b}$

Review Exercises (page 352)

1. $49 = 7 \cdot 7 = 7^2$

3. $136 = 4 \cdot 34 = 2 \cdot 2 \cdot 2 \cdot 17 = 2^3 \cdot 17$

5. $102 = 2 \cdot 51 = 2 \cdot 3 \cdot 17$

7. $144 = 12 \cdot 12 = 2 \cdot 2 \cdot 3 \cdot 2 \cdot 2 \cdot 3 = 2^4 3^2$

Exercise 6.5 (page 358)

1. $\frac{2}{3} = \frac{2 \cdot 2}{3 \cdot 2} = \frac{4}{6}$

3. $\frac{25}{4} = \frac{25 \cdot 5}{4 \cdot 5} = \frac{125}{20}$

5. $\frac{2}{x} = \frac{2 \cdot x}{x \cdot x} = \frac{2x}{x^2}$

7. $\frac{5}{y} = \frac{5 \cdot x}{y \cdot x} = \frac{5x}{xy}$

9. $\frac{8}{x} = \frac{8 \cdot xy}{x \cdot xy} = \frac{8xy}{x^2 y}$

11. $\frac{3x}{x+1} = \frac{3x(x+1)}{(x+1)(x+1)} = \frac{3x(x+1)}{(x+1)^2}$

13. $\frac{2y}{x} = \frac{2y(x+1)}{x(x+1)} = \frac{2y(x+1)}{x^2 + x}$

15. $\frac{z}{z-1} = \frac{z(z+1)}{(z-1)(z+1)} = \frac{z(z+1)}{z^2 - 1}$

17. $\frac{x+2}{x-2} = \frac{(x+2)(x+2)}{(x-2)(x+2)} = \frac{(x+2)^2}{x^2 - 4}$

19. $\frac{2}{x+1} = \frac{2(x+2)}{(x+1)(x+2)} = \frac{2(x+2)}{x^2 + 3x + 2}$

21. $15 = 3 \cdot 5$
$12 = 2^2 \cdot 3$
LCD $= 2^2 \cdot 3 \cdot 5 = 60$

23. $14 = 2 \cdot 7$
$21 = 3 \cdot 7$
$42 = 2 \cdot 3 \cdot 7$
LCD $= 2 \cdot 3 \cdot 7 = 42$

25. $2x = 2 \cdot x$
$6x = 2 \cdot 3 \cdot x$
LCD $= 2 \cdot 3 \cdot x = 6x$

27. $x^2 y = x^2 \cdot y$
$x^2 y^2 = x^2 \cdot y^2$
$xy^2 = x \cdot y^2$
LCD $= x^2 \cdot y^2 = x^2 y^2$

29. $3x = 3 \cdot x$
$6y = 2 \cdot 3 \cdot y$
$9xy = 3 \cdot 3 \cdot x \cdot y$
LCD $= 2 \cdot 3 \cdot 3 \cdot xy = 18xy$

31. $x^2 - 1 = (x+1)(x-1)$
$x + 1 = x + 1$
LCD $= (x+1)(x-1) = x^2 - 1$

33. $x^2 + 6x = x(x+6)$
$x + 6 = (x+6)$
$x = x$
LCD $= x(x+6) = x^2 + 6x$

35. $x^2 - x - 2 = (x-2)(x+1)$
$(x-2)^2 = (x-2)^2$
LCD $= (x-2)^2(x+1)$

37. $x^2 - 4x - 5 = (x-5)(x+1)$
$x^2 - 25 = (x+5)(x-5)$
LCD $= (x-5)(x+1)(x+5)$

39. $\frac{1}{2} + \frac{2}{3} = \frac{1 \cdot 3}{2 \cdot 3} + \frac{2 \cdot 2}{3 \cdot 2} = \frac{3}{6} + \frac{4}{6} = \frac{3+4}{6} = \frac{7}{6}$

41. $\frac{2}{3} - \frac{5}{6} = \frac{2 \cdot 2}{3 \cdot 2} - \frac{5}{6} = \frac{4}{6} - \frac{5}{6} = \frac{4-5}{6} = \frac{-1}{6} = -\frac{1}{6}$

43. $\frac{2y}{9} + \frac{y}{3} = \frac{2y}{9} + \frac{y \cdot 3}{3 \cdot 3} = \frac{2y}{9} + \frac{3y}{9} = \frac{2y+3y}{9} = \frac{5y}{9}$

45. $\frac{8a}{15} - \frac{5a}{12} = \frac{8a \cdot 4}{15 \cdot 4} - \frac{5a \cdot 5}{12 \cdot 5}$
$= \frac{32a}{60} - \frac{25a}{60}$
$= \frac{32a - 25a}{60}$
$= \frac{7a}{60}$

47. $\frac{21x}{14} - \frac{5x}{21} = \frac{21x \cdot 3}{14 \cdot 3} - \frac{5x \cdot 2}{21 \cdot 2}$
$= \frac{63x}{42} - \frac{10x}{42}$
$= \frac{63x - 10x}{42}$
$= \frac{53x}{42}$

49. $\frac{4x}{3} + \frac{2x}{y} = \frac{4x \cdot y}{3 \cdot y} + \frac{2x \cdot 3}{y \cdot 3} = \frac{4xy}{3y} + \frac{6x}{3y} = \frac{4xy + 6x}{3y} = \frac{2x(2y+3)}{3y}$

51. $\frac{2}{x} - 3x = \frac{2}{x} - \frac{3x}{1} = \frac{2}{x} - \frac{3x \cdot x}{1 \cdot x} = \frac{2}{x} - \frac{3x^2}{x} = \frac{2 - 3x^2}{x}$

53. $\frac{x^2}{2y^2} + \frac{x^2}{3xy} = \frac{x^2 \cdot 3x}{2y^2 \cdot 3x} + \frac{x^2 \cdot 2y}{3xy \cdot 2y}$
$= \frac{3x^3}{6xy^2} + \frac{2x^2y}{6xy^2}$
$= \frac{3x^3 + 2x^2y}{6xy^2}$
$= \frac{x^2(3x+2y)}{6xy^2}$
$= \frac{\cancel{x}x(3x+2y)}{6\cancel{x}y^2}$
$= \frac{x(3x+2y)}{6y^2}$

55. $\frac{y+2}{5y} + \frac{y+4}{15y} = \frac{(y+2) \cdot 3}{5y \cdot 3} + \frac{y+4}{15y}$
$= \frac{3y+6}{15y} + \frac{y+4}{15y}$
$= \frac{3y+6+y+4}{15y}$
$= \frac{4y+10}{15y}$
$= \frac{2(2y+5)}{15y}$

57. $\dfrac{x+5}{xy} - \dfrac{x-1}{x^2y} = \dfrac{(x+5)\cdot x}{xy\cdot x} - \dfrac{x-1}{x^2y} = \dfrac{x^2+5x}{x^2y} - \dfrac{x-1}{x^2y} = \dfrac{x^2+5x-x+1}{x^2y} = \dfrac{x^2+4x+1}{x^2y}$

59. $\dfrac{x}{x+1} + \dfrac{x-1}{x} = \dfrac{x\cdot x}{(x+1)\cdot x} + \dfrac{(x-1)(x+1)}{x(x+1)} = \dfrac{x^2}{x(x+1)} + \dfrac{(x^2-1)}{x(x+1)} = \dfrac{2x^2-1}{x(x+1)}$

61. $\dfrac{3}{x-2} - (x-1) = \dfrac{3}{x-2} - \dfrac{x-1}{1} = \dfrac{3}{x-2} - \dfrac{(x-1)(x-2)}{1(x-2)} = \dfrac{3-(x^2-3x+2)}{x-2}$

$\qquad\qquad = \dfrac{3-x^2+3x-2}{x-2} = \dfrac{-x^2+3x+1}{x-2}$

63. $\dfrac{x-1}{x} + \dfrac{y+1}{y} = \dfrac{(x-1)y}{xy} + \dfrac{(y+1)x}{yx} = \dfrac{xy-y}{xy} + \dfrac{xy+x}{xy} = \dfrac{2xy-y+x}{xy}$

65. $\dfrac{x}{x-2} + \dfrac{4+2x}{x^2-4} = \dfrac{x}{x-2} + \dfrac{2(2+x)}{(x+2)(x-2)} = \dfrac{x}{x-2} + \dfrac{2}{x-2} = \dfrac{x+2}{x-2}$

67. $\dfrac{x+1}{x-1} + \dfrac{x-1}{x+1} = \dfrac{(x+1)(x+1)}{(x-1)(x+1)} + \dfrac{(x-1)(x-1)}{(x+1)(x-1)}$

$\qquad = \dfrac{x^2+2x+1}{(x-1)(x+1)} + \dfrac{x^2-2x+1}{(x-1)(x+1)}$

$\qquad = \dfrac{2x^2+2}{(x-1)(x+1)}$

69. $\dfrac{2x+2}{x-2} - \dfrac{2x}{x+2} = \dfrac{(2x+2)(x+2)}{(x-2)(x+2)} - \dfrac{2x(x-2)}{(x+2)(x-2)}$

$\qquad = \dfrac{2x^2+6x+4}{(x-2)(x+2)} - \dfrac{2x^2-4x}{(x+2)(x-2)}$

$\qquad = \dfrac{2x^2+6x+4-2x^2+4x}{(x-2)(x+2)}$

$\qquad = \dfrac{10x+4}{(x-2)(x+2)}$

71. $\dfrac{x}{(x-2)^2} + \dfrac{x-4}{(x+2)(x-2)} = \dfrac{x(x+2)}{(x-2)^2(x+2)} + \dfrac{(x-4)(x-2)}{(x+2)(x-2)(x-2)}$

$= \dfrac{x^2+2x}{(x-2)^2(x+2)} + \dfrac{x^2-6x+8}{(x-2)^2(x+2)}$

$= \dfrac{2x^2-4x+8}{(x-2)^2(x+2)}$

$= \dfrac{2(x^2-2x+4)}{(x-2)^2(x+2)}$

73. $\dfrac{2x}{x^2-3x+2} + \dfrac{2x}{x-1} - \dfrac{x}{x-2} = \dfrac{2x}{(x-1)(x-2)} + \dfrac{2x}{x-1} - \dfrac{x}{x-2}$

$= \dfrac{2x}{(x-1)(x-2)} + \dfrac{2x(x-2)}{(x-1)(x-2)} - \dfrac{x(x-1)}{(x-1)(x-2)}$

$= \dfrac{2x}{(x-1)(x-2)} + \dfrac{2x^2-4x}{(x-1)(x-2)} - \dfrac{x^2-x}{(x-1)(x-2)}$

$= \dfrac{2x+2x^2-4x-x^2+x}{(x-1)(x-2)}$

$= \dfrac{x^2-x}{(x-1)(x-2)}$

$= \dfrac{x(\cancel{x-1})}{(\cancel{x-1})(x-2)} = \dfrac{x}{x-2}$

75. $\dfrac{2x}{x-1} + \dfrac{3x}{x+1} - \dfrac{x+3}{x^2-1} = \dfrac{2x}{x-1} + \dfrac{3x}{x+1} - \dfrac{x+3}{(x+1)(x-1)}$

$= \dfrac{2x(x+1)}{(x+1)(x-1)} + \dfrac{3x(x-1)}{(x+1)(x-1)} - \dfrac{x+3}{(x+1)(x-1)}$

$= \dfrac{2x^2+2x}{(x+1)(x-1)} + \dfrac{3x^2-3x}{(x+1)(x-1)} - \dfrac{x+3}{(x+1)(x-1)}$

$= \dfrac{2x^2+2x+3x^2-3x-x-3}{(x+1)(x-1)}$

$= \dfrac{5x^2-2x-3}{(x+1)(x-1)}$

$= \dfrac{(5x+3)(\cancel{x-1})}{(x+1)(\cancel{x-1})} = \dfrac{5x+3}{x+1}$

77. $-2 - \dfrac{y+1}{y-3} + \dfrac{3(y-2)}{y} = \dfrac{-2}{1} - \dfrac{y+1}{y-3} + \dfrac{3y-6}{y}$

$$= \dfrac{-2y(y-3)}{y(y-3)} - \dfrac{y(y+1)}{y(y-3)} + \dfrac{(3y-6)(y-3)}{y(y-3)}$$

$$= \dfrac{-2y^2 + 6y}{y(y-3)} - \dfrac{y^2 + y}{y(y-3)} + \dfrac{3y^2 - 15y + 18}{y(y-3)}$$

$$= \dfrac{-2y^2 + 6y - y^2 - y + 3y^2 - 15y + 18}{y(y-3)} = \dfrac{-10y + 18}{y(y-3)}$$

79. $\dfrac{x+1}{2x+4} - \dfrac{x^2}{2x^2 - 8} = \dfrac{x+1}{2(x+2)} - \dfrac{x^2}{2(x^2 - 4)}$

$$= \dfrac{x+1}{2(x+2)} - \dfrac{x^2}{2(x+2)(x-2)}$$

$$= \dfrac{(x+1)(x-2)}{2(x+2)(x-2)} - \dfrac{x^2}{2(x+2)(x-2)}$$

$$= \dfrac{x^2 - x - 2}{2(x+2)(x-2)} - \dfrac{x^2}{2(x+2)(x-2)}$$

$$= \dfrac{-x - 2}{2(x+2)(x-2)}$$

$$= \dfrac{-1(\cancel{x+2})}{2(\cancel{x+2})(x-2)} = -\dfrac{1}{2(x-2)}$$

81. $\dfrac{x-1}{x+2} + \dfrac{x}{3-x} + \dfrac{9x+3}{x^2 - x - 6} = \dfrac{x-1}{x+2} - \dfrac{x}{x-3} + \dfrac{9x+3}{(x-3)(x+2)}$

$$= \dfrac{(x-1)(x-3)}{(x+2)(x-3)} - \dfrac{x(x+2)}{(x+2)(x-3)} + \dfrac{9x+3}{(x+2)(x-3)}$$

$$= \dfrac{x^2 - 4x + 3}{(x+2)(x-3)} - \dfrac{x^2 + 2x}{(x+2)(x-3)} + \dfrac{9x+3}{(x+2)(x-3)}$$

$$= \dfrac{x^2 - 4x + 3 - x^2 - 2x + 9x + 3}{(x+2)(x-3)}$$

$$= \dfrac{3x + 6}{(x+2)(x-3)}$$

$$= \dfrac{3(\cancel{x+2})}{(\cancel{x+2})(x-3)} = \dfrac{3}{x-3}$$

83. $$\frac{a}{b}+\frac{c}{d} \stackrel{?}{=} \frac{ad+bc}{bd}$$

$$\frac{ad}{bd}+\frac{cb}{bd} \stackrel{?}{=} \frac{ad+bc}{bd}$$

$$\frac{ad+bc}{bd} = \frac{ad+bc}{bd}$$

Review Exercises (page 360)

1. A prime number is a natural number, greater than one, that is divisible only by itself and one.

3. A composite number is a natural number greater than one that is not prime.

Exercise 6.6 (page 364)

1. $\dfrac{\frac{2}{3}}{\frac{3}{4}} = \frac{2}{3} \div \frac{3}{4} = \frac{2}{3} \cdot \frac{4}{3} = \frac{8}{9}$

3. $\dfrac{\frac{4}{5}}{\frac{32}{15}} = \frac{4}{5} \div \frac{32}{15} = \frac{4}{5} \cdot \frac{15}{32} = \frac{\cancel{4}\cdot 3 \cdot \cancel{5}}{\cancel{5}\cdot\cancel{4}\cdot 8} = \frac{3}{8}$

5. $\dfrac{\frac{2}{3}+1}{\frac{1}{3}+1} = \dfrac{\frac{2}{3}+\frac{3}{3}}{\frac{1}{3}+\frac{3}{3}} = \dfrac{\frac{5}{3}}{\frac{4}{3}} = \frac{5}{3} \div \frac{4}{3} = \frac{5}{3} \cdot \frac{3}{4} = \frac{5\cdot\cancel{3}}{\cancel{3}\cdot 4} = \frac{5}{4}$

7. $\dfrac{\frac{1}{2}+\frac{3}{4}}{\frac{3}{2}+\frac{1}{4}} = \dfrac{\frac{2}{4}+\frac{3}{4}}{\frac{6}{4}+\frac{1}{4}} = \dfrac{\frac{5}{4}}{\frac{7}{4}} = \frac{5}{4} \div \frac{7}{4} = \frac{5}{\cancel{4}} \cdot \frac{\cancel{4}}{7} = \frac{5}{7}$

9. $\dfrac{\frac{x}{y}}{\frac{1}{x}} = \frac{x}{y} \div \frac{1}{x} = \frac{x}{y} \cdot \frac{x}{1} = \frac{x^2}{y}$

11. $\dfrac{\frac{5t^2}{9x^2}}{\frac{3t}{x^2 t}} = \frac{5t^2}{9x^2} \div \frac{3t}{x^2 t} = \frac{5t^2}{9x^2} \cdot \frac{x^2 t}{3t} = \frac{5t^2}{27}$

13. $\dfrac{\frac{1}{x}-3}{\frac{5}{x}+2} = \dfrac{x\left(\frac{1}{x}-3\right)}{x\left(\frac{5}{x}+2\right)} = \dfrac{\cancel{x}\left(\frac{1}{\cancel{x}}\right)-3x}{\cancel{x}\left(\frac{5}{\cancel{x}}\right)+2x} = \frac{1-3x}{5+2x}$

15. $\dfrac{\frac{2}{x}+2}{\frac{4}{x}+2} = \dfrac{x\left(\frac{2}{x}+2\right)}{x\left(\frac{4}{x}+2\right)} = \dfrac{\cancel{x}\left(\frac{2}{\cancel{x}}\right)+2x}{\cancel{x}\left(\frac{4}{\cancel{x}}\right)+2x} = \frac{2+2x}{4+2x} = \frac{\cancel{2}(1+x)}{\cancel{2}(2+x)} = \frac{x+1}{x+2}$

17. $\dfrac{\frac{3y}{x}-y}{y-\frac{y}{x}} = \dfrac{x\left(\frac{3y}{x}-y\right)}{x\left(y-\frac{y}{x}\right)} = \dfrac{\cancel{x}\left(\frac{3y}{\cancel{x}}\right)-xy}{xy-\cancel{x}\left(\frac{y}{\cancel{x}}\right)} = \frac{3y-xy}{xy-y} = \frac{y(3-x)}{y(x-1)} = \frac{3-x}{x-1}$

19. $\dfrac{\frac{1}{x+1}}{1+\frac{1}{x+1}} = \dfrac{(x+1)\left(\frac{1}{x+1}\right)}{(x+1)\left(1+\frac{1}{x+1}\right)} = \dfrac{1}{(x+1)1+(x+1)\left(\frac{1}{x+1}\right)} = \dfrac{1}{x+1+1} = \dfrac{1}{x+2}$

21. $\dfrac{\frac{x}{x+2}}{\frac{x}{x+2}+x} = \dfrac{(x+2)\left(\frac{x}{x+2}\right)}{(x+2)\left(\frac{x}{x+2}+x\right)}$

$= \dfrac{x}{(x+2)\left(\frac{x}{x+2}\right)+(x+2)x}$

$= \dfrac{x}{x+x^2+2x} = \dfrac{x}{x^2+3x} = \dfrac{\cancel{x}}{\cancel{x}(x+3)} = \dfrac{1}{x+3}$

23. $\dfrac{1}{\frac{1}{x}+\frac{1}{y}} = \dfrac{xy(1)}{xy\left(\frac{1}{x}+\frac{1}{y}\right)} = \dfrac{xy}{\cancel{x}y\left(\frac{1}{\cancel{x}}\right)+x\cancel{y}\left(\frac{1}{\cancel{y}}\right)} = \dfrac{xy}{y+x}$

25. $\dfrac{\frac{2}{x}}{\frac{2}{y}-\frac{4}{x}} = \dfrac{\cancel{x}y\left(\frac{2}{\cancel{x}}\right)}{xy\left(\frac{2}{y}-\frac{4}{x}\right)} = \dfrac{2y}{x\cancel{y}\left(\frac{2}{\cancel{y}}\right)-\cancel{x}y\left(\frac{4}{\cancel{x}}\right)} = \dfrac{2y}{2x-4y} = \dfrac{\cancel{2}y}{\cancel{2}(x-2y)} = \dfrac{y}{x-2y}$

27. $\dfrac{3+\frac{3}{x-1}}{3-\frac{3}{x}} = \dfrac{x(x-1)\left(3+\frac{3}{x-1}\right)}{x(x-1)\left(3-\frac{3}{x}\right)}$

$= \dfrac{x(x-1)3+x(x-1)\left(\frac{3}{x-1}\right)}{x(x-1)3-x(x-1)\left(\frac{3}{x}\right)}$

$= \dfrac{3x(x-1)+3x}{3x(x-1)-3(x-1)}$

$= \dfrac{3x^2-3x+3x}{3x^2-3x-3x+3}$

$= \dfrac{3x^2}{3x^2-6x+3}$

$= \dfrac{\cancel{3}x^2}{\cancel{3}(x^2-2x+1)} = \dfrac{x^2}{(x-1)(x-1)}$ or $\dfrac{x^2}{(x-1)^2}$

29. $\dfrac{\frac{3}{x}+\frac{4}{x+1}}{\frac{2}{x+1}-\frac{3}{x}} = \dfrac{x(x+1)\left(\frac{3}{x}+\frac{4}{x+1}\right)}{x(x+1)\left(\frac{2}{x+1}-\frac{3}{x}\right)} = \dfrac{3(x+1)+4x}{2x-3(x+1)} = \dfrac{3x+3+4x}{2x-3x-3} = \dfrac{7x+3}{-x-3}$

31. $\dfrac{\frac{2}{x}-\frac{3}{x+1}}{\frac{2}{x+1}-\frac{3}{x}} = \dfrac{x(x+1)\left(\frac{2}{x}-\frac{3}{x+1}\right)}{x(x+1)\left(\frac{2}{x+1}-\frac{3}{x}\right)} = \dfrac{2(x+1)-3x}{2x-3(x+1)} = \dfrac{2x+2-3x}{2x-3x-3} = \dfrac{-x+2}{-x-3}$

$= \dfrac{-1(x-2)}{-1(x+3)} = \dfrac{x-2}{x+3}$

33. $\dfrac{\frac{1}{y^2+y}-\frac{1}{xy+x}}{\frac{1}{xy+x}-\frac{1}{y^2+y}} = \dfrac{\frac{1}{y(y+1)}-\frac{1}{x(y+1)}}{\frac{1}{x(y+1)}-\frac{1}{y(y+1)}}$

$= \dfrac{xy(y+1)\left(\frac{1}{y(y+1)}-\frac{1}{x(y+1)}\right)}{xy(y+1)\left(\frac{1}{x(y+1)}-\frac{1}{y(y+1)}\right)}$

$= \dfrac{x-y}{y-x}$

$= -1$

35. $\dfrac{x^{-2}}{y^{-1}} = \dfrac{\frac{1}{x^2}}{\frac{1}{y}} = \dfrac{1}{x^2} \div \dfrac{1}{y} = \dfrac{1}{x^2} \cdot \dfrac{y}{1} = \dfrac{y}{x^2}$

37. $\dfrac{1+x^{-1}}{x^{-1}-1} = \dfrac{1+\frac{1}{x}}{\frac{1}{x}-1} = \dfrac{x\left(1+\frac{1}{x}\right)}{x\left(\frac{1}{x}-1\right)} = \dfrac{x+1}{1-x}$

39. $\dfrac{a^{-2}+a}{a+1} = \dfrac{\frac{1}{a^2}+a}{a+1} = \dfrac{a^2\left(\frac{1}{a^2}+a\right)}{a^2(a+1)} = \dfrac{1+a^3}{a^3+a^2} = \dfrac{\cancel{(1+a)}(1-a+a^2)}{a^2\cancel{(a+1)}} = \dfrac{a^2-a+1}{a^2}$

41. $\dfrac{2x^{-1}+4x^{-2}}{2x^{-2}+x^{-1}} = \dfrac{\frac{2}{x}+\frac{4}{x^2}}{\frac{2}{x^2}+\frac{1}{x}} = \dfrac{x^2\left(\frac{2}{x}+\frac{4}{x^2}\right)}{x^2\left(\frac{2}{x^2}+\frac{1}{x}\right)} = \dfrac{2x+4}{2+x} = \dfrac{2\cancel{(x+2)}}{\cancel{x+2}} = 2$

43. $\dfrac{1-25y^{-2}}{1+10y^{-1}+25y^{-2}} = \dfrac{1-\frac{25}{y^2}}{1+\frac{10}{y}+\frac{25}{y^2}} = \dfrac{y^2\left(1-\frac{25}{y^2}\right)}{y^2\left(1+\frac{10}{y}+\frac{25}{y^2}\right)} = \dfrac{y^2-25}{y^2+10y+25}$

$= \dfrac{\cancel{(y+5)}(y-5)}{\cancel{(y+5)}(y+5)} = \dfrac{y-5}{y+5}$

Review Exercises (page 366)

1. $t^3 t^4 t^2 = t^9$

3. $-2r(r^3)^2 = -2r(r^6) = -2r^7$

5. $\left(\dfrac{3r}{4r^3}\right)^4 = \dfrac{81r^4}{256r^{12}} = \dfrac{81}{256r^8}$

7. $\left(\dfrac{6r^{-2}}{2r^3}\right)^{-2} = \left(\dfrac{2r^3}{6r^{-2}}\right)^2 = \left(\dfrac{r^5}{3}\right)^2 = \dfrac{r^{10}}{9}$

Exercise 6.7 (page 370)

1.
$$\tfrac{x}{2} + 4 = \tfrac{3x}{2}$$
$$2\left(\tfrac{x}{2} + 4\right) = 2\left(\tfrac{3x}{2}\right)$$
$$2\left(\tfrac{x}{2}\right) + 2(4) = 3x$$
$$x + 8 = 3x$$
$$8 = 2x$$
$$4 = x$$

3.
$$\tfrac{2y}{5} - 8 = \tfrac{4y}{5}$$
$$5\left(\tfrac{2y}{5} - 8\right) = 5\left(\tfrac{4y}{5}\right)$$
$$5\left(\tfrac{2y}{5}\right) - 5(8) = 4y$$
$$2y - 40 = 4y$$
$$-40 = 2y$$
$$-20 = y$$

5.
$$\tfrac{x}{3} + 1 = \tfrac{x}{2}$$
$$6\left(\tfrac{x}{3} + 1\right) = 6\left(\tfrac{x}{2}\right)$$
$$6\left(\tfrac{x}{3}\right) + 6(1) = 3x$$
$$2x + 6 = 3x$$
$$6 = x$$

7.
$$\tfrac{x}{5} - \tfrac{x}{3} = -8$$
$$15\left(\tfrac{x}{5} - \tfrac{x}{3}\right) = 15(-8)$$
$$15\left(\tfrac{x}{5}\right) - 15\left(\tfrac{x}{3}\right) = -120$$
$$3x - 5x = -120$$
$$-2x = -120$$
$$x = 60$$

9.
$$\tfrac{3a}{2} + \tfrac{a}{3} = -22$$
$$6\left(\tfrac{3a}{2} + \tfrac{a}{3}\right) = 6(-22)$$
$$6\left(\tfrac{3a}{2}\right) + 6\left(\tfrac{a}{3}\right) = -132$$
$$9a + 2a = -132$$
$$11a = -132$$
$$a = -12$$

11.
$$\tfrac{x-3}{3} + 2x = -1$$
$$3\left(\tfrac{x-3}{3} + 2x\right) = 3(-1)$$
$$3\left(\tfrac{x-3}{3}\right) + 3(2x) = -3$$
$$x - 3 + 6x = -3$$
$$7x - 3 = -3$$
$$7x = 0$$
$$x = 0$$

13.
$$\frac{z-3}{2} = z+2$$
$$2\left(\frac{z-3}{2}\right) = 2(z+2)$$
$$z - 3 = 2z + 4$$
$$-3 = z + 4$$
$$-7 = z$$

15.
$$\frac{5(x+1)}{8} = x+1$$
$$8\left(\frac{5x+5}{8}\right) = 8(x+1)$$
$$5x + 5 = 8x + 8$$
$$5 = 3x + 8$$
$$-3 = 3x$$
$$-1 = x$$
$$x = -1$$

17.
$$\frac{c-4}{4} = \frac{c+4}{8}$$
$$8\left(\frac{c-4}{4}\right) = 8\left(\frac{c+4}{8}\right)$$
$$2(c-4) = c+4$$
$$2c - 8 = c + 4$$
$$c - 8 = 4$$
$$c = 12$$

19.
$$\frac{x+1}{3} + \frac{x-1}{5} = \frac{2}{15}$$
$$15\left(\frac{x+1}{3} + \frac{x-1}{5}\right) = 15\left(\frac{2}{15}\right)$$
$$15\left(\frac{x+1}{3}\right) + 15\left(\frac{x-1}{5}\right) = 2$$
$$5(x+1) + 3(x-1) = 2$$
$$5x + 5 + 3x - 3 = 2$$
$$8x + 2 = 2$$
$$8x = 0$$
$$x = 0$$

21.
$$\frac{3x-1}{6} - \frac{x+3}{2} = \frac{3x+4}{3}$$
$$6\left(\frac{3x-1}{6} - \frac{x+3}{2}\right) = 6\left(\frac{3x+4}{3}\right)$$
$$6\left(\frac{3x-1}{6}\right) - 6\left(\frac{x+3}{2}\right) = 2(3x+4)$$
$$3x - 1 - 3(x+3) = 6x + 8$$
$$3x - 1 - 3x - 9 = 6x + 8$$
$$-10 = 6x + 8$$
$$-18 = 6x$$
$$-3 = x$$

23.
$$\frac{3}{x} + 2 = 3$$
$$x\left(\frac{3}{x} + 2\right) = x(3)$$
$$x\left(\frac{3}{x}\right) + 2x = 3x$$
$$3 + 2x = 3x$$
$$3 = x$$
The solution checks.

25.
$$\frac{5}{a} - \frac{4}{a} = 8 + \frac{1}{a}$$
$$a\left(\frac{5}{a} - \frac{4}{a}\right) = a\left(8 + \frac{1}{a}\right)$$
$$a\left(\frac{5}{a}\right) - a\left(\frac{4}{a}\right) = 8a + a\left(\frac{1}{a}\right)$$
$$5 - 4 = 8a + 1$$
$$1 = 8a + 1$$
$$0 = 8a$$
$$0 = a$$
When you check the solution, a denominator

becomes 0. There is no solution.

27.
$$\frac{2}{y+1} + 5 = \frac{12}{y+1}$$
$$(y+1)\left(\frac{2}{y+1} + 5\right) = (y+1)\left(\frac{12}{y+1}\right)$$
$$2 + 5(y+1) = 12$$
$$2 + 5y + 5 = 12$$
$$5y = 5$$
$$y = 1$$
The solution checks.

29.
$$\frac{1}{x-1} + \frac{3}{x-1} = 1$$
$$\frac{4}{x-1} = 1$$
$$(x-1)\left(\frac{4}{x-1}\right) = (x-1)1$$
$$4 = x - 1$$
$$5 = x$$
The solution checks.

31.
$$\frac{a^2}{a+2} - \frac{4}{a+2} = a$$
$$(a+2)\left(\frac{a^2}{a+2} - \frac{4}{a+2}\right) = (a+2)a$$
$$a^2 - 4 = a^2 + 2a$$
$$-4 = 2a$$
$$-2 = a$$
When you check the solution, a denominator becomes 0. There is no solution.

33.
$$\frac{x}{x-5} - \frac{5}{x-5} = 3$$
$$\frac{x-5}{x-5} = 3$$
$$(x-5)\left(\frac{x-5}{x-5}\right) = (x-5)3$$
$$x - 5 = 3x - 15$$
$$10 = 2x$$
$$5 = x$$
When you check the solution, a denominator becomes 0. There is no solution.

35.
$$\frac{3r}{2} - \frac{3}{r} = \frac{3r}{2} + 3$$
$$2r\left(\frac{3r}{2} - \frac{3}{r}\right) = 2r\left(\frac{3r}{2} + 3\right)$$
$$3r^2 - 6 = 3r^2 + 6r$$
$$-6 = 6r$$
$$-1 = r$$
The solution checks.

37.
$$\frac{1}{3} + \frac{2}{x-3} = 1$$
$$3(x-3)\left(\frac{1}{3} + \frac{2}{x-3}\right) = 3(x-3)1$$
$$x - 3 + 6 = 3x - 9$$
$$x + 3 = 3x - 9$$
$$12 = 2x$$
$$6 = x$$
The solution checks.

39.
$$\frac{u}{u-1} + \frac{1}{u} = \frac{u^2+1}{u^2-u}$$
$$\frac{u}{u-1} + \frac{1}{u} = \frac{u^2+1}{u(u-1)}$$
$$u(u-1)\left(\frac{u}{u-1} + \frac{1}{u}\right) = u(u-1)\left(\frac{u^2+1}{u(u-1)}\right)$$
$$u^2 + u - 1 = u^2 + 1$$
$$u - 1 = 1$$
$$u = 2 \quad \text{The solution checks.}$$

41.
$$\frac{3}{x-2} + \frac{1}{x} = \frac{2(3x+2)}{x^2-2x}$$

$$\frac{3}{x-2} + \frac{1}{x} = \frac{6x+4}{x(x-2)}$$

$$x(x-2)\left(\frac{3}{x-2} + \frac{1}{x}\right) = x(x-2)\left(\frac{6x+4}{x(x-2)}\right)$$

$$3x + x - 2 = 6x + 4$$
$$4x - 2 = 6x + 4$$
$$-6 = 2x$$
$$-3 = x \qquad \text{The solution checks.}$$

43.
$$\frac{7}{q^2-q-2} + \frac{1}{q+1} = \frac{3}{q-2}$$

$$(q+1)(q-2)\left(\frac{7}{(q+1)(q-2)} + \frac{1}{q+1}\right) = (q+1)(q-2)\left(\frac{3}{q-2}\right)$$

$$7 + q - 2 = (q+1)3$$
$$q + 5 = 3q + 3$$
$$2 = 2q$$
$$1 = q \qquad \text{The solution checks.}$$

45.
$$\frac{3y}{3y-6} + \frac{8}{y^2-4} = \frac{2y}{2y+4}$$

$$\frac{\cancel{3}y}{\cancel{3}(y-2)} + \frac{8}{(y+2)(y-2)} = \frac{\cancel{2}y}{\cancel{2}(y+2)}$$

$$(y+2)(y-2)\left(\frac{y}{y-2} + \frac{8}{(y+2)(y-2)}\right) = (y+2)(y-2)\left(\frac{y}{y+2}\right)$$

$$y(y+2) + 8 = (y-2)y$$
$$y^2 + 2y + 8 = y^2 - 2y$$
$$4y + 8 = 0$$
$$4y = -8$$
$$y = -2$$

When you check the solution, a denominator becomes 0. There is no solution.

47.
$$y + \frac{2}{3} = \frac{2y-12}{3y-9}$$
$$3(y-3)\left(y+\frac{2}{3}\right) = 3(y-3)\left(\frac{2y-12}{3(y-3)}\right)$$
$$3y(y-3) + 2(y-3) = 2y - 12$$
$$3y^2 - 9y + 2y - 6 = 2y - 12$$
$$3y^2 - 9y + 6 = 0$$
$$3(y^2 - 3y + 2) = 0$$
$$3(y-1)(y-2) = 0$$

$y - 1 = 0$ or $y - 2 = 0$
$y = 1$ $\quad\quad\quad$ $y = 2$

Both solutions check.

49.
$$\frac{5}{4y+12} - \frac{3}{4} = \frac{5}{4y+12} - \frac{y}{4}$$
$$4(y+3)\left(\frac{5}{4(y+3)} - \frac{3}{4}\right) = 4(y+3)\left(\frac{5}{4(y+3)} - \frac{y}{4}\right)$$
$$5 - 3(y+3) = 5 - y(y+3)$$
$$5 - 3y - 9 = 5 - y^2 - 3y$$
$$y^2 - 9 = 0$$
$$(y+3)(y-3) = 0$$

$y + 3 = 0$ or $y - 3 = 0$ $\quad$ The solution $y = 3$ checks, but the
$y = -3$ $\quad\quad\quad$ $y = 3$ $\quad\quad$ the solution $y = -3$ gives a
$\quad\quad\quad\quad\quad\quad\quad\quad\quad\quad\quad$ denominator of 0 and is extraneous.

51.
$$\frac{x}{x-1} - \frac{12}{x^2-x} = \frac{-1}{x-1}$$
$$x(x-1)\left(\frac{x}{x-1} - \frac{12}{x(x-1)}\right) = x(x-1)\left(\frac{-1}{x-1}\right)$$
$$x^2 - 12 = -x$$
$$x^2 + x - 12 = 0$$
$$(x+4)(x-3) = 0$$

$x + 4 = 0$ or $x - 3 = 0$
$x = -4$ $\quad\quad\quad$ $x = 3$ $\quad\quad$ Both solutions check.

53.
$$\frac{z-4}{z-3} = \frac{z+2}{z+1}$$
$$(z-3)(z+1)\left(\frac{z-4}{z-3}\right) = (z-3)(z+1)\left(\frac{z+2}{z+1}\right)$$
$$(z+1)(z-4) = (z-3)(z+2)$$
$$z^2 - 3z - 4 = z^2 - z - 6$$
$$-3z - 4 = -z - 6$$
$$2 = 2z$$
$$1 = z$$

The solution checks.

55.
$$\frac{n}{n^2-9} + \frac{n+8}{n+3} = \frac{n-8}{n-3}$$
$$(n+3)(n-3)\left(\frac{n}{(n+3)(n-3)} + \frac{n+8}{n+3}\right) = (n+3)(n-3)\left(\frac{n-8}{n-3}\right)$$
$$n + (n-3)(n+8) = (n+3)(n-8)$$
$$n + n^2 + 5n - 24 = n^2 - 5n - 24$$
$$6n - 24 = -5n - 24$$
$$11n = 0$$
$$n = 0 \quad \text{The solution checks.}$$

57.
$$\frac{b+2}{b+3} + 1 = \frac{-7}{b-5}$$
$$(b+3)(b-5)\left(\frac{b+2}{b+3} + 1\right) = (b+3)(b-5)\left(\frac{-7}{b-5}\right)$$
$$(b-5)(b+2) + (b+3)(b-5) = (b+3)(-7)$$
$$b^2 - 3b - 10 + b^2 - 2b - 15 = -7b - 21$$
$$2b^2 - 5b - 25 = -7b - 21$$
$$2b^2 + 2b - 4 = 0$$
$$2(b+2)(b-1) = 0$$

$b + 2 = 0$ or $b - 1 = 0$ Both solutions check.
$b = -2$ $b = 1$

59.
$$\frac{1}{a} + \frac{1}{b} = 1$$
$$ab\left(\frac{1}{a} + \frac{1}{b}\right) = ab(1)$$
$$ab\left(\frac{1}{a}\right) + ab\left(\frac{1}{b}\right) = ab$$
$$b + a = ab$$
$$b + a - ab = 0$$
$$a - ab = -b$$
$$a(1 - b) = -b$$
$$a = -\frac{b}{1-b}$$

61.
$$\frac{1}{f} = \frac{1}{d_1} + \frac{1}{d_2}$$
$$fd_1d_2\left(\frac{1}{f}\right) = fd_1d_2\left(\frac{1}{d_1} + \frac{1}{d_2}\right)$$
$$d_1d_2 = fd_2 + fd_1$$
$$d_1d_2 = f(d_2 + d_1)$$
$$\frac{d_1d_2}{d_2 + d_1} = f$$
or $f = \dfrac{d_1d_2}{d_2 + d_1}$

Review Exercises (page 372)

1. $ab + 3a + 2b + 6 = a(b+3) + 2(b+3) = (b+3)(a+2)$

3. $mr + ms + nr + ns = m(r+s) + n(r+s) = (m+n)(r+s)$

5. $2a + 2b - a^2 - ab = 2(a+b) - a(a+b) = (2-a)(a+b)$

Exercise 6.8 (page 376)

1. Let n = amount the denominator is increased.
numerator = $2 \cdot 3 = 6$
denominator = $4 + n$
$$\frac{6}{4+n} = 1$$
$$(4+n)\left(\frac{6}{4+n}\right) = (4+n)1$$
$$6 = 4+n$$
$$2 = n$$
The number is 2.

3. Let n = amount added to numerator
$2n$ = amount added to denominator.
numerator = $3 + n$
denominator = $4 + 2n$
$$\frac{3+n}{4+2n} = \frac{4}{7}$$
$$7(4+2n)\left(\frac{3+n}{4+2n}\right) = 7(4+2n)\left(\frac{4}{7}\right)$$
$$7(3+n) = (4+2n)4$$
$$21 + 7n = 16 + 8n$$
$$5 = n \quad \text{The number is 5.}$$

5. Let x = the number.
$\frac{1}{x}$ = the reciprocal of the number.
$$x + \frac{1}{x} = \frac{13}{6}$$
$$6x\left(x + \frac{1}{x}\right) = 6x\left(\frac{13}{6}\right)$$
$$6x^2 + 6 = 13x$$
$$6x^2 - 13x + 6 = 0$$
$$(2x-3)(3x-2) = 0$$
$2x - 3 = 0$ or $3x - 2 = 0$
$x = \frac{3}{2}$ $\quad$ $x = \frac{2}{3}$ $\quad$ The number is $\frac{3}{2}$ or $\frac{2}{3}$.

7. Let x = the number of hours for both to fill pool.

Amount filled by first in 1 hour	+	Amount filled by second in 1 hour	=	Amount filled by both in 1 hour
$\frac{1}{5}$	+	$\frac{1}{4}$	=	$\frac{1}{x}$

$$20x\left(\frac{1}{5} + \frac{1}{4}\right) = 20x\left(\frac{1}{x}\right)$$
$$4x + 5x = 20$$
$$9x = 20$$
$$x = \frac{20}{9} = 2\frac{2}{9}$$

It takes both pipes $2\frac{2}{9}$ hours to fill the pool.

9. Let $x =$ the number of days for both to roof the house.

$$\boxed{\text{Amount done by homeowner in 1 hour}} + \boxed{\text{Amount done by roofer in 1 hour}} = \boxed{\text{Amount done by both in 1 hour}}$$

$$\frac{1}{7} + \frac{1}{4} = \frac{1}{x}$$

$$28x\left(\frac{1}{7} + \frac{1}{4}\right) = 28x\left(\frac{1}{x}\right)$$

$$4x + 7x = 28$$
$$11x = 28$$
$$x = \frac{28}{11} = 2\frac{6}{11}$$

It will take them both $2\frac{6}{11}$ days to roof the house.

11. Let $w =$ rate he can walk.
$w + 10 =$ rate he can ride.

	r	t	d
Bicycle	$w + 10$	$\frac{28}{w+10}$	28
Walk	w	$\frac{8}{w}$	8

The time he rides is the same as the time he walks:

$$\frac{28}{w+10} = \frac{8}{w}$$

$$w(w+10)\left(\frac{28}{w+10}\right) = w(w+10)\left(\frac{8}{w}\right)$$

$$28w = 8(w+10)$$
$$28w = 8w + 80$$
$$20w = 80$$
$$w = 4$$

He walks at 4 miles per hour, so it will take him $\frac{30}{4} = 7\frac{1}{2}$ hours to walk a 30-mile trail.

13. Let $c =$ speed of current.

	r	t	d
Down	$18 + c$	$\frac{22}{18+c}$	22
Up	$18 - c$	$\frac{14}{18-c}$	14

Time downstream equals time upstream:

$$\frac{22}{18+c} = \frac{14}{18-c}$$

Continued on the next page.

13. continued:
$$(18+c)(18-c)\left(\frac{22}{18+c}\right) = (18+c)(18-c)\left(\frac{14}{18-c}\right)$$
$$(18-c)22 = (18+c)14$$
$$396 - 22c = 252 + 14c$$
$$144 = 36c$$
$$4 = c \quad \text{The current has a speed of 4 mph.}$$

15. Let r = rate of first CD
    $r + 0.01$ = rate of second CD

	p	r	i
First CD	$\frac{175}{r}$	r	175
Second CD	$\frac{200}{r+0.01}$	$r + 0.01$	200

The same principal is put in each CD:
$$\frac{175}{r} = \frac{200}{r+0.01}$$
$$r(r+0.01)\left(\frac{175}{r}\right) = r(r+0.01)\left(\frac{200}{r+0.01}\right)$$
$$175(r+0.01) = 200r$$
$$175r + 1.75 = 200r$$
$$1.75 = 25r$$
$$0.07 = r \quad \text{The rates are 7\% and 8\%.}$$

17. Let n = number of employees.
Cost for each = $\frac{\text{total cost}}{\text{the number of employees}} = \frac{35}{n}$

If $n + 2$ = # of employees, then Cost for each = $\frac{35}{n+2}$.

$\boxed{\text{Possible cost}} = \boxed{\text{real cost}} - 2$
$$\frac{35}{n+2} = \frac{35}{n} - 2$$
$$n(n+2)\left(\frac{35}{n+2}\right) = n(n+2)\left(\frac{35}{n} - 2\right)$$
$$35n = 35n + 70 - 2n^2 - 4n$$
$$2n^2 + 4n - 70 = 0$$
$$2(n^2 + 2n - 35) = 0$$
$$2(n+7)(n-5) = 0$$
$n + 7 = 0 \quad \text{or} \quad n - 5 = 0$
$n = -7 \quad | \quad n = 5$

Since the number of employees must be positive, there are 5 employees.

19. Let $c = $ cost of a calculator.

Number of calculators $= \dfrac{\text{the total cost}}{\text{the cost of each}} = \dfrac{120}{c}$

If $c - 1 = $ cost of a calculator, then the number of calculator $= \dfrac{120}{c-1}$

$\boxed{\text{Number with lower price}} = \boxed{\text{number with real price}} + 10$

$$\dfrac{120}{c-1} = \dfrac{120}{c} + 10$$

$$c(c-1)\left(\dfrac{120}{c-1}\right) = c(c-1)\left(\dfrac{120}{c} + 10\right)$$

$$120c = 120c - 120 + 10c^2 - 10c$$
$$0 = 10c^2 - 10c - 120$$
$$0 = 10(c^2 - c - 12)$$
$$0 = 10(c-4)(c+3)$$

$c - 4 = 0 \quad \text{or} \quad c + 3 = 0$
$c = 4 \quad | \quad c = -3$

Since the cost of a calculator must be positive, a calculator must cost $4, and the number of calculators purchased is 30.

21. Let $s = $ the boat's still water speed.

	r	t	d
Upstream	$s - 5$	$\dfrac{60}{s-5}$	60
Downstream	$s + 5$	$\dfrac{60}{s+5}$	60

Time upstream plus time downstream equals 5 hours:

$$\dfrac{60}{s-5} + \dfrac{60}{s+5} = 5$$

$$(s-5)(s+5)\left(\dfrac{60}{s-5} + \dfrac{60}{s+5}\right) = (s-5)(s+5)(5)$$

$$(s-5)(s+5)\left(\dfrac{60}{s-5}\right) + (s-5)(s+5)\left(\dfrac{60}{s+5}\right) = (s-5)(s+5)(5)$$

$$(s+5)60 + (s-5)60 = (s^2 - 25)(5)$$
$$60s + 300 + 60s - 300 = 5s^2 - 125$$
$$0 = 5s^2 - 120s - 125$$
$$0 = 5(s^2 - 24s - 25)$$
$$0 = 5(s-25)(s+1)$$

$s - 25 = 0 \quad \text{or} \quad s + 1 = 0$
$s = 25 \quad | \quad s = -1$

Since the speed of the boat in still water must be positive, the speed must be 25 miles per hour in still water.

Review Exercises (page 378)

1. $$x^2 - 5x - 6 = 0$$
$$(x-6)(x+1) = 0$$
$x - 6 = 0$ or $x + 1 = 0$
$x = 6$ | $x = -1$

3. $$(t+2)(t^2 + 7t + 12) = 0$$
$$(t+2)(t+3)(t+4) = 0$$
$t + 2 = 0$ or $t + 3 = 0$ or $t + 4 = 0$
$t = -2$ | $t = -3$ | $t = -4$

5. $$y^3 - y^2 = 0$$
$$y^2(y-1) = 0$$
$$yy(y-1) = 0$$
$y = 0$ or $y = 0$ or $y - 1 = 0$
  | | $y = 1$

7. $$(x^2 - 1)(x^2 - 4) = 0$$
$$(x+1)(x-1)(x+2)(x-2) = 0$$
$x + 1 = 0$ or $x - 1 = 0$ or $x + 2 = 0$ or $x - 2 = 0$
$x = -1$ | $x = 1$ | $x = -2$ | $x = 2$

Exercise 6.9 (page 382)

1. $\frac{5}{7}$

3. $\frac{17}{34} = \frac{1 \cdot \cancel{17}}{2 \cdot \cancel{17}} = \frac{1}{2}$

5. $\frac{22}{33} = \frac{2 \cdot \cancel{11}}{3 \cdot \cancel{11}} = \frac{2}{3}$

7. $\frac{4 \; oz}{12 \; oz} = \frac{1 \cdot \cancel{4 \; oz}}{3 \cdot \cancel{4 \; oz}} = \frac{1}{3}$

9. $\frac{12 \; min}{1 \; hr} = \frac{12 \; min}{60 \; min} = \frac{1 \cdot \cancel{12 \; min}}{5 \cdot \cancel{12 \; min}} = \frac{1}{5}$

11. $\frac{3 \; days}{1 \; week} = \frac{3 \; days}{7 \; \cancel{days}} = \frac{3}{7}$

13. $\frac{4 \; in.}{2 \; yd} = \frac{4 \; \cancel{in.}}{72 \; \cancel{in.}} = \frac{1}{18}$

15. $\frac{3 \; pints}{2 \; quart} = \frac{3 \; \cancel{pints}}{4 \; \cancel{pints}} = \frac{3}{4}$

17. $\frac{6 \; nickels}{1 \; quarter} = \frac{6 \; \cancel{nickels}}{5 \; \cancel{nickels}} = \frac{6}{5}$

19. $\frac{3 \; m}{12 \; cm} = \frac{300 \; \cancel{cm}}{12 \; \cancel{cm}} = \frac{25}{1}$

21. $\frac{9}{7} = \frac{81}{70}$ is not a proportion because the product of the means, $7 \cdot 81 = 567$, does not equal the product of the extremes, $9 \cdot 70 = 630$.

23. $\frac{-7}{3} = \frac{14}{-6}$ is a proportion because the product of the means, $3 \cdot 14 = 42$, equals the product of the extremes, $(-7)(-6) = 42$.

25. $\frac{9}{19} = \frac{38}{80}$ is not a proportion because the product of the means, $19 \cdot 38 = 722$, does not equal the product of the extremes, $9 \cdot 80 = 720$.

27. $\frac{x^2}{y} = \frac{x}{y^2}$ is not a proportion because the product of the means, $y \cdot x = xy$, does not equal the product of the extremes, $x^2 \cdot y^2 = x^2 y^2$.

29. $\frac{3x^2 y}{3xy^2} = \frac{x}{y}$ is a proportion because the product of the means, $3xy^2 \cdot x = 3x^2 y^2$ equals the product of the extremes, $3x^2 y \cdot y = 3x^2 y^2$.

31. $\frac{x+2}{x(x+2)} = \frac{1}{x}$ is a proportion because the product of the means, $x(x+2) \cdot 1 = x^2 + 2x$ equals the product of the extremes, $(x+2)x = x^2 + 2x$.

33. $\frac{xy+x}{xy} = \frac{y+1}{y}$ is a proportion because the product of the means, $xy(y+1) = xy^2 + xy$ equals the product of the extremes, $xy(y+1) = xy^2 + xy$.

35.
$$\frac{2}{3} = \frac{x}{6}$$
$3 \cdot x = 2 \cdot 6$ The product of the means equals the product of the extremes.
$3x = 12$ Simplify.
$x = 4$ Divide both sides by 3.

37.
$$\frac{5}{10} = \frac{3}{c}$$
$3 \cdot (10) = 5 \cdot c$
$30 = 5c$
$6 = c$
Verify that the solution checks.

39.
$$\frac{-6}{x} = \frac{8}{4}$$
$8 \cdot x = -6(4)$
$8x = -24$
$x = -3$
Verify that the solution checks.

41. $\frac{x}{3} = \frac{9}{3}$

$3 \cdot (9) = 3 \cdot x$
$27 = 3x$
$9 = x$
or $x = 9$
Verify that the solution checks.

43. $\frac{x+1}{5} = \frac{3}{15}$

$5 \cdot 3 = 15(x+1)$
$15 = 15x + 15$
$0 = 15x$
$0 = x$
Verify that the solution checks.

45. $\frac{x+3}{12} = \frac{-7}{6}$

$12 \cdot (-7) = 6(x+3)$
$-84 = 6x + 18$
$-102 = 6x$
$-17 = x$
or $x = -17$
Verify that the solution checks.

47. $\frac{4-x}{13} = \frac{11}{26}$

$13 \cdot 11 = 26(4-x)$
$143 = 104 - 26x$
$39 = -26x$
$\frac{39}{-26} = x$
or $x = -\frac{3}{2}$
Verify that the solution checks.

49. $\frac{2x+1}{9} = \frac{x}{27}$

$9 \cdot (x) = 27(2x+1)$
$9x = 54x + 27$
$-27 = 45x$
$-\frac{27}{45} = x$
or $x = -\frac{3}{5}$
Verify that the solution checks.

51. $\frac{3(x+5)}{2} = \frac{5(x-2)}{3}$

$2 \cdot 5(x-2) = 3 \cdot 3(x+5)$
$10x - 20 = 9x + 45$
$x = 65$
Verify that the solution checks.

53. $\frac{2(x+3)}{3} = \frac{4(x-4)}{5}$

$3 \cdot 4(x-4) = 5 \cdot 2(x+3)$
$12x - 48 = 10x + 30$
$2x = 78$
$x = 39$
Verify that the solution checks.

55. $\frac{1}{x+3} = \frac{-2x}{x+5}$

$(x+3)(-2x) = 1 \cdot (x+5)$
$-2x^2 - 6x = x + 5$
$0 = 2x^2 + 7x + 5$
$0 = (2x+5)(x+1)$
$2x + 5 = 0$ or $x + 1 = 0$
$x = -\frac{5}{2}$ | $x = -1$
Verify that the solutions check.

57.
$$\frac{2}{x+6} = \frac{-2x}{5}$$
$$(x+6)(-2x) = 2 \cdot 5$$
$$-2x^2 - 12x = 10$$
$$-2x^2 - 12x - 10 = 0$$
$$-2(x^2 + 6x + 5) = 0$$
$$-2(x+1)(x+5) = 0$$
$$x+1 = 0 \quad \text{or} \quad x+5 = 0$$
$$x = -1 \quad | \quad x = -5$$
Verify that the solutions check.

59.
$$\frac{x+1}{x} = \frac{10}{2x}$$
$$(x)(10) = (x+1) \cdot 2x$$
$$10x = 2x^2 + 2x$$
$$0 = 2x^2 - 8x$$
$$0 = 2x(x-4)$$
$$2x = 0 \quad \text{or} \quad x-4 = 0$$
$$x = 0 \quad | \quad x = 4$$
Verify that the solution 4 checks but that the solution 0 is extraneous.

61. Let c represent the cost of 51 pints of yogurt. The ratio of the numbers of pints of yogurt equals the ratio of their costs. Set up a proportion and solve for c.

$$\frac{3}{51} = \frac{1}{c} \qquad \text{Set up the proportion.}$$

$$51 \cdot 1 = 3 \cdot c \qquad \text{Product of the means equals product of extremes.}$$

$$51 = 3c \qquad \text{Find the products.}$$

$$c = \frac{51}{3} \qquad \text{Divide both sides by 3.}$$

$$c = 17 \qquad \text{51 pints of yogurt would cost \$17.}$$

63. Let c represent the cost of 39 packets of seeds. The ratio of the numbers of packets of seeds equals the ratio of their costs. Set up a proportion and solve for c.

$$\frac{3}{39} = \frac{0.50}{c} \qquad \text{Set up the proportion.}$$

$$39 \cdot 0.50 = 3 \cdot c \qquad \text{Product of the means equals product of extremes.}$$
$$19.50 = 3c \qquad \text{Find the products.}$$

$$c = \frac{19.50}{3} \qquad \text{Divide both sides by 3.}$$

$$c = 6.50 \qquad \text{39 packets of seeds would cost \$6.50.}$$

65. Let g represent the number of gallons of gasoline needed to drive 315 miles. The ratio of gallons used equals the ratio of miles traveled. Set up a proportion and solve it for g.

$$\frac{1}{g} = \frac{42}{315}$$

$$g \cdot 42 = 315$$
$$g = 7.5 \qquad \text{The car needs 7.5 gallons of gas to travel 315 miles.}$$

67. Let x represent the amount Bill got paid. The ratio of hours worked equals the ratio of money paid. Set up a proportion and solve it for x.

$$\frac{40}{30} = \frac{412}{x}$$

$$30 \cdot 412 = 40x$$
$$12360 = 40x$$
$$309 = x \qquad \text{Bill got paid \$309.}$$

69. Let w represent the length of the real caboose, in feet. The ratio of the model length to the real length is equal to the model scale of 169 feet to 1 foot. Remember to write $3\frac{1}{2}$ inches or $\frac{7}{2}$ inches as $\frac{7}{2}/12$ feet or $\frac{7}{2} \cdot \frac{1}{12} = \frac{7}{24}$ feet, and set up a proportion.

$$\frac{\frac{7}{24}}{w} = \frac{1}{169}$$

$$w \cdot 1 = 169\left(\frac{7}{24}\right)$$

$$w = \frac{1183}{24} = 49\frac{7}{24} \quad \text{The real caboose would be } 49\frac{7}{24} \text{ feet long.}$$

71. Let t represent the number of teachers needed for enrollment of 2700 students. The ratio of teachers needed equals the ratio of numbers of students. Set up a proportion and solve it for t.

$$\frac{3}{t} = \frac{50}{2700}$$

$$t \cdot 50 = 8100$$
$$t = 162 \qquad \text{They need 162 teachers for an enrollment of 2700.}$$

73. We need to see if the recommended ratio of gasoline to oil equals the ratio of 6 gallons of gasoline to 16 ounces of oil. The hint tells us that there are 128 ounces in 1 gallon so there are $6 \cdot 128$ or 768 ounces in 6 gallons. Set up the equation and see if it is a proportion.

$$\frac{50}{1} \stackrel{?}{=} \frac{768}{16}$$

$$1 \cdot 768 \stackrel{?}{=} 50 \cdot 16$$
$$768 \stackrel{?}{=} 800 \qquad \text{This is not a proportion but for the practical purpose of mixing gas and oil for a lawn mower it is close enough.}$$

75. Let $h=$ the height of the flagpole.
$$\frac{h}{5} = \frac{30}{7}$$
$5 \cdot 30 = 7h$ Product of the means equals product of extremes.
$150 = 7h$ Find the products.
$\frac{150}{7} = h$ Divide both sides by 7.

The flagpole is $21\frac{3}{7}$ feet tall.

77. Let $x=$ the altitude gained if it flies a horizontal distance of 1 mile.
1 mile $=$ 5280 feet
$$\frac{100}{x} = \frac{1000}{5280}$$
$1000 \cdot x = 100 \cdot 5280$ Product of the means equals product of extremes.
$1000x = 528000$ Find the products.
$x = 528$ Divide both sides by 1000.

The plane will gain 528 feet in altitude as it flies a horizontal distance of 1 mile.

79. Let $x=$ the height of the hill. Recall that 1 mile $=$ 5280 feet, so $\frac{1}{2}$ mile $=$ 2640 feet
$$\frac{100}{x} = \frac{300}{2640}$$
$300 \cdot x = 100 \cdot 2640$ Product of the means equals product of extremes.
$300x = 264000$ Find the products.
$x = 880$ Divide both sides by 300.

The hill is 880 feet high.

81. Let $x=$ the dosage for a 30-kg child. The ratio of the amount of the drug equals the ratio of the weight. Set up a proportion and solve for x.
$$\frac{0.006}{x} = \frac{1}{30}$$
$30 \cdot 0.006 = x \cdot 1$ Product of the means equals product of extremes.
$0.18 = x$ Find the products.

The dosage is 0.18 grams or 180 milligrams. (There are 1000 mg in 1 g.)

Review Exercises   (page 385)

1. Perimeter $= 4$(length of a side) $= 4(6\ in.) = 24\ in.$

3. Perimeter $= 6\ cm + 5\ cm + 4\ cm + 7\ cm = 22\ cm$

5. Area $=$ (length of a side)$^2 = (6\ in.)^2 = 36\ in.^2$

7. Area $= \frac{1}{2}h(B+b) = \frac{1}{2}(5\ cm)(6\ cm + 7\ cm) = \frac{1}{2} \cdot \frac{5cm}{1} \cdot \frac{13cm}{1} = \frac{65}{2}\ cm^2$

Chapter 6 Review Exercises (page 387)

1. $\frac{10}{25} = \frac{2 \cdot \cancel{5}}{\cancel{5} \cdot 5} = \frac{2}{5}$

3. $\frac{-51}{153} = -\frac{51}{3 \cdot 51} = -\frac{1}{3}$

5. $\frac{3x^2}{6x^3} = \frac{\cancel{3}\cancel{x}\cancel{x}}{\cancel{3} \cdot 2\cancel{x}\cancel{x}x} = \frac{1}{2x}$

7. $\frac{x^2}{x^2+x} = \frac{\cancel{x}x}{\cancel{x}(x+1)} = \frac{x}{x+1}$

9. $\frac{6xy}{3xy} = \frac{2 \cdot \cancel{3}\cancel{x}\cancel{y}}{\cancel{3}\cancel{x}\cancel{y}} = \frac{2}{1} = 2$

11. $\frac{x^2+4x+3}{x^2-4x-5} = \frac{(\cancel{x+1})(x+3)}{(\cancel{x+1})(x-5)} = \frac{x+3}{x-5}$

13. $\frac{2x^2-16x}{2x^2-18x+16} = \frac{2x(x-8)}{2(x^2-9x+8)} = \frac{\cancel{2}x\cancel{(x-8)}}{\cancel{2}\cancel{(x-8)}(x-1)} = \frac{x}{x-1}$

15. $\frac{3xy}{2x} \cdot \frac{4x}{2y^2} = \frac{3\cancel{x}y \cdot \cancel{2} \cdot 2x}{\cancel{2}\cancel{x} \cdot \cancel{2}y\cancel{y}y} = \frac{3x}{y}$

17. $\frac{x^2+3x+2}{x^2+2x} \cdot \frac{x}{x+1} = \frac{(\cancel{x+2})(\cancel{x+1}) \cdot \cancel{x}}{\cancel{x}(\cancel{x+2})(\cancel{x+1})} = 1$

19. $\frac{3x^2}{5x^2y} \div \frac{6x}{15xy^2} = \frac{3x^2}{5x^2y} \cdot \frac{15xy^2}{6x} = \frac{\cancel{3} \cdot 3 \cdot \cancel{5}\cancel{x}\cancel{y}y}{\cancel{5}\cancel{y} \cdot 2 \cdot \cancel{3}} = \frac{3y}{2}$

21. $\frac{x^2-x-6}{2x-1} \div \frac{x^2-2x-3}{2x^2+x-1} = \frac{(x-3)(x+2)}{2x-1} \cdot \frac{(2x-1)(x+1)}{(x-3)(x+1)}$

$= \frac{(\cancel{x-3})(x+2)(\cancel{2x-1})(\cancel{x+1})}{(\cancel{2x-1})(\cancel{x-3})(\cancel{x+1})}$

$= x+2$

23. $4 = 2^2$
     $8 = 2^3$
     LCD $= 2^3 = 8$

25. $3x^2y = 3 \cdot x^2 \cdot y$
     $xy^2 = x \cdot y^2$
     LCD $= 3 \cdot x^2y^2 = 3x^2y^2$

27. $x+2 = x+2$
     $x-3 = x-3$
     LCD $= (x+2)(x-3)$

29. $\frac{x}{x+y} + \frac{y}{x+y} = \frac{x+y}{x+y} = 1$

31. $\frac{x}{x-1} + \frac{1}{x} = \frac{x \cdot x}{(x-1) \cdot x} + \frac{1 \cdot (x-1)}{x \cdot (x-1)} = \frac{x^2+x-1}{x(x-1)}$

33. $\dfrac{3}{x+1} - \dfrac{2}{x} = \dfrac{3 \cdot x}{(x+1) \cdot x} - \dfrac{2 \cdot (x+1)}{x \cdot (x+1)} = \dfrac{3x - 2x - 2}{x(x+1)} = \dfrac{x-2}{x(x+1)}$

35. $\dfrac{x}{x+2} + \dfrac{3}{x} - \dfrac{4}{x^2+2x} = \dfrac{x}{x+2} + \dfrac{3}{x} - \dfrac{4}{x(x+2)}$

$$= \dfrac{x \cdot x}{(x+2) \cdot x} + \dfrac{3 \cdot (x+2)}{x \cdot (x+2)} - \dfrac{4}{x(x+2)}$$

$$= \dfrac{x^2}{x(x+2)} + \dfrac{3x+6}{x(x+2)} - \dfrac{4}{x(x+2)}$$

$$= \dfrac{x^2 + 3x + 6 - 4}{x(x+2)}$$

$$= \dfrac{x^2 + 3x + 2}{x(x+2)}$$

$$= \dfrac{(x+1)\cancel{(x+2)}}{x\cancel{(x+2)}}$$

$$= \dfrac{x+1}{x}$$

37. $\dfrac{\frac{3}{2}}{\frac{2}{3}} = \dfrac{3}{2} \div \dfrac{2}{3} = \dfrac{3}{2} \cdot \dfrac{3}{2} = \dfrac{9}{4}$

39. $\dfrac{\frac{1}{x}+1}{\frac{1}{x}-1} = \dfrac{x\left(\frac{1}{x}+1\right)}{x\left(\frac{1}{x}-1\right)} = \dfrac{1+x}{1-x}$

41. $\dfrac{\frac{2}{x-1} + \frac{x-1}{x+1}}{\frac{1}{x^2-1}} = \dfrac{\frac{2}{x-1} + \frac{x-1}{x+1}}{\frac{1}{(x+1)(x-1)}}$

$$= \dfrac{(x+1)(x-1)\left(\frac{2}{x-1} + \frac{x-1}{x+1}\right)}{(x+1)(x-1)\left(\frac{1}{(x+1)(x-1)}\right)}$$

$$= \dfrac{2(x+1) + (x-1)(x-1)}{1}$$

$$= 2x + 2 + x^2 - 2x + 1$$

$$= x^2 + 3$$

43.
$$\frac{3}{x} = \frac{2}{x-1}$$
$$x(x-1)\left(\frac{3}{x}\right) = x(x-1)\left(\frac{2}{x-1}\right)$$
$$3(x-1) = 2x$$
$$3x - 3 = 2x$$
$$x = 3$$
The solution checks.

45.
$$\frac{2}{3x} + \frac{1}{x} = \frac{5}{9}$$
$$9x\left(\frac{2}{3x} + \frac{1}{x}\right) = 9x\left(\frac{5}{9}\right)$$
$$3(2) + 9(1) = 5x$$
$$15 = 5x$$
$$3 = x$$
The solution checks.

47.
$$\frac{2}{x-1} + \frac{3}{x+4} = \frac{-5}{x^2 + 3x - 4}$$

$$\frac{2}{x-1} + \frac{3}{x+4} = \frac{-5}{(x+4)(x-1)}$$

$$(x-1)(x+4)\left(\frac{2}{x-1} + \frac{3}{x+4}\right) = (x-1)(x+4)\left(\frac{-5}{(x+4)(x-1)}\right)$$

$$2(x+4) + 3(x-1) = -5$$
$$2x + 8 + 3x - 3 = -5$$
$$5x + 5 = -5$$
$$5x = -10$$
$$x = -2 \quad \text{The solution checks.}$$

49. $E = 1 - \frac{T_2}{T_1}$; for T_1

$$T_1 E = T_1\left(1 - \frac{T_2}{T_1}\right)$$

$$T_1 E = T_1 \cdot 1 - T_1\left(\frac{T_2}{T_1}\right)$$

$$T_1 E = T_1 - T_2$$
$$T_1 E - T_1 = -T_2$$
$$T_1(E - 1) = -T_2$$
$$T_1 = \frac{-T_2}{E - 1}$$

51. Let t = the time to empty the basement with both pumps.

$$\frac{1}{18} + \frac{1}{20} = \frac{1}{t}$$
$$\frac{180t}{1}\left(\frac{1}{18} + \frac{1}{20}\right) = \frac{180t}{1}\left(\frac{1}{t}\right)$$
$$\frac{180t}{1}\left(\frac{1}{18}\right) + \frac{180t}{1}\left(\frac{1}{20}\right) = \frac{180t}{1}\left(\frac{1}{t}\right)$$
$$10t + 9t = 180$$
$$19t = 180$$
$$t = \frac{180}{19}$$

It will take $9\frac{9}{19}$ hours for both pumps to empty the basement.

Note: Refer to problem 9 page 181 for the setup of the equation.

53. Let j = rate he can jog.
$j + 10$ = rate he can ride.

	r	t	d
Jog	j	$\frac{10}{j}$	10
Ride	$j+10$	$\frac{30}{j+10}$	30

The jogging time = the riding time:

$$\frac{10}{j} = \frac{30}{j+10}$$

$$j(j+10)\left(\frac{10}{j}\right) = j(j+10)\left(\frac{30}{j+10}\right)$$

$$10(j+10) = 30j$$
$$10j + 100 = 30j$$
$$100 = 20j$$
$$5 = j$$

He can jog at 5 miles per hour.

55. $\frac{3}{6} = \frac{\cancel{3}}{2 \cdot \cancel{3}} = \frac{1}{2}$

57. $\frac{2\ ft}{1\ yd} = \frac{2\ ft}{3\ ft} = \frac{2}{3}$

59. $\frac{3}{x} = \frac{6}{9}$

$x \cdot (6) = 3 \cdot 9$
$6x = 27$
$x = \frac{9}{2}$

Verify that the solution checks.

61. $\frac{x-2}{5} = \frac{x}{7}$

$5 \cdot x = (x-2)(7)$
$5x = 7x - 14$
$-2x = -14$
$x = 7$

Verify that the solution checks.

63. Let x = the amount of iron ore needed to make 18 tons of pig iron. The ratio of iron ore needed equals the ratio of pig iron produced. Set up a proportion and solve.

$$\frac{5}{x} = \frac{3}{18}$$

$3 \cdot x = 5 \cdot 18$ Product of the means equals product of extremes.
$3x = 90$ Find the products.
$x = 30$ Divide both sides by 3.

The amount of iron ore needed is 30 tons.

65. Let $x =$ the amount of medicine in a single dose of 5 milliliters.
The ratio of grams of medicine equals the ratio of amount of mixture. Set up a proportion and solve for x.

$$\frac{3}{x} = \frac{303}{5}$$

$303 \cdot x = 3 \cdot 5$ Product of the means equals product of extremes.
$303x = 15$ Find the products.
$x \approx 0.0495$ Divide both sides by 303.

There is approximately 0.05 grams of medicine in a single dose.

67. Let $h =$ the height of the building.

$$\frac{h}{5} = \frac{53}{2}$$

$5 \cdot 53 = 2h$ Product of the means equals product of extremes.
$265 = 2h$ Find the products.
$\frac{265}{2} = h$ Divide both sides by 2.

The building is 132.5 feet tall.

Chapter 6 Test (page 390)

1. $\dfrac{48x^2y}{54xy^2} = \dfrac{2 \cdot 2 \cdot 2 \cdot \cancel{2} \cdot \cancel{3} \cancel{x} xy}{\cancel{2} \cdot \cancel{3} \cdot 3 \cdot 3 \cancel{x} yy} = \dfrac{8x}{9y}$

3. $\dfrac{3(x+2) - 3}{2x - 4 - (x - 5)} = \dfrac{3x + 6 - 3}{2x - 4 - x + 5} = \dfrac{3x + 3}{x + 1} = \dfrac{3\cancel{(x+1)}}{\cancel{x+1}} = 3$

5. $\dfrac{x^2 + 3x + 2}{3x + 9} \cdot \dfrac{x + 3}{x^2 - 4} = \dfrac{(x+1)(x+2)(x+3)}{3(x+3)(x+2)(x-2)} = \dfrac{x+1}{3(x-2)}$

7. $\dfrac{x^2 - x}{3x^2 + 6x} \div \dfrac{3x - 3}{3x^3 + 6x^2} = \dfrac{x(x-1)}{3x(x+2)} \cdot \dfrac{3x^2(x+2)}{3(x-1)} = \dfrac{\cancel{3}\cancel{x}xx\cancel{(x-1)}\cancel{(x+2)}}{3 \cdot \cancel{3}\cancel{x}\cancel{(x-1)}\cancel{(x+2)}} = = \dfrac{x^2}{3}$

9. $\dfrac{5x - 4}{x - 1} + \dfrac{5x + 3}{x - 1} = \dfrac{5x - 4 + 5x + 3}{x - 1} = \dfrac{10x - 1}{x - 1}$

11. $\dfrac{x + 1}{x} + \dfrac{x - 1}{x + 1} = \dfrac{(x+1)(x+1)}{x(x+1)} + \dfrac{x(x-1)}{x(x+1)}$

$= \dfrac{x^2 + 2x + 1}{x(x+1)} + \dfrac{x^2 - x}{x(x+1)}$

$= \dfrac{2x^2 + x + 1}{x(x+1)}$

13. $\dfrac{\frac{8x^2}{xy^3}}{\frac{4y^3}{x^2y^3}} = \dfrac{8x^2}{xy^3} \div \dfrac{4y^3}{x^2y^3} = \dfrac{8x^2}{xy^3} \cdot \dfrac{x^2y^3}{4y^3} = \dfrac{2 \cdot \cancel{4} \cancel{x} \cdot x^2 \cancel{y^3}}{\cancel{xy^3} \cdot \cancel{4} y^3} = \dfrac{2x^3}{y^3}$

15. $\quad \frac{x}{10} - \frac{1}{2} = \frac{x}{5}$

$\quad \frac{10}{1}\left(\frac{x}{10} - \frac{1}{2}\right) = \frac{10}{1}\left(\frac{x}{5}\right)$

$\quad \frac{10}{1}\left(\frac{x}{10}\right) - \frac{10}{1}\left(\frac{1}{2}\right) = \frac{10}{1}\left(\frac{x}{5}\right)$

$\quad x - 5 = 2x$
$\quad -5 = x$

Verify that the solution checks.

17. $\quad \dfrac{7}{x+4} - \dfrac{1}{2} = \dfrac{3}{x+4}$

$\quad \dfrac{2(x+4)}{1}\left(\dfrac{7}{x+4} - \dfrac{1}{2}\right) = \dfrac{2(x+4)}{1}\left(\dfrac{3}{x+4}\right)$

$\quad \dfrac{2(x+4)}{1}\left(\dfrac{7}{x+4}\right) - \dfrac{2(x+4)}{1}\left(\dfrac{1}{2}\right) = \dfrac{2(x+4)}{1}\left(\dfrac{3}{x+4}\right)$

$\quad 2(7) - (x+4) = 2(3)$
$\quad 14 - x - 4 = 6$
$\quad 10 - x = 6$
$\quad 4 = x$

Verify that the solution checks.

19. $\dfrac{6 \ ft}{3 \ yds} = \dfrac{6 \ ft}{9 \ ft} = \dfrac{2 \cdot 3 \ ft}{3 \cdot 3 \ ft} = \dfrac{2}{3}$

21. $\quad \dfrac{y}{y-1} = \dfrac{y-2}{y}$

$\quad (y-1)(y-2) = y \cdot y$ The product of the means equals the product of the extremes.

$\quad y^2 - 3y + 2 = y^2$ Simplify.
$\quad\quad\quad -3y + 2 = 0$ Subtract y^2 from both sides.
$\quad\quad\quad\quad -3y = -2$ Subtract 2 from both sides.
$\quad\quad\quad\quad\quad y = \frac{2}{3}$ Divide both sides by -3 and simplify.

23. Let c = speed of current.

	r	t	d
Down	$23 + c$	$\dfrac{28}{23 + c}$	28
Up	$23 - c$	$\dfrac{18}{23 - c}$	18

Time Down = Time Up

$$\frac{28}{23 + c} = \frac{18}{23 - c}$$

$$(23 + c)(23 - c)\left(\frac{28}{23 + c}\right) = (23 + c)(23 - c)\left(\frac{18}{23 - c}\right)$$

$$28(23 - c) = 18(23 + c)$$
$$644 - 28c = 414 + 18c$$
$$230 = 46c$$
$$5 = c$$

The current is 5 miles per hour.

Cumulative Review Exercises (page 391)

1. Let x = the first integer, then
$x + 1$ = the next consecutive integer, and
$x + 2$ = the third consecutive integer.

$$x + (x + 1) + (x + 2) = 90$$
$$3x + 3 = 90$$
$$3x = 87$$
$$\frac{3x}{3} = \frac{87}{3}$$
$$x = 29$$

The three consecutive integers are 29, 30, and 31.

3.

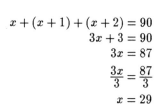

5.

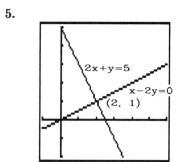

7. Multiply the second equation by 2 and add.

$$\begin{aligned} & & x + 2y = -2 \\ 2x - y = 6 &\Rightarrow & \underline{4x - 2y = 12} \\ & & 5x = 10 \\ & & x = 2 \end{aligned}$$

Substitute $x = 2$ into one equation.
$$x + 2y = -2$$
$$2 + 2y = -2$$
$$2y = -4$$
$$y = -2$$
The solution is $(2, -2)$.

9. $(x^2y^3)^4 = x^{2 \cdot 2} y^{3 \cdot 4}$
    $= x^4 y^{12}$

11. $\left(-\dfrac{a^3 b^{-2}}{ab}\right)^{-1} = \left(-\dfrac{a^3}{abb^2}\right)^{-1}$
    $= \left(-\dfrac{a^2}{b^3}\right)^{-1}$
    $= -\dfrac{b^3}{a^2}$

13. $0.00000497 = 4.97 \times 10^{-6}$

15. trinomial

17. $P(x) = -3x^3 + x - 4$

$P(-2) = -3(-2)^3 + (-2) - 4$
$= -3(-8) - 2 - 4$
$= 24 - 2 - 4$
$= 18$

19. $(3x^2 - 2x + 7) + (-2x^2 + 2x + 5) + (3x^2 - 4x + 2)$
    $= 3x^2 - 2x^2 + 3x^2 - 2x + 2x - 4x + 7 + 5 + 2$
    $= 4x^2 - 4x + 14$

21. $\overset{\,FOIL}{(3x+4)(2x-5) = 6x^2 - 15x + 8x - 20} = 6x^2 - 7x - 20$

23.
$$\begin{array}{r} x + 4 \\ x+5 \overline{\smash{)} x^2 + 9x + 20} \\ \underline{-(x^2 + 5x) } \\ 4x + 20 \\ \underline{-(4x + 20)} \\ \end{array}$$

25. $3x^2 y - 6xy^2 = \mathbf{3xy} \cdot x - \mathbf{3xy} \cdot 2y$
    $= 3xy(x - 2y)$

27. $2a + 2b + ab + b^2 = 2(\mathbf{a+b}) + b(\mathbf{a+b}) = (a+b)(2+b)$

29. $x^2 - 11x - 12 = (x - 12)(x + 1)$

31. $6a^2 - 7a - 20 = (3a + 4)(2a - 5)$

33. $x^2 + 3x + 2 = 0$
    $(x+1)(x+2) = 0$
    $x + 1 = 0 \quad \text{or} \quad x + 2 = 0$
    $x = -1 \qquad\qquad x = -2$

35. $\dfrac{x^2 + 2x + 1}{x^2 - 1} = \dfrac{(x+1)(x+1)}{(x+1)(x-1)}$
    $= \dfrac{x+1}{x-1}$

37. $\dfrac{x^2+x-6}{5x-5} \cdot \dfrac{5x-10}{x+3} = \dfrac{(x+3)(x-2)5(x-2)}{5(x-1)(x+3)} = \dfrac{(x-2)^2}{x-1}$

39. $\dfrac{3x}{x+2} + \dfrac{5x}{x+2} - \dfrac{7x-2}{x+2} = \dfrac{3x+5x-(7x-2)}{x+2} = \dfrac{3x+5x-7x+2}{x+2} = \dfrac{x+2}{x+2} = 1$

41. $\dfrac{a+1}{2a+4} - \dfrac{a^2}{2a^2-8} = \dfrac{a+1}{2(a+2)} - \dfrac{a^2}{2(a+2)(a-2)}$

$= \dfrac{(a+1)(a-2)}{2(a+2)(a-2)} - \dfrac{a^2}{2(a+2)(a-2)}$

$= \dfrac{a^2-a-2-a^2}{2(a+2)(a-2)}$

$= \dfrac{-a-2}{2(a+2)(a-2)}$

$= \dfrac{-(a+2)}{2(a+2)(a-2)}$

$= \dfrac{-1}{2(a-2)}$

43. $\dfrac{4}{a} = \dfrac{6}{a} - 1$

$\dfrac{a}{1}\left(\dfrac{4}{a}\right) = \dfrac{a}{1}\left(\dfrac{6}{a} - 1\right)$

$4 = 6 - a$
$-2 = -a$
$a = 2$
Verify that the solution checks.

45. $\dfrac{4-a}{13} = \dfrac{11}{26}$

$13 \cdot 11 = (4-a)26$
$143 = 104 - 26a$
$39 = -26a$
$\dfrac{39}{-26} = a$

$a = -\dfrac{3}{2}$
Verify that the solution checks.

Exercise 7.1   (page 407)

1. $2x+1 = 13$
$2x+1-1 = 13-1$
$2x = 12$
$\dfrac{2x}{2} = \dfrac{12}{2}$
$x = 6$

3. $3(x+1) = 15$
$3x+3 = 15$
$3x+3-3 = 15-3$
$3x = 12$
$\dfrac{3x}{3} = \dfrac{12}{3}$
$x = 4$

5. $2r-5 = 1-r$
$2r+r-5 = 1-r+r$
$3r-5 = 1$
$3r-5+5 = 1+5$
$3r = 6$
$\dfrac{3r}{3} = \dfrac{6}{3}$
$r = 2$

7. $3(2y-4)-6=3y$
$6y-12-6=3y$
$6y-18=3y$
$6y-\mathbf{3y}-18=3y-\mathbf{3y}$
$3y-18=0$
$3y-18+\mathbf{18}=0+\mathbf{18}$
$3y=18$
$\frac{3y}{3}=\frac{18}{3}$
$y=6$

9. $5(5-a)=37-2a$
$25-5a=37-2a$
$25-5a+\mathbf{2a}=37-2a+\mathbf{2a}$
$25-3a=37$
$25-\mathbf{25}-3a=37-\mathbf{25}$
$-3a=12$
$\frac{-3a}{-3}=\frac{12}{-3}$
$a=-4$

11. $4(y+1)=-2(4-y)$
$4y+4=-8+2y$
$4y-\mathbf{2y}+4=-8+2y-\mathbf{2y}$
$2y+4=-8$
$2y+4-\mathbf{4}=-8-\mathbf{4}$
$2y=-12$
$\frac{2y}{2}=\frac{-12}{2}$
$y=-6$

13. $2(a-5)-(3a+1)=0$
$2a-10-3a-1=0$
$-a-11=0$
$-a+\mathbf{a}-11=0+\mathbf{a}$
$-11=a$
$a=-11$

15. $\frac{x}{2}-\frac{x}{3}=4$
$\frac{\mathbf{6}}{1}\!\left(\frac{x}{2}-\frac{x}{3}\right)=\mathbf{6}(4)$
$\frac{\mathbf{6}}{1}\!\left(\frac{x}{2}\right)-\frac{\mathbf{6}}{1}\!\left(\frac{x}{3}\right)=\mathbf{6}(4)$
$3x-2x=24$
$x=24$

17. $\frac{x}{6}+1=\frac{x}{3}$
$\frac{\mathbf{6}}{1}\!\left(\frac{x}{6}+1\right)=\frac{\mathbf{6}}{1}\!\left(\frac{x}{3}\right)$
$\frac{\mathbf{6}}{1}\!\left(\frac{x}{6}\right)+\frac{\mathbf{6}}{1}(1)=\frac{\mathbf{6}}{1}\!\left(\frac{x}{3}\right)$
$x+6=2x$
$x-\mathbf{x}+6=2x-\mathbf{x}$
$6=x$
$x=6$

19. $\frac{a+1}{3}+\frac{a-1}{5}=\frac{2}{15}$
$\frac{\mathbf{15}}{1}\!\left(\frac{a+1}{3}+\frac{a-1}{5}\right)=\frac{\mathbf{15}}{1}\!\left(\frac{2}{15}\right)$
$\frac{\mathbf{15}}{1}\!\left(\frac{a+1}{3}\right)+\frac{\mathbf{15}}{1}\!\left(\frac{a-1}{5}\right)=\frac{\mathbf{15}}{1}\!\left(\frac{2}{15}\right)$
$5(a+1)+3(a-1)=2$
$5a+5+3a-3=2$
$8a+2=2$
$8a+2-\mathbf{2}=2-\mathbf{2}$
$8a=0$
$\frac{8a}{\mathbf{8}}=\frac{0}{\mathbf{8}}$
$a=0$

21. $4(2-3t)+6t=-6t+8$
$8-12t+6t=-6t+8$
$8-6t=-6t+8$
$8-6t+\mathbf{6t}=-6t+\mathbf{6t}+8$
$8=8$
This equation is an identity.

23. $\frac{a+1}{4}+\frac{2a-3}{4}=\frac{a}{2}-2$
$\frac{\mathbf{4}}{1}\!\left(\frac{a+1}{4}+\frac{2a-3}{4}\right)=\frac{\mathbf{4}}{1}\!\left(\frac{a}{2}-2\right)$
$\frac{\mathbf{4}}{1}\!\left(\frac{a+1}{4}\right)+\frac{\mathbf{4}}{1}\!\left(\frac{2a-3}{4}\right)=\frac{\mathbf{4}}{1}\!\left(\frac{a}{2}\right)-\mathbf{4}(2)$
$(a+1)+(2a-3)=2a-8$
$a+1+2a-3=2a-8$
$3a-2=2a-8$
$3a-\mathbf{2a}-2=2a-\mathbf{2a}-8$
$a-2=-8$
$a-2+\mathbf{2}=-8+\mathbf{2}$
$a=-6$

25. $3(x-4)+6=-2(x+4)+5x$
$3x-12+6=-2x-8+5x$
$3x-6=3x-8$
$3x-\mathbf{3x}-6=3x-\mathbf{3x}-8$
$-6=-8$
This equation is an impossible equation.

27.
$$y(y+2) = (y+1)^2 - 1$$
$$y(y+2) = (y+1)(y+1) - 1$$
$$y(y+2) = y^2 + y + y + 1 - 1$$
$$y^2 + 2y = y^2 + 2y + 1 - 1$$
$$y^2 + 2y = y^2 + 2y$$
This equation is an identity.

29.
$$V = \frac{1}{3}Bh, \text{ for } B$$
$$3 \cdot V = \frac{3}{1} \cdot \left(\frac{1}{3}Bh\right)$$
$$3V = Bh$$
$$\frac{3V}{h} = \frac{Bh}{h}$$
$$\frac{3V}{h} = B$$
$$B = \frac{3V}{h}$$

31.
$$p = 2l + 2w, \text{ for } w$$
$$p - 2l = 2l - 2l + 2w$$
$$p - 2l = 2w$$
$$\frac{p-2l}{2} = \frac{2w}{2}$$
$$\frac{p-2l}{2} = w$$
$$w = \frac{p-2l}{2}$$

33.
$$z = \frac{x-\mu}{\sigma}, \text{ for } x$$
$$\sigma(z) = \frac{\sigma}{1}\left(\frac{x-\mu}{\sigma}\right)$$
$$\sigma z = x - \mu$$
$$\sigma z + \mu = x - \mu + \mu$$
$$\sigma z + \mu = x$$
$$x = \sigma z + \mu$$
or $x = z\sigma + \mu$

35.
$$y = mx + b, \text{ for } x$$
$$y - b = mx + b - b$$
$$y - b = mx$$
$$\frac{y-b}{m} = \frac{mx}{m}$$
$$\frac{y-b}{m} = x$$
$$x = \frac{y-b}{m}$$

37.
$$P = L + \frac{s}{f}i, \text{ for } s$$
$$P - L = L - L + \frac{s}{f}i$$
$$P - L = \frac{s}{f}i$$
$$f(P - L) = \frac{f}{1}\left(\frac{s}{f}i\right)$$
$$f(P - L) = si$$
$$\frac{f(P-L)}{i} = \frac{si}{i}$$
$$s = \frac{f(P-L)}{i}$$

39. Let x = the shorter length.
Then $2x + 1$ = the longer length.

$$\boxed{\text{The sum of the lengths}} = 22$$

$$x + (2x + 1) = 22$$
$$3x + 1 = 22$$
$$3x + 1 - 1 = 22 - 1$$
$$3x = 21$$
$$\frac{3x}{3} = \frac{21}{3}$$
$$x = 7$$

The lengths are 7 feet and $2(7) + 1 = 14 + 1 = 15$ feet.

41. Let w = the width.
Then $2w$ = the length.

$$\boxed{\text{Perimeter}} = 72$$

$$w + 2w + w + 2w = 72$$
$$6w = 72$$
$$\frac{6w}{6} = \frac{72}{6}$$
$$w = 12$$

The dimensions are 12 m by $2(12) = 24$ m.

43. Let $x = $ lengths of the sides of the square, and $x + 5 = $ the lengths of the other sides.

$$\boxed{\text{The sum of the lengths of all the fencing}} = 150$$

$$x + x + x + x + x + 5 + x + x + 5 = 150$$
$$7x + 10 = 150$$
$$7x = 140$$
$$\frac{7x}{7} = \frac{140}{7}$$
$$x = 20$$

The dimensions of the entire pen are $20\ ft$ by $[20 + (20 + 5)]\ ft = 45\ ft$.

45.
$$5x - 3 > 7$$
$$5x - 3 + 3 > 7 + 3$$
$$5x > 10$$
$$\frac{5x}{5} > \frac{10}{5}$$
$$x > 2$$
$$(2, \infty)$$

47.
$$-3x - 1 \leq 5$$
$$-3x - 1 + 1 \leq 5 + 1$$
$$-3x \leq 6$$
$$\frac{-3x}{-3} \geq \frac{6}{-3}$$
$$x \geq -2$$
$$[-2, \infty)$$

49.
$$8 - 9y \geq -y$$
$$8 - 9y + 9y \geq -y + 9y$$
$$8 \geq 8y$$
$$\frac{8}{8} \geq \frac{8y}{8}$$
$$1 \geq y \quad (\text{or } y \leq 1)$$
$$(-\infty, 1]$$

51.
$$-3(a + 2) > 2(a + 1)$$
$$-3a - 6 > 2a + 2$$
$$-3a + 3a - 6 > 2a + 3a + 2$$
$$-6 > 5a + 2$$
$$-6 - 2 > 5a + 2 - 2$$
$$-8 > 5a$$
$$\frac{-8}{5} > \frac{5a}{5}$$
$$-\frac{8}{5} > a \quad \left(\text{or } a < -\frac{8}{5}\right)$$
$$\left(-\infty, -\frac{8}{5}\right)$$

53.
$$\tfrac{1}{2}y + 2 \geq \tfrac{1}{3}y - 4$$
$$\tfrac{6}{1}\left(\tfrac{1}{2}y + 2\right) \geq \tfrac{6}{1}\left(\tfrac{1}{3}y - 4\right)$$
$$3y + 12 \geq 2y - 24$$
$$3y - 2y + 12 - 12 \geq 2y - 2y - 24 - 12$$
$$y \geq -36$$
$$[-36, \infty)$$

55.
$$-2 < -b + 3 < 5$$
$$-2 - 3 < -b + 3 - 3 < 5 - 3$$
$$-5 < -b < 2$$
$$-1(-5) > -1(-b) > -1(2)$$
$$5 > b > -2 \quad (\text{or } -2 < b < 5)$$
$$(-2, 5)$$

57.
$$15 > 2x - 7 > 9$$
$$15 + 7 > 2x - 7 + 7 > 9 + 7$$
$$22 > 2x > 16$$
$$\frac{22}{2} > \frac{2x}{2} > \frac{16}{2}$$
$$11 > x > 8$$
$$8 < x < 11$$
$$(8, 11)$$

59.
$$-6 < -3(x-4) \leq 24$$
$$-6 < -3x + 12 \leq 24$$
$$-6 - 12 < -3x + 12 - 12 \leq 24 - 12$$
$$-18 < -3x \leq 12$$
$$\frac{-18}{-3} > \frac{-3x}{-3} \geq \frac{12}{-3}$$
$$6 > x \geq -4 \text{ (or } -4 \leq x < 6\text{)}$$
$$[-4, 6)$$

61.
$$0 \geq \frac{1}{2}x - 4 > 6$$
$$2 \cdot 0 > 2 \cdot \left(\frac{1}{2}x - 4\right) > 2 \cdot 6$$
$$0 > x - 8 > 12$$
$$0 + 8 > x - 8 + 8 > 12 + 8$$
$$8 > x > 20$$

This inequality states that x must be both less than 8 and greater than 20.
This is impossible. There is no solution.

63.
$$0 \leq \frac{4-x}{3} \leq 2$$
$$3 \cdot 0 \leq 3 \cdot \left(\frac{4-x}{3}\right) \leq 3 \cdot 2$$
$$0 \leq 4 - x \leq 6$$
$$0 - 4 \leq 4 - 4 - x \leq 6 - 4$$
$$-4 \leq -x \leq 2$$
$$-1(-4) \geq -1(-x) \geq -1(2)$$
$$4 \geq x \geq -2 \quad \text{(or } -2 \leq x \leq 4\text{)} \quad [-2, 4]$$

65.
$$3x + 2 < 8 \qquad \text{or} \qquad 2x - 3 > 11$$
$$3x + 2 - 2 < 8 - 2 \qquad\qquad 2x - 3 + 3 > 11 + 3$$
$$3x < 6 \qquad\qquad 2x > 14$$
$$\frac{3x}{3} < \frac{6}{3} \qquad\qquad \frac{2x}{2} > \frac{14}{2}$$
$$x < 2 \qquad\qquad x > 7$$

$x < 2$

$x > 7$

$x < 2$ or $x > 7 \qquad (-\infty, 2) \cup (7, \infty)$

67.
$$-4(x+2) \geq 12 \qquad \text{or} \qquad 3x + 8 < 11$$
$$-4x - 8 + 8 \geq 12 + 8 \qquad\qquad 3x + 8 - 8 < 11 - 8$$
$$-4x \geq 20 \qquad\qquad 3x < 3$$
$$\frac{-4x}{-4} \leq \frac{20}{-4} \qquad\qquad \frac{3x}{3} < \frac{3}{3}$$
$$x \leq -5 \qquad\qquad x < 1$$

$x \leq -5$

$x < 1$

$x \leq -5$ or $x < 1 \qquad (-\infty, 1)$

69. $x < -3$ **and** $x > 3$. There is no number that is both less than -3 **and** greater than three. Thus this **and** statement can never be true and there is no solution.

71. cost + profit = price, and the price must be less than $42.00. So,
$$\boxed{\text{Cost}} + \boxed{\text{Profit}} < 42$$
$$27 + p < 42$$
$$27 - 27 + p < 42 - 27$$
$$p < \$15$$

73. Let x represent the number of compact disks the student can buy.
$$\boxed{\text{Stereo}} + \boxed{\text{CDs}} < 330$$
$$175 + 8.50x < 330$$
$$175 - 175 + 8.50x < 330 - 175$$
$$8.50x < 155$$
$$\frac{8.50x}{8.50} < \frac{155}{8.50}$$
$$x < 18.235294$$
Because the student cannot buy a portion of a disk, the student can buy 18 compact disks.

Review Exercises (page 410)

1. $\left(\dfrac{t^3 t^5 t^{-6}}{t^2 t^{-4}}\right)^{-3} = (t^{3+5+(-6)-2-(-4)})^{-3} = (t^4)^{-3} = t^{-12} = \dfrac{1}{t^{12}}$

3. The man will make a profit when his revenue is greater than his costs.
$$\boxed{\text{Revenue}} > \boxed{\text{Cost}}$$
$$5.95x > 1200 + 3.40x$$
$$5.95x - \mathbf{3.40x} > 1200 + 3.40x - \mathbf{3.40x}$$
$$2.55x > 1200$$
$$\frac{2.55x}{2.55} > \frac{1200}{2.55}$$
$$x > 470.58824$$
The man must make 471 or more pies to make a profit.

Exercise 7.2 (page 414)

1. $|8| = 8$ **3.** $|-12| = 12$ **5.** $-|2| = -2$ **7.** $-|-30| = -30$

9. $-(-|50|) = |50| = 50$ **11.** $|\pi - 4|$ is less than 0:
$|\pi - 4| = -(\pi - 4) = 4 - \pi$

13. $|2| = 2$, $|5| = 5$, smallest $= |2|$ **15.** $|5| = 5$, $|-8| = 8$, smallest $= |5|$

17. $|-2| = 2$, $|10| = 10$, smallest $= |-2|$ **19.** $|-3| = 3$, $-|-4| = -4$
smallest $= -|-4|$

21. $-|-5| = -5, -|-7| = -7$
smallest $= -|-7|$

23. Since $x > 0$, $-x < 0$, and $|x+1| > 0$.
The smallest is then $-x$.

25. $|x| = 8$
$x = 8$ or $x = -8$

27. $|x-3| = 6$
$x - 3 = 6$ or $x - 3 = -6$
$x - 3 + 3 = 6 + 3 \quad | \quad x - 3 + 3 = -6 + 3$
$x = 9 \quad | \quad x = -3$

29. $|2x - 3| = 5$
$2x - 3 = 5$ or $2x - 3 = -5$
$2x - 3 + 3 = 5 + 3 \quad | \quad 2x - 3 + 3 = -5 + 3$
$2x = 8 \quad | \quad 2x = -2$
$\frac{2x}{2} = \frac{8}{2} \quad | \quad \frac{2x}{2} = \frac{-2}{2}$
$x = 4 \quad | \quad x = -1$

31. $|3x + 2| = 16$
$3x + 2 = 16$ or $3x + 2 = -16$
$3x + 2 - 2 = 16 - 2 \quad | \quad 3x + 2 - 2 = -16 - 2$
$3x = 14 \quad | \quad 3x = -18$
$\frac{3x}{3} = \frac{14}{3} \quad | \quad \frac{3x}{3} = \frac{-18}{3}$
$x = \frac{14}{3} \quad | \quad x = -6$

33. $\left|\frac{7}{2}x + 3\right| = -5$

This is impossible. An absolute value cannot equal -5, since an absolute value is never negative. There is no solution.

35. $\left|\frac{x}{2} - 1\right| = 3$
$\frac{x}{2} - 1 = 3$ or $\frac{x}{2} - 1 = -3$
$2 \cdot \left(\frac{x}{2} - 1\right) = 2 \cdot 3 \quad | \quad 2 \cdot \left(\frac{x}{2} - 1\right) = 2(-3)$
$x - 2 = 6 \quad | \quad x - 2 = -6$
$x - 2 + 2 = 6 + 2 \quad | \quad x - 2 + 2 = -6 + 2$
$x = 8 \quad | \quad x = -4$

37. $|3 - 4x| = 5$
$3 - 4x = 5$ or $3 - 4x = -5$
$3 - 3 - 4x = 5 - 3 \quad | \quad 3 - 3 - 4x = -5 - 3$
$-4x = 2 \quad | \quad -4x = -8$
$\frac{-4x}{-4} = \frac{2}{-4} \quad | \quad \frac{-4x}{-4} = \frac{-8}{-4}$
$x = -\frac{1}{2} \quad | \quad x = 2$

39. $|3x + 24| = 0$
$3x + 24 = 0$ or $3x + 24 = -0$
$3x = -24 \quad | \quad 3x = -24$
$\frac{3x}{3} = \frac{-24}{3} \quad | \quad \frac{3x}{3} = \frac{-24}{3}$
$x = -8 \quad | \quad x = -8$

41. $\left|\frac{3x + 48}{3}\right| = 12$
$\frac{3x + 48}{3} = 12$ or $\frac{3x + 48}{3} = -12$
$\frac{3}{1}\left(\frac{3x + 48}{3}\right) = 3(12) \quad | \quad \frac{3}{1}\left(\frac{3x + 48}{3}\right) = 3(-12)$
$3x + 48 = 36 \quad | \quad 3x + 48 = -36$
$3x = -12 \quad | \quad 3x = -84$
$\frac{3x}{3} = \frac{-12}{3} \quad | \quad \frac{3x}{3} = \frac{-84}{3}$
$x = -4 \quad | \quad x = -28$

43. $|x + 3| + 7 = 10$
$|x + 3| + 7 - 7 = 10 - 7$
$|x + 3| = 3$
$x + 3 = 3$ or $x + 3 = -3$
$x + 3 - 3 = 3 - 3 \quad | \quad x + 3 - 3 = -3 - 3$
$x = 0 \quad | \quad x = -6$

45.
$$\left|\tfrac{3}{5}x - 4\right| - 2 = -2$$
$$\left|\tfrac{3}{5}x - 4\right| - 2 + 2 = -2 + 2$$
$$\left|\tfrac{3}{5}x - 4\right| = 0$$

$\tfrac{3}{5}x - 4 = 0$	or	$\tfrac{3}{5}x - 4 = -0$
$\tfrac{3}{5}x - 4 + 4 = 0 + 4$		$\tfrac{3}{5}x - 4 + 4 = 0 + 4$
$\tfrac{3}{5}x = 4$		$\tfrac{3}{5}x = 4$
$\tfrac{5}{3} \cdot \tfrac{3}{5}x = \tfrac{5}{3} \cdot 4$		$\tfrac{5}{3} \cdot \tfrac{3}{5}x = \tfrac{5}{3} \cdot 4$
$x = \tfrac{20}{3}$		$x = \tfrac{20}{3}$

47.
$$|2x+1| = |3x+3|$$

$2x + 1 = 3x + 3$	or	$2x + 1 = -(3x + 3)$
$2x - 2x + 1 = 3x - 2x + 3$		$2x + 1 = -3x - 3$
$1 = x + 3$		$2x + 3x + 1 = -3x + 3x - 3$
$1 - 3 = x + 3 - 3$		$5x + 1 = -3$
$-2 = x$		$5x + 1 - 1 = -3 - 1$
		$5x = -4$
		$\tfrac{5x}{5} = \tfrac{-4}{5}$
		$x = -\tfrac{4}{5}$

49.
$$|3x-1| = |x+5|$$

$3x - 1 = x + 5$	or	$3x - 1 = -(x + 5)$
$3x - x - 1 = x - x + 5$		$3x - 1 = -x - 5$
$2x - 1 = 5$		$3x + x - 1 = -x + x - 5$
$2x - 1 + 1 = 5 + 1$		$4x - 1 = -5$
$2x = 6$		$4x - 1 + 1 = -5 + 1$
		$4x = -4$
$\tfrac{2x}{2} = \tfrac{6}{2}$		$\tfrac{4x}{4} = \tfrac{-4}{4}$
$x = 3$		$x = -1$

51.
$$|2-x| = |3x+2|$$

$2 - x = 3x + 2$	or	$2 - x = -(3x + 2)$
$2 - x + x = 3x + x + 2$		$2 - x = -3x - 2$
$2 = 4x + 2$		$2 - x + 3x = -3x + 3x - 2$
$2 - 2 = 4x + 2 - 2$		$2 + 2x = -2$
$0 = 4x$		$2 - 2 + 2x = -2 - 2$
		$2x = -4$
$\tfrac{0}{4} = \tfrac{4x}{4}$		$\tfrac{2x}{2} = \tfrac{-4}{2}$
$0 = x$		$x = -2$

53. $$\left|\tfrac{x}{2}+2\right|=\left|\tfrac{x}{2}-2\right|$$

$\tfrac{x}{2}+2=\tfrac{x}{2}-2$ or $\tfrac{x}{2}+2=-\left(\tfrac{x}{2}-2\right)$

$\tfrac{x}{2}-\boldsymbol{\tfrac{x}{2}}+2=\tfrac{x}{2}-\boldsymbol{\tfrac{x}{2}}-2$ $\qquad$ $\tfrac{x}{2}+2=-\tfrac{x}{2}+2$

$2=-2$ $\qquad$ $\tfrac{x}{2}+\boldsymbol{\tfrac{x}{2}}+2=-\tfrac{x}{2}+\boldsymbol{\tfrac{x}{2}}+2$

Impossible - no solution from this part $\qquad$ $\tfrac{2x}{2}+2-2=0+2-2$

$\boxed{x=0}$

55. $$\left|x+\tfrac{1}{3}\right|=|x-3|$$

$x+\tfrac{1}{3}=x-3$ or $x+\tfrac{1}{3}=-(x-3)$

$x-\boldsymbol{x}+\tfrac{1}{3}=x-\boldsymbol{x}-3$ $\qquad$ $x+\tfrac{1}{3}=-x+3$

$\tfrac{1}{3}=-3$ $\qquad$ $x+\boldsymbol{x}+\tfrac{1}{3}=-x+\boldsymbol{x}+3$

Impossible - no solution from this part $\qquad$ $2x+\tfrac{1}{3}-\tfrac{1}{3}=0+3-\tfrac{1}{3}$

$2x=\tfrac{9}{3}-\tfrac{1}{3}$

$\tfrac{1}{2}\cdot 2x=\tfrac{1}{2}\cdot\tfrac{8}{3}$

$x=\tfrac{4}{3}$

57. $$|3x+7|=-|8x-2|$$
The left side of this equation cannot be negative, since it is an absolute value. The right side of this equation cannot be negative, because it is the opposite of an absolute value. The only possible solution, then, is for both sides to equal 0. But there is no single value of x that makes both sides equal to 0. Thus, there are no solutions to the equation.

59. $|3\cdot 4|\stackrel{?}{=}|3|\cdot|4|$ $\qquad$ $|(-3)\cdot 4|\stackrel{?}{=}|-3|\cdot|4|$ $\qquad$ $|(-3)\cdot(-4)|\stackrel{?}{=}|-3|\cdot|-4|$

$|12|\stackrel{?}{=}3\cdot 4$ $\qquad\qquad$ $|-12|\stackrel{?}{=}3\cdot 4$ $\qquad\qquad$ $|12|\stackrel{?}{=}3\cdot 4$

$12=12$ $\qquad\qquad\qquad$ $12=12$ $\qquad\qquad\qquad$ $12=12$

61. $|3+4|\stackrel{?}{=}|3|+|4|$ $\qquad$ $|(-3)+4|\stackrel{?}{=}|-3|+|4|$ $\qquad$ $|(-3)+(-4)|\stackrel{?}{=}|-3|+|-4|$

$|7|\stackrel{?}{=}3+4$ $\qquad\qquad$ $|1|\stackrel{?}{=}3+4$ $\qquad\qquad$ $|-7|\stackrel{?}{=}3+4$

$7=7$ $\qquad\qquad\qquad$ $1\neq 7$ $\qquad\qquad\qquad$ $7=7$

We see that if one of a or b is positive and the other negative, that this "rule" does not work. Because it is not equal for all the cases, we must say that in general it is not equal.

Beginning & Intermediate Algebra: An Integrated Approach · Section 7.2

Review Exercises (page 416)

1.
$$3(2a-1) = 2a$$
$$6a - 3 = 2a$$
$$6a - \mathbf{2a} - 3 = 2a - \mathbf{2a}$$
$$4a - 3 = 0$$
$$4a - 3 + \mathbf{3} = 0 + \mathbf{3}$$
$$4a = 3$$
$$\frac{4a}{4} = \frac{3}{4}$$
$$a = \frac{3}{4}$$

3.
$$\frac{5x}{2} - 1 = \frac{x}{3} + 12$$
$$\frac{6}{1}\left(\frac{5x}{2} - 1\right) = \frac{6}{1}\left(\frac{x}{3} + 12\right)$$
$$15x - 6 = 2x + 72$$
$$15x - 6 + \mathbf{6} = 2x + 72 + \mathbf{6}$$
$$15x = 2x + 78$$
$$15x - \mathbf{2x} = 2x - \mathbf{2x} + 78$$
$$13x = 78$$
$$\frac{13x}{13} = \frac{78}{13}$$
$$x = 6$$

Exercise 7.3 (page 420)

1.
$$|2x| < 8$$
$$-8 < 2x < 8$$
$$\frac{-8}{2} < \frac{2x}{2} < \frac{8}{2}$$
$$-4 < x < 4$$
$$(-4, 4)$$

3.
$$|x + 9| \leq 12$$
$$-12 \leq x + 9 \leq 12$$
$$-12 - \mathbf{9} \leq x + 9 - \mathbf{9} \leq 12 - \mathbf{9}$$
$$-21 \leq x \leq 3$$
$$[-21, 3]$$

5. $|3x + 2| \leq -3$
There is no solution. An absolute value can never be less than a negative number.

7.
$$|4x - 1| \leq 7$$
$$-7 \leq 4x - 1 \leq 7$$
$$-7 + \mathbf{1} \leq 4x - 1 + \mathbf{1} \leq 7 + \mathbf{1}$$
$$-6 \leq 4x \leq 8$$
$$\frac{-6}{4} \leq \frac{4x}{4} \leq \frac{8}{4}$$
$$-\frac{3}{2} \leq x \leq 2$$
$$\left[-\frac{3}{2}, 2\right]$$

9.
$$|3 - 2x| < 7$$
$$-7 < 3 - 2x < 7$$
$$-7 - \mathbf{3} < 3 - \mathbf{3} - 2x < 7 - \mathbf{3}$$
$$-10 < -2x < 4$$
$$\frac{-10}{-2} > \frac{-2x}{-2} > \frac{4}{-2}$$
$$5 > x > -2 \quad (\text{or } -2 < x < 5)$$
$$(-2, 5)$$

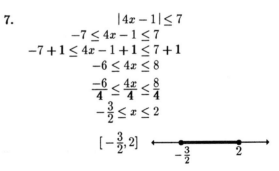

11.

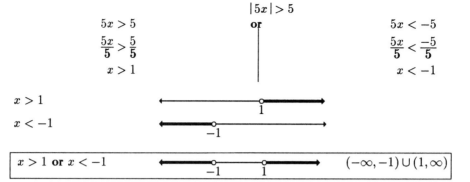

$|5x| > 5$
$5x > 5$ or $5x < -5$
$\frac{5x}{5} > \frac{5}{5}$ $\frac{5x}{5} < \frac{-5}{5}$
$x > 1$ $x < -1$

$x > 1$
$x < -1$

$x > 1$ or $x < -1$ $(-\infty, -1) \cup (1, \infty)$

13.

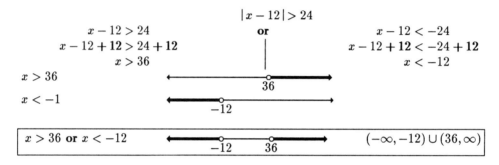

$|x - 12| > 24$
$x - 12 > 24$ or $x - 12 < -24$
$x - 12 + 12 > 24 + 12$ $x - 12 + 12 < -24 + 12$
$x > 36$ $x < -12$

$x > 36$
$x < -1$

$x > 36$ or $x < -12$ $(-\infty, -12) \cup (36, \infty)$

15.

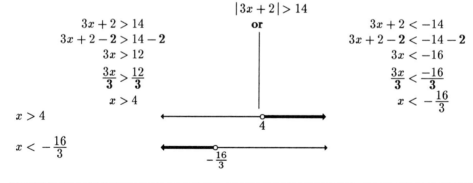

$|3x + 2| > 14$
$3x + 2 > 14$ or $3x + 2 < -14$
$3x + 2 - 2 > 14 - 2$ $3x + 2 - 2 < -14 - 2$
$3x > 12$ $3x < -16$
$\frac{3x}{3} > \frac{12}{3}$ $\frac{3x}{3} < \frac{-16}{3}$
$x > 4$ $x < -\frac{16}{3}$

$x > 4$

$x < -\frac{16}{3}$

$x > 4$ or $x < -\frac{16}{3}$ $\left(-\infty, -\frac{16}{3}\right) \cup (4, \infty)$

17. $|4x + 3| > -5$

Since the left side of the inequality is an absolute value, the left side is always greater than any negative number. Thus this inequality is true for all real numbers.

$(-\infty, \infty)$

19.

$$|2 - 3x| \geq 8$$
$$\text{or}$$

$2 - 3x \geq 8$		$2 - 3x \leq -8$
$2 - 2 - 3x \geq 8 - 2$		$2 - 2 - 3x \leq -8 - 2$
$-3x \geq 6$		$-3x \leq -10$
$\dfrac{-3x}{-3} \leq \dfrac{6}{-3}$		$\dfrac{-3x}{-3} \geq \dfrac{-10}{-3}$
$x \leq -2$		$x \geq \dfrac{10}{3}$

$x \geq \dfrac{10}{3}$

$x \leq -2$

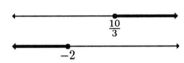

$x \geq \dfrac{10}{3}$ or $x \leq -2$ 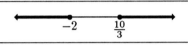 $(-\infty, -2] \cup [\dfrac{10}{3}, \infty)$

21.

$$-|2x - 3| < -7$$
$$-1(-|2x - 3|) > -1(-7)$$
$$|2x - 3| > 7$$
$$\text{or}$$

$2x - 3 > 7$		$2x - 3 < -7$
$2x - 3 + 3 > 7 + 3$		$2x - 3 + 3 < -7 + 3$
$2x > 10$		$2x < -4$
$\dfrac{2x}{2} > \dfrac{10}{2}$		$\dfrac{2x}{2} < \dfrac{-4}{2}$
$x > 5$		$x < -2$

$x > 5$

$x < -2$

$x > 5$ or $x < -2$ 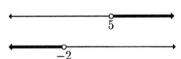 $(-\infty, -2) \cup (5, \infty)$

23.

$$|8x - 3| > 0$$
$$\text{or}$$

$8x - 3 > 0$		$8x - 3 < -0$
$8x - 3 + 3 > 0 + 3$		$8x - 3 + 3 < 0 + 3$
$8x > 3$		$8x < 3$
$\dfrac{8x}{8} > \dfrac{3}{8}$		$\dfrac{8x}{8} < \dfrac{3}{8}$
$x > \dfrac{3}{8}$		$x < \dfrac{3}{8}$

Continued on the next page.

23. continued:

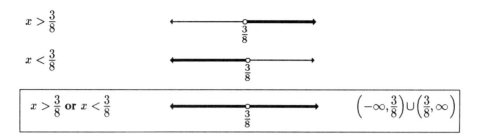

25.
$$\left|\frac{x-2}{3}\right| \leq 4$$
$$-4 \leq \frac{x-2}{3} \leq 4$$
$$3(-4) \leq 3 \cdot \frac{x-2}{3} \leq 3(4)$$
$$-12 \leq x - 2 \leq 12$$
$$-12 + 2 \leq x - 2 + 2 \leq 12 + 2$$
$$-10 \leq x \leq 14$$

$$[-10, 14]$$

27.
$$|3x+1| + 2 < 6$$
$$|3x+1| + 2 - 2 < 6 - 2$$
$$|3x+1| < 4$$
$$-4 < 3x + 1 < 4$$
$$-4 - 1 < 3x + 1 - 1 < 4 - 1$$
$$-5 < 3x < 3$$
$$\frac{-5}{3} < \frac{3x}{3} < \frac{3}{3}$$
$$-\frac{5}{3} < x < 1$$
$$\left(-\frac{5}{3}, 1\right)$$

29.

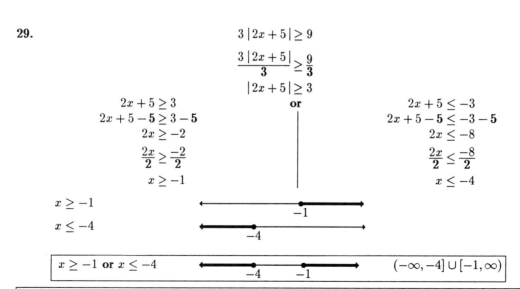

31. $|5x - 1| + 4 \leq 0$
$|5x - 1| + 4 - 4 \leq 0 - 4$
$|5x - 1| \leq -4$ An absolute value cannot be less than -4, so there is no solution.

33. $\left|\tfrac{1}{3}x + 7\right| + 5 > 6$
$\left|\tfrac{1}{3}x + 7\right| + 5 - 5 > 6 - 5$
$\left|\tfrac{1}{3}x + 7\right| > 1$

$\tfrac{1}{3}x + 7 > 1$ or $\tfrac{1}{3}x + 7 < -1$
$3 \cdot \left(\tfrac{1}{3}x + 7\right) > 3 \cdot 1$ $3 \cdot \left(\tfrac{1}{3}x + 7\right) < 3(-1)$
$x + 21 - 21 > 3 - 21$ $x + 21 - 21 < -3 - 21$
$x > -18$ $x < -24$

$x > -18$
$x < -24$

$x > -18$ or $x < -24$ $(-\infty, -24) \cup (-18, \infty)$

35. $\left|\tfrac{1}{5}x - 5\right| + 4 > 4$
$\left|\tfrac{1}{5}x - 5\right| + 4 - 4 > 4 - 4$
$\left|\tfrac{1}{5}x - 5\right| > 0$

$\tfrac{1}{5}x - 5 > 0$ or $\tfrac{1}{5}x - 5 < -0$
$5 \cdot \left(\tfrac{1}{5}x - 5\right) > 5 \cdot 0$ $5 \cdot \left(\tfrac{1}{5}x - 5\right) < 5(0)$
$x - 25 + 25 > 0 + 25$ $x - 25 + 25 < 0 + 25$
$x > 25$ $x < 25$

$x > 25$
$x < 25$

$x > 25$ or $x < 25$ $x \in (-\infty, 25) \cup (25, \infty)$

37.
$$\left|\tfrac{3}{5}x + \tfrac{7}{3}\right| < 2$$
$$-2 < \tfrac{3}{5}x + \tfrac{7}{3} < 2$$
$$15(-2) < 15\cdot\left(\tfrac{3}{5}x + \tfrac{7}{3}\right) < 15(2)$$
$$-30 < 9x + 35 < 30$$
$$-30 - 35 < 9x + 35 - 35 < 30 - 35$$
$$-65 < 9x < -5$$
$$\tfrac{-65}{9} < \tfrac{9x}{9} < \tfrac{-5}{9}$$
$$-\tfrac{65}{9} < x < -\tfrac{5}{9}$$

$\left(-\tfrac{65}{9}, -\tfrac{5}{9}\right)$

39.
$$\left|3\left(\tfrac{x+4}{4}\right)\right| > 0$$

$3\left(\tfrac{x+4}{4}\right) > 0$ or $3\left(\tfrac{x+4}{4}\right) < -0$

$\tfrac{1}{3}\cdot 3\left(\tfrac{x+4}{4}\right) > \tfrac{1}{3}\cdot 0$ $\tfrac{1}{3}\cdot 3\left(\tfrac{x+4}{4}\right) < \tfrac{1}{3}(0)$

$4\left(\tfrac{x+4}{4}\right) > 4(0)$ $4\left(\tfrac{x+4}{4}\right) < 4(0)$

$x + 4 - 4 > 0 - 4$ $x + 4 - 4 < 0 - 4$

$x > -4$ $x < -4$

$x > -4$ or $x < -4$ $(-\infty, -4) \cup (-4, \infty)$

41. $\left|\tfrac{1}{7}x + 1\right| \leq 0$

An absolute value CANNOT be less than 0, so this inequality is only true if the inside is strictly equal to 0:

$$\tfrac{1}{7}x + 1 = 0$$
$$7\cdot\left(\tfrac{1}{7}x + 1\right) = 7(0)$$
$$x + 7 = 0$$
$$x + 7 - 7 = 0 - 7$$
$$x = -7$$

$[-7, -7]$

43. $\left|\tfrac{x-5}{10}\right| \leq 0$

An absolute value CANNOT be less than 0, so this inequality is only true if the inside is strictly equal to 0:

$$\tfrac{x-5}{10} = 0$$
$$10\cdot\tfrac{x-5}{10} = 10(0)$$
$$x - 5 = 0$$
$$x - 5 + 5 = 0 + 5$$
$$x = 5$$

$[5, 5]$

Review Exercises (page 421)

1.
$A = p + prt$, for t
$A - p = p - p + prt$
$A - p = prt$
$\dfrac{A-p}{pr} = \dfrac{prt}{pr}$
$\dfrac{A-p}{pr} = t$

3.
$P = 2w + 2l$, for l
$P - 2w = 2w - 2w + 2l$
$P - 2w = 2l$
$\dfrac{P-2w}{2} = \dfrac{2l}{2}$
$\dfrac{P-2w}{2} = l$

Exercise 7.4 (page 431)

1. $2x + 8 = 2 \cdot x + 2 \cdot 4 = 2(x+4)$

3. $2x^2 - 6x = \mathbf{2x} \cdot x - \mathbf{2x} \cdot 3 = 2x(x-3)$

5. $15x^2y - 10x^2y^2 = \mathbf{5x^2y} \cdot 3 - \mathbf{5x^2y} \cdot 2y = 5x^2y(3 - 2y)$

7. $13ab^2c^3 - 26a^3b^2c = \mathbf{13ab^2c} \cdot c^2 - \mathbf{13ab^2c} \cdot 2a^2 = 13ab^2c(c^2 - 2a^2)$

9. $27z^3 + 12z^2 + 3z = \mathbf{3z} \cdot 9z^2 + \mathbf{3z} \cdot 4z + \mathbf{3z} \cdot 1 = 3z(9z^2 + 4z + 1)$

11. $24s^3 - 12s^2t + 6st^2 = 6s(4s^2 - 2st + 6t^2)$

13. $45x^{10}y^3 - 63x^7y^7 + 81x^{10}y^{10} = 9x^7y^3(5x^3 - 7y^4 + 9x^3y^7)$

15. $-3a - 6 = -3 \cdot a + (-3)(2) = -3(a+2)$

17. $-6x^2 - 3xy = -3x(2x + y)$

19. $-63u^3v^6z^9 + 28u^2v^7z^2 - 21u^3v^3z^4 = -7u^2v^3z^2(9uv^3z^7 - 4v^4 + 3uz^2)$

21. $x^{n+2} + x^{n+3} = \mathbf{x^2}x^n + \mathbf{x^2}x^{n+1} = x^2(x^n + x^{n+1})$

23. $2y^{n+2} - 3y^{n+3} = \mathbf{y^n}2y^2 - 3\mathbf{y^n}y^3) = y^n(2y^2 - 3y^3)$

25. $ax + bx + ay + by = x(\mathbf{a+b}) + y(\mathbf{a+b}) = (\mathbf{a+b})(x+y)$

27. $x^2 + yx + 2x + 2y = x(\mathbf{x+y}) + 2(\mathbf{x+y}) = (\mathbf{x+y})(x+2)$

29. $3c - cd + 3d - c^2 = 3c + 3d - c^2 - cd = 3(\mathbf{c+d}) - c(\mathbf{c+d}) = (\mathbf{c+d})(3-c)$

31.
$r_1r_2 = rr_2 + rr_1$, for r_1
$r_1r_2 - \mathbf{rr_1} = rr_2 + rr_1 - \mathbf{rr_1}$
$r_1(r_2 - r) = rr_2$
$\dfrac{r_1(r_2-r)}{r_2-r} = \dfrac{rr_2}{r_2-r}$
$r_1 = \dfrac{rr_2}{r_2-r}$

33. $$\begin{aligned} S(1-r) &= a - lr, \text{ for } r \\ S - Sr &= a - lr \\ S - Sr + Sr &= a - lr + Sr \\ S &= a - lr + Sr \\ S - a &= a - a - lr + Sr \\ S - a &= Sr - lr \\ S - a &= r(S - l) \\ \frac{S-a}{S-l} &= \frac{r(S-l)}{S-l} \\ \frac{S-a}{S-l} &= r \end{aligned}$$

35. $x^2 - 4 = x^2 - 2^2 = (x+2)(x-2)$

37. $9y^2 - 64 = (3y)^2 - 8^2 = (3y+8)(3y-8)$

39. $\begin{aligned} 81a^4 - 49b^2 &= (9a^2)^2 - (7b)^2 \\ &= (9a^2 + 7b)(9a^2 - 7b) \end{aligned}$

41. $\begin{aligned} (x+y)^2 - z^2 &= [(x+y) + z][(x+y) - z] \\ &= (x+y+z)(x+y-z) \end{aligned}$

43. $x^4 - y^4 = (x^2)^2 - (y^2)^2 = (x^2 + y^2)(x^2 - y^2) = (x^2 + y^2)(x+y)(x-y)$

45. $2x^2 - 288 = 2(x^2 - 144) = 2(x+12)(x-12)$

47. $2x^3 - 32x = 2x(x^2 - 16) = 2x(x+4)(x-4)$

49. $\begin{aligned} r^2s^2t^2 - t^2x^4y^2 &= t^2(r^2s^2 - x^4y^2) \\ &= t^2(rs + x^2y)(rs - x^2y) \end{aligned}$

51. $\begin{aligned} x^{2m} - y^{4n} &= (x^m)^2 - (y^{2n})^2 \\ &= (x^m + y^{2n})(x^m - y^{2n}) \end{aligned}$

53. $a^2 - b^2 + a + b = (a^2 - b^2) + a + b = \mathbf{(a+b)}(a-b) + 1\mathbf{(a+b)} = (a+b)(a-b+1)$

55. $2x + y + 4x^2 - y^2 = 1\mathbf{(2x+y)} + \mathbf{(2x+y)}(2x-y) = (2x+y)(1+2x-y)$

57. $x^2 + 5x + 6$; $a = 1, b = 5, c = 6$
$b^2 - 4ac = 5^2 - 4(1)(6) = 1$; Because 1 is positive and a perfect square, the trinomial factors.
$x^2 + 5x + 6 = (x+2)(x+3)$

59. $x^2 - 7x + 10$; $a = 1, b = -7, c = 10$
$b^2 - 4ac = (-7)^2 - 4(1)(10) = 9$; Because 9 is positive and a perfect square, the trinomial factors.
$x^2 - 7x + 10 = (x-2)(x-5)$

61. $a^2 + 5a - 52$; $a = 1, b = 5, c = -52$
$b^2 - 4ac = (5)^2 - 4(1)(-52) = 233$; Because 233 is not a perfect square, the trinomial doesn't factor. $a^2 + 5a - 52$ is prime

63. $\begin{aligned} 3x^2 + 12x - 63 &= 3(x^2 + 4x - 21) \\ &= 3(x+7)(x-3) \end{aligned}$

65. $\begin{aligned} a^2b^2 - 13ab^2 + 22b^2 &= b^2(a^2 - 13a + 22) \\ &= b^2(a-2)(a-11) \end{aligned}$

67. $\begin{aligned} -a^2 + 4a + 32 &= -(a^2 - 4a - 32) \\ &= -(a-8)(a+4) \end{aligned}$

69. $\begin{aligned} -3x^2 + 15x - 18 &= -3(x^2 - 5x + 6) \\ &= -3(x-3)(x-2) \end{aligned}$

71. $6y^2 + 7y + 2 = (3y+1)(2y+2)$

73. $8a^2 + 6a - 9 = (4a-3)(2a+3)$

75. $5x^2 + 4x + 1$; prime

77. $8x^2 - 10x + 3 = (4x-3)(2x-1)$

79. $a^2 - 3ab - 4b^2 = (a+b)(a-4b)$

81. $2y^2 + yt - 6t^2 = (2y - 3t)(y + 2t)$

83. $-3a^2 + ab + 2b^2 = -(3a^2 - ab - 2b^2)$
$= -(3a + 2b)(a - b)$

85. $3x^3 - 10x^2 + 3x = x(3x^2 - 10x + 3)$
$= x(3x - 1)(x - 3)$

87. $-4x^3 - 9x + 12x^2 = -4x^3 + 12x^2 - 9x = -x(4x^2 - 12x + 9) = -x(2x - 3)(2x - 3) = -x(2x - 3)^2$

89. $8x^2z + 6xyz + 9y^2z = z(8x^2 + 6xy + 9y^2)$

91. $x^4 + 8x^2 + 15 = (x^2 + 3)(x^2 + 5)$

93. $y^4 - 13y^2 + 30 = (y^2 - 10)(y^2 - 3)$

95. $a^4 - 13a^2 + 36 = (a^2 - 9)(a^2 - 4)$
$= (a + 3)(a - 3)(a + 2)(a - 2)$

97. $x^{2n} + 2x^n + 1 = (x^n + 1)(x^n + 1) = (x^n + 1)^2$

99. $2a^{6n} - 3a^{3n} - 2 = (2a^{3n} + 1)(a^{3n} - 2)$

101. $x^{4n} + 2x^{2n}y^{2n} + y^{4n} = (x^{2n} + y^{2n})(x^{2n} + y^{2n})$
$= (x^{2n} + y^{2n})^2$

103. $6x^{2n} + 7x^n - 3 = (3x^n - 1)(2x^n + 3)$

105. $x^2 + 4x + 4 - y^2 = (x^2 + 4x + 4) - y^2 = (x + 2)^2 - y^2 = (x + 2 + y)(x + 2 - y)$

107. $x^2 + 2x + 1 - 9z^2 = (x^2 + 2x + 1) - 9z^2 = (x + 1)^2 - (3z)^2 = (x + 1 + 3z)(x + 1 - 3z)$

109. $c^2 - 4a^2 + 4ab - b^2 = c^2 - (4a^2 - 4ab + b^2) = c^2 - (2a - b)^2 = [c + (2a - b)][c - (2a - b)]$
$= (c + 2a - b)(c - 2a + b)$

111. $a^2 - 17a + 16$; $a = 1, b = -17, c = 16$ $\Rightarrow$ key number $= ac = 1(16) = 16$
Find two factors of 16 with a sum of -17: use -16 and -1.
$a^2 - 17a + 16 = a^2 - 16a - a + 16 = a(\boldsymbol{a} - \boldsymbol{16}) - 1(\boldsymbol{a} - \boldsymbol{16}) = (a - 16)(a - 1)$

113. $2u^2 + 5u + 3$; $a = 2, b = 5, c = 3$ $\Rightarrow$ key number $= ac = 2(3) = 6$
Find two factors of 6 with a sum of 5: use $+2$ and $+3$.
$2u^2 + 5u + 3 = 2u^2 + 2u + 3u + 3 = 2u(\boldsymbol{u} + \boldsymbol{1}) + 3(\boldsymbol{u} + \boldsymbol{1}) = (u + 1)(2u + 3)$

115. $20r^2 - 7rs - 6s^2$; $a = 20, b = -7, c = -6$ $\Rightarrow$ key number $= ac = 20(-6) = -120$
Find two factors of -120 with a sum of -7: use -15 and $+8$.
$20r^2 - 7rs - 6s^2 = 20r^2 - 15rs + 8rs - 6s^2 = 5r(\boldsymbol{4r - 3s}) + 2s(\boldsymbol{4r - 3s}) = (4r - 3s)(5r + 2s)$

117. $20u^2 + 19uv + 3v^2$; $a = 20, b = 19, c = 3$ $\Rightarrow$ key number $= ac = 20(3) = 60$
Find two factors of 60 with a sum of 19: use $+15$ and $+4$.
$20u^2 + 19uv + 3v^2 = 20u^2 + 15uv + 4uv + 3v^2 = 5u(\boldsymbol{4u + 3v}) + v(\boldsymbol{4u + 3v}) = (4u + 3v)(5u + v)$

Review Exercises (page 434)

1. $(x + 1)(x^2 - x + 1) = x^3 - x^2 + x + x^2 - x + 1 = x^3 + 1$

3. $(r-2)(r^2 + 2r + 4) = r^3 + 2r^2 + 4r - 2r^2 - 4r - 8 = r^3 - 8$

5. $\frac{2}{3}(5t - 3) = 38$
$\frac{3}{2} \cdot \frac{2}{3}(5t - 3) = \frac{3}{2} \cdot 38$
$5t - 3 = 57$
$5t = 60$
$t = 12$

Exercise 7.5 (page 437)

1. $y^3 + 1 = y^3 + 1^3$
    $= (y + 1)(y^2 - y \cdot 1 + 1^2)$
    $= (y + 1)(y^2 - y + 1)$

3. $a^3 - 27 = a^3 - 3^3$
    $= (a - 3)(a^2 + a \cdot 3 + 3^2)$
    $= (a - 3)(a^2 + 3a + 9)$

5. $8 + x^3 = 2^3 + x^3$
    $= (2 + x)(2^2 - 2 \cdot x + x^2)$
    $= (2 + x)(4 - 2x + x^2)$

7. $s^3 - t^3 = s^3 - t^3$
    $= (s - t)(s^2 + st + t^2)$

9. $27x^3 + y^3 = (3x)^3 + y^3$
    $= (3x + y)[(3x)^2 - (3x)y + y^2]$
    $= (3x + y)(9x^2 - 3xy + y^2)$

11. $a^3 + 8b^3 = a^3 + (2b)^3$
    $= (a + 2b)[a^2 - (a)2b + (2b)^2]$
    $= (a + 2b)(a^2 - 2ab + 4b^2)$

13. $64x^3 - 27 = (4x)^3 - 3^3$
    $= (4x - 3)[(4x)^2 + (4x)(3) + 3^2]$
    $= (4x - 3)(16x^2 + 12x + 9)$

15. $27x^3 - 125y^3 = (3x)^3 - (5y)^3$
    $= (3x - 5y)[(3x)^2 + (3x)(5y) + (5y)^2]$
    $= (3x - 5y)(9x^2 + 15xy + 25y^2)$

17. $a^6 - b^3 = (a^2)^3 - b^3$
    $= (a^2 - b)[(a^2)^2 + a^2(b) + b^2]$
    $= (a^2 - b)(a^4 + a^2 b + b^2)$

19. $x^9 + y^6 = (x^3)^3 + (y^2)^3$
    $= (x^3 + y^2)[(x^3)^2 - x^3 y^2 + (y^2)^2]$
    $= (x^3 + y^2)(x^6 - x^3 y^2 + y^4)$

21. $2x^3 + 54 = 2(x^3 + 27)$
    $= 2(x^3 + 3^3)$
    $= 2(x + 3)(x^2 - 3x + 9)$

23. $-x^3 + 216 = -(x^3 - 216)$
    $= -(x^3 - 6^3)$
    $= -(x - 6)(x^2 + 6x + 36)$

25. $64m^3x - 8n^3x = 8x(8m^3 - n^3)$
$= 8x[(2m)^3 - n^3]$
$= 8x(2m - n)[(2m)^2 + 2mn + n^2]$
$= 8x(2m - n)(4m^2 + 2mn + n^2)$

27. $x^4y + 216xy^4 = xy(x^3 + 216y^3)$
$= xy[x^3 + (6y)^3]$
$= xy(x + 6y)[x^2 - 6xy + (6y)^2]$
$= xy(x + 6y)(x^2 - 6xy + 36y^2)$

29. $81r^4s^2 - 24rs^5 = 3rs^2(27r^3 - 8s^3)$
$= 3rs^2[(3r)^3 - (2s)^3]$
$= 3rs^2(3r - 2s)[(3r)^2 + (3r)(2s) + (2s)^2]$
$= 3rs^2(3r - 2s)(9r^2 + 6rs + 4s^2)$

31. $125a^6b^2 + 64a^3b^5 = a^3b^2(125a^3 + 64b^3)$
$= a^3b^2[(5a)^3 + (4b)^3]$
$= a^3b^2(5a + 4b)[(5a)^2 - (5a)(4b) + (4b)^2]$
$= a^3b^2(5a + 4b)(25a^2 - 20ab + 16b^2)$

33. $y^7z - yz^4 = yz(y^6 - z^3)$
$= yz[(y^2)^3 - z^3]$
$= yz(y^2 - z)[(y^2)^2 + y^2z + z^2]$
$= yz(y^2 - z)(y^4 + y^2z + z^2)$

35. $2mp^4 + 16mpq^3 = 2mp(p^3 + 8q^3)$
$= 2mp[p^3 + (2q)^3]$
$= 2mp(p + 2q)[p^2 - 2pq + (2q)^2]$
$= 2mp(p + 2q)(p^2 - 2pq + 4q^2)$

37. $x^6 - 1 = (x^3)^2 - 1^2 = (x^3+1)(x^3-1)$ Write as a difference of two squares and factor.

$= (x^3 + 1^3)(x^3 - 1^3)$ Write as a sum and a difference of cubes and factor.

$= (x+1)(x^2 - x \cdot 1 + 1^2) \cdot (x-1)(x^2 + x \cdot 1 + 1^2)$

$= (x+1)(x^2 - x + 1)(x-1)(x^2 + x + 1)$

39. $x^{12} - y^6 = (x^6)^2 - (y^3)^2 = (x^6 + y^3)(x^6 - y^3)$

$= [(x^2)^3 + y^3][(x^2)^3 - y^3]$

$= (x^2 + y)[(x^2)^2 - x^2 y + y^2](x^2 - y)[(x^2)^2 + x^2 y + y^2]$

$= (x^2 + y)(x^4 - x^2 y + y^2)(x^2 - y)(x^4 + x^2 y + y^2)$

41. $3(x^3 + y^3) - z(x^3 + y^3) = (x^3 + y^3)(3 - z)$

$= (x+y)(x^2 - xy + y^2)(3-z)$

43. $(m^3 + 8n^3) + (m^3 x + 8n^3 x) = 1(m^3 + 8n^3) + x(m^3 + 8n^3)$

$= [m^3 + (2n)^3](1+x)$

$= (m+2n)[(m^2 - 2mn + (2n)^2](1+x)$

$= (m+2n)(m^2 - 2mn + 4n^2)(1+x)$

45. $(a^4 + 27a) - (a^3 b + 27b) = a(a^3 + 27) - b(a^3 + 27)$

$= (a^3 + 3^3)(a - b)$

$= (a+3)(a^2 - 3a + 9)(a-b)$

47. $x^3(y+z) - 8(y+z) = (y+z)(x^3 - 8)$

$= (y+z)(x^3 - 2^3)$

$= (y+z)(x-2)(x^2 + 2x + 4)$

49. $r^3(x-a) + s^3(x-a) = (r^3 + s^3)(x-a)$

$= (r+s)(r^2 - rs + s^2)(x-a)$

51. $y^3(y^2 - 1) - 27(y^2 - 1) = (y^2 - 1)(y^3 - 27)$

$= (y^2 - 1^2)(y^3 - 3^3)$

$= (y+1)(y-1)(y-3)(y^2 + 3y + 9)$

Review Exercises (page 439)

1. $1 \times 10^{-13} cm = 0.0000000000001 \; cm$

Exercise 7.6 (page 449)

1. $\dfrac{12x^3}{3x} = \dfrac{\cancel{3} \cdot 4}{\cancel{3} \cdot 1} x^{3-1} = 4x^2$

3. $\dfrac{-24x^3 y^4}{18x^4 y^3} = -\dfrac{\cancel{6} \cdot 4}{\cancel{6} \cdot 3} x^{3-4} y^{4-3} = -\dfrac{4y}{3x}$

5. $\dfrac{9y^2(y-z)}{21y(y-z)^2} = \dfrac{\cancel{3} \cdot 3 \cdot \cancel{y} \cdot y \cdot \cancel{(y-z)}}{\cancel{3} \cdot 7 \cancel{y} \cancel{(y-z)}(y-z)} = \dfrac{3y}{7(y-z)}$

7. $\dfrac{(a-b)(b-c)(c-d)}{(c-d)(b-c)(a-b)} = \dfrac{\cancel{(a-b)}\cancel{(b-c)}\cancel{(c-d)}}{\cancel{(c-d)}\cancel{(b-c)}\cancel{(a-b)}} = 1$

9. $\dfrac{x+y}{x^2-y^2} = \dfrac{\cancel{x+y}}{(x+y)(x-y)} = \dfrac{1}{x-y}$

11. $\dfrac{12-3x^2}{x^2-x-2} = \dfrac{3(4-x^2)}{(x-2)(x+1)} = \dfrac{3(2+x)\cancel{(2-x)}^{-1}}{\cancel{(x-2)}(x+1)} = -\dfrac{3(2+x)}{x+1}$

13. $\dfrac{x^3+8}{x^2-2x+4} = \dfrac{(x+2)\cancel{(x^2-2x+4)}}{\cancel{x^2-2x+4}} = x+2$

15. $\dfrac{x^2+2x+1}{x^2+4x+3} = \dfrac{\cancel{(x+1)}(x+1)}{\cancel{(x+1)}(x+3)} = \dfrac{x+1}{x+3}$

17. $\dfrac{3m-6n}{3n-6m} = \dfrac{\cancel{3}(m-2n)}{\cancel{3}(n-2m)} = \dfrac{m-2n}{n-2m}$

19. $\dfrac{4x^2+24x+32}{16x^2+8x-48} = \dfrac{4(x^2+6x+8)}{8(2x^2+x-6)} = \dfrac{\cancel{4}\cancel{(x+2)}(x+4)}{\cancel{4} \cdot 2(2x-3)\cancel{(x+2)}} = \dfrac{x+4}{2(2x-3)}$

21. $\dfrac{3x^2-3y^2}{x^2+2y+2x+yx} = \dfrac{3(x^2-y^2)}{x^2+2x+2y+yx} = \dfrac{3(x+y)(x-y)}{x(x+2)+y(x+2)} = \dfrac{3\cancel{(x+y)}(x-y)}{(x+2)\cancel{(x+y)}} = \dfrac{3(x-y)}{x+2}$

23. $\dfrac{x-y}{x^3-y^3-x+y} = \dfrac{x-y}{(x-y)(x^2+xy+y^2)-1(x-y)} = \dfrac{\cancel{x-y}}{\cancel{(x-y)}(x^2+xy+y^2-1)} = \dfrac{1}{x^2+xy+y^2-1}$

25. $\dfrac{x^2y^2}{cd} \cdot \dfrac{c^{-2}d^2}{x} = x^{2-1}y^2 c^{-2-1}d^{2-1} = xy^2 c^{-3}d = \dfrac{xy^2 d}{c^3}$

27. $\dfrac{-x^2y^{-2}}{x^{-1}y^{-3}} \div \dfrac{x^{-3}y^2}{x^4y^{-1}} = -\dfrac{x^2y^{-2}}{x^{-1}y^{-3}} \cdot \dfrac{x^4y^{-1}}{x^{-3}y^2} = -\dfrac{x^3y}{1} \cdot \dfrac{x^7}{y^3} = -\dfrac{x^{10}}{y^2}$

29. $\dfrac{x^2+2x+1}{x} \cdot \dfrac{x^2-x}{x^2-1} = \dfrac{(x+1)(x+1)}{\cancel{x}} \cdot \dfrac{\cancel{x}(x-1)}{(x+1)(x-1)} = x+1$

31. $\dfrac{2x^2-x-3}{x^2-1} \cdot \dfrac{x^2+x-2}{2x^2+x-6} = \dfrac{(2x-3)(x+1)}{(x+1)(x-1)} \cdot \dfrac{(x+2)(x-1)}{(2x-3)(x+2)} = 1$

33. $\dfrac{x^2-16}{x^2-25} \div \dfrac{x+4}{x-5} = \dfrac{(x+4)(x-4)}{(x+5)(x-5)} \cdot \dfrac{x-5}{x+4} = \dfrac{x-4}{x+5}$

35. $\dfrac{a^2+2a-35}{12x} \div \dfrac{ax-3x}{a^2+4a-21} = \dfrac{(a+7)(a-5)}{12x} \cdot \dfrac{a^2+4a-21}{ax-3x} = \dfrac{(a+7)(a-5)}{12x} \cdot \dfrac{(a+7)(a-3)}{x(a-3)}$

$= \dfrac{(a+7)^2(a-5)}{12x^2}$

37. $\dfrac{3t^2-t-2}{6t^2-5t-6} \cdot \dfrac{4t^2-9}{2t^2+5t+3} = \dfrac{(3t+2)(t-1)}{(2t-3)(3t+2)} \cdot \dfrac{(2t+3)(2t-3)}{(2t+3)(t+1)} = \dfrac{t-1}{t+1}$

39. $\dfrac{3n^2+5n-2}{12n^2-13n+3} \div \dfrac{n^2+3n+2}{4n^2+5n-6} = \dfrac{(3n-1)(n+2)}{(4n-3)(3n-1)} \cdot \dfrac{(4n-3)(n+2)}{(n+2)(n+1)} = \dfrac{n+2}{n+1}$

41. $(2x^2-15x+25) \div \dfrac{2x^2-3x-5}{x+1} = \dfrac{(2x-5)(x-5)}{1} \cdot \dfrac{x+1}{(2x-5)(x+1)} = x-5$

43. $\dfrac{x^3+y^3}{x^3-y^3} \div \dfrac{x^2-xy+y^2}{x^2+xy+y^2} = \dfrac{(x+y)(x^2-xy+y^2)}{(x-y)(x^2+xy+y^2)} \cdot \dfrac{x^2+xy+y^2}{x^2-xy+y^2} = \dfrac{x+y}{x-y}$

45. $\dfrac{m^2-n^2}{2x^2+3x-2} \cdot \dfrac{2x^2+5x-3}{n^2-m^2} = \underset{-1}{\dfrac{(m-n)(m+n)}{(2x-1)(x+2)} \cdot \dfrac{(2x-1)(x+3)}{(n-m)(n+m)}} = -\dfrac{x+3}{x+2}$

47. $\dfrac{ax+ay+bx+by}{x^3-27} \cdot \dfrac{x^2+3x+9}{xc+xd+yc+yd} = \dfrac{(x+y)(a+b)}{(x-3)(x^2+3x+9)} \cdot \dfrac{x^2+3x+9}{(x+y)(c+d)} = \dfrac{a+b}{(x-3)(c+d)}$

49. $\dfrac{x^2-x-6}{x^2-4} \cdot \dfrac{x^2-x-2}{9-x^2} = \dfrac{(x+2)(x-3)}{(x+2)(x-2)} \cdot \underset{-1}{\dfrac{(x+1)(x-2)}{(3+x)(3-x)}} = -\dfrac{x+1}{3+x}$

51. $\dfrac{2x^2+3xy+y^2}{y^2-x^2} \div \dfrac{6x^2+5xy+y^2}{2x^2-xy-y^2} = \dfrac{(2x+y)(x+y)}{(y+x)(y-x)} \cdot \dfrac{(2x+y)(x-y)^{-1}}{(2x+y)(3x+y)} = -\dfrac{2x+y}{3x+y}$

53. $\dfrac{3x^2y^2}{6x^3y} \cdot \dfrac{-4x^7y^{-2}}{18x^{-2}y} \div \dfrac{36x}{18y^{-2}} = \dfrac{3x^2y^2}{6x^3y} \cdot \dfrac{-4x^7y^{-2}}{18x^{-2}y} \cdot \dfrac{18y^{-2}}{36x} = \dfrac{y}{2x} \cdot \dfrac{-2x^9}{9y^3} \cdot \dfrac{1}{2xy^2} = -\dfrac{x^7}{18y^4}$

55. $(4x+12) \cdot \dfrac{x^2}{2x-6} \div \dfrac{2}{x-3} = \dfrac{4(x+3)}{1} \cdot \dfrac{x^2}{2(x-3)} \cdot \dfrac{x-3}{2} = x^2(x+3)$

57. $\dfrac{2x^2-2x-4}{x^2+2x-8} \cdot \dfrac{3x^2+15x}{x+1} \div \dfrac{4x^2-100}{x^2-x-20} = \dfrac{2(x-2)(x+1)}{(x+4)(x-2)} \cdot \dfrac{3x(x+5)}{x+1} \cdot \dfrac{(x-5)(x+4)}{4(x+5)(x-5)} = \dfrac{3x}{2}$

59. $\dfrac{2x^2+5x-3}{x^2+2x-3} \div \left(\dfrac{x^2+2x-35}{x^2-6x+5} \div \dfrac{x^2-9x+14}{2x^2-5x+2} \right)$

$= \dfrac{(2x-1)(x+3)}{(x+3)(x-1)} \div \left(\dfrac{(x-5)(x+7)}{(x-1)(x-5)} \cdot \dfrac{(2x-1)(x-2)}{(x-2)(x-7)} \right)$

$= \dfrac{2x-1}{x-1} \div \dfrac{(x-5)(x+7)(2x-1)(x-2)}{(x-1)(x-5)(x-2)(x-7)}$

$= \dfrac{2x-1}{x-1} \cdot \dfrac{(x-1)(x-5)(x-2)(x-7)}{(x-5)(x+7)(2x-1)(x-2)}$

$= \dfrac{x-7}{x+7}$

61. $\dfrac{x^2-x-12}{x^2+x-2} \div \dfrac{x^2-6x+8}{x^2-3x-10} \cdot \dfrac{x^2-3x+2}{x^2-2x-15} = \dfrac{(x-4)(x+3)}{(x+2)(x-1)} \cdot \dfrac{(x-5)(x+2)}{(x-4)(x-2)} \cdot \dfrac{(x-2)(x-1)}{(x-5)(x+3)} = 1$

63. $\dfrac{3}{a+b} - \dfrac{a}{a+b} = \dfrac{3-a}{a+b}$

65. $\dfrac{3x}{2x+2} + \dfrac{x+4}{2x+2} = \dfrac{3x+x+4}{2x+2} = \dfrac{4x+4}{2x+2} = \dfrac{4(x+1)}{2(x+1)} = 2$

67. $\dfrac{5x}{x+1} + \dfrac{3}{x+1} - \dfrac{2x}{x+1} = \dfrac{5x+3-2x}{x+1} = \dfrac{3x+3}{x+1} = \dfrac{3(x+1)}{x+1} = 3$

69. $\dfrac{3(x^2+x)}{x^2-5x+6} + \dfrac{-3(x^2-x)}{x^2-5x+6} = \dfrac{3x^2+3x-3x^2+3x}{x^2-5x+6} = \dfrac{6x}{x^2-5x+6} = \dfrac{6x}{(x-3)(x-2)}$

71. $\frac{a}{2} + \frac{2a}{5} = \frac{a \cdot 5}{2 \cdot 5} + \frac{2a \cdot 2}{5 \cdot 2} = \frac{5a}{10} + \frac{4a}{10} = \frac{9a}{10}$

73. $\frac{3}{4x} + \frac{2}{3x} = \frac{3 \cdot 3}{4x \cdot 3} + \frac{2 \cdot 4}{3x \cdot 4} = \frac{9}{12x} + \frac{8}{12x} = \frac{17}{12x}$

75. $\frac{a+b}{3} + \frac{a-b}{7} = \frac{(a+b) \cdot 7}{3 \cdot 7} + \frac{(a-b) \cdot 3}{7 \cdot 3} = \frac{7a+7b}{21} + \frac{3a-3b}{21} = \frac{10a+4b}{21}$

77. $\frac{3}{x+2} + \frac{5}{x-4} = \frac{3(x-4)}{(x+2)(x-4)} + \frac{5(x+2)}{(x-4)(x+2)} = \frac{3x-12}{(x+2)(x-4)} + \frac{5x+10}{(x+2)(x-4)} = \frac{8x-2}{(x+2)(x-4)}$

79. $\frac{x+2}{x+5} - \frac{x-3}{x+7} = \frac{(x+2)(x+7)}{(x+5)(x+7)} - \frac{(x-3)(x+5)}{(x+7)(x+5)} = \frac{x^2+9x+14}{(x+5)(x+7)} - \frac{x^2+2x-15}{(x+5)(x+7)}$

$= \frac{x^2+9x+14-(x^2+2x-15)}{(x+5)(x+7)}$

$= \frac{x^2+9x+14-x^2-2x+15}{(x+5)(x+7)}$

$= \frac{7x+29}{(x+5)(x+7)}$

81. $x + \frac{1}{x} = \frac{x}{1} + \frac{1}{x} = \frac{x \cdot x}{1 \cdot x} + \frac{1}{x} = \frac{x^2}{x} + \frac{1}{x} = \frac{x^2+1}{x}$

83. $\frac{x+8}{x-3} - \frac{x-14}{3-x} = \frac{x+8}{x-3} - \frac{x-14}{-(x-3)} = \frac{x+8}{x-3} + \frac{x-14}{x-3} = \frac{2x-6}{x-3} = \frac{2(x-3)}{x-3} = 2$

85. $\frac{x}{x^2+5x+6} + \frac{x}{x^2-4} = \frac{x}{(x+2)(x+3)} + \frac{x}{(x+2)(x-2)}$

$= \frac{x(x-2)}{(x+2)(x+3)(x-2)} + \frac{x(x+3)}{(x+2)(x-2)(x+3)}$

$= \frac{x^2-2x+x^2+3x}{(x+2)(x+3)(x-2)}$

$= \frac{2x^2+x}{(x+2)(x+3)(x-2)}$

87. $\frac{8}{x^2-9} + \frac{2}{x-3} - \frac{6}{x} = \frac{8}{(x+3)(x-3)} + \frac{2}{(x-3)} - \frac{6}{x}$

$= \frac{8x}{x(x+3)(x-3)} + \frac{2x(x+3)}{x(x+3)(x-3)} - \frac{6(x+3)(x-3)}{x(x+3)(x-3)}$

$= \frac{8x+2x^2+6x-[6(x^2-9)]}{x(x+3)(x-3)}$

Continued on the next page.

87. continued:

$$= \frac{2x^2 + 14x - (6x^2 - 54)}{x(x+3)(x-3)}$$

$$= \frac{2x^2 + 14x - 6x^2 + 54}{x(x+3)(x-3)}$$

$$= \frac{-4x^2 + 14x + 54}{x(x+3)(x-3)}$$

89. $1 + x - \dfrac{x}{x-5} = \dfrac{1+x}{1} - \dfrac{x}{x-5} = \dfrac{(1+x)(x-5)}{1(x-5)} - \dfrac{x}{x-5} = \dfrac{x-5+x^2-5x-x}{x-5} = \dfrac{x^2-5x-5}{x-5}$

91. $\dfrac{3}{x+1} - \dfrac{2}{x-1} + \dfrac{x+3}{x^2-1} = \dfrac{3(x-1)}{(x+1)(x-1)} - \dfrac{2(x+1)}{(x-1)(x+1)} + \dfrac{x+3}{(x-1)(x+1)}$

$$= \frac{3x-3}{(x+1)(x-1)} - \frac{2x+2}{(x+1)(x-1)} + \frac{x+3}{(x+1)(x-1)}$$

$$= \frac{3x-3-2x-2+x+3}{(x+1)(x-1)}$$

$$= \frac{2x-2}{(x+1)(x-1)}$$

$$= \frac{2(x-1)}{(x+1)(x-1)}$$

$$= \frac{2}{x+1}$$

93. $\dfrac{x-2}{x^2-3x} + \dfrac{2x-1}{x^2+3x} - \dfrac{2}{x^2-9} = \dfrac{x-2}{x(x-3)} + \dfrac{2x-1}{x(x+3)} - \dfrac{2}{(x+3)(x-3)}$

$$= \frac{(x-2)(x+3)}{x(x+3)(x-3)} + \frac{(2x-1)(x-3)}{x(x+3)(x-3)} - \frac{2x}{x(x+3)(x-3)}$$

$$= \frac{x^2+x-6}{x(x+3)(x-3)} + \frac{2x^2-7x+3}{x(x+3)(x-3)} - \frac{2x}{x(x+3)(x-3)}$$

$$= \frac{x^2+x-6+2x^2-7x+3-2x}{x(x+3)(x-3)}$$

$$= \frac{3x^2-8x-3}{x(x+3)(x-3)}$$

$$= \frac{(3x+1)(x-3)}{x(x+3)(x-3)}$$

$$= \frac{3x+1}{x(x+3)}$$

95. $\dfrac{\frac{4x}{y}}{\frac{6xz}{y^2}} = \dfrac{4x}{y} \div \dfrac{6xz}{y^2} = \dfrac{4x}{y} \cdot \dfrac{y^2}{6xz} = \dfrac{2y}{3z}$

97. $\dfrac{\frac{x-y}{xy}}{\frac{y-x}{x}} = \dfrac{x-y}{xy} \div \dfrac{y-x}{x} = \dfrac{x-y}{xy} \cdot \dfrac{x}{y-x} = -\dfrac{1}{y}$

99. $\dfrac{\frac{1}{a}+\frac{1}{b}}{\frac{1}{a}} = \dfrac{\left(\frac{1}{a}+\frac{1}{b}\right)\cdot\frac{ab}{1}}{\frac{1}{a}\cdot\frac{ab}{1}} = \dfrac{\frac{1}{a}\cdot\frac{ab}{1}+\frac{1}{b}\cdot\frac{ab}{1}}{\frac{b}{1}} = \dfrac{b+a}{b}$

101. $\dfrac{\frac{y}{x}-\frac{x}{y}}{\frac{1}{x}+\frac{1}{y}} = \dfrac{\left(\frac{y}{x}-\frac{x}{y}\right)\cdot\frac{xy}{1}}{\left(\frac{1}{x}+\frac{1}{y}\right)\cdot\frac{xy}{1}} = \dfrac{\frac{y}{x}\cdot\frac{xy}{1}-\frac{x}{y}\cdot\frac{xy}{1}}{\frac{1}{x}\cdot\frac{xy}{1}+\frac{1}{y}\cdot\frac{xy}{1}} = \dfrac{y^2-x^2}{y+x} = \dfrac{\cancel{(y+x)}(y-x)}{\cancel{y+x}} = y-x$

103. $\dfrac{\frac{1}{a}-\frac{1}{b}}{\frac{a}{b}-\frac{b}{a}} = \dfrac{\left(\frac{1}{a}-\frac{1}{b}\right)\cdot\frac{ab}{1}}{\left(\frac{a}{b}-\frac{b}{a}\right)\cdot\frac{ab}{1}} = \dfrac{\frac{1}{a}\cdot\frac{ab}{1}-\frac{1}{b}\cdot\frac{ab}{1}}{\frac{a}{b}\cdot\frac{ab}{1}-\frac{b}{a}\cdot\frac{ab}{1}} = \dfrac{b-a}{a^2-b^2} = \dfrac{\overset{-1}{\cancel{b-a}}}{(a+b)\cancel{(a-b)}} = -\dfrac{1}{a+b}$

105. $\dfrac{1+\frac{6}{x}+\frac{8}{x^2}}{1+\frac{1}{x}-\frac{12}{x^2}} = \dfrac{\left(1+\frac{6}{x}+\frac{8}{x^2}\right)\cdot\frac{x^2}{1}}{\left(1+\frac{1}{x}-\frac{12}{x^2}\right)\cdot\frac{x^2}{1}} = \dfrac{x^2+6x+8}{x^2+x-12} = \dfrac{(x+2)\cancel{(x+4)}}{\cancel{(x+4)}(x-3)} = \dfrac{x+2}{x-3}$

107. $\dfrac{\frac{1}{a+1}+1}{\frac{3}{a-1}+1} = \dfrac{\left(\frac{1}{a+1}+1\right)\cdot\frac{(a+1)(a-1)}{1}}{\left(\frac{3}{a-1}+1\right)\cdot\frac{(a+1)(a-1)}{1}} = \dfrac{(a-1)+(a+1)(a-1)}{3(a+1)+(a+1)(a-1)} = \dfrac{a-1+a^2-1}{3a+3+a^2-1}$

$= \dfrac{a^2+a-2}{a^2+3a+2}$

$= \dfrac{\cancel{(a+2)}(a-1)}{\cancel{(a+2)}(a+1)}$

$= \dfrac{a-1}{a+1}$

109. $\dfrac{x^{-1}+y^{-1}}{x^{-1}-y^{-1}} = \dfrac{\frac{1}{x}+\frac{1}{y}}{\frac{1}{x}-\frac{1}{y}} = \dfrac{\left(\frac{1}{x}+\frac{1}{y}\right)\cdot\frac{xy}{1}}{\left(\frac{1}{x}-\frac{1}{y}\right)\cdot\frac{xy}{1}} = \dfrac{y+x}{y-x}$

111. $\dfrac{x+y}{x^{-1}+y^{-1}} = \dfrac{x+y}{\frac{1}{x}+\frac{1}{y}} = \dfrac{(x+y)xy}{\left(\frac{1}{x}+\frac{1}{y}\right)\cdot\frac{xy}{1}} = \dfrac{xy\cancel{(x+y)}}{\cancel{y+x}} = xy$

113. $\dfrac{x-y^{-2}}{y-x^{-2}} = \dfrac{x-\frac{1}{y^2}}{y-\frac{1}{x^2}} = \dfrac{\left(x-\frac{1}{y^2}\right)\cdot\frac{x^2y^2}{1}}{\left(y-\frac{1}{x^2}\right)\cdot\frac{x^2y^2}{1}} = \dfrac{x^3y^2-x^2}{x^2y^3-y^2} = \dfrac{x^2(xy^2-1)}{y^2(x^2y-1)}$

115. $\dfrac{1+\frac{a}{b}}{1-\frac{a}{1-\frac{a}{b}}} = \dfrac{1+\frac{a}{b}}{1-\frac{a\cdot b}{\left(1-\frac{a}{b}\right)\cdot\frac{b}{1}}} = \dfrac{1+\frac{a}{b}}{1-\frac{ab}{b-a}} = \dfrac{\left(1+\frac{a}{b}\right)\cdot\frac{b(b-a)}{1}}{\left(1-\frac{ab}{b-a}\right)\cdot\frac{b(b-a)}{1}} = \dfrac{b(b-a)+a(b-a)}{b(b-a)-ab^2}$

$= \dfrac{(b-a)(b+a)}{b(b-a-ab)}$

117. $a + \dfrac{a}{1+\frac{a}{a+1}} = a + \dfrac{a\cdot(a+1)}{\left(1+\frac{a}{a+1}\right)\cdot(a+1)} = a + \dfrac{a^2+a}{a+1+a} = a + \dfrac{a^2+a}{2a+1} = \dfrac{a(2a+1)}{2a+1} + \dfrac{a^2+a}{2a+1}$

$= \dfrac{2a^2+a+a^2+a}{2a+1}$

$= \dfrac{3a^2+2a}{2a+1}$

Review Exercises (page 453)

1. $(-2, 4]$

$[-1, 5)$

$\boxed{(-2,4] \cup [-1,5)}$

3. $P = 2l + 2w$, for w
$P - 2l = 2l - 2l + 2w$
$P - 2l = 2w$
$\dfrac{P-2l}{2} = \dfrac{2w}{2}$
$\dfrac{P-2l}{2} = w$

5. $a^4 - 13a^2 + 36 = 0$
$(a^2 - 4)(a^2 - 9) = 0$
$(a+2)(a-2)(a+3)(a-3) = 0$
$a = -2$ or $a = 2$ or $a = -3$ or $a = 3$

Exercise 7.7 (page 459)

1. $\begin{array}{r|rrr} 1 & 1 & 1 & -2 \\ & & 1 & 2 \\ \hline & 1 & 2 & 0 \end{array}$
$(x^2 + x - 2) \div (x - 1) = x + 2$

3. $\begin{array}{r|rrr} 4 & 1 & -7 & 12 \\ & & 4 & -12 \\ \hline & 1 & -3 & 0 \end{array}$
$(x^2 - 7x + 12) \div (x - 4) = x - 3$

5. $\begin{array}{r|rrr} -4 & 1 & 6 & 8 \\ & & -4 & -8 \\ \hline & 1 & 2 & 0 \end{array}$
$(x^2 + 6x + 8) \div (x + 4) = x + 2$

7. $\begin{array}{r|rrr} -2 & 1 & -5 & 14 \\ & & -2 & 14 \\ \hline & 1 & -7 & 28 \end{array}$
$(x^2 - 5x + 14) \div (x + 2) = x - 7 + \dfrac{28}{x+2}$

9.
$$\begin{array}{r|rrrr} 3 & 3 & -10 & 5 & -6 \\ & & 9 & -3 & 6 \\ \hline & 3 & -1 & 2 & | \; 0 \end{array}$$
$(3x^3 - 10x^2 + 5x - 6) \div (x - 3) = 3x^2 - x + 2$

11.
$$\begin{array}{r|rrrr} 2 & 2 & 0 & -5 & -6 \\ & & 4 & 8 & 6 \\ \hline & 2 & 4 & 3 & | \; 0 \end{array}$$
$(2x^3 - 5x - 6) \div (x - 2) = 2x^2 + 4x + 3$

13.
$$\begin{array}{r|rrrr} -1 & 6 & 5 & 0 & 4 \\ & & -6 & 1 & -1 \\ \hline & 6 & -1 & 1 & | \; 3 \end{array}$$
$6x^2 - x + 1 + \dfrac{3}{x+1}$

15.
$$\begin{array}{r|rrr} 0.2 & 7.2 & -2.10 & 0.500 \\ & & 1.44 & -0.132 \\ \hline & 7.2 & -0.66 & | \; 0.368 \end{array}$$
$7.2x - 0.66 + \dfrac{0.368}{x - 0.2}$

17.
$$\begin{array}{r|rrr} -1.7 & 2.7 & 1.00 & -5.2 \\ & & -4.59 & 6.103 \\ \hline & 2.7 & -3.59 & | \; 0.903 \end{array}$$
$2.7x - 3.59 + \dfrac{0.903}{x + 1.7}$

19.
$$\begin{array}{r|rrrr} -57 & 9 & 0 & 0 & -25 \\ & & -513 & 29{,}241 & -1{,}666{,}737 \\ \hline & 9 & -513 & 29{,}241 & | \; -1{,}666{,}762 \end{array}$$
$9x^2 - 513x + 29{,}241 + \dfrac{-1{,}666{,}762}{x + 57}$

21. $P(1) = 2(1)^3 - 4(1)^2 + 2(1) - 1$
$= 2(1) - 4(1) + 2 - 1$
$= 2 - 4 + 1$
$= \boxed{-1}$

$$\begin{array}{r|rrrr} 1 & 2 & -4 & 2 & -1 \\ & & 2 & -2 & 0 \\ \hline & 2 & -2 & 0 & | \; \boxed{-1} \end{array}$$

23. $P(-2) = 2(-2)^3 - 4(-2)^2 + 2(-2) - 1$
$= 2(-8) - 4(4) - 4 - 1$
$= -16 - 16 - 5$
$= \boxed{-37}$

$$\begin{array}{r|rrrr} -2 & 2 & -4 & 2 & -1 \\ & & -4 & 16 & -36 \\ \hline & 2 & -8 & 18 & | \; \boxed{-37} \end{array}$$

25. $P(3) = 2(3)^3 - 4(3)^2 + 2(3) - 1$
$= 2(27) - 4(9) + 6 - 1$
$= 54 - 36 + 5$
$= \boxed{23}$

$$\begin{array}{r|rrrr} 3 & 2 & -4 & 2 & -1 \\ & & 6 & 6 & 24 \\ \hline & 2 & 2 & 8 & | \; \boxed{23} \end{array}$$

27. $P(0) = 2(0)^3 - 4(0)^2 + 2(0) - 1$
$= 2(0) - 4(0) + 0 - 1$
$= 0 - 0 - 1$
$= \boxed{-1}$

$$\begin{array}{r|rrrr} 0 & 2 & -4 & 2 & -1 \\ & & 0 & 0 & 0 \\ \hline & 2 & -4 & 2 & | \; \boxed{-1} \end{array}$$

29. $Q(-1) = (-1)^4 - 3(-1)^3 + 2(-1)^2 + (-1) - 3$
$= 1 - 3(-1) + 2(1) - 4$
$= 1 + 3 + 2 - 4$
$= \boxed{2}$

```
-1 | 1   -3    2    1   -3
   |     -1    4   -6    5
   |_____
     1   -4    6   -5  | 2
```

31. $Q(2) = (2)^4 - 3(2)^3 + 2(2)^2 + (2) - 3$
$= 16 - 3(8) + 2(4) - 1$
$= 16 - 24 + 8 - 1$
$= \boxed{-1}$

```
 2 | 1   -3    2    1   -3
   |      2   -2    0    2
   |_____
     1   -1    0    1  | -1
```

33. $Q(3) = (3)^4 - 3(3)^3 + 2(3)^2 + (3) - 3$
$= 81 - 3(27) + 2(9)$
$= 81 - 81 + 18$
$= \boxed{18}$

```
 3 | 1   -3    2    1   -3
   |      3    0    6   21
   |_____
     1    0    2    7  | 18
```

35. $Q(-3) = (-3)^4 - 3(-3)^3 + 2(-3)^2 + (-3) - 3$
$= 81 - 3(-27) + 2(9) - 6$
$= 81 + 81 + 18 - 6$
$= \boxed{174}$

```
-3 | 1   -3    2    1   -3
   |     -3   18  -60  177
   |_____
     1   -6   20  -59 | 174
```

37.
```
 2 | 1   -4    1   -2
   |      2   -4   -6
   |_____
     1   -2   -3  | -8
```
$P(2) = -8$

39.
```
 3 | 2    0    1    2
   |      6   18   57
   |_____
     2    6   19  | 59
```
$P(3) = 59$

41.
```
-2 | 1   -2    1   -3    2
   |     -2    8  -18   42
   |_____
     1   -4    9  -21 |  44
```
$P(-2) = 44$

43.
```
-1/2 | 3    0     0     0     0    1
     |    -3/2  3/4  -3/8  3/16 -3/32
     |_____
       3  -3/2  3/4  -3/8  3/16 | 29/32
```
$P(-1/2) = 29/32$

45. If $x - 3$ is a factor, then 3 is a solution.
```
 3 | 1   -3    5   -15
   |      3    0    15
   |_____
     1    0    5  |  0
```
Since the remainder $= 0$, it IS a factor.

47. If $x + 2$ is a factor, then -2 is a solution.
```
-2 | 3   -7    4
   |     -6   26
   |_____
     3  -13  | 30
```
Since the remainder $\neq 0$, it IS NOT a factor.

49.
```
 2 | 1    0    0    0    0    0    0
   |      2    4    8   16   32   64
   |_____
     1    2    4    8   16   32  | 64
```
$2^6 = 64$; [2] [y^x] [6] [=] {64}

51.

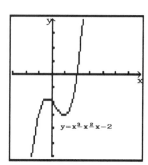

$$\begin{array}{r|rrrr} 2 & 1 & -1 & -1 & -2 \\ & & 2 & 2 & 2 \\ \hline & 1 & 1 & 1 & 0 \end{array}$$

$P(2) = 0$
Thus, $f(x)$ factors as

$$x^3 - x^2 - x - 2 = (x-2)(x^2 + x + 1)$$

53.

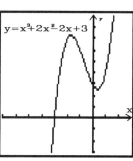

$$\begin{array}{r|rrrr} -3 & 1 & 2 & -2 & 3 \\ & & -3 & 3 & -3 \\ \hline & 1 & -1 & 1 & 0 \end{array}$$

$P(-3) = 0$
Thus, $f(x)$ factors as

$$x^3 + 2x^2 - 2x + 3 = (x+3)(x^2 - x + 1)$$

55.

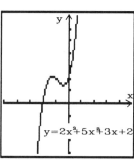

$$\begin{array}{r|rrrr} -2 & 2 & 5 & 3 & 2 \\ & & -4 & -2 & -2 \\ \hline & 2 & 1 & 1 & 0 \end{array}$$

$P(-2) = 0$
Thus, $f(x)$ factors as

$$2x^3 + 5x^2 + 3x + 2 = (x+2)(2x^2 + x + 1)$$

Review Exercises (page 460)

1. $f(1) = 3(1)^2 + 2(1) - 1 = 3(1) + 2 - 1 = 3 + 1 = 4$

3. $f(2a) = 3(2a)^2 + 2(2a) - 1 = 3(4a^2) + 4a - 1 = 12a^2 + 4a - 1$

5. $2(x^2 + 4x - 1) + 3(2x^2 - 2x + 2) = 2x^2 + 8x - 2 + 6x^2 - 6x + 6 = 8x^2 + 2x + 4$

Chapter 7 Review Exercises (page 462)

1.
$$4(y-1) = 28$$
$$4y - 4 = 28$$
$$4y - 4 + 4 = 28 + 4$$
$$4y = 32$$
$$\frac{4y}{4} = \frac{32}{4}$$
$$y = 8$$

3.
$$13(x-9) - 2 = 7x - 5$$
$$13x - 117 - 2 = 7x - 5$$
$$13x - 119 = 7x - 5$$
$$13x - \mathbf{7x} - 119 = 7x - \mathbf{7x} - 5$$
$$6x - 119 = -5$$
$$6x - 119 + \mathbf{119} = -5 + \mathbf{119}$$
$$6x = 114$$
$$\frac{6x}{\mathbf{6}} = \frac{114}{\mathbf{6}}$$
$$x = 19$$

5.
$$V = \tfrac{1}{3}\pi r^2 h, \text{ for } h$$
$$\tfrac{3}{1} \cdot V = \tfrac{3}{1} \cdot \tfrac{1}{3}\pi r^2 h$$
$$3V = \pi r^2 h$$
$$\frac{3V}{\pi r^2} = \frac{\pi r^2 h}{\pi r^2}$$
$$\frac{3V}{\pi r^2} = h$$

7. Let x = the shorter length.
Then $3x$ = the longer length.

$$\boxed{\text{The sum of the lengths}} = 20$$

$$x + 3x = 20$$
$$4x = 20$$
$$\frac{4x}{4} = \frac{20}{4}$$
$$x = 5$$

He should cut the board 5 ft from one end.

9.
$$\tfrac{1}{3}y - 2 \geq \tfrac{1}{2}y + 2$$
$$6 \cdot \left(\tfrac{1}{3}y - 2\right) \geq 6 \cdot \left(\tfrac{1}{2}y + 2\right)$$
$$2y - 12 \geq 3y + 12$$
$$2y - 12 - 12 \geq 3y + 12 - 12$$
$$2y - 2y - 24 \geq 3y - 2y$$
$$-24 \geq y$$
$$(-\infty, -24]$$

<--------●————
         -24

11.
$$3 < 3x + 4 < 10$$
$$3 - 4 < 3x + 4 - 4 < 10 - 4$$
$$-1 < 3x < 6$$
$$\tfrac{-1}{3} < \tfrac{3x}{3} < \tfrac{6}{3}$$
$$-\tfrac{1}{3} < x < 2$$
$$\left(-\tfrac{1}{3}, 2\right)$$

——○━━━━○——
  $-\tfrac{1}{3}$ 2

13.
$$|3x + 1| = 10$$

$3x + 1 = 10$	or	$3x + 1 = -10$
$3x + 1 - 1 = 10 - 1$		$3x + 1 - 1 = -10 - 1$
$3x = 9$		$3x = -11$
$\frac{3x}{3} = \frac{9}{3}$		$\frac{3x}{3} = \frac{-11}{3}$
$x = 3$		$x = -\frac{11}{3}$

15.
$$|3x+2| = |2x-3|$$
$3x+2 = 2x-3$ **or** $3x+2 = -(2x-3)$
$3x-2x+2 = 2x-2x-3 \qquad\qquad 3x+2 = -2x+3$
$x+2-2 = -3-2 \qquad\qquad 3x+2x+2 = -2x+2x+3$
$x = -5 \qquad\qquad 5x+2-2 = 3-2$
$\qquad\qquad\qquad\qquad 5x = 1$
$\qquad\qquad\qquad\qquad \frac{5x}{5} = \frac{1}{5}$
$\qquad\qquad\qquad\qquad x = \frac{1}{5}$

17.
$|2x+7| < 3$
$-3 < 2x+7 < 3$
$-3-7 < 2x+7-7 < 3-7$
$-10 < 2x < -4$
$\frac{-10}{2} < \frac{2x}{2} < \frac{-4}{2}$
$-5 < x < -2 \qquad x \in (-5, -2)$

19. $\left|\frac{3}{2}x - 14\right| \geq 0$ An absolute value is ALWAYS greater than or equal to 0. Thus this inequality is true for all values of x:
$x \in (-\infty, \infty)$

21. $4x + 8 = 4(x+2)$

23. $-8x^2y^3z^4 - 12x^4y^3z^2 = -4x^2y^3z^2(2z^2 + 3x^2)$

25. $x^{2n} + x^n = x^n \cdot x^n + 1 \cdot x^n = x^n(x^n + 1)$

27. $xy + 2y + 4x + 8 = y(x+2) + 4(x+2) = (x+2)(y+4)$

29. $x^4 + 4y + 4x^2 + x^2y = x^4 + 4x^2 + x^2y + 4y = x^2(x^2+4) + y(x^2+4) = (x^2+4)(x^2+y)$

31. $z^2 - 16 = z^2 - 4^2 = (z+4)(z-4)$ **33.** $2x^4 - 98 = 2(x^4 - 49) = 2(x^2+7)(x^2-7)$

35. $y^2 + 21y + 20 = (y+20)(y+1)$ **37.** $-x^2 - 3x + 28 = -(x^2 + 3x - 28)$
$\qquad\qquad\qquad\qquad\qquad\qquad\qquad\qquad\qquad\qquad = -(x+7)(x-4)$

39. $y^3 + y^2 - 2y = y(y^2+y-2)$ **41.** $15x^2 - 57xy - 12y^2 = 3(5x^2 - 19xy - 4y^2)$
$\qquad\qquad\qquad = y(y+2)(y-1) \qquad\qquad\qquad\qquad\qquad = 3(5x+y)(x-4y)$

43. $x^2 + 4x + 4 - 4p^4 = (x+2)^2 - (2p^2)^2 = (x+2+2p^2)(x+2-2p^2)$

45. $x^3 + 343 = (x)^3 + (7)^3 = (x+7)(x^2 - 7(x) + 7^2) = (x+7)(x^2 - 7x + 49)$

47. $8y^3 - 512 = 8(y^3 - 64) = 8(y^3 - 4^3) = 8(y-4)(y^2 + 4y + 16)$

49. $\dfrac{248x^2y}{576xy^2} = \dfrac{\cancel{8} \cdot 31 \cdot \cancel{x} \cdot x \cdot \cancel{y}}{\cancel{8} \cdot 72 \cdot \cancel{x} \cdot y \cdot \cancel{y}} = \dfrac{31x}{72y}$

51. $\dfrac{x^2 + 4x + 4}{x^2 - x - 6} \cdot \dfrac{x^2 - 9}{x^2 + 5x + 6} = \dfrac{(x+2)(x+2)}{(x-3)(x+2)} \cdot \dfrac{(x+3)(x-3)}{(x+2)(x+3)} = 1$

53. $\dfrac{5y}{x-y} - \dfrac{3}{x-y} = \dfrac{5y - 3}{x-y}$

55. $\dfrac{3}{x+2} + \dfrac{2}{x+3} = \dfrac{3(x+3)}{(x+2)(x+3)} + \dfrac{2(x+2)}{(x+2)(x+3)} = \dfrac{3x + 9 + 2x + 4}{(x+2)(x+3)} = \dfrac{5x + 13}{(x+2)(x+3)}$

57. $\dfrac{x^2 + 3x + 2}{x^2 - x - 6} \cdot \dfrac{3x^2 - 3x}{x^2 - 3x - 4} \div \dfrac{x^2 + 3x + 2}{x^2 - 2x - 8} = \dfrac{(x+2)(x+1)}{(x-3)(x+2)} \cdot \dfrac{3x(x-1)}{(x-4)(x+1)} \cdot \dfrac{x^2 - 2x - 8}{x^2 + 3x + 2}$

$= \dfrac{(x+2)(x+1)}{(x-3)(x+2)} \cdot \dfrac{3x(x-1)}{(x-4)(x+1)} \cdot \dfrac{(x-4)(x+2)}{(x+2)(x+1)}$

$= \dfrac{3x(x-1)}{(x-3)(x+1)}$

59. $\dfrac{2x}{x+1} + \dfrac{3x}{x+2} + \dfrac{4x}{x^2 + 3x + 2} = \dfrac{2x(x+2)}{(x+1)(x+2)} + \dfrac{3x(x+1)}{(x+1)(x+2)} + \dfrac{4x}{(x+1)(x+2)}$

$= \dfrac{2x^2 + 4x + 3x^2 + 3x + 4x}{(x+1)(x+2)}$

$= \dfrac{5x^2 + 11x}{(x+1)(x+2)}$

61. $\dfrac{3(x+2)}{x^2 - 1} - \dfrac{2}{x+1} + \dfrac{4(x+3)}{x^2 - 2x + 1} = \dfrac{3x+6}{(x+1)(x-1)} - \dfrac{2}{x+1} + \dfrac{4x+12}{(x-1)(x-1)}$

$= \dfrac{(3x+6)(x-1)}{(x+1)(x-1)^2} - \dfrac{2(x-1)(x-1)}{(x+1)(x-1)^2} + \dfrac{(4x+12)(x+1)}{(x+1)(x-1)^2}$

$= \dfrac{3x^2 + 3x - 6}{(x+1)(x-1)^2} - \dfrac{2(x^2 - 2x + 1)}{(x+1)(x-1)^2} + \dfrac{4x^2 + 16x + 12}{(x+1)(x-1)^2}$

$= \dfrac{3x^2 + 3x - 6 - 2x^2 + 4x - 2 + 4x^2 + 16x + 12}{(x+1)(x-1)^2}$

$= \dfrac{5x^2 + 23x + 4}{(x+1)(x-1)^2}$

63. $\dfrac{\frac{3}{x}-\frac{2}{y}}{xy} = \dfrac{\left(\frac{3}{x}-\frac{2}{y}\right)\cdot\frac{xy}{1}}{xy\cdot xy} = \dfrac{3y-2x}{x^2y^2}$

65. $\dfrac{2x+3+\frac{1}{x}}{x+2+\frac{1}{x}} = \dfrac{\left(2x+3+\frac{1}{x}\right)\cdot x}{\left(x+2+\frac{1}{x}\right)\cdot x} = \dfrac{2x^2+3x+1}{x^2+2x+1} = \dfrac{(2x+1)(x+1)}{(x+1)(x+1)} = \dfrac{2x+1}{x+1}$

67. $\underline{5\,|}$ 1   −3   −8   −10

               5   10   10

       1   2   2 | $\boxed{0}$ Since the remainder is 0, $x-5$ is a factor of $x^3-3x^2-8x-10$.

Chapter 7 Test (page 464)

1. $9(x+4)+4 = 4(x-5)$

   $9x+36+4 = 4x-20$

   $9x+40 = 4x-20$

   $9x-\mathbf{4x}+40 = 4x-\mathbf{4x}-20$

   $5x+40 = -20$

   $5x+40-\mathbf{40} = -20-\mathbf{40}$

   $\mathbf{5x} = -60$

   $\dfrac{5x}{5} = \dfrac{-60}{5}$

   $x = -12$

3. $p = L+\dfrac{s}{f}i$

   $p-L = L-L+\dfrac{s}{f}i$

   $p-L = \dfrac{s}{f}i$

   $\dfrac{f}{s}\cdot(p-L) = \dfrac{f}{s}\cdot\dfrac{s}{f}i$

   $\dfrac{f(p-L)}{s} = i$

5. Let x = the shorter length. Then $2x$ = the middle length, and $6x$ = the longer length.

   $\boxed{\text{The sum of the lengths}} = 20$

   $x+2x+6x = 20$

   $9x = 20$

   $\dfrac{9x}{9} = \dfrac{20}{9}$

   $x = \dfrac{20}{9}$

   The longest piece is $\dfrac{6}{1}\left(\dfrac{20}{9}\right) = \dfrac{40}{3} = 13\dfrac{1}{3}\,ft$.

7. $-2(2x+3) \geq 14$

   $-4x-6 \geq 14$

   $-4x-6+\mathbf{6} \geq 14+\mathbf{6}$

   $-4x \geq 20$

   $\dfrac{-4x}{-4} \leq \dfrac{20}{-4}$

   $x \leq -5$

   $(-\infty,-5]$ ←——●————→
                                −5

9.
$$|2x+3|=11$$

$2x+3=11$	or	$2x+3=-11$
$2x+3-3=11-3$		$2x+3-3=-11-3$
$2x=8$		$2x=-14$
$\frac{2x}{2}=\frac{8}{2}$		$\frac{2x}{2}=\frac{-14}{2}$
$x=4$		$x=-7$

11.
$$|x+3|\leq 4$$
$$-4\leq x+3\leq 4$$
$$-4-3\leq x+3-3\leq 4-3$$
$$-7\leq x\leq 1$$
$[-7,1]$ ⟵———•———————•———⟶
 -71

13. $3xy^2+6x^2y=3xy(y+2x)$

15. $ax-xy+ay-y^2=x(a-y)+y(a-y)$
$=(a-y)(x+y)$

17. $x^2-49=(x+7)(x-7)$

19. $4y^4-64=4(y^4-16)$
$=4(y^2+4)(y^2-4)$
$=4(y^2+4)(y+2)(y-2)$

21. $b^3-27=(b-3)(b^2+3b+9)$

23. $x^2+8x+15=(x+5)(x+3)$

25. $6u^2+9u-6=3(2u^2+3u-2)$
$=3(2u-1)(u+2)$

27. $\dfrac{-12x^2y^3z^2}{18x^3y^4z^2}=-\dfrac{2}{3xy}$

29. $\dfrac{x^2y^{-2}}{x^3z^2}\cdot\dfrac{x^2z^4}{y^2z}=\dfrac{x^4y^{-2}z^4}{x^3y^2z^3}=\dfrac{xz}{y^4}$

31. $\dfrac{x^3+y^3}{4}\div\dfrac{x^2-xy+y^2}{2x+2y}=\dfrac{(x+y)(x^2-xy+y^2)}{4}\cdot\dfrac{2(x+y)}{(x^2-xy+y^2)}=\dfrac{(x+y)^2}{2}$

33. $\dfrac{\frac{2u^2w^3}{v^2}}{\frac{4uw^4}{uv}}=\dfrac{2u^2w^3}{v^2}\cdot\dfrac{uv}{4uw^4}=\dfrac{u^2}{2vw}$

35. $P(-1)=(-1)^3-4(-1)^2+5(-1)+3=-7$
The remainder is -7.

Exercise 8.1 (page 476)

1–7.   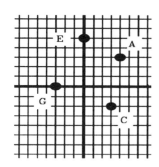   9. $A\ (2,4)$ 11. $C\ (-2,-1)$

13. $E\ (4,0)$ 15. $G\ (0,0)$

17. $x+y=4$ $x+y=4$
     $x+0=4$ $0+y=4$

     $x=4$ $y=4$
     x-intercept: $(4,0)$ y-intercept: $(0,4)$

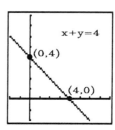

19. $2x-y=3$ $2x-y=3$
     $2x-0=3$ $2(0)-y=3$
     $2x=3$ $-y=3$
     $x=\frac{3}{2}$ $y=-3$

     x-intercept: $\left(\frac{3}{2},0\right)$ y-intercept: $(0,-3)$

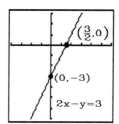

21. $3x+4y=12$ $3x+4y=12$
     $3x+4(0)=12$ $3(0)+4y=12$
     $3x=12$ $4y=12$
     $x=4$ $y=3$

     x-intercept: $(4,0)$ y-intercept: $(0,3)$

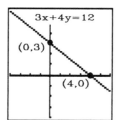

23. $y=-3x+2$ $y=-3x+2$
     $0=-3x+2$ $y=-3(0)+2$
     $-2=-3x$ $y=0+2$
     $\frac{2}{3}=x$ $y=2$

     x-intercept: $\left(\frac{2}{3},0\right)$ y-intercept: $(0,2)$

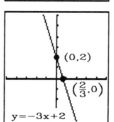

25.
$3y = 6x - 9$
$3(0) = 6x - 9$
$9 = 6x$
$\frac{9}{6} = x$
$\frac{3}{2} = x$
x-intercept: $\left(\frac{3}{2}, 0\right)$

$3y = 6x - 9$
$3y = 6(0) - 9$
$3y = -9$
$y = \frac{-9}{3}$
$y = -3$
y-intercept: $(0, -3)$

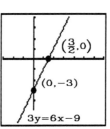

27.
$3x + 4y - 8 = 0$
$3x + 4(0) = 8$
$3x = 8$
$x = \frac{8}{3}$
x-intercept: $\left(\frac{8}{3}, 0\right)$

$3x + 4y - 8 = 0$
$3(0) + 4y = 8$
$4y = 8$
$y = 2$
y-intercept: $(0, -2)$

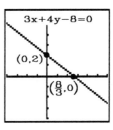

29. $x = 3$: Vertical line through 3

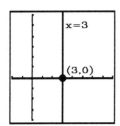

31. $-3y + 2 = 5$
$-3y = 3$
$y = -1$: Horizontal line through -1

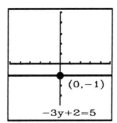

33. $\frac{x_1 + x_2}{2} = \frac{0+6}{2} = \frac{6}{2} = 3$

$\frac{y_1 + y_2}{2} = \frac{0+8}{2} = \frac{8}{2} = 4$

midpoint: $(3, 4)$

35. $\frac{x_1 + x_2}{2} = \frac{6+12}{2} = \frac{18}{2} = 9$

$\frac{y_1 + y_2}{2} = \frac{8+16}{2} = \frac{24}{2} = 12$

midpoint: $(9, 12)$

37. $\frac{x_1 + x_2}{2} = \frac{2+5}{2} = \frac{7}{2}$

$\frac{y_1 + y_2}{2} = \frac{4+8}{2} = \frac{12}{2} = 6$

midpoint: $\left(\frac{7}{2}, 6\right)$

39. $\frac{x_1 + x_2}{2} = \frac{-2+3}{2} = \frac{1}{2}$

$\frac{y_1 + y_2}{2} = \frac{-8+4}{2} = \frac{-4}{2} = -2$

midpoint: $\left(\frac{1}{2}, -2\right)$

41. $\dfrac{x_1+x_2}{2} = \dfrac{-3+(-5)}{2} = \dfrac{-8}{2} = -4$

$\dfrac{y_1+y_2}{2} = \dfrac{5+(-5)}{2} = \dfrac{0}{2} = 0$

midpoint: $(-4, 0)$

43. $\dfrac{x_1+x_2}{2} = \dfrac{a+4a}{2} = \dfrac{5a}{2}$

$\dfrac{y_1+y_2}{2} = \dfrac{b+3b}{2} = \dfrac{4b}{2} = 2b$

midpoint: $\left(\dfrac{5a}{2}, 2b\right)$

45. $\dfrac{x_1+x_2}{2} = \dfrac{(a-b)+(a+b)}{2} = \dfrac{2a}{2} = a$

$\dfrac{y_1+y_2}{2} = \dfrac{b+3b}{2} = \dfrac{4b}{2} = 2b$

midpoint: $(a, 2b)$

47. $\dfrac{x_1+x_2}{2} = -2$

$\dfrac{-8+x_2}{2} = -2$

$-8+x_2 = -4$

$x_2 = 4$

$\dfrac{y_1+y_2}{2} = 3$

$\dfrac{5+y_2}{2} = 3$

$5+y_2 = 6$

$y_2 = 1$

Point Q has coordinates $(4, 1)$.

49. Let $x = 5$ and $x = 10$:

$y = 7500x + 125{,}000$
$= 7500(5) + 125{,}000$
$= 37{,}500 + 125{,}000$
$= \$162{,}500$ after 5 years

$y = 7500x + 125{,}000$
$= 7500(10) + 125{,}000$
$= 75{,}000 + 125{,}000$
$= \$200{,}000$ after 10 years

51. $p = -\dfrac{1}{10}q + 170$

$150 = -\dfrac{1}{10}q + 170$

$-20 = -\dfrac{1}{10}q$

$10(-20) = 10\left(-\dfrac{1}{10}q\right)$

$-200 = -q$

$q = 200$ TV sets will be sold.

53. $V = \dfrac{n\nu}{N}$

$60 = \dfrac{12\nu}{20}$

$20 \cdot 60 = 20 \cdot \dfrac{12\nu}{20}$

$1200 = 12\nu$

$100 = \nu$

The velocity of the smaller gear is 100 rpm.

Review Exercises (page 479)

1. $[-3, 2)$

   $(-2, 3]$

   $[-3, 2) \cup (-2, 3]$

3. $[-3, -2)$

   $(2, 3]$

   There is no intersection and thus no solution.

Exercise 8.2 (page 487)

1. $m = \frac{y_2 - y_1}{x_2 - x_1} = \frac{9 - 0}{3 - 0} = \frac{9}{3} = 3$

3. $m = \frac{y_2 - y_1}{x_2 - x_1} = \frac{8 - 1}{-1 - 6} = \frac{7}{-7} = -1$

5. $m = \frac{y_2 - y_1}{x_2 - x_1} = \frac{-1 - 2}{3 - (-6)} = \frac{-3}{9} = -\frac{1}{3}$

7. $m = \frac{y_2 - y_1}{x_2 - x_1} = \frac{5 - 5}{7 - (-9)} = \frac{0}{16} = 0$

9. $m = \frac{y_2 - y_1}{x_2 - x_1} = \frac{-5 - (-2)}{-7 - (-7)} = \frac{-3}{0}$ undefined

11. $m = \frac{y_2 - y_1}{x_2 - x_1} = \frac{b - a}{a - b} = -1$

13. Let $y = 0$ and $x = 0$:

$3x + 2y = 12$ $\quad\quad$ $3x + 2y = 12$
$3x + 2(0) = 12$ $\quad$ $3(0) + 2y = 12$
$3x = 12$ $\quad\quad\quad\quad$ $2y = 12$
$x = 4$ $\quad\quad\quad\quad\quad$ $y = 6$

points: $(4, 0)$ and $(0, 6)$

$m = \frac{y_2 - y_1}{x_2 - x_1} = \frac{0 - 6}{4 - 0} = \frac{-6}{4} = -\frac{3}{2}$

15. Let $y = 2$ and $x = -2$:

$3x = 4y - 2$ $\quad\quad$ $3x = 4y - 2$
$3x = 4(2) - 2$ $\quad$ $3(-2) = 4y - 2$
$3x = 8 - 2$ $\quad\quad$ $-6 = 4y - 2$
$3x = 6$ $\quad\quad\quad\quad$ $-4 = 4y$
$x = 2$ $\quad\quad\quad\quad$ $-1 = y$

points: $(2, 2)$ and $(-2, -1)$

$m = \frac{y_2 - y_1}{x_2 - x_1} = \frac{2 - (-1)}{2 - (-2)} = \frac{3}{4}$

17. Let $x = 4$ and $x = 6$:

$y = \frac{x - 4}{2}$ $\quad\quad$ $y = \frac{x - 4}{2}$

$y = \frac{4 - 4}{2}$ $\quad\quad$ $y = \frac{6 - 4}{2}$

$y = \frac{0}{2} = 0$ $\quad\quad$ $y = \frac{2}{2} = 1$

points: $(4, 0)$ and $(6, 1)$

$m = \frac{y_2 - y_1}{x_2 - x_1} = \frac{0 - 1}{4 - 6} = \frac{-1}{-2} = \frac{1}{2}$

19. $4y = 3(y + 2)$
$4y = 3y + 6$
$y = 6$

points: $(0, 6)$ and $(2, 6)$

$m = \frac{y_2 - y_1}{x_2 - x_1} = \frac{6 - 6}{0 - 2} = \frac{0}{-2} = 0$

21. $x(y + 2) = y(x - 3) + 4$
$xy + 2x = xy - 3y + 4$
$2x = -3y + 4$ $\quad$ {Let $y = 0$ and $y = 2$}
$2x = -3(0) + 4$ $\quad$ $2x = -3(2) + 4$
$2x = 4$ $\quad\quad\quad\quad$ $2x = -2$
$x = 2$ $\quad\quad\quad\quad$ $x = -1$

points: $(2, 0)$ and $(-1, 2)$

$m = \frac{y_2 - y_1}{x_2 - x_1} = \frac{0 - 2}{2 - (-1)} = \frac{-2}{3} = -\frac{2}{3}$

23. sloping downward $\Rightarrow$ negative slope

25. sloping upward $\Rightarrow$ positive slope

27. vertical $\Rightarrow$ undefined slope

29. $m_1 \neq m_2 \Rightarrow$ not parallel
$m_1 m_2 = 3\left(-\frac{1}{3}\right) = -1 \Rightarrow$ perpendicular

31. $m_1 \neq m_2 \Rightarrow$ not parallel
$m_1 m_2 = 4(0.25) = 1 \Rightarrow$ not perpendicular

33. $m_1 = \frac{a}{b}, m_2 = \left(\frac{b}{a}\right)^{-1} = \frac{a}{b}$
$m_1 = m_2 \Rightarrow$ parallel

35. $m_1 \neq m_2 \Rightarrow$ not parallel
$m_1 m_2 = \frac{a-b}{b} \cdot \frac{-b}{a-b} = -1 \Rightarrow$ perpendicular

For problems #37 – 41, use slope of $\overleftrightarrow{RS} = \frac{y_2 - y_1}{x_2 - x_1} = \frac{-4-8}{2-(-4)} = \frac{-12}{6} = -2.$

37. $m_{\overleftrightarrow{PQ}} = \frac{y_2 - y_1}{x_2 - x_1} = \frac{4-2}{3-4} = \frac{2}{-1} = -2$

The lines are parallel.

39. $m_{\overleftrightarrow{PQ}} = \frac{y_2 - y_1}{x_2 - x_1} = \frac{1-5}{-2-6} = \frac{-4}{-8} = \frac{1}{2}$

The lines are perpendicular.

41. $m_{\overleftrightarrow{PQ}} = \frac{y_2 - y_1}{x_2 - x_1} = \frac{4-6}{5-6} = \frac{-2}{-1} = 2$

The lines are neither parallel nor perpendicular.

43. $m_{\overleftrightarrow{PQ}} = \frac{y_2 - y_1}{x_2 - x_1} = \frac{4-8}{-2-4} = \frac{-4}{-6} = \frac{2}{3}$
$m_{\overleftrightarrow{PR}} = \frac{y_2 - y_1}{x_2 - x_1} = \frac{4-12}{-2-10} = \frac{-8}{-12} = \frac{2}{3}$

The lines are the same.

45. $m_{\overleftrightarrow{PQ}} = \frac{y_2 - y_1}{x_2 - x_1} = \frac{10-0}{-4-(-6)} = \frac{10}{2} = 5$
$m_{\overleftrightarrow{PR}} = \frac{y_2 - y_1}{x_2 - x_1} = \frac{10-5}{-4-(-1)} = \frac{5}{-3} = -\frac{5}{3}$

The lines are NOT the same.

47. $m_{\overleftrightarrow{PQ}} = \frac{y_2 - y_1}{x_2 - x_1} = \frac{4-8}{-2-0} = \frac{-4}{-2} = 2$
$m_{\overleftrightarrow{PR}} = \frac{y_2 - y_1}{x_2 - x_1} = \frac{4-12}{-2-2} = \frac{-8}{-4} = 2$

The lines are the same.

49. The x-axis is horizontal with a y-coordinate of 0: slope = 0, equation $y = 0$.

51. Let $x =$ years and $y =$ enrollment.
Points: $(1, 12)$ and $(5, 26)$
$m = \frac{y_2 - y_1}{x_2 - x_1} = \frac{12-26}{1-5} = \frac{-14}{-4} = \frac{7}{2}$

The rate is 3.5 students per year.

53. Let $x =$ years (negative: ago) and $y =$ price.
Points: $(-10, 6700)$ and $(-3, 2200)$
$m = \frac{y_2 - y_1}{x_2 - x_1} = \frac{6700-2200}{-10-(-3)} = -642.86$

The price has decreased $642.86 per year.

55. Take $A(-3, 4)$, $B(4, 1)$ and $C(-1, -1)$.

$m_{\overleftrightarrow{AB}} = \frac{y_2 - y_1}{x_2 - x_1} = \frac{4-1}{-3-4} = \frac{3}{-7} = -\frac{3}{7}$

$m_{\overleftrightarrow{AC}} = \frac{y_2 - y_1}{x_2 - x_1} = \frac{4-(-1)}{-3-(-1)} = \frac{5}{-2} = -\frac{5}{2}$

$m_{\overleftrightarrow{BC}} = \frac{y_2 - y_1}{x_2 - x_1} = \frac{1-(-1)}{4-(-1)} = \frac{2}{5} = \frac{2}{5}$

$\overleftrightarrow{AC}$ and $\overleftrightarrow{BC}$ are perpendicular, so the triangle is a right triangle.

57. Take $A(a, 0)$, $B(0, a)$, $C(-a, 0)$ and $D(0, -a)$.

$m_{\overleftrightarrow{AB}} = \frac{y_2 - y_1}{x_2 - x_1} = \frac{0-a}{a-0} = \frac{-a}{a} = -1$

$m_{\overleftrightarrow{BC}} = \frac{y_2 - y_1}{x_2 - x_1} = \frac{0-(-a)}{a-0} = \frac{a}{a} = 1$

$m_{\overleftrightarrow{CD}} = \frac{y_2 - y_1}{x_2 - x_1} = \frac{0-(-a)}{-a-0} = \frac{a}{-a} = -1$

$m_{\overleftrightarrow{DA}} = \frac{y_2 - y_1}{x_2 - x_1} = \frac{0-a}{-a-0} = \frac{-a}{-a} = 1$

Thus, adjacent sides are perpendicular.

59. Take $A(0,0)$, $B(0,a)$, $C(b, a+c)$ and $D(b,c)$.

$m_{\overleftrightarrow{AB}} = \frac{y_2 - y_1}{x_2 - x_1} = \frac{0-a}{0-0} = \frac{-a}{0}$ undefined (vertical)

$m_{\overleftrightarrow{CD}} = \frac{y_2 - y_1}{x_2 - x_1} = \frac{(a+c)-c}{b-b} = \frac{a}{0}$ undefined (vertical)

$m_{\overleftrightarrow{AD}} = \frac{y_2 - y_1}{x_2 - x_1} = \frac{0-c}{0-b} = \frac{-c}{-b} = \frac{c}{b}$

$m_{\overleftrightarrow{BC}} = \frac{y_2 - y_1}{x_2 - x_1} = \frac{a-(a+c)}{0-b} = \frac{-c}{-b} = \frac{c}{b}$ Thus opposite sides are parallel.

61. Take $A(3,a)$, $B(5,7)$ and $C(7,10)$. If all 3 points are on the same line, then all possible slopes through the three points are the same. Find these slopes and set them equal:

$m_{\overleftrightarrow{AB}} = \frac{y_2 - y_1}{x_2 - x_1} = \frac{a-7}{3-5} = \frac{a-7}{-2}$

$m_{\overleftrightarrow{BC}} = \frac{y_2 - y_1}{x_2 - x_1} = \frac{10-7}{7-5} = \frac{3}{2}$

$$m_{\overleftrightarrow{AB}} = m_{\overleftrightarrow{BC}}$$
$$\frac{a-7}{-2} = \frac{3}{2}$$
$$-2 \cdot \frac{a-7}{-2} = -2 \cdot \frac{3}{2}$$
$$a - 7 = -3$$
$$a - 7 + 7 = -3 + 7$$
$$a = 4$$

Review Exercises (page 489)

1. $\frac{21ab^2c^3}{14abc^4} = \frac{3b}{2c}$

3. $\frac{-2x + 2y + 2z}{4x - 4y - 4z} = \frac{-2(x - y - z)}{4(x - y - z)} = -\frac{1}{2}$

Exercise 8.3 (page 497)

1. $y - y_1 = m(x - x_1)$
$y - 7 = 5(x - 0)$
$y - 7 = 5x$
$-7 = 5x - y$, or $5x - y = -7$

3. $y - y_1 = m(x - x_1)$
$y - 0 = -3(x - 2)$
$y = -3x + 6$
$3x + y = 6$

5. $y - y_1 = m(x - x_1)$
$y - 5 = \frac{3}{2}(x - 2)$
$2(y - 5) = 2 \cdot \frac{3}{2}(x - 2)$
$2y - 10 = 3(x - 2)$
$2y - 10 = 3x - 6$
$-4 = 3x - 2y$, or $3x - 2y = -4$

7. $m = \frac{y_1 - y_2}{x_1 - x_2} = \frac{4 - 0}{4 - 0} = \frac{4}{4} = 1$
$y - y_1 = m(x - x_1)$
$y - 0 = 1(x - 0)$
$y = x$

9. $m = \frac{y_1 - y_2}{x_1 - x_2} = \frac{4 - (-3)}{3 - 0} = \frac{7}{3}$

$y - y_1 = m(x - x_1)$

$y - 4 = \frac{7}{3}(x - 3)$

$y - \frac{12}{3} = \frac{7}{3}x - \frac{21}{3}$

$y = \frac{7}{3}x - \frac{9}{3}$, or $y = \frac{7}{3}x - 3$

11. $m = \frac{y_1 - y_2}{x_1 - x_2} = \frac{4 - (-5)}{-2 - 3} = \frac{9}{-5} = -\frac{9}{5}$

$y - y_1 = m(x - x_1)$

$y - 4 = -\frac{9}{5}(x + 2)$

$y - \frac{20}{5} = -\frac{9}{5}x - \frac{18}{5}$

$y = -\frac{9}{5}x + \frac{2}{5}$

13. $y = mx + b$
$y = 3x + 17$

15. $y = mx + b$ {Substitute $(7,5)$ for (x,y)}
$5 = -7(7) + b$
$5 = -49 + b$
$54 = b$
$y = -7x + 54$

17. $y = mx + b$
$-4 = 0(2) + b$
$-4 = b$
$y = 0x + (-4)$, or $y = -4$

19. $m = \frac{x_1 - x_2}{y_1 - y_2} = \frac{8 - 10}{6 - 2} = \frac{-2}{4} = -\frac{1}{2}$

$y = mx + b$

$8 = -\frac{1}{2}(6) + b$

$8 = -3 + b$

$11 = b$

$y = -\frac{1}{2}x + 11$

21. $y + 1 = x$
$y = x - 1$
$m = 1; b = -1 \Rightarrow (0, -1)$

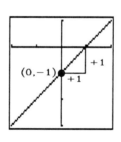

23. $x = \frac{3}{2}y - 3$

$2x = 2\left(\frac{3}{2}y - 3\right)$

$2x = 3y - 6$

$-3y = -2x - 6$

$y = \frac{2}{3}x + 2$

$m = \frac{2}{3}; b = 2 \Rightarrow (0, 2)$

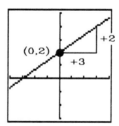

25.
$3(y-4) = -2(x-3)$
$3y - 12 = -2x + 6$
$3y = -2x + 18$
$y = -\frac{2}{3}x + 6$
$m = -\frac{2}{3}; b = 6 \Rightarrow (0,6)$

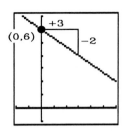

27.
$3x - 2y = 8$
$-2y = -3x + 8$
$y = \frac{3}{2}x - 4$
$m = \frac{3}{2}; b = -4 \Rightarrow (0,-4)$

29.
$-2(x + 3y) = 5$
$-2x - 6y = 5$
$-6y = 2x + 5$
$y = -\frac{1}{3}x - \frac{5}{6}$
$m = -\frac{1}{3}; b = -\frac{5}{6} \Rightarrow \left(0, -\frac{5}{6}\right)$

31.
$x = \frac{2y - 4}{7}$
$7x = 2y - 4$
$-2y = -7x - 4$
$y = \frac{7}{2}x + 2$
$m = \frac{7}{2}; b = 2 \Rightarrow (0,2)$

33. $y = 3x + 4 \qquad y = 3x - 7$
$\boxed{m = 3} \qquad\qquad \boxed{m = 3}$
The slopes are equal, so the lines are parallel.

35. $x + y = 2 \qquad y = x + 5$
$y = -x + 2 \qquad y = x + 5$
$\boxed{m = -1} \qquad\qquad \boxed{m = 1}$
Since the slopes have a product of -1, the lines are perpendicular.

37. $y = 3x + 7 \qquad 2y = 6x - 9$
$y = 3x + 7 \qquad y = 3x - \frac{9}{2}$
$\boxed{m = 3} \qquad\qquad \boxed{m = 3}$
The slopes are equal, so the lines are parallel.

39.
$x = 3y + 8 \qquad y = -3x + 7$
$-3y = -x + 8 \qquad y = -3x + 7$
$y = \frac{1}{3}x - \frac{8}{3} \qquad y = -3x + 7$
$\boxed{m = \frac{1}{3}} \qquad\qquad \boxed{m = -3}$
Since the slopes have a product of -1, the lines are perpendicular.

41. $y = 3 \qquad\qquad x = 4$
horizontal $\qquad\qquad$ vertical
The lines are perpendicular.

43. $x = \dfrac{y-2}{3}$

$3x = y - 2$

$-y = -3x - 2$

$y = 3x + 2$

$\boxed{m = 3}$

$3(y-3) + x = 0$

$3y - 9 = -x$

$3y = -x + 9$

$y = -\dfrac{1}{3}x + 3$

$\boxed{m = -\dfrac{1}{3}}$

Since the slopes have a product of -1, the lines are perpendicular.

45. First, find the slope of $y = 4x - 7$:

Its slope is 4. We want a line parallel to this line, so use $m = 4$:

$y - y_1 = m(x - x_1)$

$y - 0 = 4(x - 0)$

$y = 4x$

47. First, find the slope of $4x - y = 7$:

$4x - y = 7$

$-y = -4x + 7$

$y = 4x - 7$

Its slope is 4. Since the line we want is parallel to this line, use $m = 4$:

$y - y_1 = m(x - x_1)$

$y - 5 = 4(x - 2)$

$y - 5 = 4x - 8$

$y = 4x - 3$

49. First, find the slope of $x = \dfrac{5}{4}y - 2$:

$x = \dfrac{5}{4}y - 2$

$4x = 4\left(\dfrac{5}{4}y - 2\right)$

$4x = 5y - 8$

$-5y = -4x - 8$

$y = \dfrac{4}{5}x + \dfrac{8}{5}$

Its slope is $\dfrac{4}{5}$. Since the line we want is parallel to this line, use $m = \dfrac{4}{5}$:

$y - y_1 = m(x - x_1)$

$y + 2 = \dfrac{4}{5}(x - 4)$

$y + \dfrac{10}{5} = \dfrac{4}{5}x - \dfrac{16}{5}$

$y = \dfrac{4}{5}x - \dfrac{26}{5}$

51. From **#45**, the slope of $y = 4x - 7$ is 4. Since the line we want is perpendicular to this line, use $m = -\dfrac{1}{4}$:

$y - y_1 = m(x - x_1)$

$y - 0 = -\dfrac{1}{4}(x - 0)$

$y = -\dfrac{1}{4}x$

53. From **#47**, the slope of $4x - y = 7$ is 4. Since the line we want is perpendicular to this line, use $m = -\dfrac{1}{4}$:

$y - y_1 = m(x - x_1)$

$y - 5 = -\dfrac{1}{4}(x - 2)$

$y - \dfrac{20}{4} = -\dfrac{1}{4}x + \dfrac{2}{4}$

$y = -\dfrac{1}{4}x + \dfrac{22}{4}$, or $y = -\dfrac{1}{4}x + \dfrac{11}{2}$

55. From #49, the slope of $x = \frac{5}{4}y - 2$ is $\frac{4}{5}$.
Since the line we want is perpendicular to this line, use $m = -\frac{5}{4}$:
$$y - y_1 = m(x - x_1)$$
$$y - (-2) = -\frac{5}{4}(x - 4)$$
$$y + \frac{8}{4} = -\frac{5}{4}x + \frac{20}{4}$$
$$y = -\frac{5}{4}x + \frac{12}{4}, \text{ or } y = -\frac{5}{4}x + 3$$

57. $4x + 5y = 20$; $m = -\frac{A}{B} = -\frac{4}{5}$

$5x - 4y = 20$; $m = -\frac{A}{B} = -\frac{5}{-4} = \frac{5}{4}$

Since the product of the slopes is -1, the lines are perpendicular.

59. $2x + 3y = 12$; $m = -\frac{A}{B} = -\frac{2}{3}$

$6x + 9y = 32$; $m = -\frac{A}{B} = -\frac{6}{9} = -\frac{2}{3}$

Since the slopes are the same, the lines are parallel.

61. The line $y = 3$ is horizontal. Since the line we want is perpendicular to this line, the line we want is vertical, and looks like $x = $ a number. The number needed must be the x-coordinate of every point on the line. Find the x-coordinate of the midpoint of the segment:
$$x = \frac{x_1 + x_2}{2} = \frac{2 + (-6)}{2} = \frac{-4}{2} = -2$$
The line is $x = -2$.

63. The line $x = 3$ is vertical. Since the line we want is parallel to this line, the line we want is vertical, and looks like $x = $ a number. The number needed must be the x-coordinate of every point on the line. Find the x-coordinate of the midpoint of the segment:
$$x = \frac{x_1 + x_2}{2} = \frac{2 + 8}{2} = \frac{10}{2} = 5$$
$$x = 5$$

65.
$$Ax + By = C$$
$$By = -Ax + C$$
$$\frac{By}{B} = \frac{-Ax}{B} + \frac{C}{B}$$
$$y = -\frac{A}{B}x + \frac{C}{B}$$
Slope $= -\frac{A}{B}$; y-intercept $= \left(0, \frac{C}{B}\right)$

67. Let $x = $ the age of the cab and $y = $ its value. We get the pairs $(0, 24300)$ and $(7, 1900)$.
$m = \frac{y_1 - y_2}{x_1 - x_2} = \frac{24300 - 1900}{0 - 7} = \frac{22400}{-7} = -3200$. Use point-slope form and simplify:
$$y - y_1 = m(x - x_1)$$
$$y - 24{,}300 = -3200(x - 0)$$
$$y = -3200x + 24{,}300$$

69. Let $x = $ the age of the building and $y = $ its value. We get the pairs $(0, 475000)$ and $(10, 950000)$.
$m = \frac{y_1 - y_2}{x_1 - x_2} = \frac{950{,}000 - 475{,}000}{10 - 0} = \frac{475{,}000}{10} = 47{,}500$. Use point-slope form and simplify:
$$y - y_1 = m(x - x_1)$$
$$y - 475{,}000 = 47{,}500(x - 0)$$
$$y = 47{,}500x + 475{,}000$$

71. Let x = the age of the TV and y = its value. We get the pairs $(0, 3900)$ and $(3, 1890)$.
$$m = \frac{y_1 - y_2}{x_1 - x_2} = \frac{3900 - 1890}{0 - 3} = \frac{2010}{-3} = -670.$$ Use point-slope form and simplify:
$$y - y_1 = m(x - x_1)$$
$$y - 3900 = -670(x - 0)$$
$$y = -670x + 3900$$

73. Let x = the age of the copier and y = its value. If the depreciation rate is $120 per year, then the slope of the line is -120. The original value of $1050 corresponds to the point $(0, 1050)$. Find the equation:
$$y - y_1 = m(x - x_1)$$
$$y - 1050 = -120(x - 0)$$
$$y = -120x + 1050$$
The salvage value is the value (y) after 8 years ($x = 8$):
$$y = -120x + 1050$$
$$y = -120(8) + 1050$$
$$y = 90 \quad \text{It will have a salvage value of \$90.}$$

75. Let x = the number of years from now and y = the value of the table. If the appreciation rate is $40 per year, then the slope of the line is 40. Use the information given ($x = 2$, $y = 450$) to find b:
$$y = mx + b$$
$$450 = 40(2) + b$$
$$370 = b$$
Now find y when $x = 13$:
$$y = 40x + 370$$
$$y = 40(13) + 370$$
$$y = 890 \quad \text{It will be worth \$890 in 13 years.}$$

77. Let x = the number of years since purchase, and let y = the value. If the appreciation rate is $3500 per year, then the slope of the line is 3500. Use the information given $(x = 3, y = 47{,}700)$ to find b:
$$y = mx + b$$
$$47{,}700 = 3500(3) + b$$
$$37{,}200 = b$$
Since b is the y-coordinate when $x = 0$, the original value was $37,200.

79. Let c = the hourly cost for labor. If the labor charge for $1\frac{1}{2}$ hours is $69, we have:
$$1.5c = 69$$
$$c = 46$$
Thus, a five hour labor charge would be $5c = 5(46) = \$230$.

81. Let y = the total charge, x = the number of feet of gutter and m = the charge per foot. We have:

$$\boxed{\text{Total charge}} = \boxed{\text{Charge per foot}} \cdot \boxed{\text{Number of feet}} + \boxed{\text{Starting charge}}$$

$$y = mx + 60$$
$$435 = m(250) + 60$$
$$375 = 250m$$
$$m = \frac{375}{250} = \frac{15}{10} = \frac{3}{2} = 1.50$$
$$y = 1.5x + 60$$
$$y = 1.5(300) + 60$$
$$y = 510 \quad \text{It will cost \$510 for 300 feet.}$$

Review Exercises (page 501)

1.
$$2n^2 + n - 3 = 0$$
$$(2n+3)(n-1) = 0$$
$$2n+3=0 \quad \text{or} \quad n-1=0$$
$$2n = -3 \qquad\qquad n = 1$$
$$n = -\frac{3}{2}$$

3.
$$4a^2 - 9 = 0$$
$$(2a+3)(2a-3) = 0$$
$$2a+3=0 \quad \text{or} \quad 2a-3=0$$
$$2a = -3 \qquad\qquad 2a = 3$$
$$a = -\frac{3}{2} \qquad\qquad a = \frac{3}{2}$$

5.

	Beginning	Add	Final
oz gold	20	0	20
oz other	40	x	$40+x$
oz alloy	60	x	$60+x$

At the end, the alloy should be one-fourth gold:

$$0.25(60+x) = 20$$
$$25(60+x) = 2000$$
$$60 + x = 80$$
$$x = 20 \text{ ounces added}$$

Exercise 8.4 (page 505)

1.
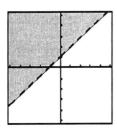

3.
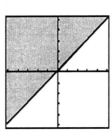

5.
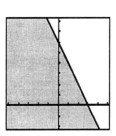

7.
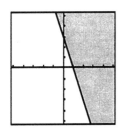

9.
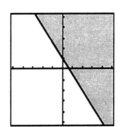

11.
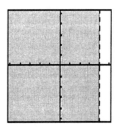

13. 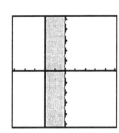 **15.** 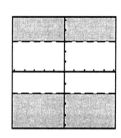 **17.**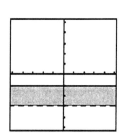

19. Find the equation of the line through the points $(0,3)$ and $(2,0)$: $3x + 2y = 6$
The point $(0,0)$ is NOT shaded, so the region must be $3x + 2y > 6$.

21. The boundary line is $x = 3$.
The region is $x \leq 3$.

23. Find the equation of the line through the points $(0,0)$ and $(1,1)$: $x = y$
The region is $y \leq x$.

25. The boundaries are $x = -2$ and $x = 3$.
The region is $-2 \leq x \leq 3$.

27. The boundaries are $y = -1$ and $y = -3$.
The region is $y > -1$ or $y \leq -3$.

29. $\boxed{\text{Hours for simple}} + \boxed{\text{Hours for complicated}} \leq \boxed{\text{Total hours}}$
$1x + 3y \leq 9$

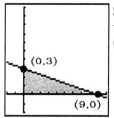

Some ordered pairs in the region: $(1,1), (2,2)$ and $(3,1)$

31. $\boxed{\text{Expensive charges}} + \boxed{\text{Cheaper charges}} \leq 42$
$7x + 6y \leq 42$

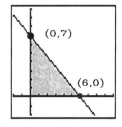

Some ordered pairs in the region: $(2,3), (1,5)$ and $(3,2)$

33. $\boxed{\text{Traffico}} + \boxed{\text{Cleanco}} \leq 6000$
$50x + 60y \leq 6000$

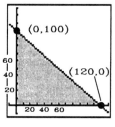

Some ordered pairs in the region: $(40,40), (60,40)$ and $(20,80)$

Review Exercises (page 509)

1. $\dfrac{a^3 - ab^2}{ab - a^2} = \dfrac{a(a^2 - b^2)}{a(b - a)} = \dfrac{a(a+b)(a-b)}{a(b-a)} = -(a+b)$

3. $\dfrac{x+y}{x+5y}\left(\dfrac{2}{x+y}-\dfrac{3}{x-y}\right) = \dfrac{x+y}{x+5y}\cdot\dfrac{2}{x+y} - \dfrac{x+y}{x+5y}\cdot\dfrac{3}{x-y} = \dfrac{2}{x+5y} - \dfrac{3x+3y}{(x+5y)(x-y)}$

$$= \dfrac{2(x-y)}{(x+5y)(x-y)} - \dfrac{3x+3y}{(x+5y)(x-y)}$$

$$= \dfrac{2x-2y-3x-3y}{(x+5y)(x-y)}$$

$$= \dfrac{-x-5y}{(x+5y)(x-y)}$$

$$= \dfrac{-(x+5y)}{(x+5y)(x-y)}$$

$$= \dfrac{-1}{x-y}$$

$$= \dfrac{1}{y-x}$$

Exercise 8.5 (page 516)

1. Yes. Each x corresponds to one y value.

3. Yes. Each x value corresponds to one y value.

5. Yes. Each x corresponds to one y value.

7. No. Note that if $x = 2$, y could be 1 or 0.

9. Yes. Each x corresponds to one y value.

11. No. Note that if $x = -1$, y could be 1 or -1.

13. $y = -x^2 + 2$
Since x^2 is nonnegative, $-x^2$ is nonpositive.
Thus y will be less than or equal to 2.
Domain = the set of all real numbers
Range = the set of real numbers ≤ 2

15. $y = |x-2| - 2$
Since $|x-2|$ is nonnegative, y will be greater than or equal to -2.
Domain = the set of all real numbers
Range = the set of real numbers ≥ -2

17. Domain = the set of real numbers ≤ 1
Range = the set of all real numbers
Not a function (fails vertical line test)

19. Domain = the set of all real numbers
Range = the set of all real numbers
Is a function (passes vertical line test)

21. $f(x) = 3x$
$f(3) = 3(3) = 9$
$f(0) = 3(0) = 0$
$f(-1) = 3(-1) = -3$

23. $f(x) = 2x - 3$
$f(3) = 2(3) - 3 = 3$
$f(0) = 2(0) - 3 = -3$
$f(-1) = 2(-1) - 3 = -5$

25. $f(x) = 7 + 5x$
$f(3) = 7 + 5(3) = 22$
$f(0) = 7 + 5(0) = 7$
$f(-1) = 7 + 5(-1) = 2$

27. $f(x) = 9 - 2x$
$f(3) = 9 - 2(3) = 3$
$f(0) = 9 - 2(0) = 9$
$f(-1) = 9 - 2(-1) = 11$

29. $f(x) = x^2$
$f(1) = 1^2 = 1$
$f(-2) = (-2)^2 = 4$
$f(3) = 3^2 = 9$

31. $f(x) = x^3 - 1$
$f(1) = 1^3 - 1 = 1 - 1 = 0$
$f(-2) = (-2)^3 - 1 = -9$
$f(3) = 3^3 - 1 = 27 - 1 = 26$

33. $f(x) = (x+1)^2$
$f(1) = (1+1)^2 = 2^2 = 4$
$f(-2) = (-2+1)^2 = (-1)^2 = 1$
$f(3) = (3+1)^2 = 4^2 = 16$

35. $f(x) = 2x^2 - x$
$f(1) = 2(1)^2 - 1 = 2(1) - 1 = 2 - 1 = 1$
$f(-2) = 2(-2)^2 - (-2) = 2(4) + 2 = 10$
$f(3) = 2(3)^2 - 3 = 2(9) - 3 = 18 - 3 = 15$

37. $f(x) = |x| + 2$
$f(2) = |2| + 2 = 2 + 2 = 4$
$f(1) = |1| + 2 = 1 + 2 = 3$
$f(-2) = |-2| + 2 = 2 + 2 = 4$

39. $f(x) = x^2 - 2$
$f(2) = 2^2 - 2 = 4 - 2 = 2$
$f(1) = 1^2 - 2 = 1 - 2 = -1$
$f(-2) = (-2)^2 - 2 = 4 - 2 = 2$

41. $f(x) = \frac{1}{x+3}$
$f(2) = \frac{1}{2+3} = \frac{1}{5}$
$f(1) = \frac{1}{1+3} = \frac{1}{4}$
$f(-2) = \frac{1}{-2+3} = \frac{1}{1} = 1$

43. $f(x) = \frac{x}{x-3}$
$f(2) = \frac{2}{2-3} = \frac{2}{-1} = -2$
$f(1) = \frac{1}{1-3} = \frac{1}{-2} = -\frac{1}{2}$
$f(-2) = \frac{-2}{-2-3} = \frac{-2}{-5} = \frac{2}{5}$

45. $g(x) = 2x$
$g(w) = 2w$
$g(w+1) = 2(w+1) = 2w + 2$

47. $g(x) = 3x - 5$
$g(w) = 3w - 5$
$g(w+1) = 3(w+1) - 5 = 3w + 3 - 5$
$\qquad = 3w - 2$

49. $g(x) = x^2 + x$
$g(w) = w^2 + w$
$g(w+1) = (w+1)^2 + (w+1)$
$\qquad = w^2 + 2w + 1 + w + 1$
$\qquad = w^2 + 3w + 2$

51. $g(x) = x^2 - 1$
$g(w) = w^2 - 1$
$g(w+1) = (w+1)^2 - 1$
$\qquad = w^2 + 2w + 1 - 1$
$\qquad = w^2 + 2w$

53. $f(3) = 2(3) + 1 = 6 + 1 = 7$
$f(2) = 2(2) + 1 = 4 + 1 = 5$
$f(3) + f(2) = 7 + 5 = 12$

55. $f(b) = 2b + 1$
$f(a) = 2a + 1$
$f(b) - f(a) = 2b + 1 - (2a + 1)$
$\qquad = 2b + 1 - 2a - 1$
$\qquad = 2b - 2a$

57. $f(b) = 2b + 1$
$f(b) - 1 = 2b + 1 - 1 = 2b$

59. $f(0) = 2(0) + 1 = 1$
$f\left(-\frac{1}{2}\right) = 2\left(-\frac{1}{2}\right) + 1 = -1 + 1 = 0$
$f(0) + f\left(-\frac{1}{2}\right) = 1 + 0 = 1$

61. $f(x) = 2x - 1$

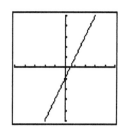

domain: all real numbers
range: all real numbers

63. $2x - 3y = 6$
$-3y = -2x + 6$
$y = f(x) = \frac{-2x + 6}{-3}$

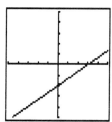

domain: all real numbers
range: all real numbers

65. $y = 3x^2 + 2$: Not linear

67. $x = 3y - 4 \Rightarrow y = \frac{1}{3}x + \frac{4}{3}$: Linear

Review Exercises (page 517)

1. $\frac{y+2}{2} = 4(y+2)$

$2 \cdot \frac{y+2}{2} = 2 \cdot (4y+8)$

$y + 2 = 8y + 16$

$-14 = 7y$

$\frac{-14}{7} = \frac{7y}{7}$

$-2 = y$

3. $\frac{2}{x-3} - 1 = -\frac{1}{3}$

$\frac{2}{x-3} = -\frac{1}{3} + 1$

$\frac{2}{x-3} = \frac{2}{3}$

$2 \cdot 3 = 2(x-3)$

$6 = 2x - 6$

$12 = 2x$

$\frac{12}{2} = \frac{2x}{2}$

$6 = x$

Exercise 8.6 (page 523)

1. $\frac{x}{5} = \frac{15}{25}$

$25x = 5 \cdot 15$

$25x = 75$

$\frac{25x}{25} = \frac{75}{25}$

$x = 3$

The solution checks.

3. $\frac{r-2}{3} = \frac{r}{5}$

$5(r-2) = 3r$

$5r - 10 = 3r$

$2r = 10$

$\frac{2r}{2} = \frac{10}{2}$

$r = 5$

The solution checks.

5. $\frac{y}{4} = \frac{4}{y}$

$y^2 = 16$

$y^2 - 16 = 0$

$(y+4)(y-4) = 0$

$y = -4$ or $y = 4$

Both solutions check.

7. $\frac{3}{n} = \frac{2}{n+1}$

$3(n+1) = 2n$

$3n + 3 = 2n$

$n = -3$

The solution checks.

9. $\frac{x+1}{x-1} = \frac{6}{4}$

$4(x+1) = 6(x-1)$

$4x + 4 = 6x - 6$

$10 = 2x$

$\frac{10}{2} = \frac{2x}{2}$

$5 = x$

The solution checks.

11. $\frac{9t+6}{t(t+3)} = \frac{7}{t+3}$

$(t+3)(9t+6) = 7t(t+3)$

$9t^2 + 33t + 18 = 7t^2 + 21t$

$2t^2 + 12t + 18 = 0$

$2(t^2 + 6t + 9) = 0$

$2(t+3)(t+3) = 0$

$t = -3$

The solution does not check.
-3 is extraneous.

13. $A = kp^2$

15. $v = \frac{k}{r^3}$

17. $B = kmn$

19. $P = \frac{ka^2}{j^3}$

21. $F = \frac{km_1m_2}{d^2}$

23. L varies jointly with m and n.

25. E varies jointly with a and the square of b.

27. X varies directly with x^2 and inversely with y^2.

29. R varies directly with L and inversely with d^2.

31. $A = kr^2$
$A = \pi r^2$
$A = \pi(6 \text{ in})^2$
$A = 36\pi \text{ in}^2$

33. $d = kg$
$288 = k(12)$
$24 = k$
$d = 24g$
$d = 24(18)$
$d = 432$ miles

35. $t = \frac{k}{n}$
$10 = \frac{k}{25}$
$250 = k$
$t = \frac{250}{n}$
$t = \frac{250}{10}$
$t = 25$ days

37. $V = \frac{k}{P}$
$20 = \frac{k}{6}$
$120 = k$
$V = \frac{120}{P}$
$V = \frac{120}{10}$
$V = 12 \text{ in}^3$

39. $f = \frac{k}{l}$
$256 = \frac{k}{2}$
$512 = k$
$f = \frac{512}{l}$
$f = \frac{512}{6}$
$f = 85\frac{1}{3}$ times per second

41. $V = klwh$
$V' = k(2l)(3w)(2h)$
$V' = 12klwh$
$V' = 12V$

The volume is 12 times the original volume.

43. $V = khr^2$
$V = 23.5hr^2$
$V = 23.5(20)(7.5)^2$
$V = 26{,}437.5$ gallons

45. $V = kC$
$6 = k(2)$
$\frac{6}{2} = k$
$3 = k$
The resistance is 3 ohms.

47. $D = \frac{k}{wd^3}$
$1.1 = \frac{k}{4(4)^3}$
$1.1 = \frac{k}{256}$
$281.6 = k$
$D = \frac{281.6}{wd^3}$
$D = \frac{281.6}{2(8)^3}$
$D = \frac{281.6}{1024}$
$D = 0.275$ inches

49. $P = \dfrac{kT}{V}$

$1 = \dfrac{k(273)}{1}$

$1 = 273k$

$\dfrac{1}{273} = k$

$k \approx 0.003663$

$P = \dfrac{0.003663T}{V}$

$1 = \dfrac{0.003663T'}{2}$

$2 = 0.003663T'$

$T' = 546$ degrees Kelvin

Review Exercises (page 526)

1. $(x^2x^3)^2 = (x^5)^2 = x^{10}$

3. $\dfrac{b^0 - 2b^0}{b^0} = \dfrac{1-2}{1} = \dfrac{-1}{1} = -1$

5. $357{,}000 = 3.57 \times 10^5$

7. $2.5 \times 10^{-3} = 0.0025$

Chapter 8 Review Exercises (page 528)

1. $x + y = 4$

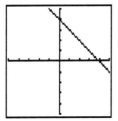

3. $y = 3x + 4$

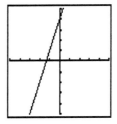

5. $y = 4$

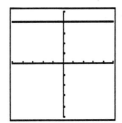

7. $2(x+4) = x + 4$

$2x + 8 = x + 4$

$x = -4$

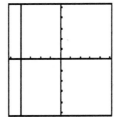

9. $\frac{x_1 + x_2}{2} = \frac{2+2}{2} = \frac{4}{2} = 2$
$\frac{y_1 + y_2}{2} = \frac{6+12}{2} = \frac{18}{2} = 9$
midpoint: $(2, 9)$

11. $\frac{x_1 + x_2}{2} = \frac{2+5}{2} = \frac{7}{2}$
$\frac{y_1 + y_2}{2} = \frac{-6+10}{2} = \frac{4}{2} = 2$
midpoint: $\left(\frac{7}{2}, 2\right)$

13. $m = \frac{y_2 - y_1}{x_2 - x_1} = \frac{8-5}{5-2} = \frac{3}{3} = 1$

15. $m = \frac{y_2 - y_1}{x_2 - x_1} = \frac{4-(-6)}{-3-(-5)} = \frac{10}{2} = 5$

17. $2x - 3y = 18$
$-3y = -2x + 18$
$y = \frac{-2}{-3}x + \frac{18}{-3}$
$y = \frac{2}{3}x - 6 \Rightarrow$ slope $= \frac{2}{3}$

19. $-2(x-3) = 10$
$-2x + 6 = 10$
$-2x = 4$
$x = -2$
vertical line $\Rightarrow$ undefined slope

21. perpendicular

23. neither

25. $y - y_1 = m(x - x_1)$
$y - 5 = -\frac{3}{2}(x - (-2))$
$y - 5 = -\frac{3}{2}(x + 2)$
$y - 5 = -\frac{3}{2}x - \frac{3}{2}(2)$
$y - 5 = -\frac{3}{2}x - 3$
$y = -\frac{3}{2}x + 2$

27. $y - y_1 = m(x - x_1)$
$y - 5 = 3(x - (-8))$
$y - 5 = 3x + 24$
$-29 = 3x - y$
$3x - y = -29$

29. First, find the slope of $3x - 2y = 7$:
$3x - 2y = 7$
$-2y = -3x + 7$
$y = \frac{3}{2}x - \frac{7}{2} \Rightarrow$ Its slope is $\frac{3}{2}$.
Since we want a parallel line, use $m = \frac{3}{2}$:
$y - y_1 = m(x - x_1)$
$y - (-5) = \frac{3}{2}(x - (-5))$
$2(y + 5) = 2 \cdot \frac{3}{2}(x + 3)$
$2y + 10 = 3x + 9$
$1 = 3x - 2y$, or $3x - 2y = 1$

31. $2x + 3y > 6$

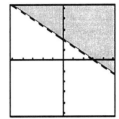

33. $-2 < x < 4$

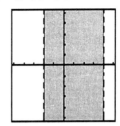

35. Not a function. If $y = 10$, x could be either 1 or 0.

37. Is a function.

39. Is a function.
Domain = the set of all real numbers
Range = the set of all real numbers

41. Is a function.
Domain = the set of all real numbers
Range = the set of all real numbers ≥ 1

43. Is a function.
Domain = the set of all real numbers
Range = the set of all real numbers

45. Is a function.

47. Is not a function.

49. $f(-3) = 3(-3) + 2 = -9 + 2 = -7$

51. $g(-2) = (-2)^2 - 4 = 4 - 4 = 0$

53. Is a linear function.

55. Is a linear function.

57.
$$\frac{x+1}{8} = \frac{4x-2}{24}$$
$$24(x+1) = 8(4x-2)$$
$$24x + 24 = 32x - 16$$
$$40 = 8x$$
$$5 = x$$

59.
$$x = ky$$
$$12 = k(2)$$
$$6 = k$$
$$x = 6y$$
$$x = 6(12)$$
$$x = 72$$

61.
$$x = kyz$$
$$24 = k(3)(4)$$
$$24 = 12k$$
$$2 = k$$

Chapter 8 Test (page 531)

1. $2x - 5y = 10$

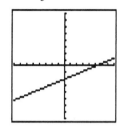

3. $\dfrac{x_1 + x_2}{2} = \dfrac{-5 + 5}{2} = \dfrac{0}{2} = 0$

$\dfrac{y_1 + y_2}{2} = \dfrac{-6 + (-2)}{2} = \dfrac{-8}{2} = -4$

midpoint: $(0, -4)$

5. $x = \dfrac{3y - 8}{2}$

$2x = 3y - 8$

$-3y = -2x - 8$

$y = \dfrac{2}{3}x + \dfrac{8}{3}$

The slope is $\dfrac{2}{3}$.

7. $y - y_1 = m(x - x_1)$

$y + 5 = \dfrac{2}{3}(x - 4)$

$y + \dfrac{15}{3} = \dfrac{2}{3}x - \dfrac{8}{3}$

$y = \dfrac{2}{3}x - \dfrac{23}{3}$

9. $-2(x - 3) = 3(2y + 5)$

$-2x + 6 = 6y + 15$

$-6y = 2x + 9$

$y = -\dfrac{1}{3}x - \dfrac{3}{2}$

slope $= -\dfrac{1}{3}$; y-int $= \left(0, -\dfrac{3}{2}\right)$

11. $y = -\dfrac{2}{3}x + 4$ has a slope of $-\dfrac{2}{3}$.

$2y = 3x - 3$

$y = \dfrac{3}{2}x - \dfrac{3}{2} \Rightarrow$ slope is $\dfrac{3}{2}$.

The lines are perpendicular.

13. First, find the slope of $y = -\dfrac{2}{3}x - 7$.

Its slope is $-\dfrac{2}{3}$. Since we want a line perpendicular to this, use $m = \dfrac{3}{2}$:

$y - 6 = \dfrac{3}{2}(x + 3)$

$y - \dfrac{12}{2} = \dfrac{3}{2}x + \dfrac{9}{2}$

$y = \dfrac{3}{2}x + \dfrac{21}{2}$

15. $3x + 2y \geq 6$

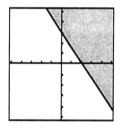

17. Not a function. When $x = 4$, y could be 4 or -4.

19. $f(3) = 3(3) + 1 = 9 + 1 = 10$

21. $f(a) = 3a + 1$

23. $y(x + 3) + 4 = x(y - 2)$

$xy + 3y + 4 = xy - 2x$

$3y + 4 = -2x$

$y = -\dfrac{2}{3}x - \dfrac{4}{3} \Rightarrow$ linear

25. $P = \dfrac{kv^2}{R}$

27. $V = \dfrac{k}{t}$

$55 = \dfrac{k}{20}$

$1100 = k$

$V = \dfrac{1100}{t}$

$75 = \dfrac{1100}{t}$

$75t = 1100$

$t = \dfrac{1100}{75} = \dfrac{44}{3}$

Cumulative Review Exercises (page 532)

1. $3r^2s^3 - 6rs^4 = 3rs^3(r - 2s)$

3. $xu + y\nu + x\nu + yu = xu + x\nu + y\nu + yu = x(u + \nu) + y(\nu + u) = (u + \nu)(x + y)$

5. $8x^3 - 27y^6 = (2x)^3 - (3y^2)^3 = (2x - 3y^2)[(2x)^2 + (2x)(3y^2) + (3y^2)^2]$
$= (2x - 3y^2)(4x^2 + 6xy^2 + 9y^4)$

7. $9x^2 - 30x + 25 = (3x - 5)(3x - 5) = (3x - 5)^2$

9. $27a^3 + 8b^3 = (3a)^3 + (2b)^3 = (3a + 2b)[(3a)^2 + (3a)(2b) + (2b)^2] = (3a + 2b)(9a^2 - 6ab + 4b^2)$

11. $x^2 + 10x + 25 - y^4 = (x + 5)^2 - (y^2)^2 = (x + 5 + y^2)(x + 5 - y^2)$

13. $x^3 - 4x = 0$
$x(x^2 - 4) = 0$
$x(x + 2)(x - 2) = 0$
$x = 0$ or $x = -2$ or $x = 2$

15. $\dfrac{2x^2y + xy - 6y}{3x^2y + 5xy - 2y} = \dfrac{y(2x^2 + x - 6)}{y(3x^2 + 5x - 2)}$
$= \dfrac{(2x - 3)(x + 2)}{(3x - 1)(x + 2)}$
$= \dfrac{2x - 3}{3x - 1}$

17. $\dfrac{2}{x+y} + \dfrac{3}{x-y} - \dfrac{x-3y}{x^2-y^2} = \dfrac{2(x-y)}{(x+y)(x-y)} + \dfrac{3(x+y)}{(x+y)(x-y)} - \dfrac{x-3y}{(x+y)(x-y)}$

$= \dfrac{2x - 2y + 3x + 3y - x + 3y}{(x+y)(x-y)}$

$= \dfrac{4x + 4y}{(x+y)(x-y)}$

$= \dfrac{4(x+y)}{(x+y)(x-y)}$

$= \dfrac{4}{x-y}$

19. $\dfrac{5x-3}{x+2} = \dfrac{5x+3}{x-2}$

$(5x-3)(x-2) = (5x+3)(x+2)$

$5x^2 - 13x + 6 = 5x^2 + 13x + 6$

$-26x = 0$

$x = 0$

21. $2x - 3y = 6$

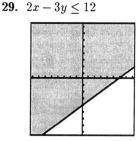

It is a function.

23. $m = \dfrac{y_2 - y_1}{x_2 - x_1} = \dfrac{5 - (-9)}{-2 - 8} = \dfrac{14}{-10} = -\dfrac{7}{5}$

25. $3x + 2y = 12 \Rightarrow m = -\dfrac{A}{B} = -\dfrac{3}{2}$

$2x - 3y = 5 \Rightarrow m = -\dfrac{A}{B} = -\dfrac{2}{-3} = \dfrac{2}{3}$

The lines are perpendicular.

27. First, find the slope of $3x + y = 8$.
$3x + y = 8$
$y = -3x + 8$: Its slope is -3.
Since we want a parallel line, use $m = -3$:
$y - y_1 = m(x - x_1)$
$y - 3 = -3(x + 2)$
$y - 3 = -3x - 6$
$y = -3x - 3$

29. $2x - 3y \leq 12$

31. $f(-1) = 3(-1)^2 + 2 = 3(1) + 2 = 5$

33. $g(t) = 2t - 1$

35. $\dfrac{x+3}{2x} = \dfrac{3x}{6x+5}$

$(x+3)(6x+5) = 3x(2x)$
$6x^2 + 23x + 15 = 6x^2$
$23x = -15$
$x = -\dfrac{15}{23}$

37. $V = khr^2$
$4\pi = k(4)(1)^2$
$4\pi = 4k$
$\pi = k$

$V = \pi hr^2$
$8\pi = \pi h(2)^2$
$8\pi = 4\pi h$
$\dfrac{8\pi}{4\pi} = \dfrac{4\pi h}{4\pi}$
$2 = h$ The height is 2 feet.

Exercise 9.1 (page 545)

1. $3x^2$

3. $a^2 + b^3$

5. 11

7. $-\sqrt{64} = -8$

9. $\sqrt{\dfrac{1}{9}} = \dfrac{1}{3}$

11. $-\sqrt{\dfrac{25}{49}} = -\dfrac{5}{7}$

13. $\sqrt{-25}$ not real

15. $\sqrt{0.16} = 0.4$

17. $\sqrt{(-4)^2} = 4$

19. $\sqrt{-36}$ not real

21. $\sqrt{12} = 3.4641$

23. $\sqrt{679.25} = 26.0624$

25. $\sqrt{4x^2} = 2|x|$

27. $\sqrt{(t+5)^2} = |t+5|$

29. $\sqrt{(-5b)^2} = 5|b|$

31. $\sqrt{a^2 + 6a + 9} = |a+3|$

33. $f(4) = \sqrt{4-4} = \sqrt{0} = 0$

35. $f(20) = \sqrt{20-4} = \sqrt{16} = 4$

37. $f(4) = \sqrt{4^2 + 1} = \sqrt{16+1} = \sqrt{17} \approx 4.1231$

39. $f(2.35) = \sqrt{2.35^2 + 1} = \sqrt{5.5225 + 1} = \sqrt{6.5225} \approx 2.5539$

41.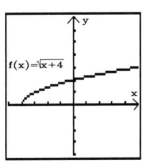

domain $= [-4, \infty)$ range $= [0, \infty)$

43.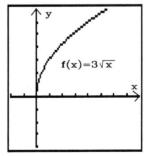

domain $= [0, \infty)$ range $= [0, \infty)$

45. $r = \sqrt{\frac{A}{\pi}}$ where $A = 9\pi$
$r = \sqrt{\frac{9\pi}{\pi}}$
$r = \sqrt{9} = 3$ units

47. $t = \frac{\sqrt{s}}{4}$ where $s = 256$
$t = \frac{\sqrt{256}}{4}$
$t = \frac{16}{4} = 4$ sec

49. $I = \sqrt{\frac{P}{18}}$ where $P = 980$
$I = \sqrt{\frac{980}{18}}$
$I \approx \sqrt{54.444444} \approx 7.4$ amperes

51. $\sqrt[3]{1} = 1$

53. $\sqrt[3]{-125} = -5$

55. $\sqrt[3]{-\frac{8}{27}} = -\frac{2}{3}$

57. $\sqrt[3]{0.064} = 0.4$

59. $\sqrt[3]{8a^3} = 2a$

61. $\sqrt[3]{-1000p^3q^3} = -10pq$

63. $\sqrt[3]{-\frac{1}{8}m^6n^3} = -\frac{1}{2}m^2n$

65. $\sqrt[3]{0.008z^9} = 0.2z^3$

67. $\sqrt[4]{81} = 3$

69. $-\sqrt[5]{243} = -3$

71. $\sqrt[5]{-32} = -2$

73. $\sqrt[4]{\frac{16}{625}} = \frac{2}{5}$

75. $-\sqrt[5]{-\frac{1}{32}} = -\left(-\frac{1}{2}\right) = \frac{1}{2}$

77. $\sqrt[4]{-256}$ is not real

79. $\sqrt[4]{16x^4} = 2|x|$

81. $\sqrt[3]{8a^3} = 2a$

83. $\sqrt[4]{\frac{1}{16}x^4} = \frac{1}{2}|x|$

85. $\sqrt[4]{x^{12}} = |x^3|$

87. $\sqrt[5]{-x^5} = -x$

89. $\sqrt[3]{-27a^6} = -3a^2$

91. $\sqrt[25]{(x+2)^{25}} = x + 2$

93. $\sqrt[8]{0.00000001x^{16}y^8} = 0.1x^2|y|$

Review Exercises (page 547)

1. $\frac{x^2 + 7x + 12}{x^2 - 16} = \frac{(x+3)(x+4)}{(x+4)(x-4)} = \frac{x+3}{x-4}$

3. $\frac{x^2 - x - 6}{x^2 - 2x - 3} \cdot \frac{x^2 - 1}{x^2 + x - 2} = \frac{(x-3)(x+2)}{(x-3)(x+1)} \cdot \frac{(x+1)(x-1)}{(x+2)(x-1)} = 1$

5. $\frac{3}{m+1} + \frac{3m}{m-1} = \frac{3(m-1)}{(m+1)(m-1)} + \frac{3m(m+1)}{(m+1)(m-1)} = \frac{3m - 3 + 3m^2 + 3m}{(m+1)(m-1)} = \frac{3m^2 + 6m - 3}{(m+1)(m-1)}$
$= \frac{3(m^2 + 2m - 1)}{(m+1)(m-1)}$

Exercise 9.2 (page 554)

1. $7^{1/3} = \sqrt[3]{7}$

3. $(3x)^{1/4} = \sqrt[4]{3x}$

5. $\left(\frac{1}{2}x^3y\right)^{1/4} = \sqrt[4]{\frac{1}{2}x^3y}$

7. $(x^3 + y^3)^{1/3} = \sqrt[3]{(x^3 + y^3)}$ 9. $\sqrt{11} = 11^{1/2}$ 11. $\sqrt[4]{3a} = (3a)^{1/4}$

13. $\sqrt[6]{\frac{1}{7}abc} = \left(\frac{1}{7}abc\right)^{1/6}$ 15. $\sqrt[3]{a^2 - b^2} = (a^2 - b^2)^{1/3}$ 17. $4^{1/2} = \sqrt{4} = 2$

19. $8^{1/3} = \sqrt[3]{8} = 2$ 21. $16^{1/4} = \sqrt[4]{16} = 2$ 23. $32^{1/5} = \sqrt[5]{32} = 2$

25. $\left(\frac{1}{4}\right)^{1/2} = \sqrt{\frac{1}{4}} = \frac{1}{2}$ 27. $\left(\frac{1}{8}\right)^{1/3} = \sqrt[3]{\frac{1}{8}} = \frac{1}{2}$ 29. $-16^{1/4} = -1 \cdot \sqrt[4]{16} = -2$

31. $(-27)^{1/3} = \sqrt[3]{-27} = -3$ 33. $(-64)^{1/2} = \sqrt{-64}$ not real 35. $0^{1/3} = 0$

37. $(25y^2)^{1/2} = 5y$ 39. $(16x^4)^{1/4} = 2|x|$ 41. $(243x^5)^{1/5} = \sqrt[5]{243x^5} = 3x$

43. $(-64x^8)^{1/4}$ not real 45. $36^{3/2} = \left(\sqrt{36}\right)^3 = 6^3 = 216$ 47. $81^{3/4} = \left(\sqrt[4]{81}\right)^3 = 3^3 = 27$

49. $144^{3/2} = \left(\sqrt{144}\right)^3 = 12^3 = 1728$ 51. $\left(\frac{1}{8}\right)^{2/3} = \left(\sqrt[3]{\frac{1}{8}}\right)^2 = \left(\frac{1}{2}\right)^2 = \frac{1}{4}$

53. $(25x^4)^{3/2} = \left(\sqrt{25x^4}\right)^3 = (5x^2)^3 = 125x^6$ 55. $\left(\frac{8x^3}{27}\right)^{2/3} = \left(\sqrt[3]{\frac{8x^3}{27}}\right)^2 = \left(\frac{2x}{3}\right)^2 = \frac{4x^2}{9}$

57. $4^{-1/2} = \frac{1}{4^{1/2}} = \frac{1}{\sqrt{4}} = \frac{1}{2}$ 59. $4^{-3/2} = \frac{1}{4^{3/2}} = \frac{1}{\left(\sqrt{4}\right)^3} = \frac{1}{2^3} = \frac{1}{8}$

61. $(16x^2)^{-3/2} = \frac{1}{(16x^2)^{3/2}} = \frac{1}{\left(\sqrt{16x^2}\right)^3} = \frac{1}{(4x)^3} = \frac{1}{64x^3}$

63. $(-27y^3)^{-2/3} = \frac{1}{\left(\sqrt[3]{-27y^3}\right)^2} = \frac{1}{(-3y)^2} = \frac{1}{9y^2}$

65. $(-32p^5)^{-2/5} = \frac{1}{\left(\sqrt[5]{-32p^5}\right)^2} = \frac{1}{(-2p)^2} = \frac{1}{4p^2}$

67. $\left(\frac{1}{4}\right)^{-3/2} = \left(\frac{4}{1}\right)^{3/2} = \left(\sqrt{4}\right)^3 = 2^3 = 8$

69. $\left(\frac{27}{8}\right)^{-4/3} = \left(\frac{8}{27}\right)^{4/3} = \left(\sqrt[3]{\frac{8}{27}}\right)^4 = \left(\frac{2}{3}\right)^4 = \frac{16}{81}$

71. $\left(-\frac{8x^3}{27}\right)^{-1/3} = \left(-\frac{27}{8x^3}\right)^{1/3} = \sqrt[3]{-\frac{27}{8x^3}} = -\frac{3}{2x}$

73. $5^{3/7}5^{2/7} = 5^{3/7 + 2/7} = 5^{5/7}$ 75. $(4^{1/5})^3 = 4^{\left(\frac{1}{5}\right)\left(\frac{3}{1}\right)} = 4^{3/5}$

77. $\frac{9^{4/5}}{9^{3/5}} = 9^{4/5 - 3/5} = 9^{1/5}$ 79. $\frac{7^{1/2}}{7^0} = \frac{7^{1/2}}{1} = 7^{1/2}$

81. $6^{-2/3}6^{-4/3} = 6^{-6/3} = 6^{-2} = \frac{1}{6^2} = \frac{1}{36}$ 83. $\frac{2^{5/6}2^{1/3}}{2^{1/2}} = \frac{2^{5/6}2^{2/6}}{2^{3/6}} = \frac{2^{7/6}}{2^{3/6}} = 2^{4/6} = 2^{2/3}$

85. $a^{2/3}a^{1/3} = a^{2/3+1/3} = a^{3/3} = a$

87. $\left((a)^{2/3}\right)^{1/3} = a^{\frac{2}{3}\cdot\frac{1}{3}} = a^{2/9}$

89. $(a^{1/2}b^{1/3})^{3/2} = (a^{1/2})^{3/2}(b^{1/3})^{3/2} = a^{\frac{1}{2}\cdot\frac{3}{2}}b^{\frac{1}{3}\cdot\frac{3}{2}} = a^{3/4}b^{1/2}$

91. $(mn^{-2/3})^{-3/5} = m^{-3/5}n^{(-\frac{2}{3})\cdot(-\frac{3}{5})} = \dfrac{n^{2/5}}{m^{3/5}}$

93. $\dfrac{(4x^3y)^{1/2}}{(9xy)^{1/2}} = \dfrac{2x^{3/2}y^{1/2}}{3x^{1/2}y^{1/2}} = \dfrac{2}{3}x^{3/2-1/2}y^{1/2-1/2} = \dfrac{2}{3}x^{2/2}y^0 = \dfrac{2}{3}x = \dfrac{2x}{3}$

95. $(27x^{-3})^{-1/3} = 27^{-1/3}(x^{-3})^{-1/3} = \dfrac{1}{27^{1/3}}x^1 = \dfrac{1}{3}x = \dfrac{x}{3}$

97. $y^{1/3}(y^{2/3} + y^{5/3}) = y^{1/3}y^{2/3} + y^{1/3}y^{5/3} = y^{3/3} + y^{6/3} = y + y^2$

99. $x^{3/5}(x^{7/5} - x^{2/5} + 1) = x^{3/5}x^{7/5} - x^{3/5}x^{2/5} + x^{3/5}\cdot 1 = x^{10/5} - x^{5/5} + x^{3/5} = x^2 - x + x^{3/5}$

101. $(x^{1/2} + 2)(x^{1/2} - 2) = (x^{1/2})^2 - 2^2 = x - 4$ 103. $(x^{2/3} - x)(x^{2/3} + x) = (x^{2/3})^2 - x^2$

$= x^{4/3} - x^2$

105. $(x^{2/3} + y^{2/3})^2 = (x^{2/3} + y^{2/3})(x^{2/3} + y^{2/3}) = x^{4/3} + 2x^{2/3}y^{2/3} + y^{4/3}$

107. $(a^{3/2} - b^{3/2})^2 = (a^{3/2} - b^{3/2})(a^{3/2} - b^{3/2}) = a^{6/2} - 2a^{3/2}b^{3/2} + b^{6/2} = a^3 - 2a^{3/2}b^{3/2} + b^3$

109. $\sqrt[6]{p^3} = p^{3/6} = p^{1/2} = \sqrt{p}$

111. $\sqrt[4]{25b^2} = (5^2b^2)^{1/4} = (5)^{2/4}(b)^{2/4} = (5b)^{2/4} = (5b)^{1/2} = \sqrt{5b}$

Review Exercises (page 556)

1. $5x - 4 < 11$
    $5x < 15$
    $\dfrac{5x}{5} < \dfrac{15}{5}$
    $x < 3$

3. $\dfrac{4}{5}(r - 3) > \dfrac{2}{3}(r + 2)$
    $15 \cdot \dfrac{4}{5}(r - 3) > 15 \cdot \dfrac{2}{3}(r + 2)$
    $12(r - 3) > 10(r + 2)$
    $12r - 36 > 10r + 20$
    $2r > 56$
    $\dfrac{2r}{2} > \dfrac{56}{2}$
    $r > 28$

5. At the beginning there is 1 pint (20% of 5 pints) of alcohol. Add x pints of water. There is still only 1 pint of alcohol in the solution, but there is now $5+x$ pints of solution.

$$\boxed{15\% \text{ of solution}} = \boxed{\text{Number of pints of alcohol}}$$

$$0.15(5+x) = 1$$
$$15(5+x) = 100$$
$$75 + 15x = 100$$
$$15x = 25$$
$$x = \frac{25}{15} = \frac{5}{3} = 1\frac{2}{3} \text{ pints of water should be added.}$$

Exercise 9.3 (page 562)

1. $\sqrt{6}\sqrt{6} = \sqrt{36} = 6$

3. $\sqrt{t}\sqrt{t} = \sqrt{t^2} = t$

5. $\sqrt[3]{5x^2}\sqrt[3]{25x} = \sqrt[3]{125x^3} = 5x$

7. $\dfrac{\sqrt{500}}{\sqrt{5}} = \dfrac{\sqrt{100}\sqrt{5}}{\sqrt{5}} = \sqrt{100} = 10$

9. $\dfrac{\sqrt{98x^3}}{\sqrt{2x}} = \dfrac{\sqrt{49x^2}\sqrt{2x}}{\sqrt{2x}} = \sqrt{49x^2} = 7x$

11. $\dfrac{\sqrt{180ab^4}}{\sqrt{5ab^2}} = \dfrac{\sqrt{36b^4}\sqrt{5a}}{\sqrt{b^2}\sqrt{5a}} = \dfrac{\sqrt{36b^4}}{\sqrt{b^2}} = \dfrac{6b^2}{b} = 6b$

13. $\dfrac{\sqrt[3]{48}}{\sqrt[3]{6}} = \dfrac{\sqrt[3]{8}\,\sqrt[3]{6}}{\sqrt[3]{6}} = \sqrt[3]{8} = 2$

15. $\dfrac{\sqrt[3]{189a^4}}{\sqrt[3]{7a}} = \dfrac{\sqrt[3]{27a^3}\,\sqrt[3]{7a}}{\sqrt[3]{7a}} = \sqrt[3]{27a^3} = 3a$

17. $\sqrt{20} = \sqrt{4 \cdot 5} = \sqrt{4}\sqrt{5} = 2\sqrt{5}$

19. $-\sqrt{200} = -\sqrt{100 \cdot 2} = -\sqrt{100}\sqrt{2} = -10\sqrt{2}$

21. $\sqrt[3]{80} = \sqrt[3]{8 \cdot 10} = \sqrt[3]{8}\,\sqrt[3]{10} = 2\sqrt[3]{10}$

23. $\sqrt[3]{-81} = \sqrt[3]{-27 \cdot 3} = \sqrt[3]{-27}\,\sqrt[3]{3} = -3\sqrt[3]{3}$

25. $\sqrt[4]{32} = \sqrt[4]{16 \cdot 2} = \sqrt[4]{16}\,\sqrt[4]{2} = 2\sqrt[4]{2}$

27. $\sqrt[5]{96} = \sqrt[5]{32 \cdot 3} = \sqrt[5]{32}\,\sqrt[5]{3} = 2\sqrt[5]{3}$

29. $\sqrt{\dfrac{7}{9}} = \dfrac{\sqrt{7}}{\sqrt{9}} = \dfrac{\sqrt{7}}{3}$

31. $\sqrt[3]{\dfrac{7}{64}} = \dfrac{\sqrt[3]{7}}{\sqrt[3]{64}} = \dfrac{\sqrt[3]{7}}{4}$

33. $\sqrt[4]{\dfrac{3}{10{,}000}} = \dfrac{\sqrt[4]{3}}{\sqrt[4]{10{,}000}} = \dfrac{\sqrt[4]{3}}{10}$

35. $\sqrt[5]{\dfrac{3}{32}} = \dfrac{\sqrt[5]{3}}{\sqrt[5]{32}} = \dfrac{\sqrt[5]{3}}{2}$

37. $\sqrt{50x^2} = \sqrt{25x^2 \cdot 2} = \sqrt{25x^2}\,\sqrt{2} = 5x^2\sqrt{2}$

39. $\sqrt{32b} = \sqrt{16 \cdot 2b} = \sqrt{16}\,\sqrt{2b} = 4\sqrt{2b}$

41. $-\sqrt{112a^3} = -\sqrt{16a^2 \cdot 7a} = -\sqrt{16a^2}\,\sqrt{7a} = -4a\sqrt{7a}$

43. $\sqrt{175a^2b^3} = \sqrt{25a^2b^2 \cdot 7b} = \sqrt{25a^2b^2}\,\sqrt{7b} = 5ab\sqrt{7b}$

45. $-\sqrt{300xy} = -\sqrt{100 \cdot 3xy} = -\sqrt{100}\sqrt{3xy} = -10\sqrt{3xy}$

47. $\sqrt[3]{-54x^6} = \sqrt[3]{-27x^6 \cdot 2} = \sqrt[3]{-27x^6}\sqrt[3]{2} = -3x^2\sqrt[3]{2}$

49. $\sqrt[3]{16x^{12}y^3} = \sqrt[3]{8x^{12}y^3}\sqrt[3]{2} = 2x^4y\sqrt[3]{2}$

51. $\sqrt[4]{32x^{12}y^4} = \sqrt[4]{16x^{12}y^4}\sqrt[4]{2} = 2x^3y\sqrt[4]{2}$

53. $\sqrt{\dfrac{z^2}{16x^2}} = \dfrac{\sqrt{z^2}}{\sqrt{16x^2}} = \dfrac{z}{4x}$

55. $\sqrt[4]{\dfrac{5x}{16z^4}} = \dfrac{\sqrt[4]{5x}}{\sqrt[4]{16z^4}} = \dfrac{\sqrt[4]{5x}}{2z}$

57. $4\sqrt{2x} + 6\sqrt{2x} = 10\sqrt{2x}$

59. $8\sqrt[5]{7a^2} - 7\sqrt[5]{7a^2} = 1\sqrt[5]{7a^2} = \sqrt[5]{7a^2}$

61. $\sqrt{3} + \sqrt{27} = \sqrt{3} + 3\sqrt{3} = 4\sqrt{3}$

63. $\sqrt{2} - \sqrt{8} = \sqrt{2} - 2\sqrt{2} = -\sqrt{2}$

65. $\sqrt{98} - \sqrt{50} = 7\sqrt{2} - 5\sqrt{2} = 2\sqrt{2}$

67. $3\sqrt{24} + \sqrt{54} = 3 \cdot 2\sqrt{6} + 3\sqrt{6} = 6\sqrt{6} + 3\sqrt{6} = 9\sqrt{6}$

69. $\sqrt[3]{24} + \sqrt[3]{3} = 2\sqrt[3]{3} + \sqrt[3]{3} = 3\sqrt[3]{3}$

71. $\sqrt[3]{32} - \sqrt[3]{108} = 2\sqrt[3]{4} - 3\sqrt[3]{4} = -\sqrt[3]{4}$

73. $2\sqrt[3]{125} - 5\sqrt[3]{64} = 2 \cdot 5 - 5 \cdot 4 = 10 - 20 = -10$

75. $14\sqrt[4]{32} - 15\sqrt[4]{162} = 14 \cdot 2\sqrt[4]{2} - 15 \cdot 3\sqrt[4]{2} = 28\sqrt[4]{2} - 45\sqrt[4]{2} = -17\sqrt[4]{2}$

77. $3\sqrt[4]{512} + 2\sqrt[4]{32} = 3 \cdot 4\sqrt[4]{2} + 2 \cdot 2\sqrt[4]{2} = 12\sqrt[4]{2} + 4\sqrt[4]{2} = 16\sqrt[4]{2}$

79. $\sqrt{98} - \sqrt{50} - \sqrt{72} = 7\sqrt{2} - 5\sqrt{2} - 6\sqrt{2} = -4\sqrt{2}$

81. $\sqrt{18} + \sqrt{300} - \sqrt{243} = 3\sqrt{2} + 10\sqrt{3} - 9\sqrt{3} = 3\sqrt{2} + \sqrt{3}$

83. $2\sqrt[3]{16} - \sqrt[3]{54} - 3\sqrt[3]{128} = 2 \cdot 2\sqrt[3]{2} - 3\sqrt[3]{2} - 3 \cdot 4\sqrt[3]{2} = 4\sqrt[3]{2} - 3\sqrt[3]{2} - 12\sqrt[3]{2} = -11\sqrt[3]{2}$

85. $\sqrt{25y^2z} - \sqrt{16y^2z} = 5y\sqrt{z} - 4y\sqrt{z} = y\sqrt{z}$

87. $\sqrt{36xy^2} + \sqrt{49xy^2} = 6y\sqrt{x} + 7y\sqrt{x} = 13y\sqrt{x}$

89. $2\sqrt[3]{64a} + 2\sqrt[3]{8a} = 2 \cdot 4\sqrt[3]{a} + 2 \cdot 2\sqrt[3]{a} = 8\sqrt[3]{a} + 4\sqrt[3]{a} = 12\sqrt[3]{a}$

91. $\sqrt{y^5} - \sqrt{9y^5} - \sqrt{25y^5} = y^2\sqrt{y} - 3y^2\sqrt{y} - 5y^2\sqrt{y} = -7y^2\sqrt{y}$

93. $\sqrt[5]{x^6y^2} + \sqrt[5]{32x^6y^2} + \sqrt[5]{x^6y^2} = x\sqrt[5]{xy^2} + 2x\sqrt[5]{xy^2} + x\sqrt[5]{xy^2} = 4x\sqrt[5]{xy^2}$

95. $\sqrt{x^2 + 2x + 1} + \sqrt{x^2 + 2x + 1} = \sqrt{(x+1)^2} + \sqrt{(x+1)^2} = x + 1 + x + 1 = 2x + 2$

Review Exercises (page 563)

1. $3x^2y^3(-5x^3y^{-4}) = -15x^5y^{-1} = -\dfrac{15x^5}{y}$

3. $(3t + 2)^2 = (3t + 2)(3t + 2) = 9t^2 + 12t + 4$

5. $\begin{array}{r}3p\ +\ \ 4\end{array}$

$2p-5\ \overline{)\ 6p^2\ -\ \ 7p\ -\ 25\ }$

$\underline{-(6p^2\ -\ 15p\ )}$

$8p\ -\ 25$

$\underline{-(\ \ 8p\ -\ 20\ )}$

$-\ \ 5$

$3p + 4 + \dfrac{-5}{2p-5}$

Exercise 9.4 (page 569)

1. $\sqrt{2}\sqrt{8} = \sqrt{16} = 4$

3. $\sqrt{5}\sqrt{10} = \sqrt{50} = 5\sqrt{2}$

5. $2\sqrt{3}\sqrt{6} = 2\sqrt{18} = 2 \cdot 3\sqrt{2} = 6\sqrt{2}$

7. $\sqrt[3]{5}\,\sqrt[3]{25} = \sqrt[3]{125} = 5$

9. $(3\sqrt[3]{9})(2\sqrt[3]{3}) = 6\sqrt[3]{27} = 6 \cdot 3 = 18$

11. $\sqrt[3]{2}\,\sqrt[3]{12} = \sqrt[3]{24} = 2\sqrt[3]{3}$

13. $\sqrt{ab^3}\,\sqrt{ab} = \sqrt{a^2b^4} = ab^2$

15. $\sqrt{5ab}\,\sqrt{5a} = \sqrt{25a^2b} = 5a\sqrt{b}$

17. $\sqrt[3]{5r^2s}\,\sqrt[3]{2r} = \sqrt[3]{10r^3s} = r\sqrt[3]{10s}$

19. $\sqrt[3]{a^5b}\,\sqrt[3]{16ab^5} = \sqrt[3]{16a^6b^6} = 2a^2b^2\sqrt[3]{2}$

21. $\sqrt{x(x+3)}\,\sqrt{x^3(x+3)} = \sqrt{x(x+3) \cdot x^3(x+3)} = \sqrt{x^4(x+3)^2} = x^2(x+3)$

23. $\sqrt[3]{6x^2(y+z)^2}\,\sqrt[3]{18x(y+z)} = \sqrt[3]{6x^2(y+z)^2 \cdot 18x(y+z)} = \sqrt[3]{108x^3(y+z)^3}$
$= 3x(y+z)\sqrt[3]{4}$

25. $3\sqrt{5}\,(4 - \sqrt{5}) = 3\sqrt{5} \cdot 4 - 3\sqrt{5}\,\sqrt{5} = 12\sqrt{5} - 3 \cdot 5 = 12\sqrt{5} - 15$

27. $3\sqrt{2}\,(4\sqrt{3} + 2\sqrt{7}) = 3\sqrt{2} \cdot 4\sqrt{3} + 3\sqrt{2} \cdot 2\sqrt{7} = 12\sqrt{6} + 6\sqrt{14}$

29. $-2\sqrt{5x}\,(4\sqrt{2x} - 3\sqrt{3}) = -2\sqrt{5x} \cdot 4\sqrt{2x} + 2\sqrt{5x} \cdot 3\sqrt{3} = -8\sqrt{10x^2} + 6\sqrt{15x}$
$= -8x\sqrt{10} + 6\sqrt{15x}$

31. $(\sqrt{2} + 1)(\sqrt{2} - 3) = \sqrt{2}\sqrt{2} - 3\sqrt{2} + \sqrt{2} - 3 = 2 - 2\sqrt{2} - 3 = -1 - 2\sqrt{2}$

33. $(4\sqrt{3x} + 3)(2\sqrt{3x} - 5) = 4\sqrt{3x} \cdot 2\sqrt{3x} - 20\sqrt{3x} + 6\sqrt{3x} - 15 = 8 \cdot 3x - 14\sqrt{3x} - 15$
$= 24x - 14\sqrt{3x} - 15$

35. $(\sqrt{5z} + \sqrt{3})(\sqrt{5z} + \sqrt{3}) = \sqrt{5z}\sqrt{5z} + \sqrt{5z}\sqrt{3} + \sqrt{5z}\sqrt{3} + \sqrt{3}\sqrt{3} = 5z + 2\sqrt{15z} + 3$

37. $(\sqrt{3x} - \sqrt{2y})(\sqrt{3x} + \sqrt{2y}) = (\sqrt{3x})^2 - (\sqrt{2y})^2 = 3x - 2y$

39. $(2\sqrt{3a} - \sqrt{b})(\sqrt{3a} + 3\sqrt{b}) = 2\sqrt{3a}\,\sqrt{3a} + 6\sqrt{3ab} - \sqrt{3ab} - \sqrt{b} \cdot 3\sqrt{b}$
$= 2 \cdot 3a + 5\sqrt{3ab} - 3 \cdot b$
$= 6a + 5\sqrt{3ab} - 3b$

41. $(3\sqrt{2r} - 2)^2 = (3\sqrt{2r} - 2)(3\sqrt{2r} - 2) = 9\sqrt{4r^2} - 6\sqrt{2r} - 6\sqrt{2r} + 4 = 18r - 12\sqrt{2r} + 4$

43. $-2\sqrt{3x}\,(\sqrt{3x} + \sqrt{3})^2 = -2\sqrt{3x}\,(\sqrt{3x} + \sqrt{3})(\sqrt{3x} + \sqrt{3}) = -2\sqrt{3x}\,(3x + 2\sqrt{9x} + 3)$
$$= -6x\sqrt{3x} - 4\sqrt{27x^2} - 6\sqrt{3x}$$
$$= -6x\sqrt{3x} - 12x\sqrt{3} - 6\sqrt{3x}$$

45. $\sqrt{\dfrac{1}{7}} = \dfrac{\sqrt{1}}{\sqrt{7}} = \dfrac{1}{\sqrt{7}} \cdot \dfrac{\sqrt{7}}{\sqrt{7}} = \dfrac{\sqrt{7}}{7}$

47. $\sqrt{\dfrac{2}{3}} = \dfrac{\sqrt{2}}{\sqrt{3}} = \dfrac{\sqrt{2}}{\sqrt{3}} \cdot \dfrac{\sqrt{3}}{\sqrt{3}} = \dfrac{\sqrt{6}}{\sqrt{9}} = \dfrac{\sqrt{6}}{3}$

49. $\dfrac{\sqrt{5}}{\sqrt{8}} = \dfrac{\sqrt{5}}{\sqrt{8}} \cdot \dfrac{\sqrt{8}}{\sqrt{8}} = \dfrac{\sqrt{40}}{8} = \dfrac{2\sqrt{10}}{8} = \dfrac{\sqrt{10}}{4}$

51. $\dfrac{\sqrt{8}}{\sqrt{2}} = \dfrac{\sqrt{8}}{\sqrt{2}} \cdot \dfrac{\sqrt{2}}{\sqrt{2}} = \dfrac{\sqrt{16}}{2} = \dfrac{4}{2} = 2$

53. $\dfrac{1}{\sqrt[3]{2}} = \dfrac{1}{\sqrt[3]{2}} \cdot \dfrac{\sqrt[3]{4}}{\sqrt[3]{4}} = \dfrac{\sqrt[3]{4}}{\sqrt[3]{8}} = \dfrac{\sqrt[3]{4}}{2}$

55. $\dfrac{3}{\sqrt[3]{9}} = \dfrac{3}{\sqrt[3]{9}} \cdot \dfrac{\sqrt[3]{3}}{\sqrt[3]{3}} = \dfrac{3\sqrt[3]{3}}{\sqrt[3]{27}} = \dfrac{3\sqrt[3]{3}}{3} = \sqrt[3]{3}$

57. $\dfrac{\sqrt[3]{2}}{\sqrt[3]{9}} = \dfrac{\sqrt[3]{2}}{\sqrt[3]{9}} \cdot \dfrac{\sqrt[3]{3}}{\sqrt[3]{3}} = \dfrac{\sqrt[3]{6}}{3}$

59. $\dfrac{\sqrt{8x^2y}}{\sqrt{xy}} = \dfrac{2x\sqrt{2y}}{\sqrt{xy}} \cdot \dfrac{\sqrt{xy}}{\sqrt{xy}} = \dfrac{2xy\sqrt{2x}}{xy} = 2\sqrt{2x}$

61. $\dfrac{\sqrt{10xy^2}}{\sqrt{2xy^3}} = \dfrac{y\sqrt{10x}}{y\sqrt{2xy}} \cdot \dfrac{\sqrt{2xy}}{\sqrt{2xy}} = \dfrac{\sqrt{20x^2y}}{2xy} = \dfrac{2x\sqrt{5y}}{2xy} = \dfrac{\sqrt{5y}}{y}$

63. $\dfrac{\sqrt[3]{4a^2}}{\sqrt[3]{2ab}} = \dfrac{\sqrt[3]{4a^2}}{\sqrt[3]{2ab}} \cdot \dfrac{\sqrt[3]{4a^2b^2}}{\sqrt[3]{4a^2b^2}} = \dfrac{\sqrt[3]{16a^4b^2}}{\sqrt[3]{8a^3b^3}} = \dfrac{2a\sqrt[3]{2ab^2}}{2ab} = \dfrac{\sqrt[3]{2ab^2}}{b}$

65. $\dfrac{1}{\sqrt[4]{4}} = \dfrac{1}{\sqrt[4]{2^2}} \cdot \dfrac{\sqrt[4]{2^2}}{\sqrt[4]{2^2}} = \dfrac{\sqrt[4]{4}}{\sqrt[4]{2^4}} = \dfrac{\sqrt[4]{4}}{2}$

67. $\dfrac{1}{\sqrt[5]{16}} = \dfrac{1}{\sqrt[5]{2^4}} \cdot \dfrac{\sqrt[5]{2}}{\sqrt[5]{2}} = \dfrac{\sqrt[5]{2}}{\sqrt[5]{2^5}} = \dfrac{\sqrt[5]{2}}{2}$

69. $\dfrac{1}{\sqrt{2}-1} = \dfrac{1}{(\sqrt{2}-1)} \cdot \dfrac{(\sqrt{2}+1)}{(\sqrt{2}+1)} = \dfrac{1(\sqrt{2}+1)}{(\sqrt{2})^2 - (1)^2} = \dfrac{\sqrt{2}+1}{2-1} = \dfrac{\sqrt{2}+1}{1} = \sqrt{2}+1$

71. $\dfrac{\sqrt{2}}{\sqrt{5}+3} = \dfrac{\sqrt{2}}{(\sqrt{5}+3)} \cdot \dfrac{(\sqrt{5}-3)}{(\sqrt{5}-3)} = \dfrac{\sqrt{2}\,(\sqrt{5}-3)}{(\sqrt{5})^2 - 3^2} = \dfrac{\sqrt{2}\,(\sqrt{5}-3)}{5-9} = \dfrac{\sqrt{10}-3\sqrt{2}}{-4} = \dfrac{3\sqrt{2}-\sqrt{10}}{4}$

73. $\dfrac{\sqrt{3}+1}{\sqrt{3}-1} = \dfrac{(\sqrt{3}+1)}{(\sqrt{3}-1)} \cdot \dfrac{(\sqrt{3}+1)}{(\sqrt{3}+1)} = \dfrac{\sqrt{9}+2\sqrt{3}+1}{(\sqrt{3})^2 - 1^2} = \dfrac{4+2\sqrt{3}}{3-1} = \dfrac{2(2+\sqrt{3})}{2} = 2+\sqrt{3}$

75. $\dfrac{\sqrt{7}-\sqrt{2}}{\sqrt{2}+\sqrt{7}} = \dfrac{(\sqrt{7}-\sqrt{2})}{(\sqrt{2}+\sqrt{7})} \cdot \dfrac{(\sqrt{2}-\sqrt{7})}{(\sqrt{2}-\sqrt{7})} = \dfrac{\sqrt{14}-7-2+\sqrt{14}}{(\sqrt{2})^2-(\sqrt{7})^2} = \dfrac{-9+2\sqrt{14}}{2-7} = \dfrac{-9+2\sqrt{14}}{-5}$
$$= \dfrac{9-2\sqrt{14}}{5}$$

77. $\dfrac{2}{\sqrt{x}+1} = \dfrac{2}{(\sqrt{x}+1)} \cdot \dfrac{(\sqrt{x}-1)}{(\sqrt{x}-1)} = \dfrac{2(\sqrt{x}-1)}{(\sqrt{x})^2-1^2} = \dfrac{2(\sqrt{x}-1)}{x-1}$

79. $\dfrac{x}{\sqrt{x}-4} = \dfrac{x}{(\sqrt{x}-4)} \cdot \dfrac{(\sqrt{x}+4)}{(\sqrt{x}+4)} = \dfrac{x(\sqrt{x}+4)}{(\sqrt{x})^2-4^2} = \dfrac{x(\sqrt{x}+4)}{x-16}$

81. $\dfrac{2z-1}{\sqrt{2z}-1} = \dfrac{(2z-1)}{(\sqrt{2z}-1)} \cdot \dfrac{(\sqrt{2z}+1)}{(\sqrt{2z}+1)} = \dfrac{(2z-1)(\sqrt{2z}+1)}{(\sqrt{2z})^2-1^2} = \dfrac{(2z-1)(\sqrt{2z}+1)}{2z-1} = \sqrt{2z}+1$

83. $\dfrac{\sqrt{x}-\sqrt{y}}{\sqrt{x}+\sqrt{y}} = \dfrac{(\sqrt{x}-\sqrt{y})}{(\sqrt{x}+\sqrt{y})} \cdot \dfrac{(\sqrt{x}-\sqrt{y})}{(\sqrt{x}-\sqrt{y})} = \dfrac{\sqrt{x^2}-2\sqrt{xy}+\sqrt{y^2}}{(\sqrt{x})^2-(\sqrt{y})^2} = \dfrac{x-2\sqrt{xy}+y}{x-y}$

85. $\dfrac{\sqrt{3}+1}{2} = \dfrac{(\sqrt{3}+1)}{2} \cdot \dfrac{(\sqrt{3}-1)}{(\sqrt{3}-1)} = \dfrac{(\sqrt{3})^2-1}{2(\sqrt{3}-1)} = \dfrac{2}{2(\sqrt{3}-1)} = \dfrac{1}{\sqrt{3}-1}$

87. $\dfrac{\sqrt{x}+3}{x} = \dfrac{(\sqrt{x}+3)}{x} \cdot \dfrac{(\sqrt{x}-3)}{(\sqrt{x}-3)} = \dfrac{(\sqrt{x})^2-3^2}{x(\sqrt{x}-3)} = \dfrac{x-9}{x(\sqrt{x}-3)}$

89. $\dfrac{\sqrt{x}+\sqrt{y}}{\sqrt{x}} = \dfrac{(\sqrt{x}+\sqrt{y})}{\sqrt{x}} \cdot \dfrac{(\sqrt{x}-\sqrt{y})}{(\sqrt{x}-\sqrt{y})} = \dfrac{(\sqrt{x})^2-(\sqrt{y})^2}{\sqrt{x}(\sqrt{x}-\sqrt{y})} = \dfrac{x-y}{x(\sqrt{x}-\sqrt{y})}$

Review Exercises (page 570)

1. $\dfrac{2}{3-a} = 1$

   $(3-a) \cdot \dfrac{2}{3-a} = (3-a) \cdot 1$

   $2 = 3-a$

   $a = 1$

3. $\dfrac{8}{b-2} + \dfrac{3}{2-b} = -\dfrac{1}{b}$

   $\dfrac{8}{b-2} + \dfrac{-3}{b-2} = -\dfrac{1}{b}$

   $\dfrac{5}{b-2} = -\dfrac{1}{b}$

   $5b = -1(b-2)$
   $5b = -b+2$
   $6b = 2$
   $b = \dfrac{2}{6} = \dfrac{1}{3}$

Exercise 9.5 (page 576)

1. $\sqrt{5x-6} = 2$

   $\left(\sqrt{5x-6}\right)^2 = 2^2$

   $5x-6 = 4$
   $5x = 10$
   $x = 2$

   The solution checks.

3. $\sqrt{6x+1} + 2 = 7$

   $\sqrt{6x+1} = 5$

   $\left(\sqrt{6x+1}\right)^2 = 5^2$

   $6x+1 = 25$
   $6x = 24$
   $x = \dfrac{24}{6} = 4$

   The solution checks.

5. $2\sqrt{(4x+1)} = \sqrt{x+4}$
$\left(2\sqrt{(4x+1)}\right)^2 = \left(\sqrt{x+4}\right)^2$
$4(4x+1) = x+4$
$16x+4 = x+4$
$15x = 0$
$x = 0$
The solution checks.

7. $\sqrt[3]{7n-1} = 3$
$\left(\sqrt[3]{7n-1}\right)^3 = 3^3$
$7n-1 = 27$
$7n = 28$
$n = 4$
The solution checks.

9. $\sqrt[4]{10p+1} = \sqrt[4]{11p-7}$
$\left(\sqrt[4]{10p+1}\right)^4 = \left(\sqrt[4]{11p-7}\right)^4$
$10p+1 = 11p-7$
$8 = p$
The solution checks.

11. $x = \dfrac{\sqrt{12x-5}}{2}$
$2x = \sqrt{12x-5}$
$(2x)^2 = \left(\sqrt{12x-5}\right)^2$
$4x^2 = 12x - 5$
$4x^2 - 12x + 5 = 0$
$(2x-5)(2x-1) = 0$
$2x - 5 = 0 \quad \text{or} \quad 2x - 1 = 0$
$x = \dfrac{5}{2} \qquad\qquad x = \dfrac{1}{2}$
Both solutions check.

13. $\sqrt{x+2} = \sqrt{4-x}$
$\left(\sqrt{x+2}\right)^2 = \left(\sqrt{4-x}\right)^2$
$x+2 = 4-x$
$2x = 2$
$x = 1$
The solution checks.

15. $2\sqrt{x} = \sqrt{5x-16}$
$\left(2\sqrt{x}\right)^2 = \left(\sqrt{5x-16}\right)^2$
$4x = 5x - 16$
$16 = x$
The solution checks.

17. $r - 9 = \sqrt{2r-3}$
$(r-9)^2 = \left(\sqrt{2r-3}\right)^2$
$r^2 - 18r + 81 = 2r - 3$
$r^2 - 20r + 84 = 0$
$(r-6)(r-14) = 0$
$r = 6 \text{ or } r = 14$
$r = 6$ doesn't check, but $r = 14$ does.

19. $\sqrt{-5x+24} = 6 - x$
$\left(\sqrt{-5x+24}\right)^2 = (6-x)^2$
$-5x + 24 = 36 - 12x + x^2$
$0 = x^2 - 7x + 12$
$0 = (x-3)(x-4)$
$x = 3 \text{ or } x = 4$
Both solutions check.

21. $\sqrt{y+2} = 4 - y$
$\left(\sqrt{y+2}\right)^2 = (4-y)^2$
$y + 2 = 16 - 8y + y^2$
$0 = y^2 - 9y + 14$
$0 = (y-2)(y-7)$
$y = 2$ or $y = 7$
$y = 2$ checks, but $y = 7$ is extraneous.

23. $\sqrt{x}\sqrt{x+16} = 15$
$\left(\sqrt{x}\sqrt{x+16}\right)^2 = 15^2$
$x(x+16) = 225$
$x^2 + 16x - 225 = 0$
$(x+25)(x-9) = 0$
$x = -25$ or $x = 9$
$x = 9$ checks, but $x = -25$ is extraneous.

25.
$$\sqrt[3]{x^3 - 7} = x - 1$$
$$\left(\sqrt[3]{x^3 - 7}\right)^3 = (x-1)^3$$
$$x^3 - 7 = (x-1)(x-1)(x-1)$$
$$x^3 - 7 = x^3 - 3x^2 + 3x - 1$$
$$3x^2 - 3x - 6 = 0$$
$$3(x^2 - x - 2) = 0$$
$$3(x - 2)(x + 1) = 0$$
$$x = 2 \text{ or } x = -1$$
Both solutions check.

27.
$$\sqrt[4]{x^4 + 4x^2 - 4} = -x$$
$$\left(\sqrt[4]{x^4 + 4x^2 - 4}\right)^4 = (-x)^4$$
$$x^4 + 4x^2 - 4 = x^4$$
$$4x^2 - 4 = 0$$
$$4(x^2 - 1) = 0$$
$$4(x + 1)(x - 1) = 0$$
$$x = -1 \text{ or } x = 1$$
$x = -1$ checks, but $x = 1$ is extraneous.

29.
$$\sqrt[4]{12t + 4} + 2 = 0$$
$$\sqrt[4]{12t + 4} = -2$$
$$\left(\sqrt[4]{12t + 4}\right)^4 = (-2)^4$$
$$12t + 4 = 16$$
$$12t = 12$$
$$t = 1$$
The solution is extraneous $\Rightarrow$ no solution.

31.
$$\sqrt{2y + 1} = 1 - \sqrt{2y}$$
$$\left(\sqrt{2y + 1}\right)^2 = \left(1 - \sqrt{2y}\right)^2$$
$$2y + 1 = (1 - \sqrt{2y})(1 - \sqrt{2y})$$
$$2y + 1 = 1 - 2\sqrt{2y} + 2y$$
$$2\sqrt{2y} = 0$$
$$\left(2\sqrt{2y}\right)^2 = 0^2$$
$$4(2y) = 0$$
$$8y = 0$$
$$y = 0$$
The solution checks.

33.
$$\sqrt{y + 7} + 3 = \sqrt{y + 4}$$
$$\left(\sqrt{y + 7} + 3\right)^2 = \left(\sqrt{y + 4}\right)^2$$
$$y + 7 + 6\sqrt{y + 7} + 9 = y + 4$$
$$6\sqrt{y + 7} = -12$$
$$\left(\sqrt{y + 7}\right)^2 = (-2)^2$$
$$y + 7 = 4$$
$$y = -3$$
The solution is extraneous $\Rightarrow$ no solution.

35.
$$\sqrt{\nu} + \sqrt{3} = \sqrt{\nu + 3}$$
$$\left(\sqrt{\nu} + \sqrt{3}\right)^2 = \left(\sqrt{\nu + 3}\right)^2$$
$$\nu + 2\sqrt{3\nu} + 3 = \nu + 3$$
$$2\sqrt{3\nu} = 0$$
$$\left(2\sqrt{3\nu}\right)^2 = 0^2$$
$$4(3\nu) = 0$$
$$\nu = 0$$
The solution checks.

37.
$$2 + \sqrt{u} = \sqrt{2u + 7}$$
$$(2 + \sqrt{u})^2 = \left(\sqrt{2u + 7}\right)^2$$
$$4 + 4\sqrt{u} + u = 2u + 7$$
$$4\sqrt{u} = u + 3$$
$$(4\sqrt{u})^2 = (u + 3)^2$$
$$16u = u^2 + 6u + 9$$
$$0 = u^2 - 10u + 9$$
$$0 = (u - 9)(u - 1)$$
$$u = 9 \text{ or } u = 1$$
Both solutions check.

39.
$$\sqrt{6t + 1} - 3\sqrt{t} = -1$$
$$\sqrt{6t + 1} = 3\sqrt{t} - 1$$
$$\left(\sqrt{6t + 1}\right)^2 = (3\sqrt{t} - 1)^2$$
$$6t + 1 = 9t - 6\sqrt{t} + 1$$
$$6\sqrt{t} = 3t$$
$$(6\sqrt{t})^2 = (3t)^2$$
$$36t = 9t^2$$
$$0 = 9t^2 - 36t$$
$$0 = 9t(t - 4)$$
$$t = 0 \text{ or } t = 4$$
$t = 4$ checks, but $t = 0$ is extraneous.

41. $\sqrt{2x+5} + \sqrt{x+2} = 5$
$\sqrt{2x+5} = 5 - \sqrt{x+2}$
$(\sqrt{2x+5})^2 = (5 - \sqrt{x+2})^2$
$2x + 5 = 25 - 10\sqrt{x+2} + x + 2$
$10\sqrt{x+2} = -x + 22$
$(10\sqrt{x+2})^2 = (-x+22)^2$
$100(x+2) = x^2 - 44x + 484$
$100x + 200 = x^2 - 44x + 484$
$0 = x^2 - 144x + 284$
$0 = (x - 142)(x - 2)$
$x = 142$ or $x = 2$
$x = 2$ checks, but $x = 142$ is extraneous.

43. $\sqrt{z-1} + \sqrt{z+2} = 3$
$\sqrt{z-1} = 3 - \sqrt{z+2}$
$(\sqrt{z-1})^2 = (3 - \sqrt{z+2})^2$
$z - 1 = 9 - 6\sqrt{z+2} + z + 2$
$6\sqrt{z+2} = 12$
$(\sqrt{z+2})^2 = (2)^2$
$z + 2 = 4$
$z = 2$
The solution checks.

45. $\sqrt{x-5} - \sqrt{x+3} = 4$
$\sqrt{x-5} = \sqrt{x+3} + 4$
$(\sqrt{x-5})^2 = (\sqrt{x+3} + 4)^2$
$x - 5 = x + 3 + 8\sqrt{x+3} + 16$
$-24 = 8\sqrt{x+3}$
$(-3)^2 = (\sqrt{x+3})^2$
$9 = x + 3$
$6 = x$
The solution is extraneous $\Rightarrow$ no solution.

47. $\sqrt{x+1} + \sqrt{3x} = \sqrt{5x+1}$
$(\sqrt{x+1} + \sqrt{3x})^2 = (\sqrt{5x+1})^2$
$x + 1 + 2\sqrt{x+1}\sqrt{3x} + 3x = 5x + 1$
$2\sqrt{x+1}\sqrt{3x} = x$
$(2\sqrt{x+1}\sqrt{3x})^2 = x^2$
$4(x+1)3x = x^2$
$12x(x+1) = x^2$
$11x^2 + 12x = 0$
$x(11x + 12) = 0$
$x = 0$ or $x = -\frac{12}{11}$
$x = 0$ checks, but $x = -\frac{12}{11}$ is extraneous.

49. $\sqrt{\sqrt{a} + \sqrt{a+8}} = 2$
$\left(\sqrt{\sqrt{a} + \sqrt{a+8}}\right)^2 = 2^2$
$\sqrt{a} + \sqrt{a+8} = 4$
$\sqrt{a} = 4 - \sqrt{a+8}$
$(\sqrt{a})^2 = (4 - \sqrt{a+8})^2$
$a = 16 - 8\sqrt{a+8} + a + 8$
$8\sqrt{a+8} = 24$
$(\sqrt{a+8})^2 = (3)^2$
$a + 8 = 9$
$a = 1$
The solution checks.

51. $\frac{6}{\sqrt{x+5}} = \sqrt{x}$
$\left(\frac{6}{\sqrt{x+5}}\right)^2 = (\sqrt{x})^2$
$\frac{36}{x+5} = x$
$36 = x(x+5)$
$0 = x^2 + 5x - 36$
$0 = (x+9)(x-4)$
$x = -9$ or $x = 4$
$x = 4$ checks, but $x = -9$ is extraneous.

53.
$$\sqrt{x+2} + \sqrt{2x-3} = \sqrt{11-x}$$
$$(\sqrt{x+2} + \sqrt{2x-3})^2 = (\sqrt{11-x})^2$$
$$x + 2 + 2\sqrt{x+2}\sqrt{2x-3} + 2x - 3 = 11 - x$$
$$2\sqrt{x+2}\sqrt{2x-3} = -4x + 12$$
$$(\sqrt{x+2}\sqrt{2x-3})^2 = (-2x+6)^2$$
$$(x+2)(2x-3) = 4x^2 - 24x + 36$$
$$2x^2 + x - 6 = 4x^2 - 24x + 36$$
$$0 = 2x^2 - 25x + 42$$
$$0 = (2x - 21)(x - 2)$$

$x = \frac{21}{2}$ or $x = 2$ $x = 2$ checks, but $x = \frac{21}{2}$ is extraneous.

55.
$$s = 1.45\sqrt{r}$$
$$65 = 1.45\sqrt{r}$$
$$(65)^2 = (1.45\sqrt{r})^2$$
$$4225 = 2.1025r$$
$$\frac{4225}{2.1025} = \frac{2.1025r}{2.1025}$$
$$\frac{4225}{2.1025} = \frac{2.1025r}{2.1025}$$
$$2009.5125 = r$$
They should specify a radius of 2010 ft.

57.
$$v = \sqrt[3]{\frac{P}{0.02}}$$
$$v = \sqrt[3]{\frac{500}{0.02}}$$
$$v = \sqrt[3]{25000}$$
$$v \approx 29.240177$$
The speed of the wind is 29 mph.

59. The equilibrium price is the price at which the supply equals the demand.
$$s = d$$
$$\sqrt{5x} = \sqrt{100 - 3x^2}$$
$$(\sqrt{5x})^2 = (\sqrt{100 - 3x^2})^2$$
$$5x = 100 - 3x^2$$
$$3x^2 + 5x - 100 = 0$$
$$(3x + 20)(x - 5) = 0$$
$x = -\frac{20}{3}$ or $x = 5$
$x = -\frac{20}{3}$ is extraneous but $x = 5$ checks, The equilibrium price is $5.

Review Exercises   (page 579)

1. $f(0) = 3(0)^2 - 4(0) + 2 = 3(0) - 0 + 2 = 0 - 0 + 2 = 2$

3. $f(2) = 3(2)^2 - 4(2) + 2 = 3(4) - 8 + 2 = 12 - 8 + 2 = 6$

Exercise 9.6 (page 585)

In Problems 1 – 3, c is the hypotenuse of a right triangle, so $a^2 + b^2 = c^2$.

1. $a^2 + b^2 = c^2$
$6^2 + 8^2 = c^2$
$36 + 64 = c^2$
$100 = c^2$
$10 = c$, or $c = 10$ ft

3. $a^2 + b^2 = c^2$
$a^2 + 18^2 = 82^2$
$a^2 + 324 = 6724$
$a^2 = 6400$
$a = 80$ m

5. Let $x = $ the distance requested. x is the length of the hypotenuse of a right triangle.

$5^2 + 12^2 = x^2$
$25 + 144 = x^2$
$169 = x^2$
$13 = x$

The rope should have a length of 13 feet.

7. Let $x = $ the distance from home plate to second base. x is the length of the hypotenuse of a right triangle.

$90^2 + 90^2 = x^2$
$8100 + 8100 = x^2$
$16{,}200 = x^2$
$127.3 = x$

The distance from home plate to second base is about 127 feet.

9. Let $x = $ the distance requested. x is the length of the hypotenuse of a right triangle.

$100^2 + 90^2 = x^2$
$10000 + 8100 = x^2$
$18100 = x^2$
$134.53624 \approx x$

The third baseman must throw the ball about 135 feet.

11. Since the triangle is isosceles, $x = 2$, and the length of the hypotenuse is
$h = x\sqrt{2}$
$h = 2\sqrt{2}$
≈ 2.83

13. Since the shorter leg of a 30°-60°-90° right triangle is half as long as its hypotenuse, the hypotenuse is 10 units long. Also, since the length of the longer leg is the length of the shorter leg times $\sqrt{3}$, the longer leg is $5\sqrt{3}$ (or about 8.66 units).

15. $x = \frac{9.37}{2} \approx 4.69$

$y = \frac{9.37}{2}(\sqrt{3}) \approx 8.11$

17. $x = \frac{17.12}{\sqrt{2}} \approx 12.11$

$y = \frac{17.12}{\sqrt{2}} \approx 12.11$

19. Let $x =$ the length of the diagonal. Then x is the hypotenuse of a right triangle.
$$7^2 + 7^2 = x^2$$
$$49 + 49 = x^2$$
$$98 = x^2$$
$$7\sqrt{2} = x$$
The length is $7\sqrt{2}$ cm.

21. $d(PQ) = \sqrt{(x_2 - x_1)^2 + (y_2 - y_1)^2}$
$$= \sqrt{(0-3)^2 + (0-(-4))^2}$$
$$= \sqrt{(-3)^2 + (4)^2}$$
$$= \sqrt{9 + 16} = \sqrt{25} = 5$$

23. $d(PQ) = \sqrt{(x_2 - x_1)^2 + (y_2 - y_1)^2}$
$$= \sqrt{(2-5)^2 + (4-8)^2}$$
$$= \sqrt{(-3)^2 + (-4)^2}$$
$$= \sqrt{9 + 16} = \sqrt{25} = 5$$

25. $d(PQ) = \sqrt{(x_2 - x_1)^2 + (y_2 - y_1)^2}$
$$= \sqrt{(-2-3)^2 + (-8-4)^2}$$
$$= \sqrt{(-5)^2 + (-12)^2}$$
$$= \sqrt{25 + 144} = \sqrt{169} = 13$$

27. $d(PQ) = \sqrt{(x_2 - x_1)^2 + (y_2 - y_1)^2}$
$$= \sqrt{(6-12)^2 + (8-16)^2}$$
$$= \sqrt{(-6)^2 + (-8)^2}$$
$$= \sqrt{36 + 64} = \sqrt{100} = 10$$

29. $d(PQ) = \sqrt{(x_2 - x_1)^2 + (y_2 - y_1)^2}$
$$= \sqrt{(-3-(-5))^2 + (5-(-5))^2}$$
$$= \sqrt{2^2 + 10^2}$$
$$= \sqrt{4 + 100} = \sqrt{104} = 2\sqrt{26}$$

31. Call the points $A(-2, 4)$, $B(2, 8)$ and $C(6, 4)$.
$$d(AB) = \sqrt{(-2-2)^2 + (4-8)^2} = \sqrt{(-4)^2 + (-4)^2} = \sqrt{16 + 16} = \sqrt{32} = 4\sqrt{2}$$
$$d(AC) = \sqrt{(-2-6)^2 + (4-4)^2} = \sqrt{(-8)^2 + 0^2} = \sqrt{64 + 0} = \sqrt{64} = 8$$
$$d(BC) = \sqrt{(2-6)^2 + (8-4)^2} = \sqrt{(-4)^2 + 4^2} = \sqrt{16 + 16} = \sqrt{32} = 4\sqrt{2}$$
Since $d(AB) = d(BC)$, the triangle is isosceles.

33. Let $X(x, y)$ be any point on the line. Since each point on the line is equidistant from A and B, we know that $d(AX) = d(BX)$:
$$d(AX) = d(BX)$$
$$\sqrt{(3-x)^2 + (2-y)^2} = \sqrt{(11-x)^2 + (2-y)^2}$$
$$\left(\sqrt{(3-x)^2 + (2-y)^2}\right)^2 = \left(\sqrt{(11-x)^2 + (2-y)^2}\right)^2$$
$$(3-x)^2 + (2-y)^2 = (11-x)^2 + (2-y)^2$$
$$9 - 6x + x^2 + 4 - 4y + y^2 = 121 - 22x + x^2 + 4 - 4y + y^2$$
$$x^2 - 6x + y^2 - 4y + 13 = x^2 - 22x + y^2 - 4y + 125$$
$$-6x + 13 = -22x + 125$$
$$16x = 112$$
$x = 7$ is the equation of line $\overleftrightarrow{CD}$.

35. If the points are on the x-axis, then they have y-coordinates of 0. Let $X(x,0)$ stand for such a point. The distance from X to $(5,1)$ is $\sqrt{5}$.

$$\sqrt{(x-5)^2 + (0-1)^2} = \sqrt{5}$$
$$\left(\sqrt{(x-5)^2 + (0-1)^2}\right)^2 = (\sqrt{5})^2$$
$$(x-5)^2 + (0-1)^2 = 5$$
$$x^2 - 10x + 25 + 1 = 5$$
$$x^2 - 10x + 21 = 0$$
$$(x-3)(x-7) = 0 \Rightarrow x = 3 \text{ or } x = 7 \Rightarrow \text{ The points are } (3,0) \text{ and } (7,0).$$

37. Find the length of the diagonal of the carton. If it is at least 32 inches, the gun will fit.
$$\begin{aligned}\text{length} &= \sqrt{a^2 + b^2 + c^2} \\ &= \sqrt{12^2 + 24^2 + 17^2} \\ &= \sqrt{144 + 576 + 289} \\ &= \sqrt{1009} \approx 31.76 \Rightarrow \text{ The gun will not fit.}\end{aligned}$$

39. Find the length of the diagonal of the cube. If it is at least 36 inches, the femur will fit.
$$\begin{aligned}\text{length} &= \sqrt{a^2 + b^2 + c^2} \\ &= \sqrt{21^2 + 21^2 + 21^2} \\ &= \sqrt{441 + 441 + 441} \\ &= \sqrt{1323} \approx 36.37 \text{ inches} \Rightarrow \text{ The femur will fit.}\end{aligned}$$

41. The total EW distance from A to D is 52 yards, while the total NS distance is 165 yards.
$$\begin{aligned}d(AD) &= \sqrt{52^2 + 165^2} \\ &= \sqrt{2704 + 27{,}225} \\ &= \sqrt{29{,}929} \\ &= 173 \text{ yards}\end{aligned}$$

43. Consider the two congruent right triangles with legs of 20 feet and 1 foot. Let the hypotenuse of one of these triangles be x:
$$\begin{aligned}20^2 + 1^2 &= x^2 \\ 401 &= x^2 \\ x^2 &= 401 \\ x &= \sqrt{401}\end{aligned}$$

The new length is then $2\sqrt{401}$ feet, and the original length was 40 feet. The difference is then $2\sqrt{401} - 40 \approx 0.05$ feet.

Beginning & Intermediate Algebra: An Integrated Approach   Section 9.6

45.
$$A = 6\sqrt[3]{V^2}$$
$$24 = 6\sqrt[3]{V^2}$$
$$6 = \sqrt[3]{V^2}$$
$$4^3 = \left(\sqrt[3]{V^2}\right)^3$$
$$64 = V^2$$
$$V = \sqrt{64} = 8 \text{ cm}^3$$

Review Exercises   (page 589)

1. $(4x+2)(3x-5) = 12x^2 - 14x - 10$

3. $(5t+4s)(3t-2s) = 15t^2 + 2ts - 8s^2$

Chapter 9 Review Exercises   (page 591)

1. $\sqrt{49} = 7$

3. $-\sqrt{36} = -6$

5. $\sqrt[3]{-27} = -3$

7. $\sqrt[4]{625} = 5$

9. $\sqrt{25x^2} = 5|x|$

11. $\sqrt[3]{27a^6b^3} = 3a^2b$

13.
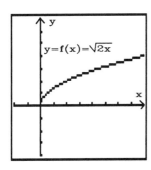

15.
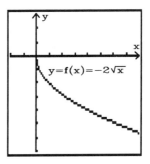

17. $\dfrac{4+8+12+16+20}{5} = \dfrac{60}{5} = 12$

19. $25^{1/2} = \sqrt{25} = 5$

21. $9^{3/2} = (9^{1/2})^3 = (\sqrt{9})^3 = 3^3 = 27$

23. $(-8)^{1/3} = \sqrt[3]{-8} = -2$

25. $8^{-2/3} = \dfrac{1}{8^{2/3}} = \dfrac{1}{(\sqrt[3]{8})^2} = \dfrac{1}{2^2} = \dfrac{1}{4}$

27. $-49^{5/2} = -(49^{1/2})^5 = -7^5 = -16,807$

29. $\left(\dfrac{1}{4}\right)^{-3/2} = 4^{3/2} = (4^{1/2})^3 = 2^3 = 8$

31. $(27x^3y)^{1/3} = (3^3x^3y)^{1/3} = 3xy^{1/3}$

33. $(25x^3y^4)^{3/2} = (5^2x^3y^4)^{3/2} = (5^2)^{3/2}(x^3)^{3/2}(y^4)^{3/2} = 5^3x^{9/2}y^{12/2} = 125x^{9/2}y^6$

35. $5^{1/4}5^{1/2} = 5^{1/4+1/2} = 5^{3/4}$

37. $u^{1/2}(u^{1/2} - u^{-1/2}) = u^{1/2}u^{1/2} - u^{1/2}u^{-1/2} = u^1 - u^0 = u - 1$

39. $(x^{1/2} + y^{1/2})^2 = (x^{1/2} + y^{1/2})(x^{1/2} + y^{1/2}) = x + 2x^{1/2}y^{1/2} + y$

41. $\sqrt[6]{5^2} = 5^{2/6} = 5^{1/3} = \sqrt[3]{5}$

43. $\sqrt[9]{27a^3b^6} = (27a^3b^6)^{1/9} = (3^3)^{1/9}(a^3)^{1/9}(b^6)^{1/9} = 3^{3/9}a^{3/9}b^{6/9} = 3^{1/3}a^{1/3}b^{2/3} = \sqrt[3]{3ab^2}$

45. $\sqrt{240} = \sqrt{16 \cdot 15} = 4\sqrt{15}$
47. $\sqrt[4]{32} = \sqrt[4]{16 \cdot 2} = 2\sqrt[4]{2}$

49. $\sqrt{8x^2y} = \sqrt{4x^2 \cdot 2y} = 2|x|\sqrt{2y}$
51. $\sqrt[3]{16x^5y^4} = \sqrt[3]{8x^3y^3 \cdot 2x^2y} = 2xy\sqrt[3]{2x^2y}$

53. $\dfrac{\sqrt{32x^3}}{\sqrt{2x}} = \sqrt{\dfrac{2 \cdot 16x^2x}{2x}} = \sqrt{16x^2} = 4|x|$
55. $\sqrt[3]{\dfrac{2a^2b}{27x^3}} = \dfrac{\sqrt[3]{2a^2b}}{\sqrt[3]{27x^3}} = \dfrac{\sqrt[3]{2a^2b}}{3x}$

57. $\sqrt{2} + \sqrt{8} = \sqrt{2} + 2\sqrt{2} = 3\sqrt{2}$
59. $2\sqrt[3]{3} - \sqrt[3]{24} = 2\sqrt[3]{3} - 2\sqrt[3]{3} = 0$

61. $2x\sqrt{8} + 2\sqrt{200x^2} + \sqrt{50x^2} = 2x\sqrt{4 \cdot 2} + 2\sqrt{100x^2 \cdot 2} + \sqrt{25x^2 \cdot 2} = 4x\sqrt{2} + 20x\sqrt{2} + 5x\sqrt{2} = 29x\sqrt{2}$

63. $\sqrt[3]{54} - 3\sqrt[3]{16} + 4\sqrt[3]{128} = 3\sqrt[3]{2} - 6\sqrt[3]{2} + 16\sqrt[3]{2} = 13\sqrt[3]{2}$

65. $(2\sqrt{5})(3\sqrt{2}) = 6\sqrt{10}$
67. $\sqrt{9x}\sqrt{x} = \sqrt{9x^2} = 3x$

69. $-\sqrt[3]{2x^2}\sqrt[3]{4x} = -\sqrt[3]{8x^3} = -2x$
71. $\sqrt{2}(\sqrt{8} - 3) = \sqrt{16} - 3\sqrt{2} = 4 - 3\sqrt{2}$

73. $\sqrt{5}(\sqrt{2} - 1) = \sqrt{10} - \sqrt{5}$
75. $(\sqrt{2} + 1)(\sqrt{2} - 1) = (\sqrt{2})^2 - 1^2 = 2 - 1 = 1$

77. $(\sqrt{x} + \sqrt{y})(\sqrt{x} - \sqrt{y}) = x - y$
79. $\dfrac{1}{\sqrt{3}} = \dfrac{1}{\sqrt{3}} \cdot \dfrac{\sqrt{3}}{\sqrt{3}} = \dfrac{\sqrt{3}}{3}$

81. $\dfrac{x}{\sqrt{xy}} = \dfrac{x}{\sqrt{xy}} \cdot \dfrac{\sqrt{xy}}{\sqrt{xy}} = \dfrac{x\sqrt{xy}}{xy} = \dfrac{\sqrt{xy}}{y}$

83. $\dfrac{2}{\sqrt{2}-1} = \dfrac{2}{\sqrt{2}-1} \cdot \dfrac{\sqrt{2}+1}{\sqrt{2}+1} = \dfrac{2(\sqrt{2}+1)}{(\sqrt{2})^2 - 1^2} = \dfrac{2(\sqrt{2}+1)}{2-1} = \dfrac{2(\sqrt{2}+1)}{1} = 2(\sqrt{2}+1)$

85. $\dfrac{2x-32}{\sqrt{x}+4} = \dfrac{2(x-16)}{\sqrt{x}+4} \cdot \dfrac{\sqrt{x}-4}{\sqrt{x}-4} = \dfrac{2(x-16)(\sqrt{x}-4)}{(\sqrt{x})^2 - 4^2} = \dfrac{2(x-16)(\sqrt{x}-4)}{x-16} = 2(\sqrt{x}-4)$

87. $\dfrac{\sqrt{3}}{5} = \dfrac{\sqrt{3}\sqrt{3}}{5\sqrt{3}} = \dfrac{\sqrt{9}}{5\sqrt{3}} = \dfrac{3}{5\sqrt{3}}$

89. $\dfrac{3 - \sqrt{x}}{2} = \dfrac{(3 - \sqrt{x})}{2} \cdot \dfrac{(3 + \sqrt{x})}{(3 + \sqrt{x})} = \dfrac{9 + 3\sqrt{x} - 3\sqrt{x} - \sqrt{x^2}}{2(3 + \sqrt{x})} = \dfrac{9 - x}{2(3 + \sqrt{x})}$

91. $\sqrt{y+3} = \sqrt{2y-9}$
$(\sqrt{y+3})^2 = (\sqrt{2y-9})^2$
$y + 3 = 2y - 9$
$12 = y$
The solution checks.

93. $r = \sqrt{12r - 27}$
$r^2 = (\sqrt{12r-27})^2$
$r^2 = 12r - 27$
$r^2 - 12r + 27 = 0$
$(r-9)(r-3) = 0$
$r = 9$ or $r = 3$
Both solutions check.

95. $\sqrt{2x+5} - \sqrt{2x} = 1$
$\sqrt{2x+5} = \sqrt{2x} + 1$
$(\sqrt{2x+5})^2 = (\sqrt{2x} + 1)^2$
$2x + 5 = 2x + 2\sqrt{2x} + 1$
$4 = 2\sqrt{2x}$
$2^2 = (\sqrt{2x})^2$
$4 = 2x$
$2 = x$
The solution checks.

97. Because the triangle is an isosceles right triangle, the length of the hypotenuse is $\sqrt{2}$ times the length of the other side.
$x = \sqrt{2}(5)$
$x \approx 7.07$

99. $d = \sqrt{(x_2 - x_1)^2 + (y_2 - y_1)^2}$
$d = \sqrt{(5-0)^2 + (-12-0)^2}$
$d = \sqrt{(5)^2 + (-12)^2}$
$d = \sqrt{25 + 144}$
$d = \sqrt{169}$
$d = 13$

101. $d = 1.4\sqrt{h}$
$d = 1.4\sqrt{4.7}$
$d \approx 3$
The horizon is about 3 mi away.

103. Let $x = $ one-half of d. Then x is a side of a right triangle with a hypotenuse of length 125.
$x^2 + 117^2 = 125^2$
$x^2 + 13{,}689 = 15{,}625$
$x^2 = 1936$
$x = 44$
Since x is one-half of d, $d = 2(44) = 88$ yds.

Chapter 9 Test   (page 594)

1. $\sqrt{48} = \sqrt{16 \cdot 3} = 4\sqrt{3}$

3. $\dfrac{\sqrt[3]{24x^{15}y^4}}{\sqrt[3]{y}} = \dfrac{\sqrt[3]{8x^{15}y^3 \cdot 3y}}{\sqrt[3]{y}} = \dfrac{2x^5y \sqrt[3]{3} \sqrt[3]{y}}{\sqrt[3]{y}} = 2x^5y \sqrt[3]{3}$

5. $\sqrt{x^2} = |x|$

7. $\sqrt[3]{27x^3} = 3x$

9. $\dfrac{7+8+12+13}{4} = 10$

11. $16^{1/4} = 2$

13. $36^{-3/2} = \dfrac{1}{36^{3/2}} = \dfrac{1}{6^3} = \dfrac{1}{216}$

15. $\dfrac{2^{5/3} 2^{1/6}}{2^{1/2}} = \dfrac{2^{10/6} 2^{1/6}}{2^{3/6}} = \dfrac{2^{11/6}}{2^{3/6}} = 2^{8/6} = 2^{4/3}$

17. $\sqrt{12} - \sqrt{27} = \sqrt{4 \cdot 3} - \sqrt{9 \cdot 3} = 2\sqrt{3} - 3\sqrt{3} = -\sqrt{3}$

19. $2\sqrt{48y^5} - 3y\sqrt{12y^3} = 2\sqrt{16y^4 \cdot 3y} - 3y\sqrt{4y^2 \cdot 3y} = 8y^2\sqrt{3y} - 6y^2\sqrt{3y} = 2y^2\sqrt{3y}$

21. $-2\sqrt{xy}\left(3\sqrt{x} + \sqrt{xy^3}\right) = -6\sqrt{x^2 y} - 2\sqrt{x^2 y^4} = -6x\sqrt{y} - 2xy^2$

23. $\dfrac{1}{\sqrt{5}} = \dfrac{1}{\sqrt{5}} \cdot \dfrac{\sqrt{5}}{\sqrt{5}} = \dfrac{\sqrt{5}}{5}$

25. $\dfrac{-4\sqrt{2}}{\sqrt{5}+3} = \dfrac{-4\sqrt{2}}{(\sqrt{5}+3)} \cdot \dfrac{(\sqrt{5}-3)}{(\sqrt{5}-3)} = \dfrac{-4\sqrt{2}(\sqrt{5}-3)}{\sqrt{25}-9} = \dfrac{-4\sqrt{2}(\sqrt{5}-3)}{5-9} = \dfrac{-4\sqrt{2}\,(\sqrt{5}-3)}{-4} = \sqrt{2}(\sqrt{5}-3)$

27. $\dfrac{\sqrt{3}}{\sqrt{7}} = \dfrac{\sqrt{3}}{\sqrt{7}} \cdot \dfrac{\sqrt{3}}{\sqrt{3}} = \dfrac{\sqrt{9}}{\sqrt{21}} = \dfrac{3}{\sqrt{21}}$

29. $\sqrt[3]{6n+4} - 4 = 0$
$\sqrt[3]{6n+4} = 4$
$(\sqrt[3]{6n+4})^3 = 4^3$
$6n + 4 = 64$
$6n = 60$
$n = 10$
The solution checks.

31. Because the triangle is a 30°-60°-90° right triangle, the length of the side opposite the 30° angle is the length of the side opposite the 60° angle divided by $\sqrt{3}$. Also, the length of the hypotenuse is twice the length of the shorter side. So,
$$x = 2\left(\dfrac{8}{\sqrt{3}}\right) \approx 8.67 \text{ cm}$$

33. $d = \sqrt{(x_2 - x_1)^2 + (y_2 - y_1)^2}$
$d = \sqrt{(0-6)^2 + (0-8)^2}$
$d = \sqrt{(-6)^2 + (-8)^2}$
$d = \sqrt{36 + 64}$
$d = \sqrt{100}$
$d = 10$

35. $h^2 + 45^2 = 53^2$
$h^2 + 2025 = 2809$
$h^2 = 784$
$h = 28$
The brace is 28 inches long.

Exercise 10.1 (page 607)

1.
$$6x^2 + 12x = 0$$
$$6x(x+2) = 0$$
$6x = 0$ or $x + 2 = 0$
$x = 0$ | $x = -2$

3.
$$2y^2 - 50 = 0$$
$$2(y+5)(y-5) = 0$$
$y + 5 = 0$ or $y - 5 = 0$
$y = -5$ | $y = 5$

5.
$$r^2 + 6r + 8 = 0$$
$$(r+4)(r+2) = 0$$
$r + 4 = 0$ or $r + 2 = 0$
$r = -4$ | $r = -2$

7.
$$x^2 - 7x + 6 = 0$$
$$(x-6)(x-1) = 0$$
$x - 6 = 0$ or $x - 1 = 0$
$x = 6$ | $x = 1$

9.
$$2z^2 - 5z + 2 = 0$$
$$(2z-1)(z-2) = 0$$
$2z - 1 = 0$ or $z - 2 = 0$
$2z = 1$ | $z = 2$
$z = \frac{1}{2}$

11.
$$6s^2 + 11s - 10 = 0$$
$$(2s+5)(3s-2) = 0$$
$2s + 5 = 0$ or $3s - 2 = 0$
$2s = -5$ | $3s = 2$
$s = -\frac{5}{2}$ | $s = \frac{2}{3}$

13.
$$x^2 = 36$$
$x = \sqrt{36}$ or $x = -\sqrt{36}$
$x = 6$ | $x = -6$

15.
$$z^2 = 5$$
$z = \sqrt{5}$ or $z = -\sqrt{5}$

17.
$$3x^2 - 16 = 0$$
$$3x^2 = 16$$
$$x^2 = \frac{16}{3}$$
$x = \sqrt{\frac{16}{3}}$ or $x = -\sqrt{\frac{16}{3}}$
$x = \frac{4}{\sqrt{3}}$ | $x = -\frac{4}{\sqrt{3}}$
$x = \frac{4}{\sqrt{3}} \cdot \frac{\sqrt{3}}{\sqrt{3}}$ | $x = -\frac{4}{\sqrt{3}} \cdot \frac{\sqrt{3}}{\sqrt{3}}$
$x = \frac{4\sqrt{3}}{3}$ | $x = -\frac{4\sqrt{3}}{3}$

19.
$$(x+1)^2 = 1$$
$x + 1 = \sqrt{1}$ or $x + 1 = -\sqrt{1}$
$x + 1 = 1$ | $x + 1 = -1$
$x = 0$ | $x = -2$

21.
$$(s-7)^2 - 9 = 0$$
$$(s-7)^2 = 9$$
$s - 7 = \sqrt{9}$ or $s - 7 = -\sqrt{9}$
$s - 7 = 3$ | $s - 7 = -3$
$s = 10$ | $s = 4$

23.
$$(x+5)^2 - 3 = 0$$
$$(x+5)^2 = 3$$
$x + 5 = \sqrt{3}$ or $x + 5 = -\sqrt{3}$
$x = -5 + \sqrt{3}$ | $x = -5 - \sqrt{3}$

25.
$$x^2 + 2x - 8 = 0$$
$$x^2 + 2x = 8$$
$$x^2 + 2x + \left(\tfrac{1}{2} \cdot 2\right)^2 = 8 + \left(\tfrac{1}{2} \cdot 2\right)^2$$
$$x^2 + 2x + 1^2 = 8 + 1^2$$
$$x^2 + 2x + 1 = 8 + 1$$
$$(x+1)^2 = 9$$
$$x + 1 = \sqrt{9} \quad \text{or} \quad x + 1 = -\sqrt{9}$$
$$x + 1 = 3 \qquad\qquad x + 1 = -3$$
$$x = 2 \qquad\qquad\qquad x = -4$$

27.
$$x^2 - 6x + 8 = 0$$
$$x^2 - 6x = -8$$
$$x^2 - 6x + \left(\tfrac{1}{2} \cdot 6\right)^2 = -8 + \left(\tfrac{1}{2} \cdot 6\right)^2$$
$$x^2 - 6x + 3^2 = -8 + 3^2$$
$$x^2 - 6x + 9 = -8 + 9$$
$$(x-3)^2 = 1$$
$$x - 3 = \sqrt{1} \quad \text{or} \quad x - 3 = -\sqrt{1}$$
$$x - 3 = 1 \qquad\qquad x - 3 = -1$$
$$x = 4 \qquad\qquad\qquad x = 2$$

29.
$$x^2 + 5x + 4 = 0$$
$$x^2 + 5x = -4$$
$$x^2 + 5x + \left(\tfrac{1}{2} \cdot 5\right)^2 = -4 + \left(\tfrac{1}{2} \cdot 5\right)^2$$
$$x^2 + 5x + \left(\tfrac{5}{2}\right)^2 = -4 + \left(\tfrac{5}{2}\right)^2$$
$$x^2 + 5x + \tfrac{25}{4} = -\tfrac{16}{4} + \tfrac{25}{4}$$
$$\left(x + \tfrac{5}{2}\right)^2 = \tfrac{9}{4}$$
$$x + \tfrac{5}{2} = \sqrt{\tfrac{9}{4}} \quad \text{or} \quad x + \tfrac{5}{2} = -\sqrt{\tfrac{9}{4}}$$
$$x + \tfrac{5}{2} = \tfrac{3}{2} \qquad\qquad x + \tfrac{5}{2} = -\tfrac{3}{2}$$
$$x = -\tfrac{2}{2} \qquad\qquad\qquad x = -\tfrac{8}{2}$$
$$x = -1 \qquad\qquad\qquad\quad x = -4$$

31.
$$2x^2 - x - 1 = 0$$
$$x^2 - \tfrac{1}{2}x - \tfrac{1}{2} = 0$$
$$x^2 - \tfrac{1}{2}x = \tfrac{1}{2}$$
$$x^2 - \tfrac{1}{2}x + \left(\tfrac{1}{2} \cdot \tfrac{1}{2}\right)^2 = \tfrac{1}{2} + \left(\tfrac{1}{2} \cdot \tfrac{1}{2}\right)^2$$
$$x^2 - \tfrac{1}{2}x + \left(\tfrac{1}{4}\right)^2 = \tfrac{1}{2} + \left(\tfrac{1}{4}\right)^2$$
$$x^2 - \tfrac{1}{2}x + \tfrac{1}{16} = \tfrac{8}{16} + \tfrac{1}{16}$$
$$\left(x - \tfrac{1}{4}\right)^2 = \tfrac{9}{16}$$
$$x - \tfrac{1}{4} = \sqrt{\tfrac{9}{16}} \quad \text{or} \quad x - \tfrac{1}{4} = -\sqrt{\tfrac{9}{16}}$$
$$x - \tfrac{1}{4} = \tfrac{3}{4} \qquad\qquad x - \tfrac{1}{4} = -\tfrac{3}{4}$$
$$x = \tfrac{4}{4} \qquad\qquad\qquad x = -\tfrac{2}{4}$$
$$x = 1 \qquad\qquad\qquad\quad x = -\tfrac{1}{2}$$

33.
$$6x^2 + 11x + 3 = 0$$
$$6x^2 + 11x = -3$$
$$x^2 + \tfrac{11}{6}x = -\tfrac{3}{6}$$
$$x^2 + \tfrac{11}{6}x = -\tfrac{1}{2}$$
$$x^2 + \tfrac{11}{6}x + \left(\tfrac{1}{2}\cdot\tfrac{11}{6}\right)^2 = -\tfrac{1}{2} + \left(\tfrac{1}{2}\cdot\tfrac{11}{6}\right)^2$$
$$x^2 + \tfrac{11}{6}x + \left(\tfrac{11}{12}\right)^2 = -\tfrac{1}{2} + \left(\tfrac{11}{12}\right)^2$$
$$x^2 + \tfrac{11}{6}x + \tfrac{121}{144} = -\tfrac{72}{144} + \tfrac{121}{144}$$
$$\left(x + \tfrac{11}{12}\right)^2 = \tfrac{49}{144}$$

$x + \tfrac{11}{12} = \sqrt{\tfrac{49}{144}}$ **or** $x + \tfrac{11}{12} = -\sqrt{\tfrac{49}{144}}$

$x + \tfrac{11}{12} = \tfrac{7}{12}$ $\qquad$ $x + \tfrac{11}{2} = -\tfrac{7}{12}$

$x = -\tfrac{4}{12}$ $\qquad\qquad$ $x = -\tfrac{18}{12}$

$x = -\tfrac{1}{3}$ $\qquad\qquad$ $x = -\tfrac{3}{2}$

35.
$$8r^2 + 6r = 9$$
$$r^2 + \tfrac{6}{8}r = \tfrac{9}{8}$$
$$r^2 + \tfrac{3}{4}r = \tfrac{9}{8}$$
$$r^2 + \tfrac{3}{4}r + \left(\tfrac{1}{2}\cdot\tfrac{3}{4}\right)^2 = \tfrac{9}{8} + \left(\tfrac{1}{2}\cdot\tfrac{3}{4}\right)^2$$
$$r^2 + \tfrac{3}{4}r + \left(\tfrac{3}{8}\right)^2 = \tfrac{9}{8} + \left(\tfrac{3}{8}\right)^2$$
$$r^2 + \tfrac{3}{4}r + \tfrac{9}{64} = \tfrac{72}{64} + \tfrac{9}{64}$$
$$\left(r + \tfrac{3}{8}\right)^2 = \tfrac{81}{64}$$

$r + \tfrac{3}{8} = \sqrt{\tfrac{81}{64}}$ **or** $r + \tfrac{3}{8} = -\sqrt{\tfrac{81}{64}}$

$r + \tfrac{3}{8} = \tfrac{9}{8}$ $\qquad$ $r + \tfrac{3}{8} = -\tfrac{9}{8}$

$r = \tfrac{6}{8}$ $\qquad\qquad$ $r = -\tfrac{12}{8}$

$r = \tfrac{3}{4}$ $\qquad\qquad$ $r = -\tfrac{3}{2}$

37.
$$\tfrac{7x+1}{5} = -x^2$$
$$7x + 1 = -5x^2$$
$$5x^2 + 7x + 1 = 0$$
$$5x^2 + 7x = -1$$
$$x^2 + \tfrac{7}{5}x = -\tfrac{1}{5}$$
$$x^2 + \tfrac{7}{5}x + \left(\tfrac{1}{2}\cdot\tfrac{7}{5}\right)^2 = -\tfrac{1}{5} + \left(\tfrac{1}{2}\cdot\tfrac{7}{5}\right)^2$$
$$x^2 + \tfrac{7}{5}x + \left(\tfrac{7}{10}\right)^2 = -\tfrac{1}{5} + \left(\tfrac{7}{10}\right)^2$$
$$x^2 + \tfrac{7}{5}x + \tfrac{49}{100} = -\tfrac{20}{100} + \tfrac{49}{100}$$
$$\left(x + \tfrac{7}{10}\right)^2 = \tfrac{29}{100}$$

$x + \tfrac{7}{10} = \sqrt{\tfrac{29}{100}}$ **or** $x + \tfrac{7}{10} = -\sqrt{\tfrac{29}{100}}$

$x + \tfrac{7}{10} = \tfrac{\sqrt{29}}{10}$ $\qquad$ $x + \tfrac{7}{10} = -\tfrac{\sqrt{29}}{10}$

$x = \tfrac{-7+\sqrt{29}}{10}$ $\qquad$ $x = \tfrac{-7-\sqrt{29}}{10}$

39.
$$x^2 + 3x + 2 = 0$$
$$a = 1, b = 3, c = 2$$

$$x = \frac{-(3) \pm \sqrt{(3)^2 - 4(1)(2)}}{2(1)}$$

$$x = \frac{-3 \pm \sqrt{9-8}}{2}$$

$$x = \frac{-3 \pm \sqrt{1}}{2}$$

$$x = \frac{-3 \pm 1}{2}$$

$x = \tfrac{-3+1}{2}$ **or** $x = \tfrac{-3-1}{2}$

$x = \tfrac{-2}{2}$ $\qquad\qquad$ $x = \tfrac{-4}{2}$

$x = -1$ $\qquad\qquad$ $x = -2$

41.
$$x^2 + 12x = -36$$
$$x^2 + 12x + 36 = 0$$
$$a = 1, b = 12, c = 36$$

$$x = \frac{-(12) \pm \sqrt{(12)^2 - 4(1)(36)}}{2(1)}$$

$$x = \frac{-12 \pm \sqrt{144 - 144}}{2}$$

$$x = \frac{-12 \pm \sqrt{0}}{2}$$

$$x = \frac{-12 \pm 0}{2}$$

$$x = \frac{-12 + 0}{2} \quad \text{or} \quad x = \frac{-12 - 0}{2}$$
$$x = \frac{-12}{2} \quad\quad\quad\quad x = \frac{-12}{2}$$
$$x = -6 \quad\quad\quad\quad\quad x = -6$$

43.
$$5x^2 + 5x + 1 = 0$$
$$a = 5, b = 5, c = 1$$

$$y = \frac{-(5) \pm \sqrt{(5)^2 - 4(5)(1)}}{2(5)}$$

$$y = \frac{-5 \pm \sqrt{25 - 20}}{10}$$

$$y = \frac{-5 \pm \sqrt{5}}{10}$$

$$y = \frac{-5 + \sqrt{5}}{10} \quad \text{or} \quad y = \frac{-5 - \sqrt{5}}{10}$$

45.
$$8u = -4u^2 - 3$$
$$4u^2 + 8u + 3 = 0$$
$$a = 4, b = 8, c = 3$$

$$u = \frac{-(8) \pm \sqrt{(8)^2 - 4(4)(3)}}{2(4)}$$

$$u = \frac{-8 \pm \sqrt{64 - 48}}{8}$$

$$u = \frac{-8 \pm \sqrt{16}}{8}$$

$$u = \frac{-8 \pm 4}{8}$$

$$u = \frac{-8 + 4}{8} \quad \text{or} \quad u = \frac{-8 - 4}{8}$$
$$u = \frac{-4}{8} \quad\quad\quad\quad u = \frac{-12}{8}$$
$$u = -\frac{1}{2} \quad\quad\quad\quad u = -\frac{3}{2}$$

47.
$$16y^2 + 8y - 3 = 0$$
$$a = 16, b = 8, c = -3$$

$$y = \frac{-(8) \pm \sqrt{(8)^2 - 4(16)(-3)}}{2(16)}$$

$$y = \frac{-8 \pm \sqrt{64 + 192}}{32}$$

$$y = \frac{-8 \pm \sqrt{256}}{32}$$

$$y = \frac{-8 \pm 16}{32}$$

$$y = \frac{-8 + 16}{32} \quad \text{or} \quad y = \frac{-8 - 16}{32}$$
$$y = \frac{8}{32} \quad\quad\quad\quad y = \frac{-24}{32}$$
$$y = \frac{1}{4} \quad\quad\quad\quad y = -\frac{3}{4}$$

49.
$$\frac{x^2}{2} + \frac{5}{2}x = -1$$
$$x^2 + 5x = -2$$
$$x^2 + 5x + 2 = 0$$
$$a = 1, b = 5, c = 2$$

$$x = \frac{-(5) \pm \sqrt{(5)^2 - 4(1)(2)}}{2(1)}$$

$$x = \frac{-5 \pm \sqrt{25 - 8}}{2}$$

$$x = \frac{-5 \pm \sqrt{17}}{2}$$

51. Let x and $x+2$ be the integers.
$$x(x+2) = 288$$
$$x^2 + 2x - 288 = 0$$
$$(x+18)(x-16) = 0$$

$x + 18 = 0$ or $x - 16 = 0$
$x = -18$ $x = 16$

Since the integers must be positive, $x = 16$ is the only valid solution. The integers are 16 and 18.

53. Let the integers be x and $x+1$.
$$x^2 + (x+1)^2 = 85$$
$$x^2 + x^2 + 2x + 1 - 85 = 0$$
$$2x^2 + 2x - 84 = 0$$
$$2(x+7)(x-6) = 0$$

$x + 7 = 0$ or $x - 6 = 0$
$x = -7$ $x = 6$

Since the integers must be positive, $x = 6$ is the only valid solution. The integers are 6 and 7.

55. Let w = the width and $w + 4$ = the length.
$$lw = A$$
$$(w+4)w = 96$$
$$w^2 + 4w - 96 = 0$$
$$(w+12)(w-8) = 0$$

$w + 12 = 0$ or $w - 8 = 0$
$w = -12$ $w = 8$

Since the width must be positive, $w = 8$ is the only valid solution. The dimensions are 8 feet by 12 feet.

57. Let s = the length of a side of the square.
$$\text{area} = \text{perimeter}$$
$$s^2 = 4s$$
$$s^2 - 4s = 0$$
$$s(s-4) = 0$$

$s = 0$ or $s - 4 = 0$
               $s = 4$

Since the length of side cannot be 0, $s = 4$ is the only valid solution.

59. Let b = the base and $3b + 5$ = the height.
$$\tfrac{1}{2}bh = \text{area}$$

$$\tfrac{1}{2}b(3b+5) = 6$$

$$b(3b+5) = 12$$
$$3b^2 + 5b - 12 = 0$$
$$(3b-4)(b+3) = 0$$

$3b - 4 = 0$ or $b + 3 = 0$
$3b = 4$ $b = -3$
$b = \tfrac{4}{3}$

Since the base must have a positive length, $b = \tfrac{4}{3}$ cm is the only valid solution.

61.

	d	=	r	×	t
Slow	150		r		150/r
Fast	150		r + 20		150/(r+20)

$\boxed{\text{Fast time}} = \boxed{\text{Slow time}} - 2$

$$\frac{150}{r+20} = \frac{150}{r} - 2$$

$$r(r+20)\frac{150}{r+20} = r(r+20)\left(\frac{150}{r} - 2\right)$$

$$150r = 150(r+20) - 2r(r+20)$$
$$150r = 150r + 3000 - 2r^2 - 40r$$
$$2r^2 + 40r - 3000 = 0$$
$$2(r+50)(r-30) = 0$$
$r = -50$ or $r = 30$ (use the positive solution)
Her rate was 30 mph.

63. Let $x =$ the number of 10¢ increases. Then tickets will cost $4 + (0.10)x$ dollars each, and attendance will be $300 - 5x$.

$\boxed{\text{attendance}} \cdot \boxed{\text{ticket cost}} = \boxed{\text{revenue}}$

$$(300 - 5x)(4 + 0.10x) = 1248$$
$$1200 + 30x - 20x - 0.5x^2 = 1248$$
$$-0.5x^2 + 10x - 48 = 0$$
$$-2(-0.5x^2 + 10x - 48) = -2(0)$$
$$x^2 - 20x + 96 = 0$$
$$(x - 12)(x - 8) = 0$$
$x = 12$ or $x = 8 \Rightarrow$ There should be either 12 or 8 ten-cent increases ($1.20 or $0.80). The price should be $5.20 or $4.80.

65. Let $x =$ the no. of subscribers over 3000. Then $20 + 0.01x =$ the profit per subscriber.

$\boxed{\begin{array}{c}\text{Number of}\\ \text{subscribers}\end{array}} \cdot \boxed{\begin{array}{c}\text{Profit per}\\ \text{subscriber}\end{array}} = \boxed{\begin{array}{c}\text{Total}\\ \text{profit}\end{array}}$

$$(3000 + x)(20 + 0.01x) = 120{,}000$$
$$60{,}000 + 30x + 20x + 0.01x^2 = 120{,}000$$
$$0.01x^2 + 50x - 60{,}000 = 0$$
$$x^2 + 5000x - 6{,}000{,}000 = 0$$
$$(x - 1000)(x + 6000) = 0$$
$x = 1000$ or $x = -6000$
x cannot be -6000, since there would then be no subscribers. Thus $x = 1000$, which would be a total of 4000 subscribers.

67. Let $w =$ the width of the frame. Then the total dimensions are $12 + 2w$ and $10 + 2w$. The total area is the area of the frame and picture combined. Since the frame and the picture have the same area, the area of the picture is one-half the total area.

$\boxed{\begin{array}{c}\text{Area of}\\ \text{picture}\end{array}} = \frac{1}{2} \cdot \boxed{\begin{array}{c}\text{Total}\\ \text{area}\end{array}}$

$$12 \cdot 10 = \tfrac{1}{2}(12 + 2w)(10 + 2w)$$
$$120 = \tfrac{1}{2}(120 + 24w + 20w + 4w^2)$$
$$120 = \tfrac{1}{2}(120 + 44w + 4w^2)$$
$$120 = 60 + 22w + 2w^2$$
$$0 = w^2 + 11w - 30$$

$$w = \frac{-(11) \pm \sqrt{(11)^2 - 4(1)(-30)}}{2(1)}$$

$$= \frac{-11 \pm \sqrt{241}}{2} \approx \frac{4.52}{2} = 2.26$$

The width is 2.26 inches.
(The other solution is negative.)

69. $(x-3)(x-5) = 0$
$x^2 - 8x + 15 = 0$

71.
$$(x-2)(x-3)(x+4) = 0$$
$$(x^2 - 5x + 6)(x + 4) = 0$$
$$x^3 + 4x^2 - 5x^2 - 20x + 6x + 24 = 0$$
$$x^3 - x^2 - 14x + 24 = 0$$

Review Exercises (page 609)

1. $\frac{t+9}{2} + \frac{t+2}{5} = \frac{8}{5} + 4t$

    $10\left(\frac{t+9}{2} + \frac{t+2}{5}\right) = 10\left(\frac{8}{5} + 4t\right)$

    $5(t+9) + 2(t+2) = 2 \cdot 8 + 40t$
    $5t + 45 + 2t + 4 = 16 + 40t$
    $7t + 49 = 40t + 16$
    $33 = 33t$
    $1 = t$

3. $3(t-3) + 3t - 5 \leq 2(t+1) + t - 4$
    $3t - 9 + 3t - 5 \leq 2t + 2 + t - 4$
    $6t - 14 \leq 3t - 2$
    $3t \leq 12$
    $t \leq 4$

5. $Ax + By = C$
    $Ax - \boldsymbol{Ax} + By = C - \boldsymbol{Ax}$
    $By = C - Ax$
    $\frac{By}{y} = \frac{C - Ax}{y}$
    $B = \frac{C - Ax}{y}$

Exercise 10.2 (page 619)

1. $x^2 + 9 = 0$
    $x^2 = -9$
    $x = \pm\sqrt{-9}$
    $x = \pm\sqrt{-1 \cdot 9}$
    $x = \pm\sqrt{i^2 \cdot 3^2}$
    $x = \pm 3i = 0 \pm 3i$

3. $3x^2 = -16$
    $x^2 = \frac{-16}{3}$
    $x = \pm\sqrt{\frac{-16}{3}}$
    $x = \pm\frac{\sqrt{-16}}{\sqrt{3}}$
    $x = \pm\frac{\sqrt{4^2 \cdot i^2}}{\sqrt{3}}$
    $x = \pm\frac{4i}{\sqrt{3}} \cdot \frac{\sqrt{3}}{\sqrt{3}}$
    $x = 0 \pm \frac{4i\sqrt{3}}{3}$

5. $x^2 + 2x + 2 = 0$ $(a = 1, b = 2, c = 2)$

$$x = \frac{-(2) \pm \sqrt{2^2 - 4(1)(2)}}{2(1)}$$

$$= \frac{-2 \pm \sqrt{4 - 8}}{2}$$

$$= \frac{-2 \pm \sqrt{-4}}{2}$$

$$= \frac{-2 \pm \sqrt{2^2 \cdot i^2}}{2}$$

$$= \frac{-2 \pm 2i}{2}$$

$$= \frac{2(-1 \pm i)}{2} = \frac{-1 \pm i}{1} = -1 \pm i$$

7. $2x^2 + x + 1 = 0$ $(a = 2, b = 1, c = 1)$

$$x = \frac{-1 \pm \sqrt{1^2 - 4(2)(1)}}{2(2)}$$

$$= \frac{-1 \pm \sqrt{1 - 8}}{4}$$

$$= \frac{-1 \pm \sqrt{-7}}{4}$$

$$= \frac{-1 \pm \sqrt{7 \cdot i^2}}{4}$$

$$= \frac{-1 \pm i\sqrt{7}}{4}$$

$$= -\frac{1}{4} \pm \frac{\sqrt{7}}{4} i$$

9. $3x^2 - 4x = -2$
$3x^2 - 4x + 2 = 0$ $(a = 3, b = -4, c = 2)$

$$x = \frac{-(-4) \pm \sqrt{(-4)^2 - 4(3)(2)}}{2(3)}$$

$$= \frac{4 \pm \sqrt{16 - 24}}{6}$$

$$= \frac{4 \pm \sqrt{-8}}{6}$$

$$= \frac{4 \pm \sqrt{2^2 \cdot i^2 \cdot 2}}{6}$$

$$= \frac{4 \pm 2i\sqrt{2}}{6}$$

$$= \frac{2(2 \pm i\sqrt{2})}{6} = \frac{2 \pm i\sqrt{2}}{3} = \frac{2}{3} \pm \frac{\sqrt{2}}{3} i$$

11. $3x^2 - 2x = -3$
$3x^2 - 2x + 3 = 0$ $(a = 3, b = -2, c = 3)$

$$x = \frac{-(-2) \pm \sqrt{(-2)^2 - 4(3)(3)}}{2(3)}$$

$$= \frac{2 \pm \sqrt{4 - 36}}{6}$$

$$= \frac{2 \pm \sqrt{-32}}{6}$$

$$= \frac{2 \pm \sqrt{4^2 \cdot i^2 \cdot 2}}{6}$$

$$= \frac{2 \pm 4i\sqrt{2}}{6}$$

$$= \frac{2(1 \pm 2i\sqrt{2})}{6} = \frac{1 \pm 2i\sqrt{2}}{3} = \frac{1}{3} \pm \frac{2\sqrt{2}}{3} i$$

13. $i^{21} = i^{4(5)+1} = (i^4)^5 i^1 = 1^5 i = i$

15. $i^{27} = i^{4(6)+3} = (i^4)^6 i^3 = 1^6 i^3 = i^3 = -i$

17. $i^{100} = i^{4(25)} = (i^4)^{25} = 1^{25} = 1$

19. $i^{97} = i^{4(24)+1} = (i^4)^{24} i^1 = 1 i^1 = i$

21. $3 + 7i$; $\sqrt{9} + (5+2)i$
$\sqrt{9} + (5+2)i = 3 + 7i$
The numbers are equal.

23. $8 + 5i$; $2^3 + \sqrt{25}\, i^3$
$2^3 + \sqrt{25}\, i^3 = 8 + 5(-i) = 8 - 5i$
The numbers are not equal.

25. $\sqrt{4} + \sqrt{-4}$; $2 - 2i$
$\sqrt{4} + \sqrt{-4} = 2 + 2i$
The numbers are not equal.

27. $(3 + 4i) + (5 - 6i) = 8 - 2i$

29. $(7-3i)-(4+2i) = 7-3i-4-2i$
$= 3-5i$

31. $(8+5i)+(7+2i) = 15+7i$

33. $(1+i)-2i+(5-7i) = 1+i-2i+5-7i = 6-8i$

35. $(5+3i)-(3-5i)+\sqrt{-1} = 5+3i-3+5i+i = 2+9i$

37. $(-8-\sqrt{3}\,i)-(7-3\sqrt{3}\,i) = -8-\sqrt{3}\,i-7+3\sqrt{3}\,i = -15+2\sqrt{3}\,i$

39. $3i(2-i) = 6i-3i^2 = 6i-3(-1) = 3+6i$

41. $-5i(5-5i) = -25i+25i^2 = -25i+25(-1) = -25-25i$

43. $(2+i)(3-i) = 6-2i+3i-i^2 = 6+i-(-1) = 7+i$

45. $(2-4i)(3+2i) = 6+4i-12i-8i^2 = 6-8i-8(-1) = 6-8i+8 = 14-8i$

47. $(2+\sqrt{2}\,i)(3-\sqrt{2}\,i) = 6-2\sqrt{2}\,i+3\sqrt{2}\,i-2i^2 = 6+\sqrt{2}\,i-2(-1) = 8+\sqrt{2}\,i$

49. $(8-\sqrt{-1})(-2-\sqrt{-16}) = (8-i)(-2-4i) = -16-32i+2i+4i^2 = -16-30i-4 = -20-30i$

51. $(2+i)^2 = (2+i)(2+i) = 4+2i+2i+i^2 = 4+4i-1 = 3+4i$

53. $(2+3i)^2 = (2+3i)(2+3i) = 4+6i+6i+9i^2 = 4+12i-9 = -5+12i$

55. $i(5+i)(3-2i) = i(15-10i+3i-2i^2) = i(15-7i+2) = i(17-7i) = 17i-7i^2 = 7+17i$

57. $(2+i)(2-i)(1+i) = (2^2-i^2)(1+i) = (4+1)(1+i) = 5(1+i) = 5+5i$

59. $(3+i)[(3-2i)+(2+i)] = (3+i)(5-i) = 15-3i+5i-i^2 = 16+2i$

61. $\frac{1}{i} = \frac{1}{i}\cdot\frac{i}{i} = \frac{i}{i^2} = \frac{i}{-1} = -i = 0-i$

63. $\frac{4}{5i^3} = \frac{4}{5i^3}\cdot\frac{i}{i} = \frac{4i}{5i^4} = \frac{4i}{5} = \frac{4}{5}i = 0+\frac{4}{5}i$

65. $\frac{3i}{8\sqrt{-9}} = \frac{3i}{8\sqrt{3^2 i^2}} = \frac{3i}{8\cdot 3i} = \frac{1}{8} = \frac{1}{8}+0i$

67. $\frac{-3}{5i^5} = \frac{-3}{5i^5}\cdot\frac{i^3}{i^3} = \frac{-3i^3}{5i^8} = \frac{-3(-i)}{5(i^4)^2} = \frac{3i}{5(1)^2} = \frac{3i}{5} = \frac{3}{5}i = 0+\frac{3}{5}i$

69. $\frac{5}{2-i} = \frac{5}{2-i}\cdot\frac{2+i}{2+i} = \frac{5(2+i)}{(2-i)(2+i)} = \frac{5(2+i)}{2^2-i^2} = \frac{5(2+i)}{4-(-1)} = \frac{5(2+i)}{5} = 2+i$

71. $\frac{13i}{5+i} = \frac{13i}{5+i}\cdot\frac{5-i}{5-i} = \frac{65i-13i^2}{5^2-i^2} = \frac{65i+13}{25-(-1)} = \frac{13(1+5i)}{26} = \frac{1+5i}{2} = \frac{1}{2}+\frac{5}{2}i$

73. $\frac{-12}{7-\sqrt{-1}} = \frac{-12}{7-i}\cdot\frac{7+i}{7-i} = \frac{-12(7+i)}{7^2-i^2} = \frac{-12(7+i)}{50} = \frac{-6(7+i)}{25} = \frac{-42-6i}{25} = -\frac{42}{25}-\frac{6}{25}i$

75. $\dfrac{5i}{6+2i} = \dfrac{5i}{6+2i} \cdot \dfrac{6-2i}{6-2i} = \dfrac{30i - 10i^2}{6^2 - (2i)^2} = \dfrac{30i + 10}{36 - 4i^2} = \dfrac{10 + 30i}{36 + 4} = \dfrac{10(1 + 3i)}{40} = \dfrac{1 + 3i}{4} = \dfrac{1}{4} + \dfrac{3}{4}i$

77. $\dfrac{3-2i}{3+2i} = \dfrac{3-2i}{3+2i} \cdot \dfrac{3-2i}{3-2i} = \dfrac{9 - 6i - 6i + 4i^2}{3^2 - (2i)^2} = \dfrac{9 - 12i - 4}{9 - 4i^2} = \dfrac{5 - 12i}{13} = \dfrac{5}{13} - \dfrac{12}{13}i$

79. $\dfrac{3+2i}{3+i} = \dfrac{3+2i}{3+i} \cdot \dfrac{3-i}{3-i} = \dfrac{9 - 3i + 6i - 2i^2}{3^2 - i^2} = \dfrac{11 + 3i}{10} = \dfrac{11}{10} + \dfrac{3}{10}i$

81. $\dfrac{\sqrt{5} - \sqrt{3}\,i}{\sqrt{5} + \sqrt{3}\,i} = \dfrac{\sqrt{5} - \sqrt{3}\,i}{\sqrt{5} + \sqrt{3}\,i} \cdot \dfrac{\sqrt{5} - \sqrt{3}\,i}{\sqrt{5} - \sqrt{3}\,i} = \dfrac{5 - \sqrt{15}\,i - \sqrt{15}\,i + 3i^2}{(\sqrt{5})^2 - (\sqrt{3}\,i)^2} = \dfrac{2 - 2\sqrt{15}\,i}{5 - 3i^2} = \dfrac{2(1 - \sqrt{15}\,i)}{8}$

$= \dfrac{1 - \sqrt{15}\,i}{4}$

$= \dfrac{1}{4} - \dfrac{\sqrt{15}}{4}i$

83. $\left(\dfrac{i}{3+2i}\right)^2 = \dfrac{i^2}{(3+2i)^2} = \dfrac{-1}{9 + 12i + 4i^2} = \dfrac{-1}{5 + 12i} = \dfrac{-1}{5 + 12i} \cdot \dfrac{5 - 12i}{5 - 12i} = \dfrac{-5 + 12i}{25 - 144i^2}$

$= \dfrac{-5 + 12i}{169}$

$= -\dfrac{5}{169} + \dfrac{12}{169}i$

85. $\dfrac{i(3-i)}{3+i} = \dfrac{3i - i^2}{3+i} \cdot \dfrac{3-i}{3-i} = \dfrac{(3i+1)(3-i)}{9 - i^2} = \dfrac{9i - 3i^2 + 3 - i}{10} = \dfrac{6 + 8i}{10} = \dfrac{3 + 4i}{5} = \dfrac{3}{5} + \dfrac{4}{5}i$

87. $\dfrac{(2-5i) - (5-2i)}{5-i} = \dfrac{2 - 5i - 5 + 2i}{5-i} \cdot \dfrac{5+i}{5+i} = \dfrac{(-3-3i)(5+i)}{25 - i^2} = \dfrac{-15 - 3i - 15i - 3i^2}{26}$

$= \dfrac{-12 - 18i}{26}$

$= \dfrac{-6 - 9i}{13} = -\dfrac{6}{13} - \dfrac{9}{13}i$

89. $|6 + 8i| = \sqrt{6^2 + 8^2} = \sqrt{36 + 64} = \sqrt{100} = 10$

91. $|12 - 5i| = \sqrt{12^2 + (-5)^2} = \sqrt{144 + 25} = \sqrt{169} = 13$

93. $|5 + 7i| = \sqrt{5^2 + 7^2} = \sqrt{25 + 49} = \sqrt{74}$

95. $\left|\dfrac{3}{5} - \dfrac{4}{5}i\right| = \sqrt{\left(\dfrac{3}{5}\right)^2 + \left(-\dfrac{4}{5}\right)^2} = \sqrt{\dfrac{9}{25} + \dfrac{16}{25}} = \sqrt{\dfrac{25}{25}} = \sqrt{1} = 1$

97. $x^2 - 2x + 26 = 0$
$(1 - 5i)^2 - 2(1 - 5i) + 26 \stackrel{?}{=} 0$
$(1 - 5i)(1 - 5i) - 2 + 10i + 26 \stackrel{?}{=} 0$
$1 - 5i - 5i + 25i^2 + 24 + 10i \stackrel{?}{=} 0$
$-24 - 10i + 24 + 10i \stackrel{?}{=} 0$
$0 = 0$

99. $x^4 - 3x^2 - 4 = 0$
$i^4 - 3i^2 - 4 \stackrel{?}{=} 0$
$1 - 3(-1) - 4 \stackrel{?}{=} 0$
$1 + 3 - 4 \stackrel{?}{=} 0$
$0 = 0$

Review Exercises (page 620)

1. $\dfrac{x^2-x-6}{9-x^2} \cdot \dfrac{x^2+x-6}{x^2-4} = \dfrac{(x-3)(x+2)}{(3+x)(3-x)} \cdot \dfrac{(x+3)(x-2)}{(x+2)(x-2)} = \dfrac{x-3}{3-x} = -1$

3.

	d	=	r	×	t
There	330		200 + w		330/(200 + w)
Back	330		200 − w		330/(200 − w)

$$\boxed{\text{Time there}} + \boxed{\text{Time back}} = 3\tfrac{1}{3}$$

$$\dfrac{330}{200+w} + \dfrac{330}{200-w} = \dfrac{10}{3}$$

$$3(200+w)(200-w)\cdot\left(\dfrac{330}{200+w}+\dfrac{330}{200-w}\right) = 3(200+w)(200-w)\cdot\dfrac{10}{3}$$

$$3(200-w)330 + 3(200+w)330 = 10(200+w)(200-w)$$
$$990(200-w) + 990(200+w) = 10(200^2 - w^2)$$
$$198{,}000 - 990w + 198{,}000 + 990w = 10(40{,}000 - w^2)$$
$$396{,}000 = 400{,}000 - 10w^2$$
$$10w^2 = 4{,}000$$
$$w^2 = 400$$
$$w = \pm 20 \quad \text{The rate of the wind is 20 mph.}$$

Exercise 10.3 (page 626)

1. $4x^2 - 4x + 1 = 0$ $(a=4, b=-4, c=1)$; $b^2 - 4ac = (-4)^2 - 4(4)(1) = 16 - 16 = \sqrt{0} = 0$
Since the coefficients are rational, and since this is a perfect square, the roots are rational. Since this is zero, the roots are equal.

3. $5x^2 + x + 2 = 0$ $(a=5, b=1, c=2)$; $b^2 - 4ac = 1^2 - 4(5)(2) = 1 - 40 = -39$
Since this is negative, the roots are complex conjugates (and nonreal).

5. $2x^2 = 4x - 1 \Rightarrow 2x^2 - 4x + 1 = 0$ $(a=2, b=-4, c=1)$; $b^2 - 4ac = (-4)^2 - 4(2)(1) = 16 - 8 = 8$
Since the coefficients are rational, and since this is positive but not a perfect square, the roots are irrational and unequal.

7. $x(2x - 3) = 20 \Rightarrow 2x^2 - 3x = 20 \Rightarrow 2x^2 - 3x - 20 = 0$ $(a=2, b=-3, c=-20)$
$b^2 - 4ac = (-3)^2 - 4(2)(-20) = 9 + 160 = 169$
Since the coefficients are rational, and since this is a nonzero perfect square, the roots are rational and unequal.

9. $x^2 + kx + 9 = 0$; $(a=1, b=k, c=9)$ Equal roots $\Rightarrow$ discriminant $= 0$.
$$b^2 - 4ac = 0$$
$$k^2 - 4(1)(9) = 0$$
$$k^2 - 36 = 0$$
$$k^2 = 36$$
$$k = \pm\sqrt{36} = \pm 6$$

11. $9x^2 + 4 = -kx \Rightarrow 9x^2 + kx + 4 = 0$; $(a = 9, b = k, c = 4)$ Equal roots $\Rightarrow$ discriminant $= 0$
$$b^2 - 4ac = 0$$
$$k^2 - 4(9)(4) = 0$$
$$k^2 - 144 = 0$$
$$k^2 = 144$$
$$k = \pm\sqrt{144} = \pm 12$$

13. $(k-1)x^2 + (k-1)x + 1 = 0$; $(a = k-1, b = k-1, c = 1)$ Equal roots $\Rightarrow$ discriminant $= 0$
$$b^2 - 4ac = 0$$
$$(k-1)^2 - 4(k-1)(1) = 0$$
$$k^2 - 2k + 1 - 4k + 4 = 0$$
$$k^2 - 6k + 5 = 0$$
$$(k-5)(k-1) = 0 \quad k = 5 \text{ or } k = 1$$
$k = 1$ is not really a solution, as it makes the equation $0x^2 + 0x + 1 = 0$, which has no solutions.

15. $(k+4)x^2 + 2kx + 9 = 0$; $(a = k+4, b = 2k, c = 9)$ Equal roots $\Rightarrow$ discriminant $= 0$
$$b^2 - 4ac = 0$$
$$(2k)^2 - 4(k+4)(9) = 0$$
$$4k^2 - 36(k+4) = 0$$
$$4k^2 - 36k - 144 = 0$$
$$4(k^2 - 9k - 36) = 0$$
$$4(k-12)(k+3) = 0 \quad k = 12 \text{ or } k = -3$$

17. $1492x^2 + 1776x - 1984 = 0$; $(a = 1492, b = 1776, c = -1984)$
$$b^2 - 4ac = 1776^2 - 4(1492)(-1984)$$
$$= 3{,}154{,}176 + 11{,}840{,}512$$
$$= 14{,}994{,}688 \Rightarrow \text{ Since this is positive, the roots are real.}$$

19. $3x^2 + 4x = k \Rightarrow 3x^2 + 4x - k = 0$; $(a = 3, b = 4, c = -k)$ Nonreal roots $\Rightarrow$ discriminant < 0
$$b^2 - 4ac < 0$$
$$4^2 - 4(3)(-k) < 0$$
$$16 + 12k < 0$$
$$12k < -16$$
$$k < -\frac{16}{12}, \text{ or } k < -\frac{4}{3}$$

21. $x^4 - 17x^2 + 16 = 0$
Replace x^2 with y and x^4 with y^2:
$y^2 - 17y + 16 = 0$
$(y - 16)(y - 1) = 0$
$y = 16$ or $y = 1$
$x^2 = 16 \qquad x^2 = 1$
$x = \pm\sqrt{16} \qquad x = \pm\sqrt{1}$
$x = \pm 4 \qquad x = \pm 1$

23. $x^4 - 3x^2 = -2$
Replace x^2 with y and x^4 with y^2:
$y^2 - 3y + 2 = 0$
$(y - 2)(y - 1) = 0$
$y = 2$ or $y = 1$
$x^2 = 2 \qquad x^2 = 1$
$x = \pm\sqrt{2} \qquad x = \pm\sqrt{1}$
$\qquad\qquad\qquad x = \pm 1$

25. $x^4 = 6x^2 - 5$
Replace x^2 with y and x^4 with y^2:
$y^2 - 6y + 5 = 0$
$(y-5)(y-1) = 0$
$y = 5$ or $y = 1$
$x^2 = 5$ $\quad\quad$ $x^2 = 1$
$x = \pm\sqrt{5}$ $\quad\quad$ $x = \pm\sqrt{1}$
$\quad\quad\quad\quad\quad$ $x = \pm 1$

27. $2x^4 - 10x^2 = -8$
Replace x^2 with y and x^4 with y^2:
$2y^2 - 10y + 8 = 0$
$2(y-4)(y-1) = 0$
$y = 4$ or $y = 1$
$x^2 = 4$ $\quad\quad$ $x^2 = 1$
$x = \pm\sqrt{4}$ $\quad\quad$ $x = \pm\sqrt{1}$
$x = \pm 2$ $\quad\quad$ $x = \pm 1$

29. $2x + x^{1/2} - 3 = 0$
Replace $x^{1/2}$ with y and x with y^2:
$2y^2 + y - 3 = 0$
$(2y+3)(y-1) = 0$
$y = -\frac{3}{2}$ or $y = 1$
$y^2 = \frac{9}{4}$ $\quad\quad$ $y^2 = 1$
$x = \frac{9}{4}$ $\quad\quad$ $x = 1$
$x = 1$ checks, but $x = \frac{9}{4}$ is extraneous.

31. $3x + 5x^{1/2} + 2 = 0$
Replace $x^{1/2}$ with y and x with y^2:
$3y^2 + 5y + 2 = 0$
$(3y+2)(y+1) = 0$
$y = -\frac{2}{3}$ or $y = -1$
$y^2 = \frac{4}{9}$ $\quad\quad$ $y^2 = 1$
$x = \frac{4}{9}$ $\quad\quad$ $x = 1$
Both solutions are extraneous.

33. $x^{2/3} + 5x^{1/3} + 6 = 0$
Replace $x^{1/3}$ with y and $x^{2/3}$ with y^2:
$y^2 + 5y + 6 = 0$
$(y+2)(y+3) = 0$
$y = -2$ or $y = -3$
$x^{1/3} = -2$ $\quad\quad$ $x^{1/3} = -3$
$(x^{1/3})^3 = (-2)^3$ $\quad\quad$ $(x^{1/3})^3 = (-3)^3$
$x = -8$ $\quad\quad$ $x = -27$

35. $x^{2/3} - 2x^{1/3} - 3 = 0$
Replace $x^{1/3}$ with y and $x^{2/3}$ with y^2:
$y^2 - 2y - 3 = 0$
$(y-3)(y+1) = 0$
$y = 3$ or $y = -1$
$x^{1/3} = 3$ $\quad\quad$ $x^{1/3} = -1$
$(x^{1/3})^3 = 3^3$ $\quad\quad$ $(x^{1/3})^3 = (-1)^3$
$x = 27$ $\quad\quad$ $x = -1$

37. $x + 5 + \frac{4}{x} = 0$
$x\left(x + 5 + \frac{4}{x}\right) = x(0)$
$x^2 + 5x + 4 = 0$
$(x+4)(x+1) = 0$
$x = -4$ or $x = -1$

39. $x + 1 = \frac{20}{x}$
$x(x+1) = x \cdot \frac{20}{x}$
$x^2 + x = 20$
$x^2 + x - 20 = 0$
$(x+5)(x-4) = 0$
$x = -5$ or $x = 4$

41. $\frac{1}{x-1} + \frac{3}{x+1} = 2$
$(x-1)(x+1)\left(\frac{1}{x-1} + \frac{3}{x+1}\right) = (x-1)(x+1)2$
$1(x+1) + 3(x-1) = 2(x^2 - 1)$
$x + 1 + 3x - 3 = 2x^2 - 2$
$0 = 2x^2 - 4x$
$0 = 2x(x-2) \Rightarrow x = 0$ or $x = 2$

43.
$$\frac{1}{x+2} + \frac{24}{x+3} = 13$$
$$(x+2)(x+3)\left(\frac{1}{x+2} + \frac{24}{x+3}\right) = (x+2)(x+3)13$$
$$(x+3)1 + (x+2)24 = (x^2 + 5x + 6)13$$
$$x + 3 + 24x + 48 = 13x^2 + 65x + 78$$
$$0 = 13x^2 + 40x + 27$$
$$0 = (x+1)(13x+27) \Rightarrow x = -1 \text{ or } x = -\frac{27}{13}$$

45. $x^{-4} - 2x^{-2} + 1 = 0$
Replace x^{-2} with y and x^{-4} with y^2:
$$y^2 - 2y + 1 = 0$$
$$(y-1)(y-1) = 0$$
$$y = 1 \Rightarrow x^{-2} = 1 \Rightarrow \frac{1}{x^2} = 1 \Rightarrow x^2 = 1 \Rightarrow x = \pm 1$$

47.
$$x + \frac{2}{x-2} = 0$$
$$\frac{x}{1} = -\frac{2}{x-2}$$
$$x(x-2) = -2$$
$$x^2 - 2x + 2 = 0 \quad (a = 1, b = -2, c = 2)$$
$$x = \frac{-(-2) \pm \sqrt{(-2)^2 - 4(1)(2)}}{2}$$
$$= \frac{2 \pm \sqrt{4-8}}{2} = \frac{2 \pm \sqrt{-4}}{2} = \frac{2 \pm 2i}{2} = \frac{2(1 \pm i)}{2} = 1 \pm i$$

49. $x^2 + y^2 = r^2$
$$x^2 = r^2 - y^2$$
$$x = \pm\sqrt{r^2 - y^2}$$

51. $I = \frac{k}{d^2}$
$$d^2 I = k$$
$$d^2 = \frac{k}{I}$$
$$d = \pm\sqrt{\frac{k}{I}}, \text{ or } \pm\frac{\sqrt{kI}}{I}$$

53. $xy^2 + 3xy + 7 = 0$; If y is the variable, then $a = x, b = 3x$ and $c = 7$.
$$y = \frac{-(3x) \pm \sqrt{(3x)^2 - 4(x)(7)}}{2(x)}$$
$$= \frac{-3x \pm \sqrt{9x^2 - 28x}}{2x}$$

55.
$$\sigma = \sqrt{\frac{\Sigma x^2}{N} - \mu^2}$$
$$\sigma^2 = \frac{\Sigma x^2}{N} - \mu^2$$
$$\mu^2 = \frac{\Sigma x^2}{N} - \sigma^2$$

57. $12x^2 - 5x - 2 = 0$; $a = 12, b = -5, c = -2$
$-\frac{b}{a} = -\frac{-5}{12} = \frac{5}{12}$; $\frac{c}{a} = \frac{-2}{12} = -\frac{1}{6}$

$$x = \frac{-(-5) \pm \sqrt{(-5)^2 - 4(12)(-2)}}{2(12)}$$

$$= \frac{5 \pm \sqrt{25 + 96}}{24}$$

$$= \frac{5 \pm \sqrt{121}}{24}$$

$$= \frac{5 \pm 11}{24} = \frac{16}{24} \text{ or } \frac{-6}{24} = \frac{2}{3} \text{ or } -\frac{1}{4}$$

Sum $= \frac{2}{3} + \left(-\frac{1}{4}\right) = \frac{8}{12} - \frac{3}{12} = \frac{5}{12} = -\frac{b}{a}$

Prod $= \frac{2}{3}\left(-\frac{1}{4}\right) = -\frac{2}{12} = -\frac{1}{6} = \frac{c}{a}$

59. $2x^2 + 5x + 1 = 0$; $(a = 2, b = 5, c = 1)$
$-\frac{b}{a} = -\frac{5}{2}$; $\frac{c}{a} = \frac{1}{2}$

$$x = \frac{-(5) \pm \sqrt{5^2 - 4(2)(1)}}{2(2)}$$

$$= \frac{-5 \pm \sqrt{25 - 8}}{4}$$

$$= \frac{-5 \pm \sqrt{17}}{4}$$

Sum $= \frac{-5 + \sqrt{17}}{4} + \frac{-5 - \sqrt{17}}{4}$

$$= \frac{-10}{4} = -\frac{5}{2} = -\frac{b}{a}$$

Prod $= \left(\frac{-5 + \sqrt{17}}{4}\right)\left(\frac{-5 - \sqrt{17}}{4}\right)$

$$= \frac{25 - 17}{16} = \frac{8}{16} = \frac{1}{2} = \frac{c}{a}$$

61. $3x^2 - 2x + 4 = 0$; $(a = 3, b = -2, c = 4)$
$-\frac{b}{a} = -\frac{-2}{3} = \frac{2}{3}$; $\frac{c}{a} = \frac{4}{3}$

$$x = \frac{-(-2) \pm \sqrt{(-2)^2 - 4(3)(4)}}{2(3)}$$

$$= \frac{2 \pm \sqrt{4 - 48}}{6}$$

$$= \frac{2 \pm \sqrt{-44}}{6}$$

$$= \frac{2 \pm 2i\sqrt{11}}{6} = \frac{1 \pm i\sqrt{11}}{3}$$

Sum $= \frac{1 + i\sqrt{11}}{3} + \frac{1 - i\sqrt{11}}{3} = \frac{2}{3} = -\frac{b}{a}$

Prod $= \left(\frac{1 + i\sqrt{11}}{3}\right)\left(\frac{1 - i\sqrt{11}}{3}\right)$

$$= \frac{1 - 11i^2}{9} = \frac{12}{9} = \frac{4}{3} = \frac{c}{a}$$

63. $x^2 + 2x + 5 = 0$; $(a = 1, b = 2, c = 5)$
$-\frac{b}{a} = -\frac{2}{1} = -2$; $\frac{c}{a} = \frac{5}{1} = 5$

$$x = \frac{-2 \pm \sqrt{2^2 - 4(1)(5)}}{2(1)}$$

$$= \frac{-2 \pm \sqrt{4 - 20}}{2}$$

$$= \frac{-2 \pm \sqrt{-16}}{2}$$

$$= \frac{-2 \pm 4i}{2} = \frac{2(-1 \pm 2i)}{2} = -1 \pm 2i$$

Sum $= -1 + 2i + (-1 - 2i) = -2 = -\frac{b}{a}$

Prod $= (-1 + 2i)(-1 - 2i)$

$$= 1 - 4i^2 = 1 + 4 = 5 = \frac{c}{a}$$

Review Exercises (page 628)

1. $\frac{1}{4} + \frac{1}{t} = \frac{1}{2t}$

    $4t\left(\frac{1}{4} + \frac{1}{t}\right) = 4t \cdot \frac{1}{2t}$

    $t + 4 = 2$

    $t = -2$

3. $m = \frac{y_2 - y_1}{x_2 - x_1} = \frac{-4 - 5}{-2 - 3} = \frac{-9}{-5} = \frac{9}{5}$

Exercise 10.4 (page 636)

1. $y = x^2$

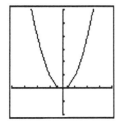

3. $y = x^2 + 2$

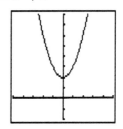

5. $y = -(x-2)^2$

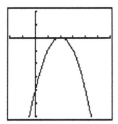

7. $y = -3x^2 + 2x$

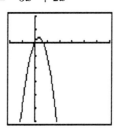

9. $y = x^2 + x - 6$

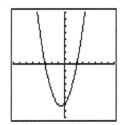

11. $y = 12x^2 + 6x - 6$

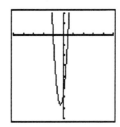

13. $y = (x-1)^2 + 2$
    vertex: $(1, 2)$; axis: $x = 1$

15. $y = 2(x+3)^2 - 4$
    vertex: $(-3, -4)$; axis: $x = -3$

17. $y = -3x^2$
    $y = -3(x+0)^2 + 0$
    vertex: $(0, 0)$; axis: $x = 0$

19. $y = 2x^2 - 4x$
    $y = 2(x^2 - 2x)$
    $y = 2(x^2 - 2x + 1) - 2$
    $y = 2(x-1)^2 - 2$
    vertex: $(1, -2)$; axis: $x = 1$

21. $y = -4x^2 + 16x + 5$
$y = -4(x^2 - 4x) + 5$
$y = -4(x^2 - 4x + 4) + 5 + \mathbf{16}$
$y = -4(x - 2)^2 + 21$
vertex: $(2, 21)$; axis: $x = 2$

23. $y - 7 = 6x^2 - 5x$
$y = 6\left(x^2 - \frac{5}{6}x\right) + 7$
$y = 6\left(x^2 - \frac{5}{6}x + \frac{25}{144}\right) + \frac{168}{24} - \frac{25}{24}$
$y = 6\left(x - \frac{5}{12}\right)^2 + \frac{143}{24}$
vertex: $\left(\frac{5}{12}, \frac{143}{24}\right)$; axis: $x = \frac{5}{12}$

25. $y - 2 = (x - 5)^2 \Rightarrow y = (x - 5)^2 + 2 \Rightarrow$ vertex: $(5, 2)$

27. $y = 2x^2 - x + 1$

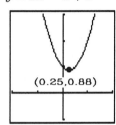

29. $y = 7 + x - x^2$

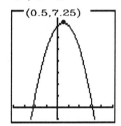

31. Graph $y = x^2 + x - 6$ and find where $y = 0$ [the x-intercept(s)]:

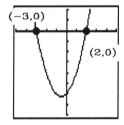

Solutions: $x = -3$ or $x = 2$

33. Graph $y = 0.5x^2 - 0.7x - 3$ and find where $y = 0$ [the x-intercept(s)]:

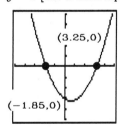

Solutions: $x = -1.85$ or $x = 3.25$

35. Let $x =$ one integer. Then the other integer is $50 - x$. Let y represent their product. Then $y = x(50 - x) = 50x - x^2$. The graph of this is a parabola, so the maximum value occurs at the vertex. $y = -x^2 + 50x + 0$ $(a = -1, b = 50, c = 0)$

vertex: $\left(-\frac{b}{2a}, c - \frac{b^2}{4a}\right) = \left(-\frac{50}{2(-1)}, 0 - \frac{50^2}{4(-1)}\right) = \left(-\frac{50}{-2}, -\frac{2500}{-4}\right) = (25, 625)$

The maximum product of 625 occurs when $x = 25$, or when both integers are 25.

37. The graph of the height ($s = 48t - 16t^2$) is a parabola (treat s as y and t as x). Then the maximum height will occur at the vertex. $s = -16t^2 + 48t + 0$ ($a = -16, b = 48, c = 0$)

vertex: $\left(-\dfrac{b}{2a}, c - \dfrac{b^2}{4a}\right) = \left(-\dfrac{48}{2(-16)}, 0 - \dfrac{48^2}{4(-16)}\right) = \left(-\dfrac{48}{-32}, -\dfrac{2304}{-64}\right) = \left(\dfrac{3}{2}, 36\right)$

When the ball hits the ground the height is 0:
$$s = -16t^2 + 48t$$
$$0 = -16t^2 + 48t$$
$$0 = -16t(t-3) \Rightarrow t = 0 \text{ or } t = 3.$$
The maximum height is 36 feet, and the ball takes 3 seconds to return to earth (0 seconds is start).

39. Let $w =$ the width of the rectangle. Then the length is $100 - w$. Let A represent the area. Then $A = w(100 - w) = 100w - w^2$. The graph of this is a parabola ($A \approx y$, $w \approx x$), so the maximum value is at the vertex. $A = -w^2 + 100w + 0$ ($a = -1, b = 100, c = 0$)

vertex: $\left(-\dfrac{b}{2a}, c - \dfrac{b^2}{4a}\right) = \left(-\dfrac{100}{2(-1)}, 0 - \dfrac{100^2}{4(-1)}\right) = \left(-\dfrac{100}{-2}, -\dfrac{10{,}000}{-4}\right) = (50, 2500)$

The maximum area is 2500 ft^2, with dimensions of 50 ft by 50 ft.

41. The graph of the revenue $\left(R = -\dfrac{x^2}{728} + 9x\right)$ is a parabola ($R \approx y$). Then the maximum value will occur at the vertex. $R = -\dfrac{1}{728}x^2 + 9x + 0$ $\left(a = -\dfrac{1}{728}, b = 9, c = 0\right)$

vertex: $\left(-\dfrac{b}{2a}, c - \dfrac{b^2}{4a}\right) = \left(-\dfrac{9}{2 \cdot \left(-\dfrac{1}{728}\right)}, 0 - \dfrac{9^2}{4 \cdot \left(-\dfrac{1}{728}\right)}\right) = \left(-\dfrac{9}{-\dfrac{1}{364}}, -\dfrac{81}{-\dfrac{1}{182}}\right)$

$= (3276, 14742)$

The maximum revenue of $14,742 occurs when 3276 radios are sold.

43. Let $x =$ the number of $1 increases in the price. Then the price for each is $30 + x$, and the number sold is $4000 - 100x$. The revenue is equal to price $\cdot$ # sold. Let y stand for the revenue. We then have $y = (30 + x)(4000 - 100x)$, or $y = -100x^2 + 1000x + 120{,}000$. The graph of this is a parabola, so the maximum value occurs at the vertex. ($a = -100, b = 1000, c = 120000$)

vertex: $\left(-\dfrac{b}{2a}, c - \dfrac{b^2}{4a}\right) = \left(-\dfrac{1000}{2(-100)}, 120000 - \dfrac{1000^2}{4(-100)}\right) = (5,\ 122500)$

The maximum revenue of $122,500 will occur with five $1 increases, so the price should be $35.

Review Exercises (page 638)

1. $x^2y - y^3 = y(x^2 - y^2) = y(x+y)(x-y)$ 3. $8x^6 + 27y^9 = (2x^2 + 3y^3)(4x^4 - 6x^2y^3 + 9y^6)$

5.

	d	$=$	r	$\times$	t
#1	$30(t+3)$		30		$t+3$
#2	$55t$		55		t

$$\boxed{\text{Distance of } \#1} = \boxed{\text{Distance of } \#2}$$

$$30(t+3) = 55t$$
$$30t + 90 = 55t$$
$$90 = 25t$$
$$t = \frac{90}{25} = \frac{18}{5} = 3\frac{3}{5} \text{ hours after the second train leaves.}$$

Exercise 10.5 (page 645)

1. $x^2 - 5x + 4 < 0$
    $(x-4)(x-1) < 0$

    $x - 1$ ---0+++++++++++
    $x - 4$ ------------0+++

    $(1, 4)$

3. $x^2 - 8x + 15 > 0$
    $(x-3)(x-5) > 0$

    $x - 3$ -----0+++++++++++
    $x - 5$ ------------0+++++

    $(\infty, 3) \cup (5, \infty)$

5. $x^2 + x - 12 \le 0$

    $(x+4)(x-3) \le 0$

    $x + 4$ ---0+++++++++++
    $x - 3$ ------------0+++

    $[-4, 3]$

7. $x^2 + 2x \ge 15$
    $x^2 + 2x - 15 \ge 0$
    $(x-3)(x+5) \ge 0$

    $x + 5$ -----0+++++++++++
    $x - 3$ ------------0+++++

    $(-\infty, -5] \cup [3, \infty)$

9. $x^2 + 8x < -16$
    $x^2 + 8x + 16 < 0$
    $(x+4)(x+4) < 0$

    $x + 4$ -------0++++++++
    $x + 4$ -------0++++++++

    There is no solution. The product is never negative.

11. $x^2 \ge 9$
    $x^2 - 9 \ge 0$
    $(x+3)(x-3) \ge 0$

    $x + 3$ -----0+++++++++++
    $x - 3$ ------------0+++++

    $(-\infty, -3] \cup [3, \infty)$

13.
$$2x^2 - 50 < 0$$
$$2(x+5)(x-5) < 0$$

```
x + 5      ---0++++++++++++
x - 5      -----------0+++
```

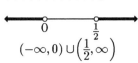

$(-5, 5)$

15.
$$\tfrac{1}{x} < 2$$
$$\tfrac{1}{x} - 2 < 0$$
$$\tfrac{1}{x} - \tfrac{2x}{x} < 0$$
$$\tfrac{1-2x}{x} < 0$$

```
x          -----0++++++++++++
1 - 2x     ++++++++++++0-----
```

(number line with open circles at 0 and 1/2)

$(-\infty, 0) \cup \left(\tfrac{1}{2}, \infty\right)$

17.
$$\tfrac{4}{x} \geq 2$$
$$\tfrac{4}{x} - 2 \geq 0$$
$$\tfrac{4}{x} - \tfrac{2x}{x} \geq 0$$
$$\tfrac{4-2x}{x} \geq 0$$

```
x          ---0++++++++++++
4 - 2x     ++++++++++++0---
```

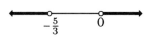

$(0, 2]$

19.
$$-\tfrac{5}{x} < 3$$
$$-\tfrac{5}{x} - 3 < 0$$
$$-\tfrac{5}{x} - \tfrac{3x}{x} < 0$$
$$\tfrac{-5-3x}{x} < 0 \quad \text{(multiply sides by } -1\text{)}$$
$$\tfrac{5+3x}{x} > 0$$

```
5 + 3x     -----0++++++++++++
x          ------------0+++++
```

(number line with open circles at $-\tfrac{5}{3}$ and 0)

$\left(-\infty, -\tfrac{5}{3}\right) \cup (0, \infty)$

21.
$$\tfrac{x^2 - x - 12}{x - 1} < 0$$
$$\tfrac{(x-4)(x+3)}{x-1} < 0$$

```
x + 3      ---0+++++++++++++++
x - 1      ---------0+++++++++
x - 4      ---------------0+++
```

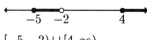

$(-\infty, -3) \cup (1, 4)$

23.
$$\tfrac{x^2 + x - 20}{x + 2} \geq 0$$
$$\tfrac{(x+5)(x-4)}{x+2} \geq 0$$

```
x + 5      ---0+++++++++++++++
x + 2      --------0++++++++++
x - 4      --------------0++++
```

(number line with closed circle at -5, open at -2, closed at 4)

$[-5, -2) \cup [4, \infty)$

25. $\dfrac{2x^2 + x - 6}{x - 3} \leq 0$

$\dfrac{(2x - 3)(x + 2)}{x - 3} \leq 0$

$x + 2$ ---0+++++++++++++++
$2x - 3$ ---------0+++++++++
$x - 3$ ----------------0+++

$\longleftrightarrow \underset{-2}{\bullet} \quad \underset{\frac{3}{2}}{\bullet} \quad \underset{3}{\circ} \longrightarrow$

$(-\infty, -2] \cup \left(\dfrac{3}{2}, 3\right)$

27. $\dfrac{6x^2 - 5x + 1}{2x + 1} > 0$

$\dfrac{(2x - 1)(3x - 1)}{2x + 1} > 0$

$2x + 1$ ---0+++++++++++++++
$3x - 1$ --------0++++++++++
$2x - 1$ --------------0+++

$\longleftrightarrow \underset{-\frac{1}{2}}{\circ} \quad \underset{\frac{1}{3}}{\circ} \quad \underset{\frac{1}{2}}{\circ} \longrightarrow$

$\left(-\dfrac{1}{2}, \dfrac{1}{3}\right) \cup \left(\dfrac{1}{2}, \infty\right)$

29. $\dfrac{3}{x - 2} < \dfrac{4}{x}$

$\dfrac{3}{x - 2} - \dfrac{4}{x} < 0$

$\dfrac{3x}{x(x - 2)} - \dfrac{4(x - 2)}{x(x - 2)} < 0$

$\dfrac{3x}{x(x - 2)} - \dfrac{4x - 8}{x(x - 2)} < 0$

$\dfrac{3x - 4x + 8}{x(x - 2)} < 0$

$\dfrac{-x + 8}{x(x - 2)} < 0$

x ---0+++++++++++++++
$x - 2$ ---------0+++++++++
$-x + 8$ +++++++++++++++0---

$\longleftrightarrow \underset{0}{\circ} \quad \underset{2}{\circ} \quad \underset{8}{\circ} \longrightarrow$

$(0, 2) \cup (8, \infty)$

31. $\dfrac{-5}{x + 2} \geq \dfrac{4}{2 - x}$

$\dfrac{-5}{x + 2} - \dfrac{4}{2 - x} \geq 0$

$\dfrac{-5(2 - x)}{(x + 2)(2 - x)} - \dfrac{4(x + 2)}{(x + 2)(2 - x)} \geq 0$

$\dfrac{-10 + 5x}{(x + 2)(2 - x)} - \dfrac{4x + 8}{(x + 2)(2 - x)} \geq 0$

$\dfrac{-10 + 5x - 4x - 8}{(x + 2)(2 - x)} \geq 0$

$\dfrac{x - 18}{(x + 2)(2 - x)} \geq 0$

$x + 2$ ---0+++++++++++++++
$2 - x$ ++++++++0---------
$x - 18$ --------------0+++

$\longleftrightarrow \underset{-2}{\circ} \quad \underset{2}{\circ} \quad \underset{18}{\bullet} \longrightarrow$

$(-\infty, -2) \cup (2, 18]$

33.
$$\frac{7}{x-3} \geq \frac{2}{x+4}$$
$$\frac{7}{x-3} - \frac{2}{x+4} \geq 0$$
$$\frac{7(x+4)}{(x-3)(x+4)} - \frac{2(x-3)}{(x-3)(x+4)} \geq 0$$
$$\frac{7x+28}{(x-3)(x+4)} - \frac{2x-6}{(x-3)(x+4)} \geq 0$$
$$\frac{5x+34}{(x-3)(x+4)} \geq 0$$

```
5x + 34    ---0++++++++++++++
x + 4      ---------0++++++++++
x - 3      ----------------0+++
```

<--●——○————○——
   -34/5 -4   3

$\left(-\frac{34}{5}, -4\right) \cup (3, \infty)$

35.
$$\frac{x}{x+4} \leq \frac{1}{x+1}$$
$$\frac{x}{x+4} - \frac{1}{x+1} \leq 0$$
$$\frac{x(x+1)}{(x+4)(x+1)} - \frac{1(x+4)}{(x+4)(x+1)} \leq 0$$
$$\frac{x^2+x}{(x+4)(x+1)} - \frac{x+4}{(x+4)(x+1)} \leq 0$$
$$\frac{x^2-4}{(x+4)(x+1)} \leq 0$$
$$\frac{(x+2)(x-2)}{(x+4)(x+1)} \leq 0$$

```
x + 4    ---0++++++++++++++
x + 2    ------0+++++++++++++
x + 1    -----------0+++++++
x - 2    ----------------0+++
```

<——○——●——○——●——
   -4 -2 -1   2

$(-4, -2] \cup (-1, 2]$

37.
$$\frac{x}{x+16} > \frac{1}{x+1}$$
$$\frac{x}{x+16} - \frac{1}{x+1} > 0$$
$$\frac{x(x+1)}{(x+16)(x+1)} - \frac{1(x+16)}{(x+16)(x+1)} > 0$$
$$\frac{x^2+x}{(x+16)(x+1)} - \frac{x+16}{(x+16)(x+1)} > 0$$
$$\frac{x^2-16}{(x+16)(x+1)} > 0$$
$$\frac{(x+4)(x-4)}{(x+16)(x+1)} > 0$$

```
x + 16   ---0++++++++++++++++++
x + 4    -------0++++++++++++++
x + 1    ------------0+++++++++
x - 4    -----------------0++++
```

<——○——○——○——○——
  -16 -4 -1   4

$(-\infty, -16) \cup (-4, -1) \cup (4, \infty)$

39.
$$(x+2)^2 > 0$$
$$(x+2)(x+2) > 0$$

```
x + 2    ---------0+++++++++
x + 2    ---------0+++++++++
```

<—————○—————
       -2

$(-\infty, -2) \cup (-2, \infty)$

41. $x^2 - 2x - 3 < 0$: Graph $y = x^2 - 2x - 3$ and find the x-coordinates where the graph is **below** the x-axis.

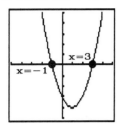

$(-1, 3)$

43. $\frac{x+3}{x-2} > 0$: Graph $y = \frac{x+3}{x-2}$ and find the x-coordinates where the graph is **above** the x-axis.

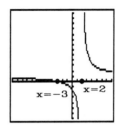

$(-\infty, -3) \cup (2, \infty)$

45. $y < x^2 + 1$

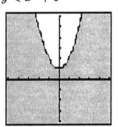

47. $y \leq x^2 + 5x + 6$

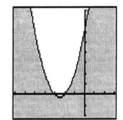

49. $x \geq y^2 - 3$

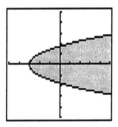

51. $-x^2 - y + 6 > -x$

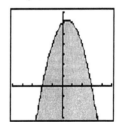

53. $y < |x + 4|$

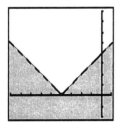

55. $y \leq -|x| + 2$

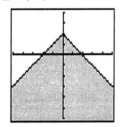

Review Exercises (page 648)

1. $x = ky$ **3.** $t = kxy$ **5.** $y = 3x - 4$; $m = 3$

Chapter 10 Review Exercises (page 649)

1.
$$12x^2 + x - 6 = 0$$
$$(4x+3)(3x-2) = 0$$
$$4x+3 = 0 \quad \text{or} \quad 3x-2 = 0$$
$$x = -\frac{3}{4} \quad \quad x = \frac{2}{3}$$

3.
$$15x^2 + 2x - 8 = 0$$
$$(3x-2)(5x+4) = 0$$
$$3x-2 = 0 \quad \text{or} \quad 5x+4 = 0$$
$$x = \frac{2}{3} \quad \quad x = -\frac{4}{5}$$

5.
$$x^2 + 6x + 8 = 0$$
$$x^2 + 6x = -8$$
$$x^2 + 6x + \mathbf{9} = -8 + \mathbf{9}$$
$$(x+3)^2 = 1$$
$$x+3 = \sqrt{1} \quad \text{or} \quad x+3 = -\sqrt{1}$$
$$x+3 = 1 \quad \quad x+3 = -1$$
$$x = -2 \quad \quad x = -4$$

7. $x^2 - 8x - 9 = 0; \quad (a=1, b=-8, c=-9)$
$$x = \frac{-(-8) \pm \sqrt{(-8)^2 - 4(1)(-9)}}{2(1)}$$
$$= \frac{8 \pm \sqrt{64+36}}{2}$$
$$= \frac{8 \pm \sqrt{100}}{2}$$
$$= \frac{8 \pm 10}{2} = \frac{18}{2} \text{ or } \frac{-2}{2} = 9 \text{ or } -1$$

9. $2x^2 + 13x - 7 = 0; \quad (a=2, b=13, c=-7)$
$$x = \frac{-13 \pm \sqrt{13^2 - 4(2)(-7)}}{2(2)}$$
$$= \frac{-13 \pm \sqrt{169+56}}{4}$$
$$= \frac{-13 \pm \sqrt{225}}{4}$$
$$= \frac{-13 \pm 15}{4} = \frac{2}{4} \text{ or } \frac{-28}{4} = \frac{1}{2} \text{ or } -7$$

11. $(5+4i) + (7-12i) = 12 - 8i$

13. $(-32 + \sqrt{-144}) - (64 + \sqrt{-81}) = -32 + \sqrt{-144} - 64 - \sqrt{-81} = -32 + 12i - 64 - 9i = -96 + 3i$

15. $(2-7i)(-3+4i) = -6 + 8i + 21i - 28i^2 = -6 + 29i - 28(-1) = 22 + 29i$

17. $(5 - \sqrt{-27})(-6 + \sqrt{-12}) = (5 - 3i\sqrt{3})(-6 + 2i\sqrt{3}) = -30 + 10i\sqrt{3} + 18i\sqrt{3} - 6i^2 \cdot 3$
$$= -30 + 28i\sqrt{3} + 18$$
$$= -12 + 28i\sqrt{3}$$

19. $\frac{3}{4i} = \frac{3}{4i} \cdot \frac{i}{i} = \frac{3i}{4i^2} = \frac{3i}{-4} = -\frac{3}{4}i = 0 - \frac{3}{4}i$

21. $\frac{6}{2+i} = \frac{6}{(2+i)} \cdot \frac{(2-i)}{(2-i)} = \frac{6(2-i)}{2^2 - i^2} = \frac{6(2-i)}{4+1} = \frac{12-6i}{5} = \frac{12}{5} - \frac{6}{5}i$

23. $\frac{4+i}{4-i} = \frac{(4+i)}{(4-i)} \cdot \frac{(4+i)}{(4+i)} = \frac{16 + 8i + i^2}{4^2 - i^2} = \frac{16 + 8i - 1}{16+1} = \frac{15 + 8i}{17} = \frac{15}{17} + \frac{8}{17}i$

25. $\dfrac{3}{5+\sqrt{-4}} = \dfrac{3}{5+2i} = \dfrac{3}{(5+2i)} \cdot \dfrac{(5-2i)}{(5-2i)} = \dfrac{3(5-2i)}{5^2-(2i)^2} = \dfrac{3(5-2i)}{25+4} = \dfrac{15-6i}{29} = \dfrac{15}{29} - \dfrac{6}{29}i$

27. $|9+12i| = \sqrt{9^2+12^2} = \sqrt{81+144} = \sqrt{225} = 15 = 15+0i$

29. $3x^2+4x-3=0$ $(a=3, b=4, c=-3)$; $b^2-4ac = (4)^2-4(3)(-3) = 16+36 = 52$
Since the coefficients are rational, and since this is positive but not a perfect square, the roots are irrational. Since this is not zero, the roots are not equal.

31. $(k-8)x^2+(k+16)x = -49 \Rightarrow (k-8)x^2+(k+16)x+49 = 0$ $(a=k-8, b=k+16, c=49)$
Equal roots $\Rightarrow$ discriminant $= 0$.
$$b^2-4ac = 0$$
$$(k+16)^2 - 4(k-8)(49) = 0$$
$$k^2+32k+256 - 196(k-8) = 0$$
$$k^2+32k+256 - 196k+1568 = 0$$
$$k^2-164k+1824 = 0$$
$$(k-12)(k-152) = 0$$
$k = 12$ or $k = 152$

33. Let $w =$ the original width.
Then $w+2 =$ the original length.
The new width is then $2w$ and the new length is $2(w+2)$, or $2w+4$.

$$\boxed{\text{New area}} = \boxed{\text{Old area}} + 72$$
$$2w(2w+4) = w(w+2)+72$$
$$4w^2+8w = w^2+2w+72$$
$$3w^2+6w-72 = 0$$
$$(3w+18)(w-4) = 0$$
$w = -\dfrac{18}{3} = -6$ or $w = 4$

Since the width must be positive, the dimensions are 4 cm by 6 cm.

35. $x - 13x^{1/2}+12 = 0$
Replace $x^{1/2}$ with y and x with y^2:
$$y^2-13y+12 = 0$$
$$(y-12)(y-1) = 0$$
$y = 12$ or $y = 1$

$x^{1/2} = 12$ | $x^{1/2} = 1$
$(x^{1/2})^2 = 12^2$ | $(x^{1/2})^2 = 1^2$
$x = 144$ | $x = 1$

37.
$$\dfrac{1}{x+1} - \dfrac{1}{x} = -\dfrac{1}{x+1}$$
$$x(x+1)\left(\dfrac{1}{x+1} - \dfrac{1}{x}\right) = x(x+1)\left(-\dfrac{1}{x+1}\right)$$
$$1(x) - 1(x+1) = x(-1)$$
$$x - x - 1 = -x$$
$$-1 = -x$$
$$1 = x$$
The solution checks.

39. $3x^2-14x+3 = 0$; $(a=3, b=-14, c=3)$
sum of roots $= -\dfrac{b}{a} = -\dfrac{-14}{3} = \dfrac{14}{3}$

41. $y = 2x^2 - 3$
$y = 2(x-0)^2 - 3$

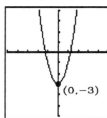

vertex: $(0, -3)$

43. $y = -4(x-2)^2 + 1$

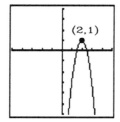

vertex: $(2, 1)$

45. $x^2 + 2x - 35 > 0$

$(x+7)(x-5) > 0$

$x + 7$ ---0+++++++++++
$x - 5$ ------------0+++

$$\xleftarrow{\hspace{2cm}}\underset{-7}{\circ}\hspace{1cm}\underset{5}{\circ}\xrightarrow{\hspace{2cm}}$$

$(-\infty, -7) \cup (5, \infty)$

47.
$\frac{3}{x} \leq 5$
$\frac{3}{x} - 5 \leq 0$
$\frac{3}{x} - \frac{5x}{x} \leq 0$
$\frac{3 - 5x}{x} \leq 0$

x -----0+++++++++++
$3 - 5x$ ++++++++++++0-----

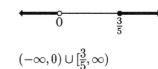

$(-\infty, 0) \cup [\frac{3}{5}, \infty)$

49. $x^2 + 2x - 35 > 0$: Graph $y = x^2 + 2x - 35$ and find the x-coordinates where the graph is **above** the x-axis.

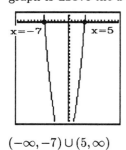

$(-\infty, -7) \cup (5, \infty)$

51. $\frac{3}{x} \leq 5 \Rightarrow \frac{3}{x} - 5 \leq 0$: Graph $y = \frac{3}{x} - 5$ and find the x-coordinates where the graph is **below or on** the x-axis.

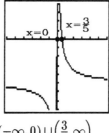

$(-\infty, 0) \cup \left(\frac{3}{5}, \infty\right)$

53. $y < \frac{1}{2}x^2 - 1$

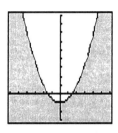

Chapter 10 Test (page 651)

1.
$$x^2 + 3x - 18 = 0$$
$$(x+6)(x-3) = 0$$
$$x + 6 = 0 \quad \text{or} \quad x - 3 = 0$$
$$x = -6 \quad | \quad x = 3$$

3. $x^2 + 24x \Rightarrow$ Take one-half the coefficient of x and square it:
$$\left(\frac{1}{2} \cdot 24\right)^2 = 12^2 = 144 \text{ added to both sides.}$$

5. $x^2 + 4x + 1 = 0$: $(a = 1, b = 4, c = 1)$
$$x = \frac{-4 \pm \sqrt{4^2 - 4(1)(1)}}{2(1)}$$
$$= \frac{-4 \pm \sqrt{16 - 4}}{2}$$
$$= \frac{-4 \pm \sqrt{12}}{2}$$
$$= \frac{-4 \pm 2\sqrt{3}}{2} = \frac{2(-2 \pm \sqrt{3})}{2} = -2 \pm \sqrt{3}$$

7. $(2 + 4i) + (-3 + 7i) = -1 + 11i$

9. $2i(3 - 4i) = 6i - 8i^2 = 6i - 8(-1) = 8 + 6i$

11. $\frac{1}{\sqrt{2}i} = \frac{1}{i\sqrt{2}} \cdot \frac{i\sqrt{2}}{i\sqrt{2}} = \frac{i\sqrt{2}}{2i^2} = \frac{i\sqrt{2}}{-2} = 0 - \frac{\sqrt{2}}{2}i$

13. $3x^2 + 5x + 17 = 0$; $(a = 3, b = 5, c = 17)$
$b^2 - 4ac = 5^2 - 4(3)(17) = 25 - 204 = -179$
Since the discriminant is negative, the roots are nonreal (complex conjugates).

15. Let $x =$ the shorter side. Then the other side is $x + 14$.
$$x^2 + (x + 14)^2 = 26^2$$
$$x^2 + x^2 + 28x + 196 = 676$$
$$2x^2 + 28x - 480 = 0$$
$$2(x + 24)(x - 10) = 0$$
$x = -24$ or $x = 10$. Since the length must be positive, the length is 10 inches.

17. $y = \frac{1}{2}x^2 + 5 \Rightarrow y = \frac{1}{2}(x+0)^2 + 5$

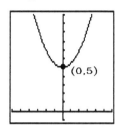

vertex: $(0, 5)$

19.
$$x^2 - 2x - 8 > 0$$
$$(x-4)(x+2) > 0$$

$x + 2$ ----0+++++++++++
$x - 4$ ---------0+++++

$\longleftarrow \overset{\circ}{-2} \quad \overset{\circ}{4} \longrightarrow$

$(-\infty, -2) \cup (4, \infty)$

Cumulative Review Exercises (page 653)

1. $(y^3 y^5)y^6 = y^{3+5+6} = y^{14}$

3. $\dfrac{a^4 b^{-3}}{a^{-3} b^3} = a^{4-(-3)} b^{-3-3} = a^7 b^{-6} = \dfrac{a^7}{b^6}$

5. $(3x^2 + 2x - 7) - (2x^2 - 2x + 7) = 3x^2 + 2x - 7 - 2x^2 + 2x - 7 = x^2 + 4x - 14$

7. $(x-2)(x^2 + 2x + 4) = x^3 + 2x^2 + 4x - 2x^2 - 4x - 8 = x^3 - 8$

9.
$$\frac{4}{5}x + 6 = 18$$
$$5\left(\frac{4}{5}x + 6\right) = 5(18)$$
$$4x + 30 = 90$$
$$4x + 30 - 30 = 90 - 30$$
$$4x = 60$$
$$\frac{4x}{4} = \frac{60}{4}$$
$$x = 15$$

11.
$$6x^2 - x - 2 = 0$$
$$(3x - 2)(2x - 1) = 0$$
$3x - 2 = 0$ or $2x - 1 = 0$
$3x = 2 \qquad 2x = 1$
$x = \frac{2}{3} \qquad x = \frac{1}{2}$

13.
$$|4x - 3| = 9$$
$4x - 3 = -9$ or $4x - 3 = 9$
$4x = -6 \qquad 4x = 12$
$\frac{4x}{4} = \frac{-6}{4} \qquad \frac{4x}{4} = \frac{12}{4}$
$x = -\frac{3}{2} \qquad x = 3$

15.
$$x - 2 \le 3x + 1 \le 5x - 4$$
$x - 2 \le 3x + 1$ and $3x + 1 \le 5x - 4$
$-2 \le 2x + 1 \qquad 1 \le 2x - 4$
$-3 \le 2x \qquad 5 \le 2x$
$-3 \le 2x \qquad 5 \le 2x$
$\frac{-3}{2} \le x \qquad \frac{5}{2} \le x$
$x \ge -\frac{3}{2}$ and $x \ge \frac{5}{2}$
gives $x \ge \frac{5}{2}$

17. $|2x+3| > 5$
$2x+3 < -5$ or $2x+3 > 5$
$2x < -8$ $\qquad$ $2x > 2$
$x < -4$ or $\qquad$ $x > 1$

19. $(3x^2 - 2x) + (6x^3 - 3x^2 - 1) = 6x^3 - 2x - 1$

21. $3(5x^2 - 4x + 3) + 2(-x^2 + 2x - 4) = 15x^2 - 12x + 9 - 2x^2 + 4x - 8$
$ = 13x^2 - 8x + 1$

23. $(3x^3 y^2)(-4x^2 y^3) = (-3)(4)x^3 x^2 y^2 y^3$
$ = -12x^5 y^5$

25. $(3x+1)(2x+4) = 6x^2 + 12x + 2x + 4$
$ = 6x^2 + 14x + 4$

27. $\dfrac{x^2 + 2x + 1}{x^2 + 4x + 3} = \dfrac{(x+1)(x+1)}{(x+1)(x+3)} = \dfrac{x+1}{x+3}$

29. $\dfrac{x^2 - x - 6}{x^2 - 4} \cdot \dfrac{x^2 + x - 6}{x^2 - 9} = \dfrac{(x-3)(x+2)(x+3)(x-2)}{(x-2)(x+2)(x+3)(x-3)} = 1$

31. $\dfrac{x+y}{3} + \dfrac{x-y}{7} = \dfrac{7(x+y)}{7(3)} + \dfrac{3(x-y)}{3(7)} = \dfrac{7x + 7y + 3x - 3y}{21} = \dfrac{10x + 4y}{21}$

33. $p^3 - 27q^3 = p^3 - 3^3 q^3 = (p - 3q)(p^2 + 3pq + 9q^2)$

35. $m = \dfrac{y_2 - y_1}{x_2 - x_1} = \dfrac{8 - 5}{4 - (-2)} = \dfrac{3}{6} = \dfrac{1}{2}$

37. Because the line passes through the origin, use (0, 0) as a point. Because the equation $y = 2x + 3$ is in slope intercept form, the slope of that line is the coefficient of x which is 2. The requested line is to be parallel to the graph of the above line so it has the same slope, $m = 2$. You can use point slope form to find the equation.
$$y - y_1 = m(x - x_1)$$
$$y - 0 = 2(x - 0)$$
$$y = 2x$$

39. $\sqrt{\dfrac{1}{4}} = \dfrac{1}{2}$

41. $\sqrt{175x^2 y^3} = \sqrt{7 \cdot 25 x^2 y^2 y}$
$\phantom{\sqrt{175x^2 y^3}} = \sqrt{25 x^2 y^2} \sqrt{7y}$
$\phantom{\sqrt{175x^2 y^3}} = 5xy\sqrt{7y}$

43. $\sqrt{27} - \sqrt{12} = \sqrt{9 \cdot 3} - \sqrt{4 \cdot 3}$
$\phantom{\sqrt{27} - \sqrt{12}} = 3\sqrt{3} - 2\sqrt{3}$
$\phantom{\sqrt{27} - \sqrt{12}} = \sqrt{3}$

45. $(3\sqrt{6x})(2\sqrt{3x}) = 3 \cdot 2\sqrt{6x \cdot 3x}$
$\phantom{(3\sqrt{6x})(2\sqrt{3x})} = 6\sqrt{18x^2}$
$\phantom{(3\sqrt{6x})(2\sqrt{3x})} = 6\sqrt{9 \cdot 3x^2}$
$\phantom{(3\sqrt{6x})(2\sqrt{3x})} = 6 \cdot 3x\sqrt{3}$
$\phantom{(3\sqrt{6x})(2\sqrt{3x})} = 18x\sqrt{3}$

47. $(2\sqrt{3} + 1)(\sqrt{3} - 1) = 2\sqrt{9} - 2\sqrt{3} + \sqrt{3} - 1$
$= 2 \cdot 3 - \sqrt{3} - 1$
$= 6 - \sqrt{3} - 1$
$= 5 - \sqrt{3}$

49. $\dfrac{3}{\sqrt{3x}} = \dfrac{3}{\sqrt{3x}} \cdot \dfrac{\sqrt{3x}}{\sqrt{3x}}$
$= \dfrac{3\sqrt{3x}}{3x}$
$= \dfrac{\cancel{3}\sqrt{3x}}{\cancel{3}x}$
$= \dfrac{\sqrt{3x}}{x}$

51. $\sqrt{6x + 1} + 3 = 8$
$\sqrt{6x + 1} = 5$
$\left(\sqrt{6x + 1}\right)^2 = (5)^2$
$6x + 1 = 25$
$6x = 24$
$x = 4$

53. $a^2 + 6a$
The coefficient of the middle term is 6.
$\frac{1}{2}(6) = 3;\ \ 3^2 = 9$
9 should be added to complete the square.

55. $t^2 - \frac{1}{2}t$
The coefficient of the middle term is $-\frac{1}{2}$.
$\frac{1}{2}\left(-\frac{1}{2}\right) = -\frac{1}{4};\ \ \left(-\frac{1}{4}\right)^2 = \frac{1}{16}$
$\frac{1}{16}$ should be added.

57. $x^2 + 2x - 8 = 0$
$a = 1, b = 2, c = -8$
$x = \dfrac{-b \pm \sqrt{b^2 - 4ac}}{2a}$
$x = \dfrac{-2 \pm \sqrt{(2)^2 - 4(1)(-8)}}{2(1)}$
$= \dfrac{-2 \pm \sqrt{4 + 32}}{2}$
$= \dfrac{-2 \pm \sqrt{36}}{2}$
$= \dfrac{-2 \pm 6}{2}$
$x = \dfrac{-2 + 6}{2}$ or $x = \dfrac{-2 - 6}{2}$
$x = \dfrac{4}{2}$ $\qquad\qquad x = \dfrac{-8}{2}$
$x = 2$ $\qquad\qquad\ \ x = -4$

59. $\sqrt{-25} = \sqrt{25(-1)} = 5i = 0 + 5i$

61. $(2 + 3i) + (3 - 2i) = 2 + 3 + 3i - 2i = 5 + i$

63. $(2 + 3i)(3 - 2i) = 2(3) - 2(2i) + 3i(3) - (3i)(2i)$
$= 6 - 4i + 9i - 6i^2$
$= 6 + 5i - 6(-1)$
$= 6 + 5i + 6$
$= 12 + 5i$

Exercise 11.1 (page 667)

1. $y = x^2 - 1$

   about x-axis
   $-y = x^2 - 1$
   $y = -x^2 + 1$
   not identical to original
   NO SYMMETRY

   about origin
   $-y = (-x)^2 - 1$
   $-y = x^2 - 1$
   $y = -x^2 + 1$
   not identical to original
   NO SYMMETRY

   about y-axis
   $y = (-x)^2 - 1$
   $y = x^2 - 1$
   identical to original
   SYMMETRY

3. $y = x^5$

   about x-axis
   $-y = x^5$
   $y = -x^5$
   not identical to original
   NO SYMMETRY

   about origin
   $-y = (-x)^5$
   $-y = -x^5$
   $y = x^5$
   identical to original
   SYMMETRY

   about y-axis
   $y = (-x)^5$
   $y = -x^5$
   not identical to original
   NO SYMMETRY

5. $y = -x^2 + 2$

   about x-axis
   $-y = -x^2 + 2$
   $y = x^2 - 2$
   not identical to original
   NO SYMMETRY

   about origin
   $-y = (-x)^2 + 2$
   $-y = x^2 + 2$
   $y = -x^2 - 2$
   not identical to original
   NO SYMMETRY

   about y-axis
   $y = (-x)^2 + 2$
   $y = x^2 + 2$
   identical to original
   SYMMETRY

7. $y = x^2 - x$

   about x-axis
   $-y = x^2 - x$
   $y = -x^2 + x$
   not identical to original
   NO SYMMETRY

   about origin
   $-y = (-x)^2 - (-x)$
   $-y = x^2 + x$
   $y = -x^2 - x$
   not identical to original
   NO SYMMETRY

   about y-axis
   $y = (-x)^2 - (-x)$
   $y = x^2 + x$
   not identical to original
   NO SYMMETRY

9. $y = -|x + 2|$

   about x-axis
   $-y = -|x + 2|$
   $y = |x + 2|$
   not identical to original
   NO SYMMETRY

   about origin
   $-y = -|(-x) + 2|$
   $y = |2 - x|$
   not identical to original
   NO SYMMETRY

   about y-axis
   $y = |(-x) + 2|$
   $y = |2 - x|$
   not identical to original
   NO SYMMETRY

11. $|y| = x$

about x-axis	about origin	about y-axis
$|-y| = x$	$|-y| = -x$	$|y| = -x$
$|y| = x$	$|y| = -x$	$-|y| = x$
	$-|y| = x$	
identical to original	not identical to original	not identical to original
SYMMETRY	NO SYMMETRY	NO SYMMETRY

13. $y = x^4 - 4$

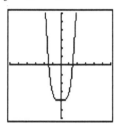

domain = $(-\infty, \infty)$
range = $[-4, \infty)$

15. $y = -x^3$

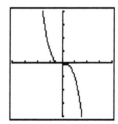

domain = $(-\infty, \infty)$
range = $(-\infty, \infty)$

17. $y = x^4 + x^2$

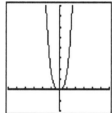

domain = $(-\infty, \infty)$; range = $[0, \infty)$

19. $y = x^3 - x$

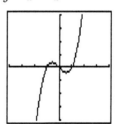

domain = $(-\infty, \infty)$; range = $(-\infty, \infty)$

21. $y = \frac{1}{2}|x| - 1$

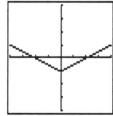

domain = $(-\infty, \infty)$; range = $[-1, \infty)$

23. $y = -|x + 2|$

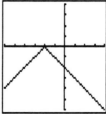

domain = $(-\infty, \infty)$; range = $(-\infty, 0]$

25. $y = \sqrt{x+1}$

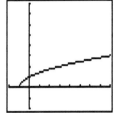

domain = $[-1, \infty)$; range = $[0, \infty)$

27. $y = -\sqrt{x} + 1$

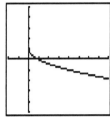

domain = $[0, \infty)$; range = $(-\infty, 1]$

29. $y = \begin{cases} -1 \text{ if } x \leq 0 \\ x \text{ if } x > 0 \end{cases}$

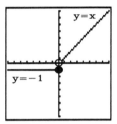

31. $y = \begin{cases} -x \text{ if } x \leq 0 \\ x \text{ if } 0 < x < 2 \\ -x \text{ if } x \geq 2 \end{cases}$

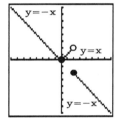

33. $y = -[\![x]\!]$

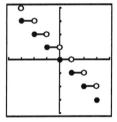

35. $y = \text{sgn } x$

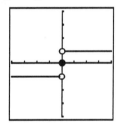

37.

The cost of 2.5 hours will be $30.

39.

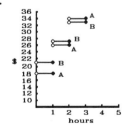

It will be more economical to use network B when daily usage is more than 2 hours.

Review Exercises (page 670)

1. $9{,}300{,}000 = 9.3 \times 10^6$
3. $6.7 \times 10^5 = 670{,}000$

Exercise 11.2 (page 675)

1. $f + g = f(x) + g(x) = 3x + 4x = 7x$
   domain $= (-\infty, \infty)$

3. $f \cdot g = f(x)g(x) = (3x)(4x) = 12x^2$
   domain $= (-\infty, \infty)$

5. $g - f = g(x) - f(x) = 4x - 3x = x$
   domain $= (-\infty, \infty)$

7. $g/f = \dfrac{g(x)}{f(x)} = \dfrac{4x}{3x} = \dfrac{4}{3}$ $(x \neq 0)$
   domain $= (-\infty, 0) \cup (0, \infty)$

9. $f + g = f(x) + g(x) = 2x + 1 + x - 3 = 3x - 2$; domain $= (-\infty, \infty)$

11. $f \cdot g = f(x)g(x) = (2x + 1)(x - 3) = 2x^2 - 5x - 3$; domain $= (-\infty, \infty)$

13. $g - f = g(x) - f(x) = (x - 3) - (2x + 1) = x - 3 - 2x - 1 = -x - 4$; domain $= (-\infty, \infty)$

15. $g/f = \dfrac{g(x)}{f(x)} = \dfrac{x - 3}{2x + 1}$; domain $= \left(-\infty, -\dfrac{1}{2}\right) \cup \left(-\dfrac{1}{2}, \infty\right)$

17. $f - g = f(x) - g(x) = (3x - 2) - (2x^2 + 1) = -2x^2 + 3x - 3$; domain $= (-\infty, \infty)$

19. $f/g = \dfrac{f(x)}{g(x)} = \dfrac{3x - 2}{2x^2 + 1}$; domain $= (-\infty, \infty)$

21. $f - g = f(x) - g(x) = (x^2 - 1) - (x^2 - 4) = 3$; domain $= (-\infty, \infty)$

23. $g/f = \dfrac{g(x)}{f(x)} = \dfrac{x^2 - 4}{x^2 - 1}$; domain $= (-\infty, -1) \cup (-1, 1) \cup (1, \infty)$

25. $(f \circ g)(2) = f(g(2)) = f(2^2 - 1) = f(3) = 2(3) + 1 = 7$

27. $(g \circ f)(-3) = g(f(-3)) = g(2(-3) + 1) = g(-5) = (-5)^2 - 1 = 24$

29. $(f \circ g)(0) = f(g(0)) = f(0^2 - 1) = f(-1) = 2(-1) + 1 = -1$

31. $(f \circ g)\left(\dfrac{1}{2}\right) = f\left(g\left(\dfrac{1}{2}\right)\right) = f\left(\left(\dfrac{1}{2}\right)^2 - 1\right) = f\left(-\dfrac{3}{4}\right) = 2\left(-\dfrac{3}{4}\right) + 1 = -\dfrac{1}{2}$

33. $(f \circ g)(x) = f(g(x)) = f(x^2 - 1) = 2(x^2 - 1) + 1 = 2x^2 - 2 + 1 = 2x^2 - 1$

35. $(g \circ f)(2x) = g(f(2x)) = g(2(2x) + 1) = g(4x + 1) = (4x + 1)^2 - 1 = 16x^2 + 8x + 1 - 1$
    $= 16x^2 + 8x$

37. $(f \circ g)(4) = f(g(4)) = f(4^2 + 4) = f(20) = 3(20) - 2 = 58$

39. $(g \circ f)(-3) = g(f(-3)) = g(3(-3) - 2) = g(-11) = (-11)^2 + (-11) = 121 - 11 = 110$

41. $(g \circ f)(0) = g(f(0)) = g(3(0) - 2) = g(-2) = (-2)^2 + (-2) = 4 - 2 = 2$

43. $(f \circ g)(x) = f(g(x)) = f(x^2 + x) = 3(x^2 + x) - 2 = 3x^2 + 3x - 2$

45. $(f \circ g)(x) = f(g(x))$
$= f(2x - 5)$
$= (2x - 5) + 1$
$= 2x - 4$

$(g \circ f)(x) = g(f(x))$
$= g(x + 1)$
$= 2(x + 1) - 5$
$= 2x + 2 - 5$
$= 2x - 3$

47. $f(a) = a^2 + 2a - 3$
$f(h) = h^2 + 2h - 3$
$f(a) + f(h) = a^2 + 2a + h^2 + 2h - 6$

$f(a + h) = (a + h)^2 + 2(a + h) - 3$
$= a^2 + 2ah + h^2 + 2a + 2h - 3$
$= a^2 + 2ah + 2a + h^2 + 2h - 3$

49. $\dfrac{f(x+h) - f(x)}{h} = \dfrac{(x+h)^2 + 2 - (x^2 + 2)}{h} = \dfrac{x^2 + 2xh + h^2 + 2 - x^2 - 2}{h} = \dfrac{2xh + h^2}{h} = 2x + h$

51. $F(t) = 2700 - 200t$; $C(F) = \frac{5}{9}(F - 32)$
$(C \circ F)(t) = C(F(t)) = C(2700 - 200t) = \frac{5}{9}(2700 - 200t - 32) = \frac{5}{9}(2668 - 200t)$

Review Exercises (page 677)

1. $\dfrac{3x^2 + x - 14}{4 - x^2} = \dfrac{(3x + 7)(x - 2)}{(2 + x)(2 - x)} = -\dfrac{3x + 7}{x + 2}$

3. $\dfrac{8 + 2x - x^2}{12 + x - 3x^2} \div \dfrac{3x^2 + 5x - 2}{3x - 1} = \dfrac{-(x^2 - 2x - 8)}{-(3x^2 - x - 12)} \cdot \dfrac{3x - 1}{3x^2 + 5x - 2} = \dfrac{(x - 4)(x + 2)}{3x^2 - x - 12} \cdot \dfrac{3x - 1}{(3x - 1)(x + 2)}$
$= \dfrac{x - 4}{3x^2 - x - 12}$

Exercise 11.3 (page 685)

1. inverse $= \{(2, 3), (1, 2), (0, 1)\}$; Each x value corresponds to only one y value, so it is a function.

3. inverse $= \{(2, 1), (3, 2), (3, 1), (5, 1)\}$; $x = 3$ corresponds to $y = 2$ and $y = 1$, so it is not a function.

5. inverse $= \{(1, 1), (4, 2), (9, 3), (16, 4)\}$; It is a function.

7. $y = 3x + 1$
$x = 3y + 1$
$x - 1 = 3y$
$\dfrac{x - 1}{3} = \dfrac{3y}{3}$
$y = f^{-1}(x) = \dfrac{x - 1}{3}$

9. $x + 4 = 5y$
$y + 4 = 5x$
$y = f^{-1}(x) = 5x - 4$

11.
$$y = \frac{x-4}{5}$$
$$x = \frac{y-4}{5}$$
$$5x = y - 4$$
$$5x + 4 = y$$
$$y = f^{-1}(x) = 5x + 4$$

13.
$$4x - 5y = 20$$
$$4y - 5x = 20$$
$$4y = 5x + 20$$
$$\frac{4y}{4} = \frac{5x+20}{4}$$
$$y = f^{-1}(x) = \frac{5x+20}{4}$$

15.
$$y = 4x + 3$$
$$x = 4y + 3$$
$$x - 3 = 4y$$
$$\frac{x-3}{4} = y$$
$$y = \frac{1}{4}x - \frac{3}{4}$$

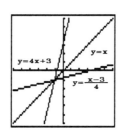

17.
$$x = \frac{y-2}{3}$$
$$y = \frac{x-2}{3}$$
$$y = \frac{1}{3}x - \frac{2}{3}$$

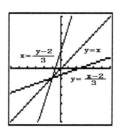

19.
$$3x - y = 5$$
$$3y - x = 5$$
$$3y = x + 5$$
$$y = \frac{x+5}{3}$$

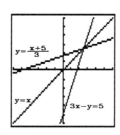

21.
$$3(x+y) = 2x + 4$$
$$3(y+x) = 2y + 4$$
$$3y + 3x = 2y + 4$$
$$y = -3x + 4$$

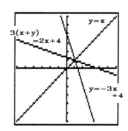

23.
$$3x = 2(1-y)$$
$$3y = 2(1-x)$$
$$3y = 2 - 2x$$
$$y = \frac{2-2x}{3}$$

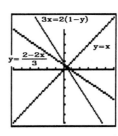

25.
$$y = x^2 + 4$$
$$x = y^2 + 4$$
$$x - 4 = y^2$$
$$\pm\sqrt{x-4} = y, \text{ or } y = \pm\sqrt{x-4}$$
The inverse is not a function.

27.
$$x = y^2 - 4$$
$$y = x^2 - 4$$
The inverse is a function.

29.
$$y = x^3$$
$$x = y^3$$
$$\sqrt[3]{x} = y, \text{ or } y = \sqrt[3]{x}$$
The inverse is a function.

31.
$$y = \pm\sqrt{x}$$
$$x = \pm\sqrt{y}$$
$$x^2 = y, \text{ or } y = x^2$$
The inverse is a function.

33.
$$x = \sqrt{y}$$
$$y = \sqrt{x}$$
The inverse is a function.

35.
$$y = 2x^3 - 3$$
$$x = 2y^3 - 3$$
$$x + 3 = 2y^3$$
$$\frac{x+3}{2} = y^3$$
$$y = f^{-1}(x) = \sqrt[3]{\frac{x+3}{2}}$$

37.
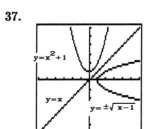

39.
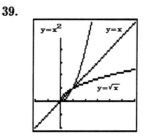

41. $y = 3x + 2$; one-to-one

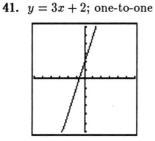

43. $y = \dfrac{x+5}{2}$; one-to-one

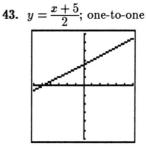

45. $y = 3x^2 + 2$; not one-to-one

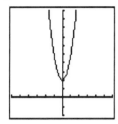

47. $y = \sqrt[3]{x}$; one-to-one

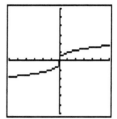

49. $y = x^3 - x$; not one-to-one

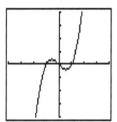

Review Exercises (page 688)

1. $3 - \sqrt{-64} = 3 - \sqrt{(8i)^2} = 3 - 8i$

3. $(3 + 4i)(2 - 3i) = 6 - 9i + 8i - 12i^2 = 6 - i + 12 = 18 - i$

5. $|6 - 8i| = \sqrt{6^2 + (-8)^2} = \sqrt{36 + 64} = \sqrt{100} = 10$

Exercise 11.4 (page 697)

1. $x^2 + y^2 = 9$; $C(0,0)$; $r = 3$

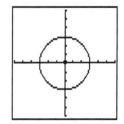

3. $(x-2)^2 + y^2 = 9$; $C(2,0)$; $r = 3$

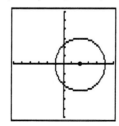

5. $(x-2)^2 + (y-4)^2 = 4$; $C(2,4)$; $r=2$

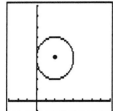

7. $(x+3)^2 + (y-1)^2 = 16$; $C(-3,1)$; $r=4$

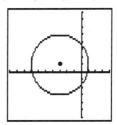

9. $x^2 + (y+3)^2 = 1$; $C(0,-3)$; $r=1$

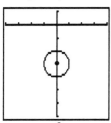

11.
$(x-h)^2 + (y-k)^2 = r^2$
$(x-0)^2 + (y-0)^2 = 1^2$
$x^2 + y^2 = 1$

13.
$(x-h)^2 + (y-k)^2 = r^2$
$(x-6)^2 + (y-8)^2 = 5^2$
$(x-6)^2 + (y-8)^2 = 25$

15.
$(x-h)^2 + (y-k)^2 = r^2$
$(x-(-2))^2 + (y-6)^2 = 12^2$
$(x+2)^2 + (y-6)^2 = 144$

17. NOTE: $r = \sqrt{2}$
$(x-h)^2 + (y-k)^2 = r^2$
$(x-0)^2 + (y-0)^2 = (\sqrt{2})^2$
$x^2 + y^2 = 2$

19.
$x^2 + y^2 + 2x - 8 = 0$
$x^2 + 2x + y^2 = 8$
$x^2 + 2x + \mathbf{1} + y^2 = 8 + \mathbf{1}$
$(x+1)^2 + y^2 = 9$
$C(-1,0)$; $r = 3$

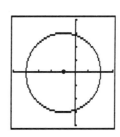

21.
$9x^2 + 9y^2 - 12y = 5$
$9x^2 + 9\left(y^2 - \tfrac{12}{9}y\right) = 5$
$9x^2 + 9\left(y^2 - \tfrac{4}{3}y + \tfrac{4}{9}\right) = 5 + 9 \cdot \tfrac{4}{9}$
$9x^2 + 9\left(y - \tfrac{2}{3}\right)^2 = 9$
$x^2 + \left(y - \tfrac{2}{3}\right)^2 = 1$

$C\left(0, \tfrac{2}{3}\right)$; $r = 1$

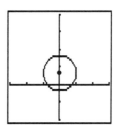

23. $$x^2 + y^2 - 2x + 4y = -1$$
$$x^2 - 2x + y^2 + 4y = -1$$
$$x^2 - 2x + 1 + y^2 + 4y + 4 = -1 + 1 + 4$$
$$(x-1)^2 + (y+2)^2 = 4$$
$C(1, -2); r = 2$

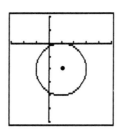

25. $$x^2 + y^2 + 6x - 4y = -12$$
$$x^2 + 6x + y^2 - 4y = -12$$
$$x^2 + 6x + 9 + y^2 - 4y + 4 = -12 + 9 + 4$$
$$(x+3)^2 + (y-2)^2 = 1$$
$C(-3, 2); r = 1$

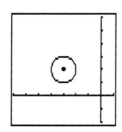

27. $y = x^2$
$y = (x-0)^2 + 0$
$V(0,0)$; opens right

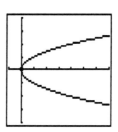

29. $x = -\frac{1}{4}y^2$

$x = -\frac{1}{4}(y-0)^2 + 0$

$V(0,0)$; opens left

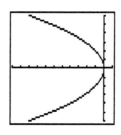

31. $y = x^2 + 4x + 5$
$y = x^2 + 4x + 4 + 5 - 4$
$y = (x+2)^2 + 1$
$V(-2, 1)$; opens up

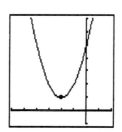

33. $y = -x^2 - x + 1$
$y = -(x^2 + x) + 1$
$y = -\left(x^2 + x + \frac{1}{4}\right)^2 + 1 + \frac{1}{4}$
$y = -\left(x + \frac{1}{2}\right)^2 + \frac{5}{4}$
$V\left(-\frac{1}{2}, \frac{5}{4}\right)$; opens down

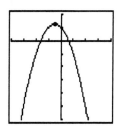

35. $y^2 + 4x - 6y = -1$
$4x = -y^2 + 6y - 1$
$4x = -(y^2 - 6y) - 1$
$4x = -(y^2 - 6y + 9) - 1 + 9$
$4x = -(y - 3)^2 + 8$

$\frac{1}{4} \cdot 4x = \frac{1}{4} \cdot (-(y-3)^2 + 8)$

$x = -\frac{1}{4}(y - 3)^2 + 2$

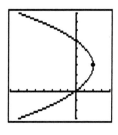

$V(2, 3)$; opens left

37. $y = 2(x-1)^2 + 3$; $V(1, 3)$; opens up

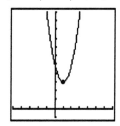

39. $x = -3(y+2)^2 - 2$; $V(-2, -2)$; opens left

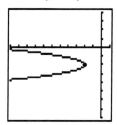

41. The distance from the center of the smaller circle to the point of tangency is 3 units, so its radius is 3 units. Its equation is $(x - 7)^2 + (y - 0)^2 = 3^2$, or $(x - 7)^2 + y^2 = 9$.

43. Write the equation of each circle in standard form and graph:
$x^2 + y^2 - 8x - 20y + 16 = 0$
$x^2 - 8x + y^2 - 20y = -16$
$x^2 - 8x + 16 + y^2 - 20y + 100 = -16 + 16 + 100$
$(x - 4)^2 + (y - 10)^2 = 100$

$x^2 + y^2 + 2x + 4y - 11 = 0$
$x^2 + 2x + y^2 + 4y = 11$
$x^2 + 2x + 1 + y^2 + 4y + 4 = 11 + 1 + 4$
$(x + 1)^2 + (y + 2)^2 = 16$

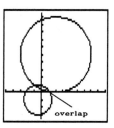

Since there is an overlap, they may not be licensed for the same frequency.

45. Find x when $y = 0$:
$$y = 30x - x^2$$
$$0 = 30x - x^2$$
$$0 = x(30 - x)$$
$$x = 0 \text{ or } x = 30$$

Since $x = 0$ is where the projectile starts, it lands at $x = 30$, or 30 feet away.

47. The distance is the distance from the origin to the vertex. Find the vertex:
$$2y^2 - 9x = 18$$
$$-9x = -2y^2 + 18$$
$$9x = 2y^2 - 18$$
$$\tfrac{1}{9} \cdot 9x = \tfrac{1}{9} \cdot (2y^2 - 18)$$
$$x = \tfrac{2}{9}y^2 - 2$$

The vertex is $(-2, 0)$, so the distance from the vertex to $(0,0)$ is 2 AU.

Review Exercises (page 701)

1.
$$|3x - 4| = 11$$
$$3x - 4 = 11 \quad \text{or} \quad 3x - 4 = -11$$
$$3x = 15 \qquad\qquad 3x = -7$$
$$x = 5 \qquad\qquad x = -\tfrac{7}{3}$$

3.
$$|3x + 4| = |5x - 2|$$
$$3x + 4 = 5x - 2 \quad \text{or} \quad 3x + 4 = -(5x - 2)$$
$$-2x = -6 \qquad\qquad 3x + 4 = -5x + 2$$
$$x = 3 \qquad\qquad 8x = -2$$
$$\qquad\qquad x = -\tfrac{2}{8} = -\tfrac{1}{4}$$
$$\qquad\qquad x = -\tfrac{1}{4}$$

Exercise 11.5 (page 713)

1. $\dfrac{x^2}{4} + \dfrac{y^2}{9} = 1$

Let $x = 0$:
$$\tfrac{x^2}{4} + \tfrac{y^2}{9} = 1$$
$$\tfrac{0^2}{4} + \tfrac{y^2}{9} = 1$$
$$\tfrac{y^2}{9} = 1$$
$$y^2 = 9$$
$$y = \pm 3$$

Let $y = 0$:
$$\tfrac{x^2}{4} + \tfrac{y^2}{9} = 1$$
$$\tfrac{x^2}{4} + \tfrac{0^2}{9} = 1$$
$$\tfrac{x^2}{4} = 1$$
$$x^2 = 4$$
$$x = \pm 2$$

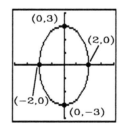

3. $x^2 + 9y^2 = 9$
$\frac{x^2}{9} + \frac{9y^2}{9} = \frac{9}{9}$
$\frac{x^2}{9} + \frac{y^2}{1} = 1$

Let $x = 0$:
$\frac{x^2}{9} + \frac{y^2}{1} = 1$
$\frac{0^2}{9} + \frac{y^2}{1} = 1$
$\frac{y^2}{1} = 1$
$y^2 = 1$
$y = \pm 1$

Let $y = 0$:
$\frac{x^2}{9} + \frac{y^2}{1} = 1$
$\frac{x^2}{9} + \frac{0^2}{1} = 1$
$\frac{x^2}{9} = 1$
$x^2 = 9$
$x = \pm 3$

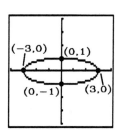

5. $16x^2 + 4y^2 = 64$
$\frac{16x^2}{64} + \frac{4y^2}{64} = \frac{64}{64}$
$\frac{x^2}{4} + \frac{y^2}{16} = 1$

Let $x = 0$:
$\frac{x^2}{4} + \frac{y^2}{16} = 1$
$\frac{0^2}{4} + \frac{y^2}{16} = 1$
$\frac{y^2}{16} = 1$
$y^2 = 16$
$y = \pm 4$

Let $y = 0$:
$\frac{x^2}{4} + \frac{y^2}{16} = 1$
$\frac{x^2}{4} + \frac{0^2}{16} = 1$
$\frac{x^2}{4} = 1$
$x^2 = 4$
$x = \pm 2$

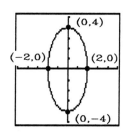

7. $\frac{(x-2)^2}{9} + \frac{(y-1)^2}{4} = 1$

Let $x = 2$:
$\frac{(x-2)^2}{9} + \frac{(y-1)^2}{4} = 1$
$\frac{(2-2)^2}{9} + \frac{(y-1)^2}{4} = 1$
$\frac{(y-1)^2}{4} = 1$
$(y-1)^2 = 4$
$y - 1 = \pm 2$
$y = 1 \pm 2$
$y = 3 \text{ or } -1$

Let $y = 1$:
$\frac{(x-2)^2}{9} + \frac{(y-1)^2}{4} = 1$
$\frac{(x-2)^2}{9} + \frac{(1-1)^2}{4} = 1$
$\frac{(x-2)^2}{9} = 1$
$(x-2)^2 = 9$
$x - 2 = \pm 3$
$x = 2 \pm 3$
$x = 5 \text{ or } -1$

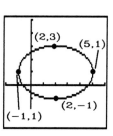

9. $(x+1)^2 + 4(y+2)^2 = 4$

$$\frac{(x+1)^2}{4} + \frac{4(y+2)^2}{4} = \frac{4}{4}$$

$$\frac{(x+1)^2}{4} + \frac{(y+2)^2}{1} = 1$$

Let $x = -1$:

$$\frac{(x+1)^2}{4} + \frac{(y+2)^2}{1} = 1$$

$$\frac{(-1+1)^2}{4} + \frac{(y+2)^2}{1} = 1$$

$$\frac{0^2}{4} + \frac{(y+2)^2}{1} = 1$$

$$\frac{(y+2)^2}{1} = 1$$

$$(y+2)^2 = 1$$

$$y+2 = \pm 1$$

$$y = -2 \pm 1$$

$$y = -3 \text{ or } -1$$

Let $y = -2$:

$$\frac{(x+1)^2}{4} + \frac{(y+2)^2}{1} = 1$$

$$\frac{(x+1)^2}{4} + \frac{(-2+2)^2}{1} = 1$$

$$\frac{(x+1)^2}{4} + \frac{0^2}{1} = 1$$

$$\frac{(x+1)^2}{4} = 1$$

$$(x+1)^2 = 4$$

$$x+1 = \pm 2$$

$$x = -1 \pm 2$$

$$x = 1 \text{ or } -3$$

[Graph showing ellipse with points $(-1,-1)$, $(1,-2)$, $(-3,-2)$, $(-1,-3)$]

11. $\frac{x^2}{9} - \frac{y^2}{4} = 1$ {let $y = 0$}

$$\frac{x^2}{9} - \frac{0^2}{4} = 1$$

$$\frac{x^2}{9} = 1$$

$$x^2 = 9$$

$$x = \pm 3$$

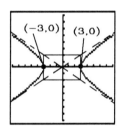

13. $\frac{y^2}{4} - \frac{x^2}{9} = 1$ {let $x = 0$}

$$\frac{y^2}{4} - \frac{0^2}{9} = 1$$

$$\frac{y^2}{4} = 1$$

$$y^2 = 4$$

$$y = \pm 2$$

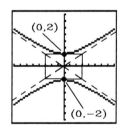

15. $25x^2 - y^2 = 25$

$\dfrac{25x^2}{25} - \dfrac{y^2}{25} = \dfrac{25}{25}$

$\dfrac{x^2}{1} - \dfrac{y^2}{25} = 1$ {let $y = 0$}

$\dfrac{x^2}{1} - \dfrac{0^2}{25} = 1$

$\dfrac{x^2}{1} = 1$

$x^2 = 1$

$x = \pm 1$

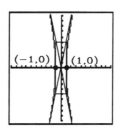

17. $\dfrac{(x-2)^2}{9} - \dfrac{y^2}{16} = 1$ {let $y = 0$}

$\dfrac{(x-2)^2}{9} - \dfrac{0^2}{16} = 1$

$\dfrac{(x-2)^2}{9} = 1$

$(x-2)^2 = 9$

$x - 2 = \pm 3$

$x = 2 \pm 3$

$x = 5$ or -1

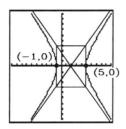

19. $4(x+3)^2 - (y-1)^2 = 4$

$\dfrac{4(x+3)^2}{4} - \dfrac{(y-1)^2}{4} = \dfrac{4}{4}$

$\dfrac{(x+3)^2}{1} - \dfrac{(y-1)^2}{4} = 1$ {let $y = 1$}

$\dfrac{(x+3)^2}{1} - \dfrac{0^2}{4} = 1$

$\dfrac{(x+3)^2}{1} = 1$

$(x+3)^2 = 1$

$x + 3 = \pm 1$

$x = -3 \pm 1$

$x = -2$ or -4

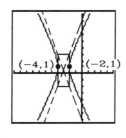

21. $xy = 8$

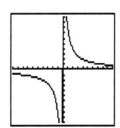

23. The equation of the ellipse has this form: $\frac{x^2}{a^2} + \frac{y^2}{b^2} = 1$. From the drawing, the points $(20, 0)$ and $(0, 10)$ are on the ellipse. They then satisfy the equation for (x, y).

{Let $x = 20$ and $y = 0$.}
$$\frac{x^2}{a^2} + \frac{y^2}{b^2} = 1$$
$$\frac{20^2}{a^2} + \frac{0^2}{b^2} = 1$$
$$\frac{20^2}{a^2} = 1$$
$$20^2 = a^2 \Rightarrow a = 20$$

{Let $x = 0$ and $y = 10$.}
$$\frac{x^2}{a^2} + \frac{y^2}{b^2} = 1$$
$$\frac{0^2}{a^2} + \frac{10^2}{b^2} = 1$$
$$\frac{10^2}{b^2} = 1$$
$$10^2 = b^2 \Rightarrow b = 10$$

The equation is $\frac{x^2}{20^2} + \frac{y^2}{10^2} = 1$, or $\frac{x^2}{400} + \frac{y^2}{100} = 1$.

25. Write the equation in standard form.
$$9x^2 + 16y^2 = 144$$
$$\frac{9x^2}{144} + \frac{16y^2}{144} = \frac{144}{144}$$
$$\frac{x^2}{16} + \frac{y^2}{9} = 1$$

$a^2 = 16 \Rightarrow a = 4$
$b^2 = 9 \Rightarrow b = 3$
Area $= \pi ab = \pi(4)(3) = 12\pi$

27. Write the equation in standard form.
$$9y^2 - x^2 = 81$$
$$\frac{9y^2}{81} - \frac{x^2}{81} = \frac{81}{81}$$
$$\frac{y^2}{9} - \frac{x^2}{81} = 1 \quad \{\text{Let } x = 0.\}$$
$$\frac{y^2}{9} - \frac{0^2}{81} = 1$$
$$\frac{y^2}{9} = 1$$
$$y^2 = 9 \Rightarrow y = \pm 3$$
The closest point is $(0, 3)$, which is 3 units from the origin (and the nucleus).

29. First, find the coordinates of the vertex. Write the equation in standard form.
$y^2 - x^2 = 25 \Rightarrow \frac{y^2}{25} - \frac{x^2}{25} = \frac{25}{25} \Rightarrow \frac{y^2}{25} - \frac{x^2}{25} = 1$. Let $x = 0$.
$$\frac{y^2}{25} - \frac{x^2}{25} = 1$$
$$\frac{y^2}{25} - \frac{0^2}{25} = 1$$
$$\frac{y^2}{25} = 1$$
$y^2 = 25 \Rightarrow y = \pm 5$ The vertex is at $(0, 5)$.
Note that a point 5 miles from the vertex is 10 miles from the origin. Then to find the width, find the points on the hyperbola with an y-coordinate of 10:
$$y^2 - x^2 = 25$$
$$10^2 - x^2 = 25$$
$$100 - x^2 = 25$$
$-x^2 = -75 \Rightarrow x^2 = 75 \Rightarrow x = \pm\sqrt{75} \Rightarrow x = \pm 5\sqrt{3}$
The width is $10\sqrt{3}$ miles.

Review Exercises (page 716)

1. $3x^{-2}y^2(4x^2 + 3y^{-2}) = 3x^{-2}y^2 \cdot 4x^2 + 3x^{-2}y^2 \cdot 3y^{-2} = 12x^0y^2 + 9x^{-2}y^0 = 12y^2 + \dfrac{9}{x^2}$

3. $\dfrac{x^{-2} + y^{-2}}{x^{-2} - y^{-2}} = \dfrac{\frac{1}{x^2} + \frac{1}{y^2}}{\frac{1}{x^2} - \frac{1}{y^2}} \cdot \dfrac{x^2y^2}{x^2y^2} = \dfrac{y^2 + x^2}{y^2 - x^2}$

Chapter 11 Review Exercises (page 719)

1. $y = x^2 - 5$

   <u>about x-axis</u>
   $-y = x^2 - 5$
   $y = -x^2 + 5$
   not identical to original
   NO SYMMETRY

   <u>about origin</u>
   $-y = (-x)^2 - 5$
   $-y = x^2 - 5$
   $y = -x^2 + 5$
   not identical to original
   NO SYMMETRY

   <u>about y-axis</u>
   $y = (-x)^2 - 5$
   $y = x^2 - 5$

   identical to original
   SYMMETRY

3. $y = x^3 - x$

   <u>about x-axis</u>
   $-y = x^3 - x$
   $y = -x^3 + x$
   not identical to original
   NO SYMMETRY

   <u>about origin</u>
   $-y = (-x)^3 - (-x)$
   $-y = -x^3 + x$
   $y = x^3 - x$
   identical to original
   SYMMETRY

   <u>about y-axis</u>
   $y = (-x)^3 - (-x)$
   $y = -x^3 + x$

   not identical to original
   NO SYMMETRY

5. $y = x^3 - 2$; domain = all real numbers

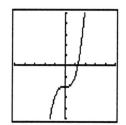

7. $y = -\frac{1}{2}|x|$; domain = all real numbers

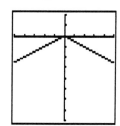

9. $y = \begin{cases} x \text{ if } x \leq 1 \\ -x^2 \text{ if } x > 1 \end{cases}$

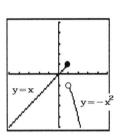

11. $f + g = f(x) + g(x) = 2x + x + 1 = 3x + 1$

13. $f \cdot g = f(x)g(x) = 2x(x+1) = 2x^2 + 2x$

15. $(f \circ g)(2) = f(g(2)) = f(2+1) = f(3) = 2(3) = 6$

17. $(f \circ g)(x) = f(g(x)) = f(x+1) = 2(x+1)$

19. $\quad y = 6x - 3$
To find the inverse, interchange x and y then solve for y.
$$x = 6y - 3$$
$$x + 3 = 6y$$
$$\frac{x+3}{6} = y, \text{ or } y = \frac{x+3}{6}$$

21. $\quad y = 2x^2 - 1 \quad (x \geq 0)$
To find the inverse, interchange x and y then solve for y.
$$x = 2y^2 - 1 \quad (y \geq 0)$$
$$x + 1 = 2y^2$$
$$\frac{x+1}{2} = y^2$$
$$\pm\sqrt{\frac{x+1}{2}} = y$$
Since $y \geq 0$, the inverse is $y = \sqrt{\frac{x+1}{2}}$.

23. $y = 2(x - 3)$; one-to-one

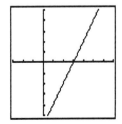

25. $x^2 + y^2 = 16$; $C(0,0)$; $r = 4$

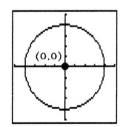

27. $x = -3(y-2)^2 + 5$; $V(5,2)$; opens left

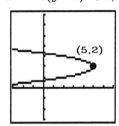

29.
$$9x^2 + 16y^2 = 144$$
$$\frac{9x^2}{144} + \frac{16y^2}{144} = \frac{144}{144}$$
$$\frac{x^2}{16} + \frac{y^2}{9} = 1$$

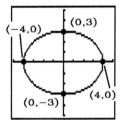

31. $xy = 9$

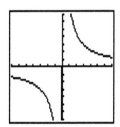

33.
$$y(x+y) = (y+2)(y-2)$$
$$xy + y^2 = y^2 - 4$$
$$xy = -4$$

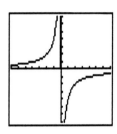

Chapter 11 Test (page 722)

1. $y = x^3 - x$

about x-axis	about origin	about y-axis
$-y = x^3 - x$	$-y = (-x)^3 - (-x)$	$y = (-x)^3 - (-x)$
$y = -x^3 + x$	$-y = -x^3 + x$	$y = -x^3 + x$
	$y = x^3 - x$	
not identical to original	identical to original	not identical to original
NO SYMMETRY	SYMMETRY	NO SYMMETRY

3. $y = -x^4 - 5x^2 + 4$

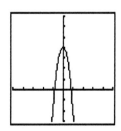

5. $y = \begin{cases} x^2 - 1 \text{ if } x \leq 0 \\ -x^2 + 1 \text{ if } x > 0 \end{cases}$

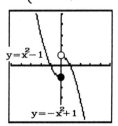

7. $g + f = g(x) + f(x) = x - 1 + 4x = 5x - 1$

9. $g \cdot f = g(x)f(x) = (x - 1)4x = 4x^2 - 4x$

11. $(g \circ f)(1) = g(f(1)) = g(4(1)) = g(4) = 4 - 1 = 3$

13. $(f \circ g)(-1) = f(g(-1)) = f(-1 - 1) = f(-2) = 4(-2) = -8$

15. $(f \circ g)(x) = f(g(x)) = f(x - 1) = 4(x - 1)$

17. $3x + 2y = 12$
To find the inverse, interchange x and y then solve for y.
$3y + 2x = 12$
$3y = 12 - 2x$
$y = \dfrac{12 - 2x}{3}$

19. $y = \frac{1}{4}x^2 - 3$; not one-to-one

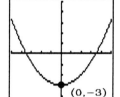

21. $9x^2 + 4y^2 = 36$
$\dfrac{9x^2}{36} + \dfrac{4y^2}{36} = \dfrac{36}{36}$
$\dfrac{x^2}{4} + \dfrac{y^2}{9} = 1$

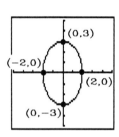

Exercise 12.1 (page 737)

1. $\begin{cases} x - y = 4 \\ 2x + y = 5 \end{cases}$

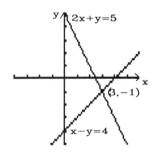

3. $\begin{cases} x = 13 - 4y \\ 3x = 4 + 2y \end{cases}$

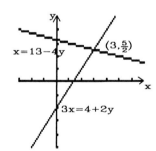

5. $\begin{cases} x = 3 - 2y \\ 2x + 4y = 6 \end{cases}$

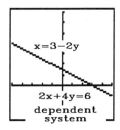

7. $\begin{cases} y = 3 \\ x = 2 \end{cases}$

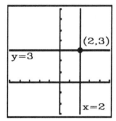

9. $\begin{cases} x = \dfrac{11 - 2y}{3} \\ y = \dfrac{11 - 6x}{4} \end{cases}$

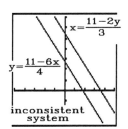

11. $\begin{cases} \dfrac{5}{2}x + y = \dfrac{1}{2} \\ 2x - \dfrac{3}{2}y = 5 \end{cases}$

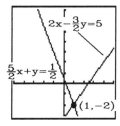

13. $\begin{cases} y = 3.2x - 1.5 \\ y = -2.7x - 3.7 \end{cases}$

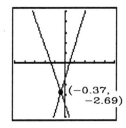

15. $\begin{cases} 1.7x + 2.3y = 3.2 \\ y = 0.25x + 8.95 \end{cases}$

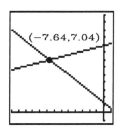

17. $\boxed{y = x}$ {substitution}
$x + y = 4$
$x + y = 4$
$x + x = 4$
$2x = 4$
$x = 2$
Substitute $x = 2$:
$y = x$
$ = 2$

The solution is $(2, 2)$.

19. $x - y = 2 \Rightarrow \boxed{x = y + 2}$ {substitution}
$2x + y = 13$
$2x + y = 13$
$2(y + 2) + y = 13$
$2y + 4 + y = 13$
$3y + 4 = 13$
$3y = 9$
$y = 3$
Substitute $y = 3$:
$x = y + 2$
$ = 3 + 2 = 5$

The solution is $(5, 3)$.

21. $x + 2y = 6 \Rightarrow \boxed{x = -2y + 6}$ {substitution}
$3x - y = -10$
$3x - y = -10$
$3(-2y + 6) - y = -10$
$-6y + 18 - y = -10$
$-7y = -28$
$y = 4$
Substitute $y = 4$:
$x = -2y + 6$
$ = -2(4) + 6 = -2$

The solution is $(-2, 4)$.

23. $3x = 2y - 4 \Rightarrow \boxed{x = \frac{2}{3}y - \frac{4}{3}}$ {substitution}
$6x - 4y = -4$
$6x - 4y = -4$
$6\left(\frac{2}{3}y - \frac{4}{3}\right) - 4y = -4$
$4y - 8 - 4y = -4$
$0y = 4$
$0 = 4$

This is impossible $\Rightarrow$ no solution.

25. $3x - 4y = 9$
$x + 2y = 8 \Rightarrow \boxed{x = -2y + 8}$ {substitute}
$3x - 4y = 9$
$3(-2y + 8) - 4y = 9$
$-6y + 24 - 4y = 9$
$-10y = -15$
$y = \frac{3}{2}$
Substitute $y = \frac{3}{2}$:
$x = -2y + 8$
$ = -2\left(\frac{3}{2}\right) + 8$
$ = -3 + 8 = 5$

The solution is $\left(5, \frac{3}{2}\right)$.

27. $2x + 2y = -1 \Rightarrow \boxed{y = -x - \frac{1}{2}}$ {substitute}
$3x + 4y = 0$
$3x + 4y = 0$
$3x + 4\left(-x - \frac{1}{2}\right) = 0$
$3x - 4x - 2 = 0$
$-x = 2$
$x = -2$
Substitute $x = -2$:
$y = -x - \frac{1}{2}$
$ = -(-2) - \frac{1}{2}$
$ = 2 - \frac{1}{2}$
$ = \frac{3}{2}$

The solution is $\left(-2, \frac{3}{2}\right)$.

29.
$x - y = 3$
$x + y = 7$
$2x = 10 \Rightarrow x = 5$
Substitute $x = 5$ into one of the equations and solve for y.
$x - y = 3$
$5 - y = 3$
$-y = -2 \Rightarrow y = 2$
The solution is $(5, 2)$.

31.
$2x + y = -10$
$2x - y = -6$
$4x = -16 \Rightarrow x = -4$
Substitute $x = -4$ into one of the equations and solve for y.
$2x + y = -10$
$2(-4) + y = -10$
$-8 + y = -10 \Rightarrow y = -2$
The solution is $(-4, -2)$.

33.
$2x + 3y = 8 \Rightarrow (\times 2)$
$3x - 2y = -1 \Rightarrow (\times 3)$

$4x + 6y = 16$
$9x - 6y = -3$
$13x = 13 \Rightarrow x = 1$

Substitute $x = -1$ into one of the equations and solve for y.
$2x + 3y = 8$
$2(1) + 3y = 8$
$2 + 3y = 8$
$3y = 6 \Rightarrow y = 2$ The solution is $(1, 2)$.

35.
$4x + 9y = 8 \Rightarrow$
$2x - 6y = -3 \Rightarrow [\times (-2)]$

$4x + 9y = 8$
$-4x + 12y = 6$
$21y = 14 \Rightarrow y = \frac{14}{21} = \frac{2}{3}$

Substitute $y = \frac{2}{3}$ into one of the equations and solve for x.
$2x - 6y = -3$
$2x - 6\left(\frac{2}{3}\right) = -3$
$2x - 4 = -3$
$2x = 1 \Rightarrow x = \frac{1}{2}$ The solution is $\left(\frac{1}{2}, \frac{2}{3}\right)$.

37.
$8x - 4y = 16 \Rightarrow 8x - 4y = 16 \Rightarrow$
$2x - 4 = y \Rightarrow 2x - y = 4 \Rightarrow [\times (-4)]$

$8x - 4y = 16$
$-8x + 4y = -16$
$0 = 0$

Since the statement left is ALWAYS true, the equations are dependent.

39.
$x = \frac{3}{2}y + 5 \Rightarrow \quad 2x = 3y + 10 \Rightarrow \quad 2x - 3y = 10 \Rightarrow \quad\quad 2x - 3y = 10$
$2x - 3y = 8 \quad\Rightarrow \quad 2x - 3y = 8 \quad\Rightarrow \quad 2x - 3y = 8 \Rightarrow [\times (-1)] \quad -2x + 3y = -8$
$0 = 2$

Since the statement left is NEVER true, the system is inconsistent $\Rightarrow$ no solution.

41. $\frac{x}{2} + \frac{y}{2} = 6 \Rightarrow (\times 2) \quad x + y = 12$

$\frac{x}{2} - \frac{y}{2} = -2 \Rightarrow (\times 2) \quad \underline{x - y = -4}$

$\qquad\qquad\qquad\qquad\qquad 2x = 8 \Rightarrow x = 4$

Substitute $x = 4$ into one of the equations (from the second group) and solve for y.
$\quad x + y = 12$
$\quad 4 + y = 12 \Rightarrow y = 8 \qquad$ The solution is $(4, 8)$.

43. $\frac{3}{4}x + \frac{2}{3}y = 7 \Rightarrow (\times 12) \quad 9x + 8y = 84 \Rightarrow (\times 5) \quad 45x + 40y = 420$

$\frac{3}{5}x - \frac{1}{2}y = 18 \Rightarrow (\times 10) \quad 6x - 5y = 180 \Rightarrow (\times 8) \quad \underline{48x - 40y = 1440}$

$\qquad\qquad\qquad\qquad\qquad\qquad\qquad\qquad\qquad\qquad\qquad 93x = 1860 \Rightarrow x = 20$

Substitute $x = 20$ into one of the equations (from the second group) and solve for y.
$\quad 9x + 8y = 84$
$\quad 9(20) + 8y = 84$
$\quad 180 + 8y = 84$
$\qquad 8y = -96 \Rightarrow y = -12 \quad$ The solution is $(20, -12)$.

45. Let $x =$ the cost of the shoes and $y =$ the cost of the sweater.
$\quad x + y = 98$
$\quad \boxed{y = x + 16} \text{ \{substitute\}}$

$\quad x + y = 98$
$\quad x + x + 16 = 98$
$\qquad 2x = 82 \Rightarrow x = 41$
Substitute $x = 41$:
$\quad y = x + 16 = 41 + 16 = 57$
The sweater cost \$57.

47. $R_1 + R_2 = 1375$
$\quad \boxed{R_1 = R_2 + 125} \text{ \{substitute\}}$

$\quad R_2 + 125 + R_2 = 1375$
$\quad 2R_2 = 1250 \Rightarrow R_2 = 625$
Substitute $R_2 = 625$:
$\quad R_1 = R_2 + 125$
$\quad R_1 = 625 + 125 = 750$
The resistances are 625 ohms and 750 ohms.

49. Let $w =$ the width of the field and $l =$ the length of the field.
$\quad 2w + 2l = 72 \; [\times (-1)] \Rightarrow -2w - 2l = -72$
$\quad 3w + 2l = 88 \qquad\qquad\quad \Rightarrow \underline{3w + 2l = 88}$
$\qquad\qquad\qquad w = 16$
Substitute $w = 16$ into one of the equations and solve.
$\quad 2w + 2l = 72$
$\quad 2(16) + 2l = 72$
$\quad 32 + 2l = 72$
$\qquad 2l = 40 \Rightarrow l = 20$
The dimensions are 16 m by 20 m.

51. $\begin{cases} y < 3x + 2 \\ y < -2x + 3 \end{cases}$

53. $\begin{cases} 3x + 2y > 6 \\ x + 3y \leq 2 \end{cases}$

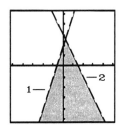

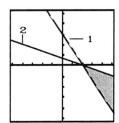

Review Exercises (page 740)

1. $(a^2 a^3)^2 (a^4 a^2)^2 = (a^5)^2 (a^6)^2 = a^{10} a^{12} = a^{22}$

3. $\left(\dfrac{-3x^3 y^4}{x^{-5} y^3} \right)^{-4} = (-3x^8 y)^{-4} = \dfrac{1}{(-3x^8 y)^4} = \dfrac{1}{(-3)^4 (x^8)^4 (y)^4} = \dfrac{1}{81 x^{32} y^4}$

5. $A = p + prt$ for r
$A - p = p - p + prt$
$A - p = prt$
$\dfrac{A - p}{pt} = \dfrac{prt}{pt}$
$r = \dfrac{A - p}{pt}$

7. $\dfrac{1}{r} = \dfrac{1}{r_1} + \dfrac{1}{r_2}$ for r
$\dfrac{rr_1 r_2}{1}\left(\dfrac{1}{r}\right) = \dfrac{rr_1 r_2}{1}\left(\dfrac{1}{r_1} + \dfrac{1}{r_2}\right)$
$r_1 r_2 = rr_2 + rr_1$
$r_1 r_2 = r(r_2 + r_1)$
$\dfrac{r_1 r_2}{r_2 + r_1} = \dfrac{r(r_2 + r_1)}{r_2 + r_1}$
$\dfrac{r_1 r_2}{r_2 + r_1} = r$

Exercise 12.2 (page 746)

1.
$\begin{aligned} x + y + z &= 4 \quad (1) \\ 2x + y - z &= 1 \quad (2) \\ 2x - 3y + z &= 1 \quad (3) \end{aligned}$

Add (1) and (2) to eliminate z:
$\begin{aligned} x + y + z &= 4 \quad (1) \\ 2x + y - z &= 1 \quad (2) \\ \hline 3x + 2y &= 5 \quad (4) \end{aligned}$

Add (3) and (2) to eliminate z again:
$\begin{aligned} 2x - 3y + z &= 1 \quad (3) \\ 2x + y - z &= 1 \quad (2) \\ \hline 4x - 2y &= 2 \quad (5) \end{aligned}$

Continued on the next page.

1. continued:

Solve the system of **(4)** and **(5)** for x and y:

$3x + 2y = 5$ **(4)**
$4x - 2y = 2$ **(5)**
$\overline{7x = 7}$
$x = 1$

The solution is $(1, 1, 2)$.

$3x + 2y = 5$
$3(1) + 2y = 5$
$3 + 2y = 5$
$2y = 2$
$y = 1$

Substitute for x and y and solve for z:

$x + y + z = 4$
$1 + 1 + z = 4$
$2 + z = 4$
$z = 2$

3.
$2x + 2y + 3z = 10 \Rightarrow$
$3x + y - z = 0 \Rightarrow [\times(-2)]$
$x + y + 2z = 6 \Rightarrow [\times(-2)]$

$2x + 2y + 3z = 10$ **(1)**
$-6x - 2y + 2z = 0$ **(2)**
$-2x - 2y - 4z = -12$ **(3)**

Add **(1)** and **(2)** to eliminate y:

$2x + 2y + 3z = 10$ **(1)**
$-6x - 2y + 2z = 0$ **(2)**
$\overline{-4x + 5z = 10}$ **(4)**

Add **(1)** and **(3)** to eliminate y again:

$2x + 2y + 3z = 10$ **(1)**
$-2x - 2y - 4z = -12$ **(2)**
$\overline{ - z = -2}$ **(5)**
$z = 2$

Substitute **(5)** into **(4)** and solve for x:

$-4x + 5z = 10$ **(4)**
$-4x + 5(2) = 10$
$-4x + 10 = 10$
$-4x = 0$
$x = 0$

The solution is $(0, 2, 2)$.

Substitute for x and z and solve for y:

$x + y + 2z = 6$
$0 + y + 2(2) = 6$
$y + 4 = 6$
$y = 2$

5.
$x + y + 2z = 7 \Rightarrow$
$x + 2y + z = 8 \Rightarrow [\times(-2)]$
$2x + y + z = 9 \Rightarrow [\times(-2)]$

$x + y + 2z = 7$ **(1)**
$-2x - 4y - 2z = -16$ **(2)**
$-4x - 2y - 2z = -18$ **(3)**

Add **(1)** and **(2)** to eliminate z:

$x + y + 2z = 7$ **(1)**
$-2x - 4y - 2z = -16$ **(2)**
$\overline{-x - 3y = -9}$ **(4)**

Add **(1)** and **(3)** to eliminate z again:

$x + y + 2z = 7$ **(1)**
$-4x - 2y - 2z = -18$ **(3)**
$\overline{-3x - y = -11}$ **(5)**

Solve the system of **(4)** and **(5)** for x and y:

$-x - 3y = -9$ **(4)**
$-3x - y = -11$ **(5)**

$3x + 9y = 27$ **(4)** $\times (-3)$
$-3x - y = -11$ **(5)**
$\overline{ 8y = 16}$
$y = 2$

$-x - 3y = -9$
$-x - 3(2) = -9$
$-x - 6 = -9$
$-x = -3$
$x = 3$

Substitute for x and y and solve for z:

$x + 2y + z = 8$
$3 + 2(2) + z = 8$
$7 + z = 8$
$z = 1$

The solution is $(3, 2, 1)$.

7.
$$2x + y - z = 1 \quad (1)$$
$$x + 2y + 2z = 2 \quad (2)$$
$$4x + 5y + 3z = 3 \quad (3)$$

Add $(1) \times 2$ and (2) to eliminate z:
$$4x + 2y - 2z = 2 \quad (1) \times 2$$
$$x + 2y + 2z = 2 \quad (2)$$
$$\overline{5x + 4y = 4} \quad (4)$$

Add $3 \times (1)$ and (3) to eliminate z again:
$$6x + 3y - 3z = 3 \quad (1) \times 3$$
$$4x + 5y + 3z = 3 \quad (3)$$
$$\overline{10x + 8y = 6} \quad (5)$$

Solve the system of (4) and (5) for x and y:
$$5x + 4y = 4 \quad (4)$$
$$10x + 8y = 6 \quad (5)$$

$$-10x - 8y = -8 \quad (4) \times (-2)$$
$$10x + 8y = 6 \quad (5)$$
$$\overline{0 = -2}$$

This statement is impossible. There is no solution to the system.

9.
$$2x + 3y + 4z - 6 = 0 \Rightarrow 2x + 3y + 4z = 6 \quad (1)$$
$$2x - 3y - 4z + 4 = 0 \Rightarrow 2x - 3y - 4z = -4 \quad (2)$$
$$4x + 6y + 8z - 12 = 0 \Rightarrow 4x + 6y + 8z = 12 \quad (3)$$

Add $(1) \times (-2)$ and (3):
$$-4x - 6y - 8z = -12 \quad (1) \times (-2)$$
$$4x + 6y + 8z = 12 \quad (3)$$
$$\overline{0 = 0}$$

Since this equation is true for ALL values, the equations are dependent.

11.
$$x + \tfrac{1}{3}y + z = 13 \Rightarrow (\times 3) \quad 3x + y + 3z = 39 \quad (1)$$
$$\tfrac{1}{2}x - y + \tfrac{1}{3}z = -2 \Rightarrow (\times 6) \quad 3x - 6y + 2z = -12 \quad (2)$$
$$x + \tfrac{1}{2}y - \tfrac{1}{3}z = 2 \Rightarrow (\times 6) \quad 6x + 3y - 2z = 12 \quad (3)$$

Add $(1) \times (-2)$ and (3) to eliminate x:
$$-6x - 2y - 6z = -78 \quad (1)$$
$$6x + 3y - 2z = 12 \quad (3)$$
$$\overline{y - 8z = -66} \quad (4)$$

Add $(2) \times (-2)$ and (3) to eliminate x again:
$$-6x + 12y - 4z = 24 \quad (2) \times (-2)$$
$$6x + 3y - 2z = 12 \quad (3)$$
$$\overline{15y - 6z = 36} \quad (5)$$

Solve the system of (4) and (5) for y and z:
$$y - 8z = -66 \quad (4)$$
$$15y - 6z = 36 \quad (5)$$

$$-15y + 120z = 990 \quad (4) \times (-15)$$
$$15y - 6z = 36 \quad (5)$$
$$\overline{114z = 1026}$$
$$z = 9$$

$$y - 8z = -66$$
$$y - 8(9) = -66$$
$$y - 72 = -66$$
$$y = 6$$

Substitute for x and y and solve for z:
$$3x + y + 3z = 39$$
$$3x + 6 + 3(9) = 39$$
$$3x + 33 = 39$$
$$3x = 6$$
$$x = 2$$

The solution is $(2, 6, 9)$.

13. Let the first integer $= x$, the second integer $= y$ and the third integer $= z$.

$y = 6 + x$

$z = 4y \Rightarrow z = 4(6 + x) = 24 + 4x$

$x + y + z = 18$

$x + (6 + x) + (24 + 4x) = 18$

$6x + 30 = 18$

$6x = -12 \Rightarrow x = -2$

$y = 6 + x \Rightarrow y = 6 + (-2) = 4$

$z = 4y \Rightarrow z = 4(4) = 16$

The integers are -2, 4 and 16.

15. $A + B + C = 180 \quad \Rightarrow \quad A + B + C = 180 \quad (1)$

$A = (B + C) - 100 \quad \Rightarrow \quad A - B - C = -100 \quad (2)$

$C = 2B - 40 \quad \Rightarrow \quad -2B + C = -40 \quad (3)$

Add (1) and (2):

$\begin{array}{rcl} A + B + C &=& 180 \quad (1) \\ A - B - C &=& -100 \quad (2) \\ \hline 2A &=& 80 \\ A &=& 40 \end{array} \Rightarrow$

Add (2) and (3):

$\begin{array}{rcl} A - B - C &=& -100 \quad (2) \\ -2B + C &=& -40 \quad (3) \\ \hline A - 3B &=& -140 \\ 40 - 3B &=& -140 \\ -3B &=& -180 \\ B &=& 60 \end{array}$

Substitute for A and B in (1) and solve for C:

$A + B + C = 180$

$40 + 60 + C = 180$

$100 + C = 180 \Rightarrow C = 80$

The angles are 40°, 60° and 80°.

17. Let x, y and z represent the number of units of foods #1, #2 and #3, respectively.

$x + 2y + 2z = 11 \quad (1) \text{ (fat)}$

$x + y + z = 6 \quad (2) \text{ (carbohydrates)}$

$2x + y + 2z = 10 \quad (3) \text{ (protein)}$

Add (1) and (2) × (−2) to eliminate z:

$\begin{array}{rcl} x + 2y + 2z &=& 11 \quad (1) \\ -2x - 2y - 2z &=& -12 \quad (2) \times (-2) \\ \hline -x &=& -1 \\ x &=& 1 \end{array}$

Add (3) and (2) × (−2) to eliminate z again:

$\begin{array}{rcl} 2x + y + 2z &=& 10 \quad (3) \\ -2x - 2y - 2z &=& -12 \quad (2) \times (-2) \\ \hline -y &=& -2 \\ y &=& 2 \end{array}$

Substitute $x = 1$ and $y = 2$ and solve for z:

$x + y + z = 6$

$1 + 2 + z = 6$

$3 + z = 6 \Rightarrow z = 3$ The solution is $(1, 2, 3)$.

Use 1 unit of the first food, 2 units of the second and 3 units of the third.

19. Let x, y and z represent the number of statues #1, #2 and #3, respectively.

$$\begin{aligned} x + y + z &= 180 \quad (1) \text{ (number of statues made)} \\ 5x + 4y + 3z &= 650 \quad (2) \text{ (manufacturing costs)} \\ 20x + 12y + 9z &= 2100 \quad (3) \text{ (revenue)} \end{aligned}$$

Add $(1) \times (-3)$ and (2) to eliminate z:

$$\begin{array}{rl} -3x - 3y - 3z = & -540 \quad (1) \times (-3) \\ 5x + 4y + 3z = & 650 \quad (2) \\ \hline 2x + y = & 110 \quad (4) \end{array}$$

Add $(1) \times (-9)$ and (3) to eliminate z again:

$$\begin{array}{rll} -9x - 9y - 9z = & -1620 & (1) \times (-9) \\ 20x + 12y + 9z = & 2100 & (3) \\ \hline 11x + 3y = & 480 & (5) \end{array}$$

Solve the system of (4) and (5) for x and y:

$$\begin{array}{rl} 2x + y = & 110 \quad (4) \\ 11x + 3y = & 480 \quad (5) \end{array} \qquad \begin{array}{l} 2x + y = 110 \\ 2(30) + y = 110 \\ 60 + y = 110 \\ y = 50 \end{array}$$

$$\begin{array}{rl} -6x - 3y = & -330 \quad (4) \times (-3) \\ 11x + 3y = & 480 \quad (5) \\ \hline 5x = & 150 \\ x = & 30 \end{array}$$

Substitute for x and y and solve for z:

$$\begin{aligned} x + y + z &= 180 \\ 30 + 50 + z &= 180 \\ 80 + z &= 180 \\ z &= 100 \end{aligned}$$

The solution is $(30, 50, 100)$.

It should make 30 of the $20 statues, 50 of the $12 statues and 100 of the $9 statues.

21. Let x, y and z represent the number of $5, $3 and $2 tickets, respectively.

$$\begin{array}{rll} x + y + z = & 750 & \text{(number of tickets)} \\ 5x + 3y + 2z = & 2625 & \text{(revenue)} \\ x = & 2z & \text{(\# of \$5 is twice \# of \$2)} \end{array} \Rightarrow \begin{array}{rll} x + y + z = & 750 & (1) \\ 5x + 3y + 2z = & 2625 & (2) \\ x - 2z = & 0 & (3) \end{array}$$

Add $(1) \times (2)$ and (3) to eliminate z:

$$\begin{array}{rl} 2x + 2y + 2z = & 1500 \quad (1) \times 2 \\ x - 2z = & 0 \quad (3) \\ \hline 3x + 2y = & 1500 \quad (4) \end{array}$$

Add (2) and (3) to eliminate z again:

$$\begin{array}{rl} 5x + 3y + 2z = & 2625 \quad (2) \\ x - 2z = & 0 \quad (3) \\ \hline 6x + 3y = & 2625 \quad (5) \end{array}$$

Solve the system of (4) and (5) for x and y:

$$\begin{array}{rl} 3x + 2y = & 1500 \quad (4) \\ 6x + 3y = & 2625 \quad (5) \end{array} \qquad \begin{array}{l} 3x + 2y = 1500 \\ 3x + 2(375) = 1500 \\ 3x + 750 = 1500 \\ 3x = 750 \\ x = 250 \end{array}$$

$$\begin{array}{rl} -6x - 4y = & -3000 \quad (4) \times (-2) \\ 6x + 3y = & 2625 \quad (5) \\ \hline -y = & -375 \\ y = & 375 \end{array}$$

Substitute for x and y and solve for z:

$$\begin{aligned} x &= 2z \\ 250 &= 2z \\ 125 &= z \end{aligned}$$

The solution is $(250, 375, 125)$.

There were 250 $5 tickets, 375 $3 tickets and 125 $2 tickets sold.

23. Let $x =$ the number of totem poles, $y =$ the number of bears and $z =$ the number of deer.

$$\begin{array}{rll} 2x + 2y + z = & 14 & (1) \text{ (carving hours)} \\ x + 2y + 2z = & 15 & (2) \text{ (sanding hours)} \\ 3x + 2y + 2z = & 21 & (3) \text{ (painting hours)} \end{array}$$

Add $(1) \times (-1)$ and (2) to eliminate y:

$$\begin{array}{rl} -2x - 2y - z = & -14 \quad (1) \times (-1) \\ x + 2y + 2z = & 15 \quad (2) \\ \hline -x + z = & 1 \quad (4) \end{array}$$

Add $(1) \times (-1)$ and (3) to eliminate y again:

$$\begin{array}{rl} -2x - 2y - z = & -14 \quad (1) \times (-1) \\ 3x + 2y + 2z = & 21 \quad (3) \\ \hline x + z = & 7 \quad (5) \end{array}$$

Continued on the next page.

23. continued:

Solve the system of **(4)** and **(5)** for x and z:

$$\begin{aligned} -x + z &= 1 \quad (4) \\ x + z &= 7 \quad (5) \\ \hline 2z &= 8 \\ z &= 4 \end{aligned}$$

Substitute for x and z and solve for y:

$$\begin{aligned} x + z &= 7 \\ x + 4 &= 7 \\ x &= 3 \end{aligned}$$

$$\begin{aligned} 2x + 2y + z &= 14 \\ 2(3) + 2y + 4 &= 14 \\ 10 + 2y &= 14 \\ 2y = 4 &\Rightarrow y = 2 \end{aligned}$$

The solution is $(3, 2, 4)$. The sculptor should make 3 totem poles, 2 bears and 4 deer.

Review Exercises (page 748)

1.
$$6x^2 + 11x + 4 = 0$$
$$(2x + 1)(3x + 4) = 0$$
$$2x + 1 = 0 \quad \text{or} \quad 3x + 4 = 0$$
$$x = -\tfrac{1}{2} \quad \bigg| \quad x = -\tfrac{4}{3}$$

3.
$$|3x - 4| = |12 - x|$$
$$3x - 4 = 12 - x \quad \text{or} \quad 3x - 4 = -(12 - x)$$
$$4x = 16 \qquad\qquad\qquad 3x - 4 = -12 + x$$
$$x = 4 \qquad\qquad\qquad\qquad 2x = -8$$
$$\qquad\qquad\qquad\qquad\qquad\qquad x = -4$$

Exercise 12.3 (page 756)

1. $\begin{vmatrix} 2 & 3 \\ -2 & 1 \end{vmatrix} = 2(1) - 3(-2) = 2 + 6 = 8$

3. $\begin{vmatrix} -1 & 2 \\ 3 & -4 \end{vmatrix} = (-1)(-4) - 2(3) = 4 - 6 = -2$

5. $\begin{vmatrix} x & y \\ y & x \end{vmatrix} = xx - yy = x^2 - y^2$

7. $\begin{vmatrix} 1 & 0 & 1 \\ 0 & 1 & 0 \\ 1 & 1 & 1 \end{vmatrix} = 1\begin{vmatrix} 1 & 0 \\ 1 & 1 \end{vmatrix} - 0\begin{vmatrix} 0 & 0 \\ 1 & 1 \end{vmatrix} + 1\begin{vmatrix} 0 & 1 \\ 1 & 1 \end{vmatrix}$

$= 1[1(1) - 0(1)] - 0[0(1) - 0(1)] + 1[0(1) - 1(1)]$
$= 1(1 - 0) - 0(0 - 0) + 1(0 - 1)$
$= 1(1) - 0(0) + 1(-1)$
$= 1 - 0 - 1 = 0$

9. $\begin{vmatrix} -1 & 2 & 1 \\ 2 & 1 & -3 \\ 1 & 1 & 1 \end{vmatrix} = -1\begin{vmatrix} 1 & -3 \\ 1 & 1 \end{vmatrix} - 2\begin{vmatrix} 2 & -3 \\ 1 & 1 \end{vmatrix} + 1\begin{vmatrix} 2 & 1 \\ 1 & 1 \end{vmatrix}$

$= -1[1(1) - (-3)(1)] - 2[2(1) - (-3)(1)] + 1[2(1) - 1(1)]$
$= -1(1 + 3) - 2(2 + 3) + 1(2 - 1)$
$= -1(4) - 2(5) + 1(1)$
$= -4 - 10 + 1 = -13$

11. $\begin{vmatrix} 1 & -2 & 3 \\ -2 & 1 & 1 \\ -3 & -2 & 1 \end{vmatrix} = 1\begin{vmatrix} 1 & 1 \\ -2 & 1 \end{vmatrix} - (-2)\begin{vmatrix} -2 & 1 \\ -3 & 1 \end{vmatrix} + 3\begin{vmatrix} -2 & 1 \\ -3 & -2 \end{vmatrix}$
$= 1[1(1) - 1(-2)] - (-2)[-2(1) - 1(-3)] + 3[-2(-2) - 1(-3)]$
$= 1(1 + 2) + 2(-2 + 3) + 3(4 + 3)$
$= 1(3) + 2(1) + 3(7)$
$= 3 + 2 + 21 = 26$

13. $\begin{vmatrix} 1 & 2 & 3 \\ 4 & 5 & 6 \\ 7 & 8 & 9 \end{vmatrix} = 1\begin{vmatrix} 5 & 6 \\ 8 & 9 \end{vmatrix} - 2\begin{vmatrix} 4 & 6 \\ 7 & 9 \end{vmatrix} + 3\begin{vmatrix} 4 & 5 \\ 7 & 8 \end{vmatrix}$
$= 1[5(9) - 6(8)] - 2[4(9) - 6(7)] + 3[4(8) - 5(7)]$
$= 1(45 - 48) - 2(36 - 42) + 3(32 - 35)$
$= 1(-3) - 2(-6) + 3(-3)$
$= -3 + 12 - 9 = 0$

15. $\begin{vmatrix} a & 2a & -a \\ 2 & -1 & 3 \\ 1 & 2 & -3 \end{vmatrix} = a\begin{vmatrix} -1 & 3 \\ 2 & -3 \end{vmatrix} - 2a\begin{vmatrix} 2 & 3 \\ 1 & -3 \end{vmatrix} + (-a)\begin{vmatrix} 2 & -1 \\ 1 & 2 \end{vmatrix}$
$= a[-1(-3) - 3(2)] - 2a[2(-3) - 3(1)] + (-a)[2(2) - (-1)(1)]$
$= a(3 - 6) - 2a(-6 - 3) - a(4 + 1)$
$= a(-3) - 2a(-9) - a(5)$
$= -3a + 18a - 5a = 10a$

17. $\begin{vmatrix} 1 & a & b \\ 1 & 2a & 2b \\ 1 & 3a & 3b \end{vmatrix} = 1\begin{vmatrix} 2a & 2b \\ 3a & 3b \end{vmatrix} - a\begin{vmatrix} 1 & 2b \\ 1 & 3b \end{vmatrix} + b\begin{vmatrix} 1 & 2a \\ 1 & 3a \end{vmatrix}$
$= 1[2a(3b) - 2b(3a)] - a[1(3b) - 2b(1)] + b[1(3a) - 2a(1)]$
$= 1(6ab - 6ab) - a(3b - 2b) + b(3a - 2a)$
$= 1(0) - a(b) + b(a)$
$= 0 - ab + ab = 0$

19. $\left.\begin{array}{r} x + y = 6 \\ x - y = 2 \end{array}\right\} \Rightarrow x = \dfrac{\begin{vmatrix} 6 & 1 \\ 2 & -1 \end{vmatrix}}{\begin{vmatrix} 1 & 1 \\ 1 & -1 \end{vmatrix}} = \dfrac{6(-1) - 1(2)}{1(-1) - 1(1)} = \dfrac{-6 - 2}{-1 - 1} = \dfrac{-8}{\boxed{-2}} = 4$

$y = \dfrac{\begin{vmatrix} 1 & 6 \\ 1 & 2 \end{vmatrix}}{\begin{vmatrix} 1 & 1 \\ 1 & -1 \end{vmatrix}} = \dfrac{1(2) - 6(1)}{\boxed{-2}} = \dfrac{2 - 6}{-2} = \dfrac{-4}{-2} = 2$

solution: $(4, 2)$

21. $\begin{rcases} 2x + y = 1 \\ x - 2y = -7 \end{rcases} \Rightarrow x = \dfrac{\begin{vmatrix} 1 & 1 \\ -7 & -2 \end{vmatrix}}{\begin{vmatrix} 2 & 1 \\ 1 & -2 \end{vmatrix}} = \dfrac{1(-2) - 1(-7)}{2(-2) - 1(1)} = \dfrac{-2 + 7}{-4 - 1} = \dfrac{5}{\boxed{-5}} = -1$

$$y = \dfrac{\begin{vmatrix} 2 & 1 \\ 1 & -7 \end{vmatrix}}{\begin{vmatrix} 2 & 1 \\ 1 & -2 \end{vmatrix}} = \dfrac{2(-7) - 1(1)}{\boxed{-5}} = \dfrac{-14 - 1}{-5} = \dfrac{-15}{-5} = 3$$

solution: $(-1, 3)$

23. $\begin{rcases} 2x + 3y = 0 \\ 4x - 6y = -4 \end{rcases} \Rightarrow x = \dfrac{\begin{vmatrix} 0 & 3 \\ -4 & -6 \end{vmatrix}}{\begin{vmatrix} 2 & 3 \\ 4 & -6 \end{vmatrix}} = \dfrac{0(-6) - 3(-4)}{2(-6) - 3(4)} = \dfrac{0 + 12}{-12 - 12} = \dfrac{12}{\boxed{-24}} = -\dfrac{1}{2}$

$$y = \dfrac{\begin{vmatrix} 2 & 0 \\ 4 & -4 \end{vmatrix}}{\begin{vmatrix} 2 & 3 \\ 4 & -6 \end{vmatrix}} = \dfrac{2(-4) - 0(4)}{\boxed{-24}} = \dfrac{-8 - 0}{-24} = \dfrac{-8}{-24} = \dfrac{1}{3}$$

solution: $\left(-\dfrac{1}{2}, \dfrac{1}{3}\right)$

25. $\begin{rcases} y = \dfrac{-2x + 1}{3} \\ 3x - 2y = 8 \end{rcases} \Rightarrow \begin{rcases} 3y = -2x + 1 \\ 3x - 2y = 8 \end{rcases} \Rightarrow \begin{rcases} 2x + 3y = 1 \\ 3x - 2y = 8 \end{rcases}$

$$x = \dfrac{\begin{vmatrix} 1 & 3 \\ 8 & -2 \end{vmatrix}}{\begin{vmatrix} 2 & 3 \\ 3 & -2 \end{vmatrix}} = \dfrac{1(-2) - 3(8)}{2(-2) - 3(3)} = \dfrac{-2 - 24}{-4 - 9} = \dfrac{-26}{\boxed{-13}} = 2$$

$$y = \dfrac{\begin{vmatrix} 2 & 1 \\ 3 & 8 \end{vmatrix}}{\begin{vmatrix} 2 & 3 \\ 3 & -2 \end{vmatrix}} = \dfrac{2(8) - 1(3)}{\boxed{-13}} = \dfrac{16 - 3}{-13} = \dfrac{13}{-13} = -1$$

solution: $(2, -1)$

27. $\left.\begin{array}{l} y = \frac{11-3x}{2} \\ x = \frac{11-4y}{6} \end{array}\right\} \Rightarrow \left.\begin{array}{l} 2y = 11-3x \\ 6x = 11-4y \end{array}\right\} \Rightarrow \left.\begin{array}{l} 3x + 2y = 11 \\ 6x + 4y = 11 \end{array}\right\}$

$x = \dfrac{\begin{vmatrix} 11 & 2 \\ 11 & 4 \end{vmatrix}}{\begin{vmatrix} 3 & 2 \\ 6 & 4 \end{vmatrix}} = \dfrac{11(4) - 2(11)}{3(4) - 2(6)} = \dfrac{44 - 22}{12 - 12} = \dfrac{22}{\boxed{0}} = \text{undefined}$

Since the denominator determinant is equal to 0, and the numerator determinant is not equal to 0, there is no solution.

29. $\left.\begin{array}{l} x = \frac{5y-4}{2} \\ y = \frac{3x-1}{5} \end{array}\right\} \Rightarrow \left.\begin{array}{l} 2x = 5y - 4 \\ 5y = 3x - 1 \end{array}\right\} \Rightarrow \left.\begin{array}{l} 2x - 5y = -4 \\ -3x + 5y = -1 \end{array}\right\}$

$x = \dfrac{\begin{vmatrix} -4 & -5 \\ -1 & 5 \end{vmatrix}}{\begin{vmatrix} 2 & -5 \\ -3 & 5 \end{vmatrix}} = \dfrac{-4(5) - (-5)(-1)}{2(5) - (-5)(-3)} = \dfrac{-20 - 5}{10 - 15} = \dfrac{-25}{\boxed{-5}} = 5$

$y = \dfrac{\begin{vmatrix} 2 & -4 \\ -3 & -1 \end{vmatrix}}{\begin{vmatrix} 2 & -5 \\ -3 & 5 \end{vmatrix}} = \dfrac{2(-1) - (-4)(-3)}{\boxed{-5}} = \dfrac{-2 - 12}{-5} = \dfrac{-14}{-5} = \dfrac{14}{5}$

solution: $\left(5, \frac{14}{5}\right)$

31. $\begin{vmatrix} 1 & 1 & 1 \\ 1 & 1 & -1 \\ 1 & -1 & 1 \end{vmatrix} = 1\begin{vmatrix} 1 & -1 \\ -1 & 1 \end{vmatrix} - 1\begin{vmatrix} 1 & -1 \\ 1 & 1 \end{vmatrix} + 1\begin{vmatrix} 1 & 1 \\ 1 & -1 \end{vmatrix} = 1(0) - 1(2) + 1(-2) = -4$

$\begin{vmatrix} 4 & 1 & 1 \\ 0 & 1 & -1 \\ 2 & -1 & 1 \end{vmatrix} = 4\begin{vmatrix} 1 & -1 \\ -1 & 1 \end{vmatrix} - 1\begin{vmatrix} 0 & -1 \\ 2 & 1 \end{vmatrix} + 1\begin{vmatrix} 0 & 1 \\ 2 & -1 \end{vmatrix} = 4(0) - 1(2) + 1(-2) = -4$

$\begin{vmatrix} 1 & 4 & 1 \\ 1 & 0 & -1 \\ 1 & 2 & 1 \end{vmatrix} = 1\begin{vmatrix} 0 & -1 \\ 2 & 1 \end{vmatrix} - 4\begin{vmatrix} 1 & -1 \\ 1 & 1 \end{vmatrix} + 1\begin{vmatrix} 1 & 0 \\ 1 & 2 \end{vmatrix} = 1(2) - 4(2) + 1(2) = -4$

$\begin{vmatrix} 1 & 1 & 4 \\ 1 & 1 & 0 \\ 1 & -1 & 2 \end{vmatrix} = 1\begin{vmatrix} 1 & 0 \\ -1 & 2 \end{vmatrix} - 1\begin{vmatrix} 1 & 0 \\ 1 & 2 \end{vmatrix} + 4\begin{vmatrix} 1 & 1 \\ 1 & -1 \end{vmatrix} = 1(2) - 1(2) + 4(-2) = -8$

$x = \dfrac{\begin{vmatrix} 4 & 1 & 1 \\ 0 & 1 & -1 \\ 2 & -1 & 1 \end{vmatrix}}{\begin{vmatrix} 1 & 1 & 1 \\ 1 & 1 & -1 \\ 1 & -1 & 1 \end{vmatrix}} = \dfrac{-4}{-4} = 1;\ y = \dfrac{\begin{vmatrix} 1 & 4 & 1 \\ 1 & 0 & -1 \\ 1 & 2 & 1 \end{vmatrix}}{\begin{vmatrix} 1 & 1 & 1 \\ 1 & 1 & -1 \\ 1 & -1 & 1 \end{vmatrix}} = \dfrac{-4}{-4} = 1;\ z = \dfrac{\begin{vmatrix} 1 & 1 & 4 \\ 1 & 1 & 0 \\ 1 & -1 & 2 \end{vmatrix}}{\begin{vmatrix} 1 & 1 & 1 \\ 1 & 1 & -1 \\ 1 & -1 & 1 \end{vmatrix}} = \dfrac{-8}{-4} = 2$

The solution is $(1, 1, 2)$.

33. $\begin{vmatrix} 1 & 1 & 2 \\ 1 & 2 & 1 \\ 2 & 1 & 1 \end{vmatrix} = 1\begin{vmatrix} 2 & 1 \\ 1 & 1 \end{vmatrix} - 1\begin{vmatrix} 1 & 1 \\ 2 & 1 \end{vmatrix} + 2\begin{vmatrix} 1 & 2 \\ 2 & 1 \end{vmatrix} = 1(1) - 1(-1) + 2(-3) = -4$

$\begin{vmatrix} 7 & 1 & 2 \\ 8 & 2 & 1 \\ 9 & 1 & 1 \end{vmatrix} = 7\begin{vmatrix} 2 & 1 \\ 1 & 1 \end{vmatrix} - 1\begin{vmatrix} 8 & 1 \\ 9 & 1 \end{vmatrix} + 2\begin{vmatrix} 8 & 2 \\ 9 & 1 \end{vmatrix} = 7(1) - 1(-1) + 2(-10) = -12$

$\begin{vmatrix} 1 & 7 & 2 \\ 1 & 8 & 1 \\ 2 & 9 & 1 \end{vmatrix} = 1\begin{vmatrix} 8 & 1 \\ 9 & 1 \end{vmatrix} - 7\begin{vmatrix} 1 & 1 \\ 2 & 1 \end{vmatrix} + 2\begin{vmatrix} 1 & 8 \\ 2 & 9 \end{vmatrix} = 1(-1) - 7(-1) + 2(-7) = -8$

$\begin{vmatrix} 1 & 1 & 7 \\ 1 & 2 & 8 \\ 2 & 1 & 9 \end{vmatrix} = 1\begin{vmatrix} 2 & 8 \\ 1 & 9 \end{vmatrix} - 1\begin{vmatrix} 1 & 8 \\ 2 & 9 \end{vmatrix} + 7\begin{vmatrix} 1 & 2 \\ 2 & 1 \end{vmatrix} = 1(10) - 1(-7) + 7(-3) = -4$

$x = \dfrac{\begin{vmatrix} 7 & 1 & 2 \\ 8 & 2 & 1 \\ 9 & 1 & 1 \end{vmatrix}}{\begin{vmatrix} 1 & 1 & 2 \\ 1 & 2 & 1 \\ 2 & 1 & 1 \end{vmatrix}} = \dfrac{-12}{-4} = 3;\ y = \dfrac{\begin{vmatrix} 1 & 4 & 1 \\ 1 & 0 & -1 \\ 1 & 2 & 1 \end{vmatrix}}{\begin{vmatrix} 1 & 1 & 1 \\ 1 & 1 & -1 \\ 1 & -1 & 1 \end{vmatrix}} = \dfrac{-8}{-4} = 2;\ z = \dfrac{\begin{vmatrix} 1 & 1 & 4 \\ 1 & 1 & 0 \\ 1 & -1 & 2 \end{vmatrix}}{\begin{vmatrix} 1 & 1 & 1 \\ 1 & 1 & -1 \\ 1 & -1 & 1 \end{vmatrix}} = \dfrac{-4}{-4} = 1$

The solution is $(3, 2, 1)$.

35. $\begin{vmatrix} 2 & 1 & -1 \\ 1 & 2 & 2 \\ 4 & 5 & 3 \end{vmatrix} = 2\begin{vmatrix} 2 & 2 \\ 5 & 3 \end{vmatrix} - 1\begin{vmatrix} 1 & 2 \\ 4 & 3 \end{vmatrix} + (-1)\begin{vmatrix} 1 & 2 \\ 4 & 5 \end{vmatrix} = 2(-4) - 1(-5) - 1(-3) = 0$

$\begin{vmatrix} 1 & 1 & -1 \\ 2 & 2 & 2 \\ 3 & 5 & 3 \end{vmatrix} = 1\begin{vmatrix} 2 & 2 \\ 5 & 3 \end{vmatrix} - 1\begin{vmatrix} 2 & 2 \\ 3 & 3 \end{vmatrix} + (-1)\begin{vmatrix} 2 & 2 \\ 3 & 5 \end{vmatrix} = 1(-4) - 1(0) - 1(4) = -8$

Since the denominator determinant is equal to 0, and at least one numerator determinant is not equal to 0, there is no solution.

37. $\begin{vmatrix} 2 & 1 & 1 \\ 1 & -2 & 3 \\ 1 & 1 & -4 \end{vmatrix} = 2\begin{vmatrix} -2 & 3 \\ 1 & -4 \end{vmatrix} - 1\begin{vmatrix} 1 & 3 \\ 1 & -4 \end{vmatrix} + 1\begin{vmatrix} 1 & -2 \\ 1 & 1 \end{vmatrix} = 2(5) - 1(-7) + 1(3) = 20$

$\begin{vmatrix} 5 & 1 & 1 \\ 10 & -2 & 3 \\ -3 & 1 & -4 \end{vmatrix} = 5\begin{vmatrix} -2 & 3 \\ 1 & -4 \end{vmatrix} - 1\begin{vmatrix} 10 & 3 \\ -3 & -4 \end{vmatrix} + 1\begin{vmatrix} 10 & -2 \\ -3 & 1 \end{vmatrix} = 5(5) - 1(-31) + 1(4) = 60$

$\begin{vmatrix} 2 & 5 & 1 \\ 1 & 10 & 3 \\ 1 & -3 & -4 \end{vmatrix} = 2\begin{vmatrix} 10 & 3 \\ -3 & -4 \end{vmatrix} - 5\begin{vmatrix} 1 & 3 \\ 1 & -4 \end{vmatrix} + 1\begin{vmatrix} 1 & 10 \\ 1 & -3 \end{vmatrix} = 2(-31) - 5(-7) + 1(-13) = -40$

$\begin{vmatrix} 2 & 1 & 5 \\ 1 & -2 & 10 \\ 1 & 1 & -3 \end{vmatrix} = 2\begin{vmatrix} -2 & 10 \\ 1 & -3 \end{vmatrix} - 1\begin{vmatrix} 1 & 10 \\ 1 & -3 \end{vmatrix} + 5\begin{vmatrix} 1 & -2 \\ 1 & 1 \end{vmatrix} = 2(-4) - 1(-13) + 5(3) = 20$

$x = \dfrac{\begin{vmatrix} 5 & 1 & 1 \\ 10 & -2 & 3 \\ -3 & 1 & -4 \end{vmatrix}}{\begin{vmatrix} 2 & 1 & 1 \\ 1 & -2 & 3 \\ 1 & 1 & -4 \end{vmatrix}} = \dfrac{60}{20} = 3;\ y = \dfrac{\begin{vmatrix} 2 & 5 & 1 \\ 1 & 10 & 3 \\ 1 & -3 & -4 \end{vmatrix}}{\begin{vmatrix} 2 & 1 & 1 \\ 1 & -2 & 3 \\ 1 & 1 & -4 \end{vmatrix}} = \dfrac{-40}{20} = -2;\ z = \dfrac{\begin{vmatrix} 2 & 1 & 5 \\ 1 & -2 & 10 \\ 1 & 1 & -3 \end{vmatrix}}{\begin{vmatrix} 2 & 1 & 1 \\ 1 & -2 & 3 \\ 1 & 1 & -4 \end{vmatrix}} = \dfrac{20}{20} = 1$

The solution is $(3, -2, 1)$.

39. $\begin{vmatrix} 2 & 3 & 4 \\ 2 & -3 & -4 \\ 4 & 6 & 8 \end{vmatrix} = 2\begin{vmatrix} -3 & -4 \\ 6 & 8 \end{vmatrix} - 3\begin{vmatrix} 2 & -4 \\ 4 & 8 \end{vmatrix} + 4\begin{vmatrix} 2 & -3 \\ 4 & 6 \end{vmatrix} = 2(0) - 3(32) + 4(24) = 0$

$\begin{vmatrix} 6 & 3 & 4 \\ -4 & -3 & -4 \\ 12 & 6 & 8 \end{vmatrix} = 6\begin{vmatrix} -3 & -4 \\ 6 & 8 \end{vmatrix} - 3\begin{vmatrix} -4 & -4 \\ 12 & 8 \end{vmatrix} + 4\begin{vmatrix} -4 & -3 \\ 12 & 6 \end{vmatrix} = 6(0) - 3(16) + 4(12) = 0$

$\begin{vmatrix} 2 & 6 & 4 \\ 2 & -4 & -4 \\ 4 & 12 & 8 \end{vmatrix} = 2\begin{vmatrix} -4 & -4 \\ 12 & 8 \end{vmatrix} - 6\begin{vmatrix} 2 & -4 \\ 4 & 8 \end{vmatrix} + 4\begin{vmatrix} 2 & -4 \\ 4 & 12 \end{vmatrix} = 2(16) - 6(32) + 4(40) = 0$

$\begin{vmatrix} 2 & 3 & 6 \\ 2 & -3 & -4 \\ 4 & 6 & 12 \end{vmatrix} = 2\begin{vmatrix} -3 & -4 \\ 6 & 12 \end{vmatrix} - 3\begin{vmatrix} 2 & -4 \\ 4 & 12 \end{vmatrix} + 6\begin{vmatrix} 2 & -3 \\ 4 & 6 \end{vmatrix} = 2(-12) - 3(40) + 6(24) = 0$

All of the determinants are zero including the denominator, the equations are dependent.

41. $\begin{aligned} x + y &= 1 \\ \tfrac{1}{2}y + z &= \tfrac{5}{2} \\ x - z &= -3 \end{aligned} \Rightarrow \begin{aligned} x + y &= 1 \\ y + 2z &= 5 \\ x - z &= -3 \end{aligned}$

$\begin{vmatrix} 1 & 1 & 0 \\ 0 & 1 & 2 \\ 1 & 0 & -1 \end{vmatrix} = 1 \begin{vmatrix} 1 & 2 \\ 0 & -1 \end{vmatrix} - 1 \begin{vmatrix} 0 & 2 \\ 1 & -1 \end{vmatrix} + 0 \begin{vmatrix} 0 & 1 \\ 1 & 0 \end{vmatrix} = 1(-1) - 1(-2) + 0(-1) = 1$

$\begin{vmatrix} 1 & 1 & 0 \\ 5 & 1 & 2 \\ -3 & 0 & -1 \end{vmatrix} = 1 \begin{vmatrix} 1 & 2 \\ 0 & -1 \end{vmatrix} - 1 \begin{vmatrix} 5 & 2 \\ -3 & -1 \end{vmatrix} + 0 \begin{vmatrix} 5 & 1 \\ -3 & 0 \end{vmatrix} = 1(-1) - 1(1) + 0(3) = -2$

$\begin{vmatrix} 1 & 1 & 0 \\ 0 & 5 & 2 \\ 1 & -3 & -1 \end{vmatrix} = 1 \begin{vmatrix} 5 & 2 \\ -3 & -1 \end{vmatrix} - 1 \begin{vmatrix} 0 & 2 \\ 1 & -1 \end{vmatrix} + 0 \begin{vmatrix} 5 & 2 \\ -3 & -1 \end{vmatrix} = 1(1) - 1(-2) + 0(1) = 3$

$\begin{vmatrix} 1 & 1 & 1 \\ 0 & 1 & 5 \\ 1 & 0 & -3 \end{vmatrix} = 1 \begin{vmatrix} 1 & 5 \\ 0 & -3 \end{vmatrix} - 1 \begin{vmatrix} 0 & 5 \\ 1 & -3 \end{vmatrix} + 1 \begin{vmatrix} 0 & 1 \\ 1 & 0 \end{vmatrix} = 1(-3) - 1(-5) + 1(-1) = 1$

$x = \dfrac{\begin{vmatrix} 1 & 1 & 0 \\ 5 & 1 & 2 \\ -3 & 0 & -1 \end{vmatrix}}{\begin{vmatrix} 1 & 1 & 0 \\ 0 & 1 & 2 \\ 1 & 0 & -1 \end{vmatrix}} = \dfrac{-2}{1} = -2; \quad y = \dfrac{\begin{vmatrix} 1 & 1 & 0 \\ 0 & 5 & 2 \\ 1 & -3 & -1 \end{vmatrix}}{\begin{vmatrix} 1 & 1 & 0 \\ 0 & 1 & 2 \\ 1 & 0 & -1 \end{vmatrix}} = \dfrac{3}{1} = 3; \quad z = \dfrac{\begin{vmatrix} 1 & 1 & 1 \\ 0 & 1 & 5 \\ 1 & 0 & -3 \end{vmatrix}}{\begin{vmatrix} 1 & 1 & 0 \\ 0 & 1 & 2 \\ 1 & 0 & -1 \end{vmatrix}} = \dfrac{1}{1} = 1$

The solution is $(-2, 3, 1)$.

43. $\begin{aligned} 2x - y + 4z + 2 &= 0 \\ 5x + 8y + 7z &= -8 \\ x + 3y + z + 3 &= 0 \end{aligned} \Rightarrow \begin{aligned} 2x - y + 4z &= -2 \\ 5x + 8y + 7z &= -8 \\ x + 3y + z &= -3 \end{aligned}$

$\begin{vmatrix} 2 & -1 & 4 \\ 5 & 8 & 7 \\ 1 & 3 & 1 \end{vmatrix} = 2 \begin{vmatrix} 8 & 7 \\ 3 & 1 \end{vmatrix} - (-1) \begin{vmatrix} 5 & 7 \\ 1 & 1 \end{vmatrix} + 4 \begin{vmatrix} 5 & 8 \\ 1 & 3 \end{vmatrix} = 2(-13) + 1(-2) + 4(7) = 0$

$\begin{vmatrix} -2 & -1 & 4 \\ -8 & 8 & 7 \\ -3 & 3 & 1 \end{vmatrix} = -2 \begin{vmatrix} 8 & 7 \\ 3 & 1 \end{vmatrix} - (-1) \begin{vmatrix} -8 & 7 \\ -3 & 1 \end{vmatrix} + 4 \begin{vmatrix} -8 & 8 \\ -3 & 3 \end{vmatrix} = -2(-13) + 1(13) + 4(0) = 39$

Since the denominator determinant is equal to 0, and at least one numerator determinant is not equal to 0, there is no solution.

45. $\begin{vmatrix} x & 1 \\ 3 & 2 \end{vmatrix} = 1$

$x(2) - 1(3) = 1$
$2x - 3 = 1$
$2x = 4$
$x = 2$

47. $\begin{vmatrix} x & -2 \\ 3 & 1 \end{vmatrix} = \begin{vmatrix} 4 & 2 \\ x & 3 \end{vmatrix}$

$x(1) - (-2)(3) = 4(3) - 2x$
$x + 6 = 12 - 2x$
$3x = 6$
$x = 2$

Review Exercises (page 758)

1. $\dfrac{x^2 - 4}{x^2 - 4x + 4} = \dfrac{(x+2)(x-2)}{(x-2)(x-2)} = \dfrac{x+2}{x-2}$

3. $\dfrac{2m^2 + 3mn - 5n^2}{m^3 - n^3} = \dfrac{(2m+5n)(m-n)}{(m-n)(m^2 + mn + n^2)}$

$= \dfrac{2m + 5n}{m^2 + mn + n^2}$

Exercise 12.4 (page 763)

NOTE: In these exercises, a notation like R_1 refers to the first row in the immediately preceding matrix. $2R_1 + R_2$ indicates the row operation of multiplying the first row by 2 and adding the result to the second row.

1. $\begin{bmatrix} 1 & 1 & | & 2 \\ 1 & -1 & | & 0 \end{bmatrix} \xrightarrow{-R_2 \Rightarrow R_2} \begin{bmatrix} 1 & 1 & | & 2 \\ -1 & 1 & | & 0 \end{bmatrix} \xrightarrow{R_1 + R_2 \Rightarrow R_2} \begin{bmatrix} 1 & 1 & | & 2 \\ 0 & 2 & | & 2 \end{bmatrix}$

From R_2 of the last matrix, write and solve the following equation: $2y = 2 \Rightarrow y = 1$
From R_1 of the last matrix, write and solve the following equation: $x + y = 2$
$x + 1 = 2$
$x = 1$

The solution is $(1, 1)$.

3. $\begin{bmatrix} 1 & 2 & | & -4 \\ 2 & 1 & | & 1 \end{bmatrix} \xrightarrow{-2R_1 \Rightarrow R_1} \begin{bmatrix} -2 & -4 & | & 8 \\ 2 & 1 & | & 1 \end{bmatrix} \xrightarrow{R_1 + R_2 \Rightarrow R_2} \begin{bmatrix} -2 & -4 & | & 8 \\ 0 & -3 & | & 9 \end{bmatrix}$

From R_2 of the last matrix, write and solve the following equation: $-3y = 9 \Rightarrow y = -3$
From R_1 of the last matrix, write and solve the following equation: $-2x - 4y = 8$
$-2x - 4(-3) = 8$
$-2x + 12 = 8$
$-2x = -4$
$x = 2$

The solution is $(2, -3)$.

5.
$$\begin{bmatrix} 3 & 4 & | & -12 \\ 9 & -2 & | & 6 \end{bmatrix} \xRightarrow{-3R_1 \Rightarrow R_1} \begin{bmatrix} -9 & -12 & | & 36 \\ 9 & -2 & | & 6 \end{bmatrix} \xRightarrow{R_1 + R_2 \Rightarrow R_2} \begin{bmatrix} -9 & -12 & | & 36 \\ 0 & -14 & | & 42 \end{bmatrix}$$

From R_2 of the last matrix, write and solve the following equation: $-14y = 42 \Rightarrow y = -3$
From R_1 of the last matrix, write and solve the following equation: $-9x - 12y = 36$
$$-9x - 12(-3) = 36$$
$$-9x + 36 = 36$$
$$-9x = 0$$
$$x = 0$$

The solution is $(0, -3)$.

7.
$$\begin{bmatrix} 1 & 1 & 1 & | & 6 \\ 1 & 2 & 1 & | & 8 \\ 1 & 1 & 2 & | & 9 \end{bmatrix} \xRightarrow{-R_1 + R_2 \Rightarrow R_2} \begin{bmatrix} 1 & 1 & 1 & | & 6 \\ 0 & 1 & 0 & | & 2 \\ 1 & 1 & 2 & | & 9 \end{bmatrix} \xRightarrow{-R_1 + R_3 \Rightarrow R_3} \begin{bmatrix} 1 & 1 & 1 & | & 6 \\ 0 & 1 & 0 & | & 2 \\ 0 & 0 & 1 & | & 3 \end{bmatrix}$$

From R_3 of the last matrix, write and solve the following equation: $z = 3$
From R_2 of the last matrix, write and solve the following equation: $y = 2$
From R_1 of the last matrix, write and solve the following equation:
$$x + y + z = 6$$
$$x + 2 + 3 = 6$$
$$x + 5 = 6$$
$$x = 1$$

The solution is $(1, 2, 3)$.

9.
$$\begin{bmatrix} 2 & 1 & 3 & | & 3 \\ -2 & -1 & 1 & | & 5 \\ 4 & -2 & 2 & | & 2 \end{bmatrix} \xRightarrow{R_1 + R_2 \Rightarrow R_2} \begin{bmatrix} 2 & 1 & 3 & | & 3 \\ 0 & 0 & 4 & | & 8 \\ 4 & -2 & 2 & | & 2 \end{bmatrix} \xRightarrow{R_3 \leftrightarrow R_2} \begin{bmatrix} 2 & 1 & 3 & | & 3 \\ 4 & -2 & 2 & | & 2 \\ 0 & 0 & 4 & | & 8 \end{bmatrix}$$

$$\xRightarrow{-2R_1 + R_2 \Rightarrow R_2} \begin{bmatrix} 2 & 1 & 3 & | & 3 \\ 0 & -4 & -4 & | & -4 \\ 0 & 0 & 4 & | & 8 \end{bmatrix}$$

From R_3 of the last matrix, write and solve the following equation: $4z = 8 \Rightarrow z = 2$

From R_2 of the last matrix, write and solve the following equation:
$$-4y - 4z = -4$$
$$-4y - 4(2) = -4$$
$$-4y - 8 = -4$$
$$-4y = 4 \Rightarrow y = -1$$

From R_1 of the last matrix, write and solve the following equation:
$$2x + y + 3z = 3$$
$$2x + (-1) + 3(2) = 3$$
$$2x - 1 + 6 = 3$$
$$2x + 5 = 3$$
$$2x = -2 \Rightarrow x = -1$$

The solution is $(-1, -1, 2)$.

11.

$$\begin{bmatrix} 3 & -2 & 4 & | & 4 \\ 1 & 1 & 1 & | & 3 \\ 6 & -2 & -3 & | & 10 \end{bmatrix} \xrightarrow{-3R_2 + R_1 \Rightarrow R_2} \begin{bmatrix} 3 & -2 & 4 & | & 4 \\ 0 & -5 & 1 & | & -5 \\ 6 & -2 & -3 & | & 10 \end{bmatrix} \xrightarrow{-2R_1 + R_3 \Rightarrow R_3} \begin{bmatrix} 3 & -2 & 4 & | & 4 \\ 0 & -5 & 1 & | & -5 \\ 0 & 2 & -11 & | & 2 \end{bmatrix}$$

$$\xrightarrow{2R_2 + 5R_3 \Rightarrow R_3} \begin{bmatrix} 3 & -2 & 4 & | & 4 \\ 0 & -5 & 1 & | & -5 \\ 0 & 0 & -53 & | & 0 \end{bmatrix}$$

From R_3 of the last matrix, write and solve the following equation: $-53z = 0 \Rightarrow z = 0$

From R_2 of the last matrix, write and solve the following equation:
$-5y + z = -5$
$-5y + 0 = -5$
$-5y = -5$
$y = 1$

From R_1 of the last matrix, write and solve the following equation:
$3x - 2y + 4z = 4$
$3x - 2(1) + 4(0) = 4$
$3x - 2 + 0 = 4$
$3x - 2 = 4$
$3x = 6 \Rightarrow x = 2$

The solution is $(2, 1, 0)$.

13.

$$\begin{bmatrix} 1 & 1 & | & 3 \\ 3 & -1 & | & 1 \\ 2 & 1 & | & 4 \end{bmatrix} \xrightarrow{-3R_1 + R_2 \Rightarrow R_2} \begin{bmatrix} 1 & 1 & | & 3 \\ 0 & -4 & | & -8 \\ 2 & 1 & | & 4 \end{bmatrix} \xrightarrow{-2R_1 + R_3 \Rightarrow R_3} \begin{bmatrix} 1 & 1 & | & 3 \\ 0 & -4 & | & -8 \\ 0 & -1 & | & -2 \end{bmatrix}$$

$$\xrightarrow{-4R_3 + R_2 \Rightarrow R_3} \begin{bmatrix} 1 & 1 & | & 3 \\ 0 & -4 & | & -8 \\ 0 & 0 & | & 0 \end{bmatrix}$$

Since the last row is all zeros, ignore it.
From R_2 of the last matrix, write and solve the following equation: $-4y = -8 \Rightarrow y = 2$
From R_1 of the last matrix, write and solve the following equation:
$x + y = 3$
$x + 2 = 3$
$x = 1$

The solution is $(1, 2)$.

15.

$$-2R_2 + R_1 \Rightarrow R_2 \qquad 2R_3 + R_1 \Rightarrow R_3$$

$$\begin{bmatrix} 2 & -1 & | & 4 \\ 1 & 3 & | & 2 \\ -1 & -4 & | & -2 \end{bmatrix} \Rightarrow \begin{bmatrix} 2 & -1 & | & 4 \\ 0 & -7 & | & 0 \\ -1 & -4 & | & -2 \end{bmatrix} \Rightarrow \begin{bmatrix} 2 & -1 & | & 4 \\ 0 & -7 & | & 0 \\ 0 & -9 & | & 0 \end{bmatrix}$$

$$-7R_3 + 9R_2 \Rightarrow R_3$$

$$\Rightarrow \begin{bmatrix} 2 & -1 & | & 4 \\ 0 & -7 & | & 0 \\ 0 & 0 & | & 0 \end{bmatrix}$$

Since the last row is all zeros, ignore it.
From R_2 of the last matrix, write and solve the following equation: $-7y = 0 \Rightarrow y = 0$
From R_1 of the last matrix, write and solve the following equation:
$$2x - y = 4$$
$$2x - 0 = 4$$
$$2x = 4 \Rightarrow x = 2$$

The solution is $(2, 0)$.

17.

$$-2R_2 + R_1 \Rightarrow R_2 \qquad 2R_3 + R_1 \Rightarrow R_3$$

$$\begin{bmatrix} 2 & 1 & | & 7 \\ 1 & -1 & | & 2 \\ -1 & 3 & | & -2 \end{bmatrix} \Rightarrow \begin{bmatrix} 2 & 1 & | & 7 \\ 0 & 3 & | & 3 \\ -1 & 3 & | & -2 \end{bmatrix} \Rightarrow \begin{bmatrix} 2 & 1 & | & 7 \\ 0 & 3 & | & 3 \\ 0 & 7 & | & -3 \end{bmatrix}$$

$$-3R_3 + 7R_2 \Rightarrow R_3$$

$$\Rightarrow \begin{bmatrix} 2 & 1 & | & 7 \\ 0 & 3 & | & 3 \\ 0 & 0 & | & 30 \end{bmatrix}$$

The last row represents an equation which is never true ($0x + 0y = 30$). This means that the system has no solution.

19.

$$-R_2 + R_1 \Rightarrow R_2 \qquad -3R_1 + R_3 \Rightarrow R_3$$

$$\begin{bmatrix} 1 & 3 & | & 7 \\ 1 & 1 & | & 3 \\ 3 & 1 & | & 5 \end{bmatrix} \Rightarrow \begin{bmatrix} 1 & 3 & | & 7 \\ 0 & 2 & | & 4 \\ 3 & 1 & | & 5 \end{bmatrix} \Rightarrow \begin{bmatrix} 1 & 3 & | & 7 \\ 0 & 2 & | & 4 \\ 0 & -8 & | & -16 \end{bmatrix}$$

$$4R_2 + R_3 \Rightarrow R_3$$

$$\Rightarrow \begin{bmatrix} 1 & 3 & | & 7 \\ 0 & 2 & | & 4 \\ 0 & 0 & | & 0 \end{bmatrix}$$

Since the last row is all zeros, ignore it.
From R_2 of the last matrix, write and solve the following equation: $2y = 4 \Rightarrow y = 2$
From R_1 of the last matrix, write and solve the following equation: $x + 3y = 7$
$$x + 3(2) = 7$$
$$x + 6 = 7 \Rightarrow x = 1$$

The solution is $(1, 2)$.

21.

$$R_1 + R_2 \Rightarrow R_2$$

$$\begin{bmatrix} 1 & 2 & 3 & | & -2 \\ -1 & -1 & -2 & | & 4 \end{bmatrix} \Rightarrow \begin{bmatrix} 1 & 2 & 3 & | & -2 \\ 0 & 1 & 1 & | & 2 \end{bmatrix}$$

From R_2 of the last matrix, solve for y: $\quad y + z = 2$
$$y = 2 - z$$

From R_1 of the last matrix, solve for x: $\quad x + 2y + 3z = -2$
$$x + 2(2 - z) + 3z = -2$$
$$x + 4 - 2z + 3z = -2$$
$$x + z = -6$$
$$x = -6 - z$$

The solution is $(-6 - z, 2 - z, z)$.

23.

$$-R_1 + R_3 \Rightarrow R_3 \qquad -R_2 + R_3 \Rightarrow R_3$$

$$\begin{bmatrix} 1 & -1 & 0 & | & 1 \\ 0 & 1 & 1 & | & 1 \\ 1 & 0 & 1 & | & 2 \end{bmatrix} \Rightarrow \begin{bmatrix} 1 & -1 & 0 & | & 1 \\ 0 & 1 & 1 & | & 1 \\ 0 & 1 & 1 & | & 1 \end{bmatrix} \Rightarrow \begin{bmatrix} 1 & -1 & 0 & | & 1 \\ 0 & 1 & 1 & | & 1 \\ 0 & 0 & 0 & | & 0 \end{bmatrix}$$

Since the last row is all zeros, ignore it.
From R_2 of the last matrix, solve for y: $\quad y + z = 1$
$$y = 1 - z$$

From R_1 of the last matrix, solve for x: $\quad x - y = 1$
$$x - (1 - z) = 1$$
$$x - 1 + z = 1$$
$$x + z = 2$$
$$x = 2 - z$$

The solution is $(2 - z, 1 - z, z)$.

Review Exercises (page 764)

1. $x^4 - 50x^2 + 49 = 0$
    $(x^2 - 49)(x^2 - 1) = 0$
    $(x+7)(x-7)(x+1)(x-1) = 0$
    $x = -7,\ x = 7,\ x = -1 \text{ or } x = 1$

3. $\dfrac{w+4}{2w} = \dfrac{4w-2}{4}$

    $4(w+4) = 2w(4w-2)$
    $4w + 16 = 8w^2 - 4w$
    $0 = 8w^2 - 8w - 16$
    $0 = 8(w^2 - w - 2)$
    $0 = 8(w-2)(w+1)$
    $w = 2 \text{ or } w = -1$

Exercise 12.5 (page 768)

1. $8x^2 + 32y^2 = 256$
    $x = 2y$

    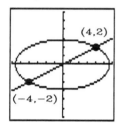

3. $x^2 + y^2 = 10$
    $y = 3x^2$

    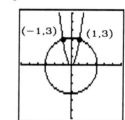

5. $x^2 + y^2 = 25$
    $12x^2 + 64y^2 = 768$

    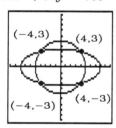

7. $x^2 - 13 = -y^2$
    $y = 2x - 4$

    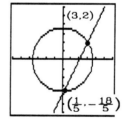

9. $x^2 - 6x - y = -5$
    $x^2 - 6x + y = -5$

    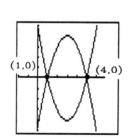

11. $25x^2 + 9y^2 = 225$
$5x + 3y = 15 \Rightarrow y = \frac{15 - 5x}{3}$

$$25x^2 + 9y^2 = 225$$
$$25x^2 + 9\left(\frac{15 - 5x}{3}\right)^2 = 225$$
$$25x^2 + 9\left(\frac{225 - 150x + 25x^2}{9}\right) = 225$$
$$25x^2 + 225 - 150x + 25x^2 = 225$$
$$50x^2 - 150x = 0$$
$$50x(x - 3) = 0$$

$x = 0$ or $x = 3$

$y = \frac{15 - 5x}{3} = \frac{15 - 5(0)}{3} = \frac{15}{3} = 5$ | $y = \frac{15 - 5x}{3} = \frac{15 - 5(3)}{3} = \frac{0}{3} = 0$

The solutions are $(0, 5)$ and $(3, 0)$.

13. $x^2 + y^2 = 2$
$x + y = 2 \Rightarrow x = 2 - y$
$$x^2 + y^2 = 2$$
$$(2 - y)^2 + y^2 = 2$$
$$4 - 4y + y^2 + y^2 = 2$$
$$2y^2 - 4y + 2 = 0$$
$$2(y^2 - 2y + 1) = 0$$
$$2(y - 1)(y - 1) = 0$$
$y = 1 \Rightarrow x = 2 - y = 2 - 1 = 1$
The solution is $(1, 1)$.

15. $x^2 + y^2 = 5$
$x + y = 3 \Rightarrow x = 3 - y$
$$x^2 + y^2 = 5$$
$$(3 - y)^2 + y^2 = 5$$
$$9 - 6y + y^2 + y^2 = 5$$
$$2y^2 - 6y + 4 = 0$$
$$2(y^2 - 3y + 2) = 0$$
$$2(y - 1)(y - 2) = 0$$
$y = 1$ or $y = 2$
$x = 3 - y$ | $x = 3 - y$
$= 3 - 1 = 2$ | $= 3 - 2 = 1$
The solutions are $(2, 1)$ and $(1, 2)$.

17. $x^2 + y^2 = 13$
$y = x^2 - 1$
$$x^2 + y^2 = 13$$
$$x^2 + (x^2 - 1)^2 = 13$$
$$x^2 + x^4 - 2x^2 + 1 = 13$$
$$x^4 - x^2 - 12 = 0$$
$$(x^2 - 4)(x^2 + 3) = 0$$
$x^2 = 4$ or $x^2 = -3$
$x = \pm 2$ | imaginary

$x = 2$ or $x = -2$
$y = x^2 - 1$ | $y = x^2 - 1$
$= 2^2 - 1$ | $= (-2)^2 - 1$
$= 4 - 1 = 3$ | $= 4 - 1 = 3$
The solutions are $(2, 3)$ and $(-2, 3)$.

19. $x^2 + y^2 = 30$
$y = x^2 \Rightarrow x^2 = y$
$$x^2 + y^2 = 30$$
$$y + y^2 = 30$$
$$y^2 + y - 30 = 0$$
$$(y + 6)(y - 5) = 0$$
$y = -6$ or $y = 5$
$x^2 = y$ | $x^2 = y$
$x^2 = -6$ | $x^2 = 5$
imaginary | $x = \pm\sqrt{5}$

The solutions are $(\sqrt{5}, 5)$ and $(-\sqrt{5}, 5)$.

21.
$$x^2 + y^2 = 13$$
$$x^2 - y^2 = 5$$
$$2x^2 = 18$$
$$x^2 = 9$$

$x = 3$	or	$x = -3$
$x^2 + y^2 = 13$		$x^2 + y^2 = 13$
$3^2 + y^2 = 13$		$(-3)^2 + y^2 = 13$
$9 + y^2 = 13$		$9 + y^2 = 13$
$y^2 = 4$		$y^2 = 4$
$y = \pm 2$		$y = \pm 2$

Solutions: $(3, 2)$, $(3, -2)$, $(-3, 2)$ and $(-3, -2)$.

23.
$$x^2 + y^2 = 20$$
$$x^2 - y^2 = -12$$
$$2x^2 = 8$$
$$x^2 = 4$$

$x = 2$	or	$x = -2$
$x^2 + y^2 = 20$		$x^2 + y^2 = 20$
$2^2 + y^2 = 20$		$(-2)^2 + y^2 = 20$
$4 + y^2 = 20$		$4 + y^2 = 20$
$y^2 = 16$		$y^2 = 16$
$y = \pm 4$		$y = \pm 4$

Solutions: $(2, 4)$, $(2, -4)$, $(-2, 4)$ and $(-2, -4)$

25. $y^2 = 40 - x^2$
$y = x^2 - 10 \Rightarrow x^2 = y + 10$
$$y^2 = 40 - x^2$$
$$y^2 = 40 - (y + 10)$$
$$y^2 = 40 - y - 10$$
$$y^2 + y - 30 = 0$$
$$(y + 6)(y - 5) = 0$$

$y = -6$	or	$y = 5$
$x^2 = y + 10$		$x^2 = y + 10$
$x^2 = -6 + 10$		$x^2 = 5 + 10$
$x^2 = 4$		$x^2 = 15$
$x = \pm 2$		$x = \pm\sqrt{15}$

Solutions: $(2, -6)$, $(-2, -6)$, $(\sqrt{15}, 5)$, $(-\sqrt{15}, 5)$

27. $y = x^2 - 4 \Rightarrow x^2 = y + 4$
$x^2 - y^2 = -16$
$$x^2 - y^2 = -16$$
$$y + 4 - y^2 = -16$$
$$-y^2 + y + 20 = 0$$
$$y^2 - y - 20 = 0$$
$$(y - 5)(y + 4) = 0$$

$y = 5$	or	$y = -4$
$x^2 = y + 4$		$x^2 = y + 4$
$x^2 = 5 + 4$		$x^2 = -4 + 4$
$x^2 = 9$		$x^2 = 0$
$x = \pm 3$		$x = 0$

Solutions: $(3, 5)$, $(-3, 5)$, $(0, -4)$

29. $x^2 - y^2 = -5 \Rightarrow (\times 2) \quad 2x^2 - 2y^2 = -10$
$3x^2 + 2y^2 = 30 \Rightarrow \quad\quad\quad\quad 3x^2 + 2y^2 = 30$
$$5x^2 = 20$$
$$x^2 = 4 \Rightarrow x = \pm 2$$

$x = 2$	or	$x = -2$
$x^2 - y^2 = -5$		$x^2 - y^2 = -5$
$2^2 - y^2 = -5$		$(-2)^2 - y^2 = -5$
$4 - y^2 = -5$		$4 - y^2 = -5$
$-y^2 = -9$		$-y^2 = -9$
$y^2 = 9$		$y^2 = 9$
$y = \pm 3$		$y = \pm 3$

Solutions: $(2, 3)$, $(2, -3)$, $(-2, 3)$, $(-2, -3)$

31. $\frac{1}{x} + \frac{2}{y} = 1 \Rightarrow$ $\quad\quad\quad \frac{1}{x} + \frac{2}{y} = \frac{3}{3}$ $\quad$ Then, substitute $x = 3$ $\quad\quad \frac{2}{x} - \frac{1}{y} = \frac{1}{3}$

$\frac{2}{x} - \frac{1}{y} = \frac{1}{3} \Rightarrow (\times 2)$ $\quad\quad \frac{4}{x} - \frac{2}{y} = \frac{2}{3}$ $\quad$ in either equation: $\quad\quad \frac{2}{3} - \frac{1}{y} = \frac{1}{3}$

$\quad\quad\quad\quad\quad\quad\quad\quad\quad\quad \overline{\frac{5}{x} = \frac{5}{3}}$ $\quad\quad\quad\quad\quad\quad\quad\quad\quad\quad -\frac{1}{y} = -\frac{1}{3}$

$\quad\quad\quad\quad\quad\quad\quad\quad\quad\quad 15 = 5x$ $\quad\quad\quad\quad\quad\quad\quad\quad\quad\quad -3 = -y$

$\quad\quad\quad\quad\quad\quad\quad\quad\quad\quad 3 = x$ $\quad\quad\quad\quad\quad\quad\quad\quad\quad\quad\quad 3 = y$

The solution is $(3, 3)$.

33. $3y^2 = xy \Rightarrow x = \frac{3y^2}{y} = 3y$ (assuming that $y \neq 0$)

$\quad\quad 2x^2 + xy - 84 = 0$
$\quad 2(3y)^2 + (3y)y - 84 = 0$
$\quad\quad 2(9y^2) + 3y^2 - 84 = 0$
$\quad\quad\quad 18y^2 + 3y^2 - 84 = 0$
$\quad\quad\quad\quad\quad\quad 21y^2 = 84$
$\quad\quad\quad\quad\quad\quad\quad y^2 = 4$
$\quad\quad\quad\quad\quad\quad\quad y = \pm 2$

$\quad\quad y = 2 \quad\quad\quad\quad$ or $\quad\quad\quad\quad y = -2$
$\quad\quad x = 3y \quad\quad\quad\quad\quad\quad\quad\quad\quad x = 3y$
$\quad\quad x = 3(2) = 6 \quad\quad\quad\quad\quad\quad x = 3(-2) = -6$

If $y \neq 0$, then the solutions are $(6, 2)$ and $(-6, -2)$.

Consider if $y = 0$:
$\quad 2x^2 + xy - 84 = 0$
$\quad 2x^2 + x(0) - 84 = 0$
$\quad\quad\quad\quad 2x^2 = 84$
$\quad\quad\quad\quad x^2 = 42 \Rightarrow x = \pm\sqrt{42}$

Solutions: $(6, 2), (-6, -2), (\sqrt{42}, 0), (-\sqrt{42}, 0)$

35. $xy = \frac{1}{6} \Rightarrow 6xy = 1 \Rightarrow y = \frac{1}{6x}$ (assuming that $x \neq 0$)

$y + x = 5xy$

$\quad\quad\quad y + x = 5xy$
$\quad\quad\quad \frac{1}{6x} + x = 5x \cdot \frac{1}{6x}$
$\quad\quad\quad \frac{1}{6x} + x = \frac{5}{6}$
$\quad\quad 6x \cdot \left(\frac{1}{6x} + x\right) = 6x \cdot \frac{5}{6}$
$\quad\quad\quad 1 + 6x^2 = 5x$
$\quad\quad\quad 6x^2 - 5x + 1 = 0$
$\quad\quad (2x - 1)(3x - 1) = 0$

Continued on the next page:

35. continued.

$$2x = 1 \quad \text{or} \quad 3x = 1$$
$$x = \frac{1}{2} \qquad\qquad x = \frac{1}{3}$$
$$6x = 6 \cdot \frac{1}{2} = 3 \qquad 6x = 6 \cdot \frac{1}{3} = 2$$
$$y = \frac{1}{6x} = \frac{1}{3} \qquad y = \frac{1}{6x} = \frac{1}{2}$$

If $x \neq 0$, then the solutions are $\left(\frac{1}{2}, \frac{1}{3}\right)$ and $\left(\frac{1}{3}, \frac{1}{2}\right)$.

Consider if $x = 0$: $xy = \frac{1}{6} \Rightarrow 0y = \frac{1}{6}$, which is impossible. The solutions are $\left(\frac{1}{2}, \frac{1}{3}\right)$ and $\left(\frac{1}{3}, \frac{1}{2}\right)$.

37. Let $l =$ the length and $w =$ the width.
Area: $lw = 63$
Perimeter: $2l + 2w = 32$

$$2l + 2w = 32 \Rightarrow l = \frac{32 - 2w}{2} = 16 - w$$

$$lw = 63$$
$$(16 - w)w = 63$$
$$16w - w^2 = 63$$
$$-w^2 + 16w - 63 = 0$$
$$w^2 - 16w + 63 = 0$$
$$(w - 9)(w - 7) = 0$$
$w = 9$ or $w = 7$ (and $l = 7$ or 9)
The dimensions are 9 cm by 7 cm.

39. Let the numbers be represented by x and y.
$$x^2 + y^2 = 221$$
$$x + y = 221 - 212 = 9 \Rightarrow x = 9 - y$$

$$x^2 + y^2 = 221$$
$$(9 - y)^2 + y^2 = 221$$
$$81 - 18y + y^2 + y^2 = 221$$
$$2y^2 - 18y + 140 = 0$$
$$2(y^2 - 9y + 70) = 0$$
$$2(y - 14)(y + 5) = 0$$

$y = 14$ or $y = -5$
$x = 9 - y$ $\qquad$ $x = 9 - y$
$= 9 - 14$ $\qquad$ $= 9 - (-14)$
$= -5$ $\qquad$ $= 14$

The numbers are 14 and -5.

41. Let $c =$ the amount of Carol's investment and let $r =$ Carol's annual rate. Then John has invested $c + 150$ at a rate of $r + 0.015$.

| Carol's investment | $\cdot$ | Carol's rate | $=$ | Carol's income |

$$cr = 67.50$$
$$r = \frac{67.50}{c}$$

| John's investment | $\cdot$ | John's rate | $=$ | John's income |

$$(c + 150)(r + 0.015) = 94.50$$
$$cr + 0.015c + 150r + 2.25 = 94.50$$
$$c \cdot \frac{67.50}{c} + 0.015c + 150 \cdot \frac{67.50}{c} + 2.25 = 94.50$$
$$67.50 + 0.015c + \frac{10{,}125}{c} - 92.25 = 0$$
$$c \cdot \left(0.015c + \frac{10{,}125}{c} - 24.75\right) = c(0)$$
$$0.015c^2 + 10{,}125 - 24.75c = 0$$
$$1000(0.015c^2 - 24.75c + 10{,}125) = 1000(0)$$
$$15c^2 - 24{,}750c + 10{,}125{,}000 = 0$$

Continued on the next page:

41. continued.

$$15(c^2 - 1650c + 675{,}000) = 0$$
$$15(c - 900)(c - 750) = 0$$
$$c = 900 \text{ or } c = 750$$

$r = \dfrac{67.50}{c} = \dfrac{67.50}{900} = 0.075$ or $r = \dfrac{67.50}{c} = \dfrac{67.50}{750} = 0.09$

She has invested $900 at 7.5% or $750 at 9%.

43. Let $t =$ Jim's time and $r =$ Jim's rate. Then his brother's time was $t + 1.5$ and his rate was $r - 17$. Each drove a distance of 306 miles.

$$\boxed{\text{Jim's rate}} \cdot \boxed{\text{Jim's time}} = \boxed{\text{Jim's distance}} \qquad \boxed{\text{His brother's rate}} \cdot \boxed{\text{His brother's time}} = \boxed{\text{His brother's distance}}$$

$$rt = 306 \qquad\qquad\qquad (r - 17)(t + 1.5) = 306$$
$$r = \dfrac{306}{t} \qquad\qquad\qquad rt + 1.5r - 17t - 25.5 = 306$$
$$\dfrac{306}{t} \cdot t + 1.5 \cdot \dfrac{306}{t} - 17t - 331.5 = 0$$
$$306 + \dfrac{459}{t} - 17t - 331.5 = 0$$
$$t \cdot \left(-17t - 25.5 + \dfrac{459}{t}\right) = t(0)$$
$$-17t^2 - 25.5t + 459 = 0$$
$$-10(-17t^2 - 25.5t + 459) = -10(0)$$
$$170t^2 + 255t - 4590 = 0$$
$$85(2t^2 + 3t - 54) = 0$$
$$85(2t - 9)(t + 6) = 0$$
$$2t - 9 = 0 \quad \text{or} \quad t + 6 = 0$$
$$2t = 9 \quad \mid \quad t = -6$$
$$t = 4.5$$

Since the time cannot be negative, t must be 4.5. Then $r = \dfrac{306}{t} = \dfrac{306}{4.5} = 68$.
Jim drove at 68 miles per hour for 4.5 hours.

45. $2x - y > 4$ (1)
$y < -x^2 + 2$ (2)

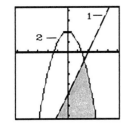

47. $y > x^2 - 4$ (1)
$y < -x^2 + 4$ (2)

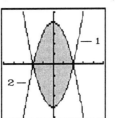

Review Exercises (page 770)

1. $\sqrt{200x^2} - 3\sqrt{98x^2} = \sqrt{100x^2 \cdot 2} - 3\sqrt{49x^2 \cdot 2} = 10x\sqrt{2} - 3 \cdot 7x\sqrt{2} = 10x\sqrt{2} - 21x\sqrt{2} = -11x\sqrt{2}$

3. $\dfrac{3t\sqrt{2t} - 2\sqrt{2t^3}}{\sqrt{18t} - \sqrt{2t}} = \dfrac{3t\sqrt{2t} - 2\sqrt{t^2 \cdot 2t}}{\sqrt{9 \cdot 2t} - \sqrt{2t}} = \dfrac{3t\sqrt{2t} - 2t\sqrt{2t}}{3\sqrt{2t} - \sqrt{2t}} = \dfrac{t\sqrt{2t}}{2\sqrt{2t}} = \dfrac{t}{2}$

Chapter 12 Review Exercises (page 773)

1.
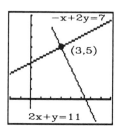

3.
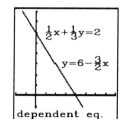

5. $\boxed{y = x + 4}$ {substitution}
$2x + 3y = 7$
$\quad 2x + 3y = 7$
$\quad 2x + 3(x + 4) = 7$
$\quad 2x + 3x + 12 = 7$
$\qquad 5x = -5 \Rightarrow x = -1$
Substitute $x = -1$:
$\quad y = x + 4$
$\quad = -1 + 4 = 3$
The solution is $(-1, 3)$.

7. $x + 2y = 11 \Rightarrow \boxed{x = -2y + 11}$ {substitution}
$2x - y = 2$
$\quad 2x - y = 2$
$\quad 2(-2y + 11) - y = 2$
$\quad -4y + 22 - y = 2$
$\qquad -5y = -20 \Rightarrow y = 4$
Substitute $y = 3$:
$\quad x = -2y + 11$
$\quad = -2(4) + 11$
$\quad = -8 + 11 = 3$
The solution is $(3, 4)$.

9. $\quad x + y = -2 \quad \Rightarrow \quad [\times(-2)] \qquad -2x - 2y = 4$
$\quad 2x + 3y = -3 \quad \Rightarrow \qquad\qquad\qquad\quad \underline{2x + 3y = -3}$
$\qquad\qquad\qquad\qquad\qquad\qquad\qquad\qquad\qquad y = 1$
Substitute $y = 1$ into one of the equations and solve for x.
$\quad x + y = -2$
$\quad x + 1 = -2 \Rightarrow x = -3 \quad$ The solution is $(-3, 1)$.

11. $x + \frac{1}{2}y = 7 \quad \Rightarrow \quad (\times 2) \quad 2x + y = 14$

$\quad -2x = 3y - 6 \quad \Rightarrow \quad \underline{-2x - 3y = -6}$

$\qquad\qquad\qquad\qquad\qquad\qquad\qquad -2y = 8 \Rightarrow y = -4$

Substitute $y = -4$ into one of the equations (from the second group) and solve for x.
$\quad 2x + y = 14$
$\quad 2x + (-4) = 14$
$\qquad 2x = 18 \Rightarrow x = 9 \qquad$ The solution is $(9, -4)$.

13.
$$\begin{aligned} x + y + z &= 6 \quad (1) \\ x - y - z &= -4 \quad (2) \\ -x + y - z &= -2 \quad (3) \end{aligned}$$

Add (1) and (2):
$$\begin{aligned} x + y + z &= 6 \quad (1) \\ x - y - z &= -4 \quad (2) \\ \hline 2x &= 2 \\ x &= 1 \end{aligned}$$
Substitute $x = 1$ and $y = 2$ and solve for z.

Add (1) and (3):
$$\begin{aligned} x + y + z &= 6 \quad (1) \\ -x + y - z &= -2 \quad (3) \\ \hline 2y &= 4 \\ y &= 2 \end{aligned}$$
$x + y + z = 6$
$1 + 2 + z = 6$
$3 + z = 6 \Rightarrow z = 3$

The solution is $(1, 2, 3)$.

15. $\begin{vmatrix} 2 & 3 \\ -4 & 3 \end{vmatrix} = 2(3) - 3(-4) = 6 + 12 = 18$

17. $\begin{vmatrix} -1 & 2 & -1 \\ 2 & -1 & 3 \\ 1 & -2 & 2 \end{vmatrix} = -1\begin{vmatrix} -1 & 3 \\ -2 & 2 \end{vmatrix} - 2\begin{vmatrix} 2 & 3 \\ 1 & 2 \end{vmatrix} + (-1)\begin{vmatrix} 2 & -1 \\ 1 & -2 \end{vmatrix}$

$\qquad\qquad\qquad = -1[-1(2) - 3(-2)] - 2[2(2) - 3(1)] - 1[2(-2) - (-1)(1)]$
$\qquad\qquad\qquad = -1(-2 + 6) - 2(4 - 3) - 1(-4 + 1)$
$\qquad\qquad\qquad = -1(4) - 2(1) - 1(-3)$
$\qquad\qquad\qquad = -4 - 2 + 3 = -3$

19. $\left.\begin{aligned} 3x + 4y &= 10 \\ 2x - 3y &= 1 \end{aligned}\right\} \Rightarrow x = \dfrac{\begin{vmatrix} 10 & 4 \\ 1 & -3 \end{vmatrix}}{\begin{vmatrix} 3 & 4 \\ 2 & -3 \end{vmatrix}} = \dfrac{10(-3) - 4(1)}{3(-3) - 4(2)} = \dfrac{-30 - 4}{-9 - 8} = \dfrac{-34}{\boxed{-17}} = 2$

$\qquad\qquad\qquad y = \dfrac{\begin{vmatrix} 3 & 10 \\ 2 & 1 \end{vmatrix}}{\begin{vmatrix} 3 & 4 \\ 2 & -3 \end{vmatrix}} = \dfrac{3(1) - 10(2)}{\boxed{-17}} = \dfrac{3 - 20}{-17} = \dfrac{-17}{-17} = 1$

solution: $(2, 1)$

21. $\begin{vmatrix} 1 & 2 & 1 \\ 2 & 1 & 1 \\ 1 & 1 & 2 \end{vmatrix} = 1 \begin{vmatrix} 1 & 1 \\ 1 & 2 \end{vmatrix} - 2 \begin{vmatrix} 2 & 1 \\ 1 & 2 \end{vmatrix} + 1 \begin{vmatrix} 2 & 1 \\ 1 & 1 \end{vmatrix} = 1(1) - 2(3) + 1(1) = -4$

$\begin{vmatrix} 0 & 2 & 1 \\ 3 & 1 & 1 \\ 5 & 1 & 2 \end{vmatrix} = 0 \begin{vmatrix} 1 & 1 \\ 1 & 2 \end{vmatrix} - 2 \begin{vmatrix} 3 & 1 \\ 5 & 2 \end{vmatrix} + 1 \begin{vmatrix} 3 & 1 \\ 5 & 1 \end{vmatrix} = 0(1) - 2(1) + 1(-2) = -4$

$\begin{vmatrix} 1 & 0 & 1 \\ 2 & 3 & 1 \\ 1 & 5 & 2 \end{vmatrix} = 1 \begin{vmatrix} 3 & 1 \\ 5 & 2 \end{vmatrix} - 0 \begin{vmatrix} 2 & 1 \\ 1 & 2 \end{vmatrix} + 1 \begin{vmatrix} 2 & 3 \\ 1 & 5 \end{vmatrix} = 1(1) - 0(3) + 1(7) = 8$

$\begin{vmatrix} 1 & 2 & 0 \\ 2 & 1 & 3 \\ 1 & 1 & 5 \end{vmatrix} = 1 \begin{vmatrix} 1 & 3 \\ 1 & 5 \end{vmatrix} - 2 \begin{vmatrix} 2 & 3 \\ 1 & 5 \end{vmatrix} + 0 \begin{vmatrix} 2 & 1 \\ 1 & 1 \end{vmatrix} = 1(2) - 2(7) + 0(1) = -12$

$x = \dfrac{\begin{vmatrix} 0 & 2 & 1 \\ 3 & 1 & 1 \\ 5 & 1 & 2 \end{vmatrix}}{\begin{vmatrix} 1 & 2 & 1 \\ 2 & 1 & 1 \\ 1 & 1 & 2 \end{vmatrix}} = \dfrac{-4}{-4} = 1;\ y = \dfrac{\begin{vmatrix} 1 & 0 & 1 \\ 2 & 3 & 1 \\ 1 & 5 & 2 \end{vmatrix}}{\begin{vmatrix} 1 & 2 & 1 \\ 2 & 1 & 1 \\ 1 & 1 & 2 \end{vmatrix}} = \dfrac{8}{-4} = -2;\ z = \dfrac{\begin{vmatrix} 1 & 2 & 0 \\ 2 & 1 & 3 \\ 1 & 1 & 5 \end{vmatrix}}{\begin{vmatrix} 1 & 2 & 1 \\ 2 & 1 & 1 \\ 1 & 1 & 2 \end{vmatrix}} = \dfrac{-12}{-4} = 3$

The solution is $(1, -2, 3)$.

23.
$$\begin{array}{ccc} & -2R_1 \Rightarrow R_1 & R_1 + R_2 \Rightarrow R_2 \\ \left[\begin{array}{cc|c} 1 & 2 & 4 \\ 2 & -1 & 3 \end{array}\right] \Rightarrow & \left[\begin{array}{cc|c} -2 & -4 & -8 \\ 2 & -1 & 3 \end{array}\right] \Rightarrow & \left[\begin{array}{cc|c} -2 & -4 & -8 \\ 0 & -5 & -5 \end{array}\right] \end{array}$$

From R_2 of the last matrix, write and solve the following equation: $-5y = -5 \Rightarrow y = 1$
From R_1 of the last matrix, write and solve the following equation:
$-2x - 4y = -8$
$-2x - 4(1) = -8$
$-2x - 4 = -8$
$-2x = -4$
$x = 2$

The solution is $(2, 1)$.

25. $\begin{aligned} 3x^2 + y^2 &= 52 \\ x^2 - y^2 &= 12 \\ \hline 4x^2 &= 64 \\ x^2 &= 16 \\ x = -4 \quad &\text{or} \quad x = 4 \end{aligned}$

For $x = -4$:   For $x = 4$:
$3(-4)^2 + y^2 = 52$ $3(4)^2 + y^2 = 52$
$3(16) + y^2 = 52$ $3(16) + y^2 = 52$
$48 + y^2 = 52$ $48 + y^2 = 52$
$y^2 = 4$ $y^2 = 4$
$y = -2$ or $y = 2$ $y = -2$ or $y = 2$
Solutions: $(-4, 2);\ (-4, 2);\ (4, -2);\ (4, 2)$

27.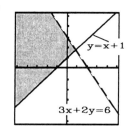

Chapter 12 Test (page 774)

1.

(Graph showing lines $y = 2x - 3$ and $2x + y = 5$ intersecting at $(2, 1)$.)

3. $\begin{array}{l} 2x + 3y = -5 \\ 3x - 2y = 12 \end{array} \Rightarrow \begin{array}{l} (\times 2) \\ (\times 3) \end{array} \qquad \begin{array}{l} 4x + 6y = -10 \\ 9x - 6y = 36 \end{array}$

$$13x = 26 \Rightarrow x = 2$$

Substitute $x = 2$ into one of the equations and solve for y.
$$2x + 3y = -5$$
$$2(2) + 3y = -5$$
$$4 + 3y = -5$$
$$3y = -9 \Rightarrow y = -3 \qquad \text{The solution is } (2, -3).$$

5. $3(x + y) = x - 3 \quad \Rightarrow \quad 3x + 3y = x - 3 \quad \Rightarrow \quad 2x + 3y = -3$

$-y = \dfrac{2x + 3}{3} \quad \Rightarrow (\times 3) \qquad -3y = 2x + 3 \quad \Rightarrow \quad \underline{-2x - 3y = 3}$

$$0 = 0$$

Since the equation left is ALWAYS true, the equations are dependent.

7. $\begin{vmatrix} 2 & -3 \\ 4 & 5 \end{vmatrix} = 2(5) - (-3)(4) = 10 + 12 = 22$

9. $\begin{vmatrix} 1 & 2 & 0 \\ 2 & 0 & 3 \\ 1 & -2 & 2 \end{vmatrix} = 1 \begin{vmatrix} 0 & 3 \\ -2 & 2 \end{vmatrix} - 2 \begin{vmatrix} 2 & 3 \\ 1 & 2 \end{vmatrix} + 0 \begin{vmatrix} 2 & 0 \\ 1 & -2 \end{vmatrix}$

$= 1[0(2) - 3(-2)] - 2[2(2) - 3(1)] + 0[2(-2) - 0(1)]$
$= 1(0 + 6) - 2(4 - 3) + 0(-4 - 0)$
$= 1(6) - 2(1) + 0(-4)$
$= 6 - 2 + 0 = 4$

11. $\left. \begin{array}{l} x - y = -6 \\ 3x + y = -6 \end{array} \right\} \Rightarrow x = \dfrac{\begin{vmatrix} -6 & -1 \\ -6 & 1 \end{vmatrix}}{\begin{vmatrix} 1 & -1 \\ 3 & 1 \end{vmatrix}} \qquad \text{Numerator} = \begin{vmatrix} -6 & -1 \\ -6 & 1 \end{vmatrix}$

13. $\left.\begin{array}{l}x-y=-6\\3x+y=-6\end{array}\right\} \Rightarrow x = \dfrac{\begin{vmatrix}-6 & -1\\-6 & 1\end{vmatrix}}{\begin{vmatrix}1 & -1\\3 & 1\end{vmatrix}} = \dfrac{-6(1)-(-1)(-6)}{1(1)-(-1)(3)} = \dfrac{-6-6}{1+3} = \dfrac{-12}{4} = -3$

15. $\begin{vmatrix}1 & 1 & 1\\1 & 1 & -1\\2 & -3 & 1\end{vmatrix} = 1\begin{vmatrix}1 & -1\\-3 & 1\end{vmatrix} - 1\begin{vmatrix}1 & -1\\2 & 1\end{vmatrix} + 1\begin{vmatrix}1 & 1\\2 & -3\end{vmatrix} = 1(-2) - 1(3) + 1(-5) = -10$

$\begin{vmatrix}4 & 1 & 1\\6 & 1 & -1\\-1 & -3 & 1\end{vmatrix} = 4\begin{vmatrix}1 & -1\\-3 & 1\end{vmatrix} - 1\begin{vmatrix}6 & -1\\-1 & 1\end{vmatrix} + 1\begin{vmatrix}6 & 1\\-1 & -3\end{vmatrix} = 4(-2) - 1(5) + 1(-17) = -30$

$x = \dfrac{\begin{vmatrix}4 & 1 & 1\\6 & 1 & -1\\-1 & -3 & 1\end{vmatrix}}{\begin{vmatrix}1 & 1 & 1\\1 & 1 & -1\\2 & -3 & 1\end{vmatrix}} = \dfrac{-30}{-10} = 3$

17. $\begin{vmatrix}1 & 1 & 1\\1 & 1 & -1\\2 & -3 & 1\end{vmatrix} = 1\begin{vmatrix}1 & -1\\-3 & 1\end{vmatrix} - 1\begin{vmatrix}1 & -1\\2 & 1\end{vmatrix} + 1\begin{vmatrix}1 & 1\\2 & -3\end{vmatrix} = 1(-2) - 1(3) + 1(-5) = -10$

$\begin{vmatrix}1 & 1 & 4\\1 & 1 & 6\\2 & -3 & -1\end{vmatrix} = 1\begin{vmatrix}1 & 6\\-3 & -1\end{vmatrix} - 1\begin{vmatrix}1 & 6\\2 & -1\end{vmatrix} + 4\begin{vmatrix}1 & 1\\2 & -3\end{vmatrix} = 1(17) - 1(-13) + 4(-5) = 10$

$z = \dfrac{\begin{vmatrix}1 & 1 & 4\\1 & 1 & 6\\2 & -3 & -1\end{vmatrix}}{\begin{vmatrix}1 & 1 & 1\\1 & 1 & -1\\2 & -3 & 1\end{vmatrix}} = \dfrac{10}{-10} = -1$

19. $2x - y = -2 \Rightarrow \boxed{x = \dfrac{y-2}{2}}$
$x^2 + y^2 = 16 + 4y$
Solve equation 1 for x and substitute:

$\left(\dfrac{y-2}{2}\right)^2 + y^2 = 16 + 4y$

$\dfrac{y^2 - 4y + 4}{4} + y^2 = 16 + 4y$

$y^2 - 4y + 4 + 4y^2 = 64 + 16y$
$5y^2 - 20y - 60 = 0$

Divide the equation from the bottom of the previous column by 5 and solve for y:
$y^2 - 4y - 12 = 0$
$(y - 6)(y + 2) = 0$
$y - 6 = 0$ or $y + 2 = 0$
$y = 6$ $\qquad$ $y = -2$
Then, solve for x, using equation 1:
For $y = 6$: $\qquad\qquad$ For $y = -2$
$2x - 6 = -2$ $\qquad$ $2x - (-2) = -2$
$x = 2$ $\qquad\qquad\qquad$ $x = -2$
Solution: $(2, 6);\ (-2, -2)$

21.
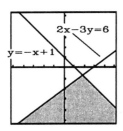

Cumulative Review Exercises (page 521)

1. $m = \dfrac{y_2 - y_1}{x_2 - x_1} = \dfrac{8 - 4}{6 - (-2)} = \dfrac{4}{8} = \dfrac{1}{2}$

3. $y = \dfrac{2}{3}x + 5$

5. To find the slope of each line, solve each equation for y and note the coefficient of x.

   First equation:
   $3x + 4y = 15$
   $4y = -3x + 15$
   $y = -\dfrac{3}{4}x + \dfrac{15}{4}$
   The slope of the first line is $-\dfrac{3}{4}$.

   Second equation:
   $4x - 3y = 25$
   $-3y = -4x + 25$
   $y = \dfrac{4}{3}x - \dfrac{25}{3}$
   The slope of the second line is $\dfrac{4}{3}$.

   Because the slopes of the two lines are opposite in sign and reciprocals, the lines are perpendicular.

7. Because each value of x gives one and only one value of y, the equation defines a function.

9. $f(0) = 2(0)^2 - 3$
   $= 2(0) - 3$
   $= 0 - 3$
   $= -3$

11. $f(-2) = 2(-2)^2 - 3 = 2(4) - 3 = 8 - 3 = 5$

13. $64^{2/3} = (64^{1/3})^2 = 4^2 = 16$

15. $\dfrac{y^{2/3} y^{5/3}}{y^{1/3}} = \dfrac{y^{7/3}}{y^{1/3}} = y^{6/3} = y^2$

17. $(x^{2/3} - x^{1/3})(x^{2/3} + x^{1/3}) = (x^{2/3})^2 - (x^{1/3})^2 = x^{4/3} - x^{2/3}$

19. $\sqrt[3]{-27x^3} = -3x$

21. $\sqrt[3]{\dfrac{128x^4}{2x}} = \sqrt[3]{64x^3} = 4x$

23. $\sqrt{50} - \sqrt{8} + \sqrt{32} = \sqrt{25 \cdot 2} - \sqrt{4 \cdot 2} + \sqrt{16 \cdot 2} = 5\sqrt{2} - 2\sqrt{2} + 4\sqrt{2} = 7\sqrt{2}$

25. $3\sqrt{2}\,(2\sqrt{3} - 4\sqrt{12}) = 6\sqrt{6} - 12\sqrt{24} = 6\sqrt{6} - 12\sqrt{4 \cdot 6} = 6\sqrt{6} - 24\sqrt{6} = -18\sqrt{6}$

27. $\dfrac{\sqrt{x}+2}{\sqrt{x}-1} = \dfrac{\sqrt{x}+2}{\sqrt{x}-1} \cdot \dfrac{\sqrt{x}+1}{\sqrt{x}+1} = \dfrac{x + \sqrt{x} + 2\sqrt{x} + 2}{(\sqrt{x})^2 - 1^2} = \dfrac{x + 3\sqrt{x} + 2}{x - 1}$

29.
$5\sqrt{x+2} = x + 8$
$(5\sqrt{x+2})^2 = (x+8)^2$
$25(x+2) = x^2 + 16x + 64$
$25x + 50 = x^2 + 16x + 64$
$0 = x^2 - 9x + 14$
$0 = (x-2)(x-7)$
$x = 2$ or $x = 7$ (both solutions check)

31.
$2x^2 + x - 3 = 0$
$x^2 + \tfrac{1}{2}x = \tfrac{3}{2}$
$x^2 + \tfrac{1}{2}x + \tfrac{1}{16} = \tfrac{24}{16} + \tfrac{1}{16}$
$\left(x + \tfrac{1}{4}\right)^2 = \tfrac{25}{16}$
$x + \tfrac{1}{4} = \pm\sqrt{\tfrac{25}{16}}$
$x = -\tfrac{1}{4} \pm \tfrac{5}{4}$
$x = \tfrac{4}{4}$ or $\tfrac{-6}{4}$ $\Rightarrow$ $x = 1$ or $x = -\tfrac{3}{2}$

33. $(3+5i) + (4-3i) = 7 + 2i$

35. $(2-3i)(2+3i) = 2^2 - (3i)^2 = 4 - 9i^2 = 4 - 9(-1) = 4 + 9 = 13 + 0i$

37. $(3-2i) - (4+i)^2 = 3 - 2i - (16 + 8i + i^2) = 3 - 2i - (15 + 8i) = -12 - 10i$

39. $|3+2i| = \sqrt{3^2 + 2^2} = \sqrt{9+4} = \sqrt{13} + 0i$

41. $2x^2 + 4x = k \Rightarrow 2x^2 + 4x - k = 0$; $(a=2, b=4, c=-k)$ Equal roots $\Rightarrow$ discriminant $= 0$.
$b^2 - 4ac = 0$
$4^2 - 4(2)(-k) = 0$
$16 + 8k = 0$
$8k = -16 \Rightarrow k = -2$

43.
$x^2 - x - 6 > 0$
$(x-3)(x+2) > 0$

$x+2$ ---0+++++++++++
$x-3$ -------------0+++

     ←——○————○——→
            -2 3

$(-\infty, -2) \cup (3, \infty)$

45.
$f(-1) = 3(-1)^2 + 2$
$= 3(1) + 2$
$= 3 + 2$
$= 5$

47. $(f \circ g)(x) = f(g(x)) = f(2x-1) = 3(2x-1)^2 + 2 = 3(4x^2 - 4x + 1) + 2 = 12x^2 - 12x + 5$

49. $\begin{vmatrix} 3 & -2 \\ 1 & -1 \end{vmatrix} = 3(-1) - (-2)(1) = -3 + 2 = -1$

51.
$$\begin{aligned} x + y + z &= 1 \quad (1) \\ 2x - y - z &= -4 \quad (2) \\ x - 2y + z &= 4 \quad (3) \end{aligned}$$

Add (1) and (2) to eliminate z:
$$\begin{aligned} x + y + z &= 1 \quad (1) \\ 2x - y - z &= -4 \quad (2) \\ \hline 3x &= -3 \\ x &= -1 \end{aligned}$$

Add (2) and (3) to eliminate z again:
$$\begin{aligned} 2x - y - z &= -4 \quad (2) \\ x - 2y + z &= 4 \quad (3) \\ \hline 3x - 3y &= 0 \quad (4) \end{aligned}$$

Substitute $x = -1$ into (4) and solve for y:
$$\begin{aligned} 3x - 3y &= 0 \\ 3(-1) - 3y &= 0 \\ -3 - 3y &= 0 \\ -3y = 3 &\Rightarrow y = -1 \end{aligned}$$

Substitute for x and y and solve for z:
$$\begin{aligned} x + y + z &= 1 \\ -1 + (-1) + z &= 1 \\ -2 + z &= 1 \\ z &= 3 \end{aligned}$$

The solution is $(-1, -1, 3)$.

53.
$$\begin{aligned} y &= kx \\ 4 &= k \cdot 10 \\ \tfrac{4}{10} &= k \\ k &= \tfrac{2}{5} \\ y &= \tfrac{2}{5}x \end{aligned}$$

Find y when $x = 30$.
$$y = \tfrac{2}{5}(30) = 12$$

Exercise 13.1 (page 788)

1. $2^{\sqrt{2}} = 2.6651$

3. $5^{\sqrt{5}} = 36.5548$

5. $y = 3^x$

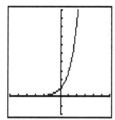

7. $y = 5^x$

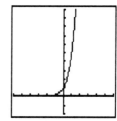

9. $y = \left(\frac{1}{3}\right)^x$

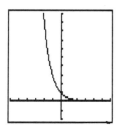

11. $y = \left(\frac{1}{5}\right)^x$

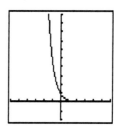

13. $y = 2 + 2^x$

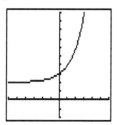

15. $y = 3(2^x)$

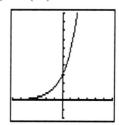

17. $y = 2^{-x}$

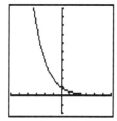

19. $y = 2^{x+1}$

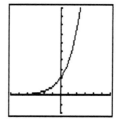

21. $y = b^x$
    $25 = b^2$
    $5 = b$

23. $y = b^x$
    $2 = b^0$
    $2 = 1 \Rightarrow$ FALSE
    There is no such value of b.

25. $y = b^x$
    $\frac{1}{2} = b^1$
    $\frac{1}{2} = b$

27. $y = b^x$
    $-1 = b^0$
    $-1 = 1 \Rightarrow$ FALSE
    There is no such value of b.

29. $A = A_0\left(1 + \frac{r}{k}\right)^{kt} = 10{,}000\left(1 + \frac{0.08}{4}\right)^{4(10)} = 10{,}000(1.02)^{40} = 10{,}000(2.2080397) = \$22{,}080.40$

31. $A = A_0\left(1 + \frac{r}{k}\right)^{kt}$
    $= 1000\left(1 + \frac{0.05}{4}\right)^{4(5)}$
    $= 1000(1.0125)^{20}$
    $= 1000(1.2820372)$
    $= 1282.04$

    $A = A_0\left(1 + \frac{r}{k}\right)^{kt}$
    $= 1000\left(1 + \frac{0.055}{4}\right)^{4(5)}$
    $= 1000(1.01375)^{20}$
    $= 1000(1.3140665)$
    $= 1314.07$

    difference $= 1314.07 - 1282.04 = \$32.03$

33. $A = A_0\left(1 + \frac{r}{k}\right)^{kt}$
    $= 1\left(1 + \frac{0.05}{1}\right)^{1(300)}$
    $= 1(1.05)^{300}$
    $= \$2{,}273{,}996.13$

35. $FV = PVe^{rt}$
    $= 2700e^{0.03(10)}$
    $= 2700e^{0.3}$
    $= 2700(1.3498588)$
    $= 3644.6188$
    There will be 3645 fish.

37. $FV = PVe^{rt}$
    $= 5e^{0.018(30)}$
    $= 5e^{0.54}$
    $= 5(1.7160069)$
    $= 8.5800343$
    The population will be about 8.58 billion.

39. $P = (6 \times 10^6)(2.3)^t$
    $= (6 \times 10^6)(2.3)^4$
    $= (6 \times 10^6)(27.9841)$
    $= 167.9046 \times 10^6$
    $= 1.679046 \times 10^8$
    The population will be 1.679046×10^8.

41. $A = A_0\left(\frac{2}{3}\right)^t$
    $= A_0\left(\frac{2}{3}\right)^5$
    $= A_0 \cdot \frac{32}{243} = \frac{32}{243}A_0$
    There will be $\frac{32}{243}A_0$ present.

43. $FV = PVe^{rt}$
    $= 4570e^{-0.06(6.5)}$
    $= 4570e^{-0.39}$
    $= 4570(0.6770568)$
    $= 3094.1499$
    It will be worth \$3094.15.

Review Exercises (page 791)

1. $\sqrt{240x^5} = \sqrt{16x^4 \cdot 15x} = 4x^2\sqrt{15x}$

3. $4\sqrt{48y^3} - 3y\sqrt{12y} = 4\sqrt{16y^2 \cdot 3y} - 3y\sqrt{4 \cdot 3y} = 4(4y)\sqrt{3y} - 3y(2)\sqrt{3y} = 16y\sqrt{3y} - 6y\sqrt{3y}$
$= 10y\sqrt{3y}$

Exercise 13.2 (page 798)

1. $\log_3 81 = 4 \Rightarrow 3^4 = 81$

3. $\log_{1/2} \frac{1}{8} = 3 \Rightarrow \left(\frac{1}{2}\right)^3 = \frac{1}{8}$

5. $\log_4 \frac{1}{64} = -3 \Rightarrow 4^{-3} = \frac{1}{64}$

7. $\log_{1/2} \frac{1}{8} = 3 \Rightarrow \left(\frac{1}{2}\right)^3 = \frac{1}{8}$

9. $8^2 = 64 \Rightarrow \log_8 64 = 2$

11. $4^{-2} = \frac{1}{16} \Rightarrow \log_4 \frac{1}{16} = -2$

13. $\left(\frac{1}{2}\right)^{-5} = 32 \Rightarrow \log_{1/2} 32 = -5$

15. $x^y = z \Rightarrow \log_x z = y$

17. $\log_2 8 = x$
$2^x = 8$
$x = 3$

19. $\log_4 64 = x$
$4^x = 64$
$x = 3$

21. $\log_{1/2} \frac{1}{8} = x$
$\left(\frac{1}{2}\right)^x = \frac{1}{8}$
$x = 3$

23. $\log_9 3 = x$
$9^x = 3$
$x = \frac{1}{2}$

25. $\log_{1/2} 8 = x$
$\left(\frac{1}{2}\right)^x = 8$
$x = -3$

27. $\log_8 x = 2$
$8^2 = x$
$64 = x$

29. $\log_7 x = 1$
$7^1 = x$
$7 = x$

31. $\log_{25} x = \frac{1}{2}$
$25^{1/2} = x$
$5 = x$

33. $\log_5 x = -2$
$5^{-2} = x$
$\frac{1}{5^2} = x$
$\frac{1}{25} = x$

35. $\log_{36} x = -\frac{1}{2}$
$36^{-1/2} = x$
$\frac{1}{36^{1/2}} = x$
$\frac{1}{6} = x$

37. $\log_{100} \frac{1}{1000} = x$

$100^x = \frac{1}{1000}$

$x = -\frac{3}{2}$

39. $\log_{27} 9 = x$

$27^x = 9$

$x = \frac{2}{3}$

41. $\log_x 5^3 = 3$

$x^3 = 5^3$

$x = 5$

43. $\log_x \frac{9}{4} = 2$

$x^2 = \frac{9}{4}$

$x = \frac{3}{2}$

45. $\log_x \frac{1}{64} = -3$

$x^{-3} = \frac{1}{64}$

$x = 4$

47. $\log_{2\sqrt{2}} x = 2$

$(2\sqrt{2})^2 = x$

$8 = x$

49. $2^{\log_2 5} = x$

$5 = x$

51. $x^{\log_4 6} = 6$

$x = 4$

53. $\log 10^3 = x$

$\log_{10} 10^3 = x$

$3 = x$

55. $10^{\log x} = 100$

$10^{\log_{10} x} = 100$

$x = 100$

57. $\log 3.25 = 0.5119$

59. $\log 0.00467 = -2.3307$

61. $\ln 0.93 = -0.0726$

63. $\ln 37.896 = 3.6348$

65. $\log (\ln 1.7) = \log (0.5306...)$
$= -0.2752$

67. $\ln (\log 0.1) = \ln (-1)$
This is impossible.

69. $\log y = 1.4023 \Rightarrow y = 25.25$

71. $\ln y = 4.24 \Rightarrow y = 69.41$

73. $\log y = -3.71 \Rightarrow y = 0.00 \ (-0.000195)$

75. $\log y = \ln 8 \Rightarrow \log y = 2.079 \Rightarrow y = 120.07$

77. $y = \log_3 x$

79. $y = \log_{1/2} x$

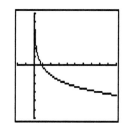

81.
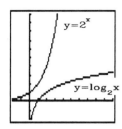

83.
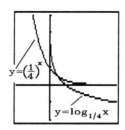

85. $y = \log_b x$
$0 = \log_b 2$
$b^0 = 2$
$1 = 2 \Rightarrow$ FALSE $\Rightarrow$ No value of b

87. $y = \log_b x$
$2 = \log_b 9$
$b^2 = 9$
$b = 3$

89. $y = \log_b x$
$1 = \log_b 0$
$b^1 = 0$
$b = 0 \Rightarrow$ Not possible $\Rightarrow$ No value of b

91. $y = \log_b x$
$2 = \log_b 8$
$b^2 = 8$
$b = \sqrt{8} = 2\sqrt{2}$

93. Answers will vary.

95. Answers will vary.

Review Exercises (page 801)

1. $\sqrt[3]{6x+4} = 4$
$(\sqrt[3]{6x+4})^3 = 4^3$
$6x + 4 = 64$
$6x = 60$
$x = 10$
The answer checks.

3. $\sqrt{a+1} - 1 = 3a$
$\sqrt{a+1} = 3a + 1$
$(\sqrt{a+1})^2 = (3a+1)^2$
$a + 1 = 9a^2 + 6a + 1$
$0 = 9a^2 + 5a$
$0 = a(9a + 5)$
$a = 0$ or $a = -\dfrac{5}{9}$
$a = 0$ checks, but $a = -\dfrac{5}{9}$ does not.

Exercise 13.3 (page 807)

1. $\log_7 1 = 0$

3. $\log_3 3^7 = 7$

5. $8^{\log_8 10} = 10$

7. $\log_9 9 = 1$

9. $\log[(2.5)(3.7)] \stackrel{?}{=} \log 2.5 + \log 3.7$
$\log[9.25] \stackrel{?}{=} 0.3979 + 0.5682$
$0.9661 = 0.9661$

11. $\ln(2.25)^4 \stackrel{?}{=} 4 \ln 2.25$
$\ln(25.6289) \stackrel{?}{=} 4(0.8109302)$
$3.2437 = 3.2437$

13. $\log \sqrt{24.3} \stackrel{?}{=} \dfrac{1}{2} \log 24.3$
$\log 4.929503 \stackrel{?}{=} \dfrac{1}{2}(1.38560627)$
$0.6928 = 0.6928$

15. $\log_b xyz = \log_b x + \log_b y + \log_b z$

17. $\log_b \frac{2x}{y} = \log_b (2x) - \log_b y$
    $= \log_b 2 + \log_b x - \log_b y$

19. $\log_b x^3 y^2 = \log_b x^3 + \log_b y^2$
    $= 3 \log_b x + 2 \log_b y$

21. $\log_b (xy)^{1/2} = \frac{1}{2} \log_b xy$
    $= \frac{1}{2} (\log_b x + \log_b y)$
    $= \frac{1}{2} \log_b x + \frac{1}{2} \log_b y$

23. $\log_b x\sqrt{z} = \log_b xz^{1/2} = \log_b x + \log_b z^{1/2}$
    $= \log_b x + \frac{1}{2} \log_b z$

25. $\log_b \frac{\sqrt[3]{x}}{\sqrt[4]{yz}} = \log_b \frac{x^{1/3}}{(yz)^{1/4}}$
    $= \log_b x^{1/3} - \log_b (yz)^{1/4}$
    $= \frac{1}{3} \log_b x - \frac{1}{4} (\log_b yz)$
    $= \frac{1}{3} \log_b x - \frac{1}{4} (\log_b y + \log_b z)$
    $= \frac{1}{3} \log_b x - \frac{1}{4} \log_b y - \frac{1}{4} \log_b z$

27. $\log_b (x+1) - \log_b x = \log_b \frac{x+1}{x}$

29. $2 \log_b x + \frac{1}{2} \log_b y = \log_b x^2 + \log_b y^{1/2}$
    $= \log_b x^2 y^{1/2}$
    $= \log_b x^2 \sqrt{y}$

31. $-3 \log_b x - 2 \log_b y + \frac{1}{2} \log_b z = \log_b x^{-3} + \log_b y^{-2} + \log_b z^{1/2} = \log_b x^{-3} y^{-2} z^{1/2} = \log_b \frac{\sqrt{z}}{x^3 y^2}$

33. $\log_b \left(\frac{x}{z} + x\right) - \log_b \left(\frac{y}{z} + y\right) = \log_b \frac{\frac{x}{z} + x}{\frac{y}{z} + y} = \log_b \frac{\frac{x}{z} + x}{\frac{y}{z} + y} \cdot \frac{z}{1} = \log_b \frac{x + xz}{y + yz} = \log_b \frac{x(1+z)}{y(1+z)}$
    $= \log_b \frac{x}{y}$

35. $\log_b 0 = 1 \Rightarrow b^1 = 0 \Rightarrow b = 0$, which is impossible. The statement is false.

37. $\log_b xy \stackrel{?}{=} (\log_b x)(\log_b y)$. This is false, since $\log_b xy = \log_b x + \log_b y$.

39. $\log_7 7^7 = x \Rightarrow 7^x = 7^7 \Rightarrow x = 7$. Therefore, $\log_7 7^7 = 7$, and the statement is true.

41. $\frac{\log_b A}{\log_b B}$ is not equal to $\log_b A - \log_b B$. Instead, $\log_b \frac{A}{B} = \log_b A - \log_b B$.

    The statement is false.

43. $3 \log_b \sqrt[3]{a} = \log_b \left(\sqrt[3]{a}\right)^3 = \log_b a$. The statement is true.

45. $\log_b \frac{1}{a} = \log_b 1 - \log_b a = 0 - \log_b a = -\log_b a$. The statement is true.

47. $\log_a b = c$ means that $a^c = b$. But $\log_b a = c$ means that $b^c = a$. The two statements are not the same. The statement is false.

49. $\log_b(-x) \stackrel{?}{=} -\log_b x$. $-\log_b x = \log_b x^{-1} = \log_b \frac{1}{x} \neq \log_b(-x)$. The statement is false.

51. $-\log_b 5 = \log_b 5^{-1} = \log_b \frac{1}{5}$. The statement is true.

53. $\log_b y + \log_{1/b} y \stackrel{?}{=} 0$. Since b and $\frac{1}{b}$ are reciprocals, they must be raised to opposite powers in order for both to be equal to y. Thus the sum of the two logarithms is 0, and the statement is true.

55. $\log 28 = \log 4 \cdot 7 = \log 4 + \log 7 = 0.6021 + 0.8451 = 1.4472$

57. $\log 2.25 = \log \frac{9}{4} = \log 9 - \log 4 = 0.9542 - 0.6021 = 0.3521$

59. $\log \frac{63}{4} = \log \frac{7 \cdot 9}{4} = \log 7 + \log 9 - \log 4 = 0.8451 + 0.9542 - 0.6021 = 1.1972$

61. $\log 252 = \log 4 \cdot 7 \cdot 9 = \log 4 + \log 7 + \log 9 = 0.6021 + 0.8451 + 0.9542 = 2.4014$

63. $\log 112 = \log 4 \cdot 4 \cdot 7 = \log 4 + \log 4 + \log 7 = 0.6021 + 0.6021 + 0.8451 = 2.0493$

65. $\log \frac{144}{49} = \log \frac{4 \cdot 4 \cdot 9}{7 \cdot 7} = \log 4 \cdot 4 \cdot 9 - \log 7 \cdot 7 = \log 4 + \log 4 + \log 9 - \log 7 - \log 7 = 0.4682$

67. $\log_3 7 = \frac{\log 7}{\log 3} = 1.7712$

69. $\log_{1/3} 3 = \frac{\log 3}{\log \frac{1}{3}} = -1.0000$

71. $\log_3 8 = \frac{\log 8}{\log 3} = 1.8928$

73. $\log_{\sqrt{2}} \sqrt{5} = \frac{\log \sqrt{5}}{\log \sqrt{2}} = 2.3219$

Review Exercises (page 808)

1. $m = \frac{y_2 - y_1}{x_2 - x_1} = \frac{-4 - 3}{4 - (-2)} = \frac{-7}{6} = -\frac{7}{6}$

3. $x = \frac{x_1 + x_2}{2} = \frac{4 + (-2)}{2} = \frac{2}{2} = 1$

   $y = \frac{y_1 + y_2}{2} = \frac{-4 + 3}{2} = \frac{-1}{2} = -\frac{1}{2}$

   midpoint: $\left(1, -\frac{1}{2}\right)$

Exercise 13.4 (page 812)

1. $\text{pH} = -\log(\text{H}^+) = -\log(1.7 \times 10^{-5}) = -(-4.769) = 4.77$

3. low pH $= -\log(\text{H}^+) = 6.8$

   $\log(\text{H}^+) = -6.8$

   $10^{\log(\text{H}^+)} = 10^{-6.8}$

   $(\text{H}^+) = 1.585 \times 10^{-7}$

   high pH $= -\log(\text{H}^+) = 7.6$

   $\log(\text{H}^+) = -7.6$

   $10^{\log(\text{H}^+)} = 10^{-7.6}$

   $(\text{H}^+) = 2.512 \times 10^{-8}$

5. $\text{db gain} = 20 \log \dfrac{E_O}{E_I}$
$29 = 20 \log \dfrac{20}{E_I}$
$\dfrac{29}{20} = \log \dfrac{20}{E_I}$
$10^{29/20} = 10^{\log(20/E_I)}$
$10^{1.45} = \dfrac{20}{E_I}$
$10^{1.45} E_I = 20$
$E_I = \dfrac{20}{10^{1.45}} = 0.71 \text{ V}$

7. $\text{db gain} = 20 \log \dfrac{E_O}{E_I} = 20 \log \dfrac{30}{0.1}$
$= 20 \log(300)$
$= 20(2.477121255)$
$= 49.5 \text{ db}$

9. $R = \log \dfrac{A}{P} = \log \dfrac{5000}{0.2} = \log(25{,}000) = 4.4$

11. $R = \log \dfrac{A}{P}$
$4 = \log \dfrac{A}{0.25}$
$10^4 = 10^{\log(A/0.25)}$
$10{,}000 = \dfrac{A}{0.25}$
$10{,}000(0.25) = A$
$2500 \mu m = A$

13. $t = \dfrac{\ln 2}{r} = \dfrac{\ln 2}{0.12} = 5.8$ years

15. $t = \dfrac{\ln 3}{r} = \dfrac{\ln 3}{0.12} = 9.2$ years

17. $L_O = k \ln I$
$L_{\text{new}} = k \ln(2I) = k(\ln 2 + \ln I) = k \ln 2 + k \ln I$
Apparent change $= L_{\text{new}} - L_O = k \ln 2 + k \ln I - k \ln I = k \ln 2$

19. $L_O = k \ln I$
$L_{\text{new}} = 3L_O = 3k \ln I = k \ln I^3 \Rightarrow$ The intensity should be cubed.

21. $t = -3.7 \ln(1 - C) = -3.7 \ln(1 - 0.80) = -3.7 \ln 0.20 = 5.95$ hours

23. $n = \dfrac{\log V - \log C}{\log\left(1 - \dfrac{2}{N}\right)} = \dfrac{\log 8000 - \log 37{,}000}{\log\left(1 - \dfrac{2}{5}\right)} = \dfrac{\log 8000 - \log 37{,}000}{\log\left(\dfrac{3}{5}\right)} \approx 3$ years

25. $n = \dfrac{\log\left(\dfrac{Ar}{P} + 1\right)}{\log(1 + r)} = \dfrac{\log\left(\dfrac{20{,}000(0.12)}{1{,}000} + 1\right)}{\log(1 + 0.12)} = \dfrac{\log 3.4}{\log 1.12} = 10.8$ years

27. $P = P_0 e^{rt} = P_0 e^{r \cdot \frac{\ln 2}{r}} = P_0 e^{\ln 2} = 2P_0$

Review Exercises (page 814)

1. $f + g = f(x) + g(x) = 3x - 2 + x^2 + 3 = x^2 + 3x + 1$

3. $f \cdot g = f(x) \cdot g(x) = (3x - 2)(x^2 + 3) = 3x^3 - 2x^2 + 9x - 6$

5. $(g \circ f)(-2) = g(f(-2)) = g(3(-2) - 2) = g(-8) = (-8)^2 + 3 = 64 + 3 = 67$

Exercise 13.5 (page 820)

1. $4^x = 5$
$\log 4^x = \log 5$
$x \log 4 = \log 5$
$x = \dfrac{\log 5}{\log 4} \approx 1.1610$

3. $13^{x-1} = 2$
$\log 13^{x-1} = \log 2$
$(x - 1) \log 13 = \log 2$
$x \log 13 - \log 13 = \log 2$
$x \log 13 = \log 2 + \log 13$
$x = \dfrac{\log 2 + \log 13}{\log 13} \approx 1.2702$

5. $2^{x+1} = 3^x$
$\log 2^{x+1} = \log 3^x$
$(x + 1) \log 2 = x \log 3$
$x \log 2 + \log 2 = x \log 3$
$x \log 2 - x \log 3 = -\log 2$
$x(\log 2 - \log 3) = -\log 2$
$x = \dfrac{-\log 2}{\log 2 - \log 3} \approx 1.7095$

7. $2^x = 3^x$
$\log 2^x = \log 3^x$
$x \log 2 = x \log 3$
$x \log 2 - x \log 3 = 0$
$x(\log 2 - \log 3) = 0$
$x = \dfrac{0}{\log 2 - \log 3} = 0$

9. $7^{x^2} = 10$
$\log 7^{x^2} = \log 10$
$x^2 \log 7 = \log 10$
$x^2 = \dfrac{\log 10}{\log 7}$
$x = \pm \sqrt{\dfrac{\log 10}{\log 7}}$
$x = \pm 1.0878$

11. $8^{x^2} = 9^x$
$\log 8^{x^2} = \log 9^x$
$x^2 \log 8 = x \log 9$
$x^2 \log 8 - x \log 9 = 0$
$x(x \log 8 - \log 9) = 0$
$x = 0$ or $x \log 8 - \log 9 = 0$
$x \log 8 = \log 9$
$x = \dfrac{\log 9}{\log 8} \approx 1.0566$

13. $2^{x^2 - 2x} = 8$
$2^{x^2 - 2x} = 2^3$
$x^2 - 2x = 3$
$x^2 - 2x - 3 = 0$
$(x - 3)(x + 1) = 0$
$x = 3$ or $x = -1$

15. $3^{x^2 + 4x} = \dfrac{1}{81}$
$3^{x^2 + 4x} = 3^{-4}$
$x^2 + 4x = -4$
$x^2 + 4x + 4 = 0$
$(x + 2)(x + 2) = 0$
$x = -2$

17.
$$4^{x+2} - 4^x = 15$$
$$4^x 4^2 - 4^x = 15$$
$$16 \cdot 4^x - 4^x = 15$$
$$15 \cdot 4^x = 15$$
$$4^x = 1$$
$$x = 0$$

19.
$$2(3^x) = 6^{2x}$$
$$\log 2(3^x) = \log 6^{2x}$$
$$\log 2 + \log 3^x = 2x \log 6$$
$$\log 2 + x \log 3 = 2x \log 6$$
$$\log 2 = 2x \log 6 - x \log 3$$
$$\log 2 = x(2 \log 6 - \log 3)$$
$$\frac{\log 2}{2 \log 6 - \log 3} = x$$
$$0.2789 \approx x$$

21.
$$\log 2x = \log 4$$
$$10^{\log 2x} = 10^{\log 4}$$
$$2x = 4$$
$$x = 2$$

23.
$$\log(3x+1) = \log(x+7)$$
$$10^{\log(3x+1)} = 10^{\log(x+7)}$$
$$3x + 1 = x + 7$$
$$2x = 6$$
$$x = 3$$

25.
$$\log(2x-3) - \log(x+4) = 0$$
$$\log(2x-3) = \log(x+4)$$
$$10^{\log(2x-3)} = 10^{\log(x+4)}$$
$$2x - 3 = x + 4$$
$$x = 7$$

27.
$$\log \frac{4x+1}{2x+9} = 0$$
$$10^{\log \frac{4x+1}{2x+9}} = 10^0$$
$$\frac{4x+1}{2x+9} = 1$$
$$4x + 1 = 2x + 9$$
$$2x = 8$$
$$x = 4$$

29.
$$\log x^2 = 2$$
$$10^{\log x^2} = 10^2$$
$$x^2 = 100$$
$$x = \pm 10$$

31.
$$\log x + \log(x - 48) = 2$$
$$\log x(x - 48) = 2$$
$$10^{\log x(x-48)} = 10^2$$
$$x^2 - 48x = 100$$
$$x^2 - 48x - 100 = 0$$
$$(x - 50)(x + 2) = 0$$
$$x = 50 \text{ or } x = -2$$
$x = 50$ is the only solution that checks.

33.
$$\log x + \log(x - 15) = 2$$
$$\log x(x - 15) = 2$$
$$10^{\log x(x-15)} = 10^2$$
$$x^2 - 15x = 100$$
$$x^2 - 15x - 100 = 0$$
$$(x - 20)(x + 5) = 0$$
$$x = 20 \text{ or } x = -5$$
$x = 20$ is the only solution that checks.

35.
$$\log(x + 90) = 3 - \log x$$
$$\log(x + 90) + \log x = 3$$
$$\log x(x + 90) = 3$$
$$10^{\log x(x+90)} = 10^3$$
$$x^2 + 90x = 1000$$
$$x^2 + 90x - 1000 = 0$$
$$(x + 100)(x - 10) = 0$$
$$x = -100 \text{ or } x = 10$$
$x = 10$ is the only solution that checks.

37. $\log(x-6) - \log(x-2) = \log \frac{5}{x}$
$\log \frac{x-6}{x-2} = \log \frac{5}{x}$
$10^{\log \frac{x-6}{x-2}} = 10^{\log \frac{5}{x}}$
$\frac{x-6}{x-2} = \frac{5}{x}$
$x(x-6) = 5(x-2)$
$x^2 - 6x = 5x - 10$
$x^2 - 11x + 10 = 0$
$(x-10)(x-1) = 0$
$x = 10$ or $x = 1$
$x = 10$ is the only solution that checks.

39. $\log x^2 = (\log x)^2$
$2 \log x = (\log x)^2$
$0 = (\log x)^2 - 2 \log x$
$0 = \log x (\log x - 2)$
$\log x = 0$ or $\log x - 2 = 0$
$10^{\log x} = 10^0$ $\quad\quad\quad \log x = 2$
$x = 1$
$\quad\quad\quad\quad\quad\quad\quad 10^{\log x} = 10^2$
$\quad\quad\quad\quad\quad\quad\quad x = 100$

41. $\frac{\log(3x-4)}{\log x} = 2$
$\log(3x-4) = 2 \log x$
$\log(3x-4) = \log x^2$
$10^{\log(3x-4)} = 10^{\log x^2}$
$3x - 4 = x^2$
$0 = x^2 - 3x + 4$
$x = \frac{-(-3) \pm \sqrt{(-3)^2 - 4(1)(4)}}{2(1)} = \frac{3 \pm \sqrt{-7}}{2}$
Since neither solution is a real number, there is no valid solution.

43. $\frac{\log(5x+6)}{2} = \log x$
$\log(5x+6) = 2 \log x$
$\log(5x+6) = \log x^2$
$10^{\log(5x+6)} = 10^{\log x^2}$
$5x + 6 = x^2$
$0 = x^2 - 5x - 6$
$0 = (x-6)(x+1)$
$x = 6$ or $x = -1$
$x = 6$ is the only solution that checks.

45. $\log_3 x = \log_3 \left(\frac{1}{x}\right) + 4$
$\log_3 x - \log_3 \left(\frac{1}{x}\right) = 4$
$\log_3 \frac{x}{\frac{1}{x}} = 4$
$\log_3 x^2 = 4$
$3^4 = x^2$
$81 = x^2$
$\pm 9 = x$
$x = 9$ is the only valid solution.

47. $2 \log_2 x = 3 + \log_2(x-2)$
$\log_2 x^2 - \log_2(x-2) = 3$
$\log_2 \frac{x^2}{x-2} = 3$
$2^3 = \frac{x^2}{x-2}$
$8(x-2) = x^2$
$0 = x^2 - 8x + 16$
$0 = (x-4)(x-4)$
$x = 4$ is the solution.

49.
$$\log(7y+1) = 2\log(y+3) - \log 2$$
$$0 = \log(y+3)^2 - \log(7y+1) - \log 2$$
$$0 = \log(y+3)^2 - [\log(7y+1) + \log 2]$$
$$0 = \log(y+3)^2 - \log 2(7y+1)$$
$$0 = \log \frac{(y+3)^2}{14y+2}$$
$$10^0 = \frac{y^2+6y+9}{14y+2}$$
$$1 = \frac{y^2+6y+9}{14y+2}$$
$$14y+2 = y^2+6y+9$$
$$0 = y^2 - 8y + 7$$
$$0 = (y-1)(y-7)$$
$$y = 1 \text{ or } y = 7$$

51. Note: If 25% decomposes, the amount left will be 75% of the original amount.
$$A = A_0 2^{-t/h}$$
$$0.75 A_0 = A_0 2^{-t/12.4}$$
$$0.75 = 2^{-t/12.4}$$
$$\log 0.75 = \log 2^{-t/12.4}$$
$$\log 0.75 = -\frac{t}{12.4}\log 2$$
$$-12.4 \log 0.75 = t \log 2$$
$$\frac{-12.4 \log 0.75}{\log 2} = t$$
$$5.1 = t$$
It will take about 5.1 years.

53. Note: If 80% decomposes, the amount left will be 20% of the original amount.
$$A = A_0 2^{-t/h}$$
$$0.20 A_0 = A_0 2^{-t/18.4}$$
$$0.20 = 2^{-t/18.4}$$
$$\log 0.20 = \log 2^{-t/18.4}$$
$$\log 0.20 = -\frac{t}{18.4}\log 2$$
$$-18.4 \log 0.20 = t \log 2$$
$$\frac{-18.4 \log 0.20}{\log 2} = t$$
$$42.7 = t$$
It will take about 42.7 days.

55.
$$A = A_0 2^{-t/h}$$
$$0.60 A_0 = A_0 2^{-t/5700}$$
$$0.60 = 2^{-t/5700}$$
$$\log 0.60 = \log 2^{-t/5700}$$
$$\log 0.60 = -\frac{t}{5700}\log 2$$
$$\frac{-5700 \log 0.60}{\log 2} = t$$
$$4200 = t$$
It is about 4200 years old.

57.
$$A = A_0\left(1 + \frac{r}{k}\right)^{kt}$$
$$800 = 500\left(1 + \frac{0.085}{2}\right)^{2t}$$
$$1.6 = (1.0425)^{2t}$$
$$\log 1.6 = \log 1.0425^{2t}$$
$$\log 1.6 = 2t \log 1.0425$$
$$\frac{\log 1.6}{2 \log 1.0425} = t$$
$$5.6 = t$$
It will take about 5.6 years.

59.
$$A = A_0\left(1 + \frac{r}{k}\right)^{kt}$$
$$2100 = 1300\left(1 + \frac{0.09}{4}\right)^{4t}$$
$$\frac{21}{13} = 1.0225^{4t}$$
$$\log \frac{21}{13} = \log 1.0225^{4t}$$
$$\log \frac{21}{13} = 4t \log 1.0225$$
$$\frac{\log \frac{21}{13}}{4 \log 1.0225} = t$$
$$5.4 = t \quad \text{It will take 5.4 years.}$$

61. Calculate the final amount for each investment:

4.9% annually: $A = A_0\left(1+\frac{r}{k}\right)^{kt} = A_0\left(1+\frac{0.049}{1}\right)^{1t} = A_0(1.049)^t$

4.8% quarterly: $A = A_0\left(1+\frac{r}{k}\right)^{kt} = A_0\left(1+\frac{0.048}{4}\right)^{4t} = A_0(1.012)^{4t} = A_0(1.04887)^t$

4.7% monthly: $A = A_0\left(1+\frac{r}{k}\right)^{kt} = A_0\left(1+\frac{0.047}{12}\right)^{12t} = A_0(1.0391666)^{12t} = A_0(1.04802)^t$

4.9% compounded annually gives the best overall return on the investment.

63. First, substitute information into the formula for $t = 5$ years, and solve for k:
$$P = P_0 e^{kt}$$
$$60{,}000 = 30{,}000 e^{k(5)}$$
$$2 = e^{5k}$$
$$\ln 2 = \ln e^{5k}$$
$$\ln 2 = 5k$$
$$\frac{\ln 2}{5} = k$$

Next, find t for $P = 1{,}000{,}000$
$$P = P_0 e^{kt}$$
$$1{,}000{,}000 = 30{,}000 e^{(\ln 2/5)t}$$
$$100/3 = e^{(\ln 2/5)t}$$
$$\ln(100/3) = \ln\left(e^{(\ln 2/5)t}\right)$$
$$\ln(100/3) = \frac{\ln 2}{5} t$$
$$\frac{5 \ln(100/3)}{\ln 2} = t$$
$$25.3 = t$$

The population will reach 1,000,000 in about 25.3 years.

65. First, substitute information into the formula for $t = 24$ hours, and solve for k:
$$P = P_0 e^{kt}$$
$$2P_0 = P_0 e^{k(24)}$$
$$2 = e^{24k}$$
$$\ln 2 = \ln e^{24k}$$
$$\ln 2 = 24k$$
$$\frac{\ln 2}{24} = k$$

Next, find P for $t = 36$ hours
$$P = P_0 e^{kt}$$
$$= P_0 e^{(\ln 2/24)(36)}$$
$$= P_0 (2.828)$$
$$= 2.828\, P_0$$

The population will be 2.828 times larger in 36 hours.

67. When $t = 3$, $T = 90$:
$$T = 60 + 40e^{kt}$$
$$90 = 60 + 40e^{k(3)}$$
$$30 = 40e^{3k}$$
$$\frac{30}{40} = e^{3k}$$
$$0.75 = e^{3k}$$
$$\ln 0.75 = \ln e^{3k}$$
$$\ln 0.75 = 3k$$
$$\frac{\ln 0.75}{3} = k$$

69. Graph $y = \log x + \log (x - 15)$ and find the point on the graph with a y-coordinate of 2:

71. Graph $y = 2^{x+1}$ and find the point on the graph with a y-coordinate of 7:

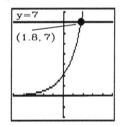

Review Exercises (page 822)

1.
$$5x^2 - 25x = 0$$
$$5x(x - 5) = 0$$
$$5x = 0 \quad \text{or} \quad x - 5 = 0$$
$$x = 0 \quad | \quad x = 5$$

3.
$$3p^2 + 10p = 8$$
$$3p^2 + 10p - 8 = 0$$
$$(3p - 2)(p + 4) = 0$$
$$3p - 2 = 0 \quad \text{or} \quad p + 4 = 0$$
$$3p = 2 \quad | \quad p = -4$$
$$p = \frac{2}{3}$$

Chapter 13 Review Exercises (page 825)

1. $y = \left(\frac{6}{5}\right)^x$

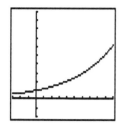

3. $y = \log x$

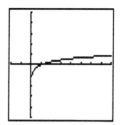

5.

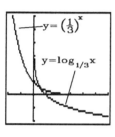

7.

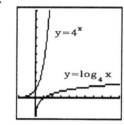

9. $\log_3 9 = 2$ (because $3^2 = 9$)

11. $\log_\pi 1 = 0$ (because $\pi^0 = 1$)

13. $\log_a \sqrt{a} = \frac{1}{2}$ (because $a^{1/2} = \sqrt{a}$)

15. $\ln e^4 = 4$

17. $10^{\log_{10} 7} = 7$

19. $\log_b b^4 = 4$

21. $\log_2 x = 3$
$2^3 = x$
$8 = x$

23. $\log_x 9 = 2$
$x^2 = 9$
$x = \pm 3$
$x = 3$ is the only valid solution.

25. $\log_7 7 = x$
$7^x = 7$
$x = 1$

27. $\log_8 \sqrt{2} = x$
$8^x = \sqrt{2}$
$\left(2^3\right)^x = \sqrt{2}$
$2^{3x} = 2^{1/2}$
$3x = \frac{1}{2}$
$\frac{1}{3} \cdot 3x = \frac{1}{3} \cdot \frac{1}{2}$
$x = \frac{1}{6}$

29. $\log_{1/3} 9 = x$
$\left(\frac{1}{3}\right)^x = 9$
$\left(3^{-1}\right)^x = 3^2$
$3^{-x} = 3^2$
$-x = 2$
$x = -2$

31. $\log_x 3 = \frac{1}{3}$
$x^{1/3} = 3$
$\left(x^{1/3}\right)^3 = 3^3$
$x = 27$

33. $\log_2 x = 5$
$2^5 = x$
$32 = x$

35. $\log_{\sqrt{3}} x = 6$
$\left(\sqrt{3}\right)^6 = x$
$\left(3^{1/2}\right)^6 = x$
$3^3 = x$
$27 = x$

37. $\log_x 2 = -\frac{1}{3}$
$x^{-1/3} = 2$
$\left(x^{-1/3}\right)^{-3} = 2^{-3}$
$x = \frac{1}{8}$

39. $\log_{0.25} x = -1$
$\log_{1/4} x = -1$
$\left(\frac{1}{4}\right)^{-1} = x$
$4 = x$

41. $\log_{\sqrt{2}} 32 = x$
$\left(\sqrt{2}\right)^x = 32$
$\left(2^{1/2}\right)^x = 2^5$
$\frac{1}{2}x = 5$
$2 \cdot \frac{1}{2}x = 2 \cdot 5$
$x = 10$

43. $\log_{\sqrt{3}} 9\sqrt{3} = x$
$\left(\sqrt{3}\right)^x = 9\sqrt{3}$
$\left(x^{1/2}\right)^x = 3^2 \cdot 3^{1/2}$
$\frac{1}{2}x = \frac{5}{2}$
$2 \cdot \frac{1}{2}x = 2 \cdot \frac{5}{2}$
$x = 5$

45. $\log_b \frac{x^2 y^3}{z^4} = \log_b x^2 y^3 - \log_b z^4 = \log_b x^2 + \log_b y^3 - \log_b z^4 = 2\log_b x + 3\log_b y - 4\log_b z$

47. $3\log_b x - 5\log_b y + 7\log_b z = \log_b x^3 - \log_b y^5 + \log_b z^7 = \log_b \frac{x^3}{y^5} + \log_b z^7 = \log_b \frac{x^3 z^7}{y^5}$

49. $\log abc = \log a + \log b + \log c = 0.6 + 0.36 + 2.4 = 3.36$

51. $\log \frac{ac}{b} = \log ac - \log b = \log a + \log c - \log b = 0.6 + 2.4 - 0.36 = 2.64$

53.
$$3^x = 7$$
$$\log 3^x = \log 7$$
$$x \log 3 = \log 7$$
$$x = \frac{\log 7}{\log 3}$$

55.
$$2^x = 3^{x-1}$$
$$\log 2^x = \log 3^{x-1}$$
$$x \log 2 = (x-1) \log 3$$
$$x \log 2 = x \log 3 - \log 3$$
$$\log 3 = x \log 3 - x \log 2$$
$$\log 3 = x (\log 3 - \log 2)$$
$$\frac{\log 3}{\log 3 - \log 2} = x$$

57.
$$\log x + \log (29 - x) = 2$$
$$\log x(29 - x) = 2$$
$$10^2 = x(29 - x)$$
$$100 = 29x - x^2$$
$$x^2 - 29x + 100 = 0$$
$$(x - 25)(x - 4) = 0$$
$$x = 25 \text{ or } x = 4$$

59.
$$\log_2 (x + 2) + \log_2(x - 1) = 2$$
$$\log_2 (x + 2)(x - 1) = 2$$
$$2^2 = (x + 2)(x - 1)$$
$$4 = x^2 + x - 2$$
$$0 = x^2 + x - 6$$
$$0 = (x + 3)(x - 2)$$
$$x = -3 \text{ or } x = 2$$
$x = 2$ is the only valid solution.

61.
$$\log x + \log (x - 5) = \log 6$$
$$\log x(x - 5) = \log 6$$
$$x^2 - 5x = 6$$
$$x^2 - 5x - 6 = 0$$
$$(x - 6)(x + 1) = 0$$
$$x = 6 \text{ or } x = -1$$
$x = 6$ is the only valid solution.

63.
$$e^{x \ln 2} = 9$$
$$\left(e^{\ln 2}\right)^x = 9$$
$$2^x = 9$$
$$\log 2^x = \log 9$$
$$x \log 2 = \log 9$$
$$x = \frac{\log 9}{\log 2}$$

65.
$$\ln x = \ln (x - 1) + 1$$
$$\ln x - \ln (x - 1) = 1$$
$$\ln \frac{x}{x-1} = 1$$
$$e^1 = \frac{x}{x-1}$$
$$e(x - 1) = x$$
$$ex - e = x$$
$$ex - x = e$$
$$x(e - 1) = e$$
$$x = \frac{e}{e - 1}$$

67.
$$A = A_0 2^{-t/h}$$
$$\tfrac{2}{3} A_0 = A_0 \, 2^{-t/5700}$$
$$\tfrac{2}{3} = 2^{-t/5700}$$
$$\log \tfrac{2}{3} = \log 2^{-t/5700}$$
$$\log \tfrac{2}{3} = -\frac{t}{5700} \log 2$$
$$-\frac{5700 \log (2/3)}{\log 2} = t$$
$$3334 = t$$
The statue is about 3300 years old.

69. When $t = 20$, $A = \frac{2}{3} A_0$:

$$A = A_0 2^{-t/h}$$
$$\tfrac{2}{3} A_0 = A_0\, 2^{-20/h}$$
$$\log \tfrac{2}{3} = \log 2^{-20/h}$$
$$\log \tfrac{2}{3} = -\tfrac{20}{h} \log 2$$
$$h \log \tfrac{2}{3} = -20 \log 2$$
$$h = -\frac{20 \log 2}{\log (2/3)}$$
$$h = 34.2 \quad \text{Its half-life is about 34.2 years.}$$

Chapter 13 Test (page 827)

1. $y = 2^x + 1$

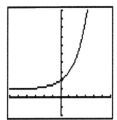

3. $A = A_0(2)^{-t}$
$= 3(2)^{-6}$
$= 3 \cdot \frac{1}{64}$
$= \frac{3}{64}$

There will be $\frac{3}{64}$ grams left.

5. $y = e^x$

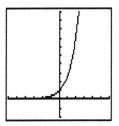

7. $\log_4 16 = x$
$4^x = 16$
$x = 2$

9. $\log_3 x = -3$
$3^{-3} = x$
$\frac{1}{27} = x$

11. $\log_{3/2} \frac{9}{4} = x$
$\left(\frac{3}{2}\right)^x = \frac{9}{4}$
$x = 2$

13. $y = -\log_3 x$

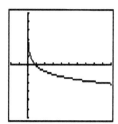

15. $\log a^2bc^3 = \log a^2 + \log b + \log c^3$
$= 2 \log a + \log b + 3 \log c$

17. $\frac{1}{2} \log (a+2) + \log b - 2 \log c = \log (a+2)^{1/2} + \log b - \log c^2 = \log \frac{b\sqrt{a+2}}{c^2}$

19. $\log 24 = \log 8 \cdot 3 = \log 2^3 \cdot 3 = \log 2^3 + \log 3 = 3 \log 2 + \log 3 = 3(0.3010) + 0.4771 = 1.3801$

21. $\log_7 3 = \frac{\log 3}{\log 7} \left(\text{or } \log_7 3 = \frac{\ln 3}{\ln 7} \right)$

23. $\log_a ab = \log_a a + \log_a b = 1 + \log_a b$
The statement is true.

25. $\log a^{-3} = -3 \log a$
The statement is false.

27. $\text{pH} = -\log (3.7 \times 10^{-7}) = 6.4$

29.
$$5^x = 3$$
$$\log 5^x = \log 3$$
$$x \log 5 = \log 3$$
$$x = \frac{\log 3}{\log 5}$$

31.
$$\log (5x+2) = \log (2x+5)$$
$$10^{\log (5x+2)} = 10^{\log (2x+5)}$$
$$5x + 2 = 2x + 5$$
$$3x = 3$$
$$x = 1$$

Exercise 14.1 (page 837)

1. $3! = 3 \cdot 2 \cdot 1 = 6$

3. $-5! = -(5 \cdot 4 \cdot 3 \cdot 2 \cdot 1) = -120$

5. $3! + 4! = 3 \cdot 2 \cdot 1 + 4 \cdot 3 \cdot 2 \cdot 1 = 6 + 24 = 30$

7. $3!(4!) = 3 \cdot 2 \cdot 1 \cdot (4 \cdot 3 \cdot 2 \cdot 1) = 6 \cdot 24 = 144$

9. $8(7!) = 8(7 \cdot 6 \cdot 5 \cdot 4 \cdot 3 \cdot 2 \cdot 1) = 8(5040) = 40{,}320$

11. $\dfrac{9!}{11!} = \dfrac{9!}{11 \cdot 10 \cdot 9!} = \dfrac{1}{11 \cdot 10} = \dfrac{1}{110}$

13. $\dfrac{49!}{47!} = \dfrac{49 \cdot 48 \cdot 47!}{47!} = \dfrac{49 \cdot 48}{1} = 2352$

15. $\dfrac{5!}{3!(5-3)!} = \dfrac{5 \cdot 4 \cdot 3!}{3!2!} = \dfrac{5 \cdot 4}{2!} = \dfrac{20}{2 \cdot 1} = \dfrac{20}{2} = 10$

17. $\dfrac{7!}{5!(7-5)!} = \dfrac{7 \cdot 6 \cdot 5!}{5!2!} = \dfrac{7 \cdot 6}{2!} = \dfrac{42}{2 \cdot 1} = \dfrac{42}{2} = 21$

19. $\dfrac{5!(8-5)!}{4!7!} = \dfrac{5!3!}{4 \cdot 3! \cdot 7 \cdot 6 \cdot 5!} = \dfrac{1}{4 \cdot 7 \cdot 6} = \dfrac{1}{168}$

21. $(x+y)^2 = x^2 + \dfrac{2!}{1!(2-1)!}x^1y^1 + \dfrac{2!}{2!(2-2)!}x^0y^2 = x^2 + \dfrac{2!}{1!1!}xy + \dfrac{2!}{2!0!}y^2 = x^2 + \dfrac{2}{1}xy + y^2$
$= x^2 + 2xy + y^2$

23. $(x-y)^4 = [x+(-y)]^4$

$= x^4 + \dfrac{4!}{1!(4-1)!}x^3(-y)^1 + \dfrac{4!}{2!(4-2)!}x^2(-y)^2 + \dfrac{4!}{3!(4-3)!}x^1(-y)^3 + \dfrac{4!}{4!(4-4)!}x^0(-y)^4$

$= x^4 - \dfrac{4!}{1!3!}x^3y + \dfrac{4!}{2!2!}x^2y^2 - \dfrac{4!}{3!1!}xy^3 + \dfrac{4!}{4!0!}y^4$

$= x^4 - \dfrac{4 \cdot 3!}{1!3!}x^3y + \dfrac{4 \cdot 3 \cdot 2!}{2!2!}x^2y^2 - \dfrac{4 \cdot 3!}{3!1!}xy^3 + \dfrac{1}{0!}y^4$

$= x^4 - 4x^3y + \dfrac{12}{2 \cdot 1}x^2y^2 - 4xy^3 + y^4$

$= x^4 - 4x^3y + 6x^2y^2 - 4xy^3 + y^4$

25. $(2x+y)^3 = (2x)^3 + \dfrac{3!}{1!(3-1)!}(2x)^2y^1 + \dfrac{3!}{2!(3-2)!}(2x)y^2 + \dfrac{3!}{3!(3-3)!}(2x)^0y^3$

$= 8x^3 + \dfrac{3!}{1!2!} \cdot 4x^2y + \dfrac{3!}{2!1!} \cdot 2xy^2 + \dfrac{3!}{3!0!}y^3$

$= 8x^3 + 3 \cdot 4x^2y + 3 \cdot 2xy^2 + y^3$

$= 8x^3 + 12x^2y + 6xy^2 + y^3$

27. $(x-2y)^3 = x^3 + \frac{3!}{1!(3-1)!}x^2(-2y) + \frac{3!}{2!(3-2)!}x(-2y)^2 + \frac{3!}{3!(3-3)!}x^0(-2y)^3$

$= x^3 - \frac{3!}{1!2!} \cdot 2x^2y + \frac{3!}{2!1!} \cdot x \cdot 4y^2 - \frac{3!}{3!0!} \cdot 8y^3$

$= x^3 - 3 \cdot 2x^2y + 3 \cdot 4xy^2 - 8y^3$
$= x^3 - 6x^2y + 12xy^2 - 8y^3$

29. $(2x+3y)^3 = (2x)^3 + \frac{3!}{1!(3-1)!}(2x)^2(3y) + \frac{3!}{2!(3-2)!}(2x)(3y)^2 + \frac{3!}{3!(3-3)!}(2x)^0(3y)^3$

$= 8x^3 + \frac{3!}{1!2!} \cdot 4x^2 \cdot 3y + \frac{3!}{2!1!} \cdot 2x \cdot 9y^2 + \frac{3!}{3!0!} \cdot 27y^3$

$= 8x^3 + 3 \cdot 12x^2y + 3 \cdot 18xy^2 + 27y^3$
$= 8x^3 + 36x^2y + 54xy^2 + 27y^3$

31. $\left(\frac{x}{2} - \frac{y}{3}\right)^3 = \left(\frac{x}{2}\right)^3 + \frac{3!}{1!(3-1)!}\left(\frac{x}{2}\right)^2\left(-\frac{y}{3}\right) + \frac{3!}{2!(3-2)!}\left(\frac{x}{2}\right)\left(-\frac{y}{3}\right)^2 + \frac{3!}{3!(3-3)!}\left(\frac{x}{2}\right)^0\left(-\frac{y}{3}\right)^3$

$= \frac{x^3}{8} - \frac{3!}{1!2!} \cdot \frac{x^2}{4} \cdot \frac{y}{3} + \frac{3!}{2!1!} \cdot \frac{x}{2} \cdot \frac{y^2}{9} - \frac{3!}{3!0!} \cdot \frac{y^3}{27}$

$= \frac{x^3}{8} - 3 \cdot \frac{x^2y}{12} + 3 \cdot \frac{xy^2}{18} - \frac{y^3}{27}$

$= \frac{x^3}{8} - \frac{x^2y}{4} + \frac{xy^2}{6} - \frac{y^3}{27}$

33. $(3+2y)^4 = 3^4 + \frac{4!}{1!(4-1)!}3^3 \cdot (2y) + \frac{4!}{2!(4-2)!}3^2(2y)^2 + \frac{4!}{3!(4-3)!}3 \cdot (2y)^3 + \frac{4!}{4!(4-4)!}3^0 \cdot (2y)^4$

$= 81 + \frac{4!}{1!3!} \cdot 27 \cdot 2y + \frac{4!}{2!2!} \cdot 9 \cdot 4y^2 + \frac{4!}{3!1!} \cdot 3 \cdot 8y^3 + \frac{4!}{4!0!} \cdot 16y^4$

$= 81 + 4 \cdot 54y + 6 \cdot 36y^2 + 4 \cdot 24y^3 + 16y^4$
$= 81 + 216y + 216y^2 + 96y^3 + 16y^4$

35. $\left(\frac{x}{3} - \frac{y}{2}\right)^4 = \left(\frac{x}{3}\right)^4 + \frac{4!}{1!(4-1)!}\left(\frac{x}{3}\right)^3\left(-\frac{y}{2}\right) + \frac{4!}{2!(4-2)!}\left(\frac{x}{3}\right)^2\left(-\frac{y}{2}\right)^2 + \frac{4!}{3!(4-3)!}\left(\frac{x}{3}\right)^1\left(-\frac{y}{2}\right)^3$

$+ \frac{4!}{4!(4-4)!}\left(\frac{x}{3}\right)^0\left(-\frac{y}{2}\right)^4$

$= \frac{x^4}{81} - \frac{4!}{1!3!} \cdot \frac{x^3}{27} \cdot \frac{y}{2} + \frac{4!}{2!2!} \cdot \frac{x^2}{9} \cdot \frac{y^2}{4} - \frac{4!}{3!1!} \cdot \frac{x}{3} \cdot \frac{y^3}{8} + \frac{4!}{4!0!} \cdot \frac{y^4}{16}$

$= \frac{x^4}{81} - 4 \cdot \frac{x^3y}{54} + 6 \cdot \frac{x^2y^2}{36} - 4 \cdot \frac{xy^3}{24} + \frac{y^4}{16}$

$= \frac{x^4}{81} - \frac{2x^3y}{27} + \frac{x^2y^2}{6} - \frac{xy^3}{6} + \frac{y^4}{16}$

37.
```
                    1
                  1   1
                1   2   1
              1   3   3   1
            1   4   6   4   1
          1   5  10  10   5   1
        1   6  15  20  15   6   1
      1   7  21  35  35  21   7   1
    1   8  28  56  70  56  28   8   1
  1   9  36  84 126 126  84  36   9   1
```

39. 1st diagonal sum = 1   PATTERN: Each number is the sum of the previous two numbers.
    2nd diagonal sum = 1
    3rd diagonal sum = 2
    4th diagonal sum = 3
    5th diagonal sum = 5
    6th diagonal sum = 8
    7th diagonal sum = 13
    8th diagonal sum = 21

Review Exercises   (page 838)

1. $\log_4 16 = x$
   $4^x = 16$
   $x = 2$

3. $\log_{25} x = \frac{1}{2}$
   $25^{1/2} = x$
   $5 = x$

Exercise 14.2   (page 840)

1. In the second term, the exponent on b is 1.
   The variables will be $a^2 b^1$.
   The coefficient will be
   $$\frac{n!}{r!(n-r)!} = \frac{3!}{1!2!} = 3$$
   The term is $3a^2 b$.

3. In the fourth term, the exponent on $-y$ is 3.
   The variables will be $x(-y)^3 = -xy^3$.
   The coefficient will be
   $$\frac{n!}{r!(n-r)!} = \frac{4!}{3!1!} = 4$$
   The term is $-4xy^3$.

5. In the fifth term, the exponent on y is 4.
   The variables will be $x^2 y^4$.
   The coefficient will be
   $$\frac{n!}{r!(n-r)!} = \frac{6!}{4!2!} = 15$$
   The term is $15x^2 y^4$.

7. In the third term, the exponent on $-y$ is 2.
   The variables will be $x^6(-y)^2 = x^6 y^2$.
   The coefficient will be
   $$\frac{n!}{r!(n-r)!} = \frac{8!}{2!6!} = 28$$
   The term is $28x^6 y^2$.

9. In the third term, the exponent on 3 is 2.
   The variables will be $x^3 \cdot 3^2 = 9x^3$.
   The coefficient will be
   $$\frac{n!}{r!(n-r)!} = \frac{5!}{2!3!} = 10$$
   The term is $10 \cdot 9x^3 = 90x^3$.

11. In the third term, the exponent on y is 2.
    The variables will be $(4x)^3 y^2 = 64x^3 y^2$.
    The coefficient will be
    $$\frac{n!}{r!(n-r)!} = \frac{5!}{2!3!} = 10$$
    The term is $10 \cdot 64x^3 y^2 = 640x^3 y^2$.

13. In the 2nd term, the exponent on $-3y$ is 1. The variables will be $x^3(-3y) = -3x^3y$.

The coefficient will be
$$\frac{n!}{r!(n-r)!} = \frac{4!}{1!3!} = 4$$

The term is $4(-3x^3y) = -12x^3y$.

15. In the fourth term, the exponent on -5 is 3. The variables will be
$(2x)^4(-5)^3 = 16x^4(-125) = -2000x^4$
The coefficient will be
$$\frac{n!}{r!(n-r)!} = \frac{7!}{3!4!} = 35$$

The term is $35(-2000x^4) = -70,000x^4$.

17. In the fifth term, the exponent on $-3y$ is 4. The variables will be
$(2x)^1(-3y)^4 = 2x \cdot 81y^4 = 162xy^4$
The coefficient will be
$$\frac{n!}{r!(n-r)!} = \frac{5!}{4!1!} = 5$$

The term is $5 \cdot 162xy^4 = 810xy^4$.

19. In the third term, the exponent on $\sqrt{3}y$ is 2. The variables will be
$(\sqrt{2}\,x)^4(\sqrt{3}\,y)^2 = 4x^4 \cdot 3y^2 = 12x^4y^2$
The coefficient will be
$$\frac{n!}{r!(n-r)!} = \frac{6!}{2!4!} = 15$$

The term is $15 \cdot 12x^4y^2 = 180x^4y^2$.

21. In the 2nd term, the exponent on $-\frac{y}{3}$ is 1. The variables will be
$$\left(\frac{x}{2}\right)^3\left(-\frac{y}{3}\right)^1 = \frac{x^3}{8} \cdot \left(-\frac{y}{3}\right) = -\frac{x^3y}{24}$$
The coefficient will be
$$\frac{n!}{r!(n-r)!} = \frac{4!}{1!3!} = 4$$

The term is $4 \cdot \left(-\frac{x^3y}{24}\right) = -\frac{x^3y}{6}$.

23. In the fourth term, the exponent on b is 3. The variables will be
$a^{n-3}b^3$

The coefficient will be
$$\frac{n!}{r!(n-r)!} = \frac{n!}{3!(n-3)!}$$

The term is $\frac{n!}{3!(n-3)!} a^{n-3}b^3$.

25. In the fifth term, the exponent on $-b$ is 4. The variables will be
$a^{n-4}(-b)^4 = a^{n-4}b^4$.
The coefficient will be
$$\frac{n!}{r!(n-r)!} = \frac{n!}{4!(n-4)!}$$

The term is $\frac{n!}{4!(n-4)!} a^{n-4}b^4$.

27. In the rth term, the exponent on b is $r-1$. The variables will be
$a^{n-(r-1)}b^{r-1} = a^{n-r+1}b^{r-1}$
The coefficient will be
$$\frac{n!}{r!(n-r)!} = \frac{n!}{(r-1)!(n-r+1)!}$$

The term is
$$\frac{n!}{(r-1)!(n-r+1)!} a^{n-r+1}n^{r-1}.$$

29. In the fifth term, the exponent on $-3b$ is 4. The variables will be $(2a)^{n-4}(-3b)^4$, or $2^{n-4}a^4(-3)^4b^4 = 2^{n-4} \cdot 81a^{n-4}b^4$. The coefficient will be $\frac{n!}{r!(n-r)!} = \frac{n!}{4!(n-4)!}$. The term is $\frac{n!}{4!(n-4)!} \cdot 2^{n-4} \cdot 81a^{n-4}b^4 = \frac{81(2^{n-4})n!}{4!(n-4)!} a^{n-4}b^4$.

Review Exercises (page 841)

1. $3x + 2y = 12 \Rightarrow \quad 3x + 2y = 12$
    $2x - y = 1 \Rightarrow (\times 2) \quad \underline{4x - 2y = 2}$
    $ 7x = 14 \Rightarrow x = 2$

    Substitute $x = 2$ into one of the equations and solve for y.
    $2x - y = 1$
    $2(2) - y = 1$
    $4 - y = 1$
    $-y = -3 \Rightarrow y = 3$ The solution is $(2, 3)$.

3. $\begin{vmatrix} 2 & -3 \\ 4 & -2 \end{vmatrix} = 2(-2) - (-3)(4) = -4 - (-12) = -4 + 12 = 8$

Exercise 14.3 (page 847)

1. 3, 5, 7, 9, 11

3. −5, −8, −11, −14, −17

5. 5th term $= a + (5 - 1)d = 5 + 4d = 29$
    $4d = 24$
    $d = 6$
    5, 11, 17, 23, 29

7. 6th term $= a + (6 - 1)d = -4 + 5d = -39$
    $5d = -35$
    $d = -7$
    −4, −11, −18, −25, −32

9. 6th term $= a + (6 - 1)d = a + 5(7) = -83$
    $a + 35 = -83$
    $a = -118$
    −118, −111, −104, −97, −90

11. 7th term $= a + (7 - 1)d = a + 6(-3) = 16$
    $a - 18 = 16$
    $a = 34$
    34, 31, 28, 25, 22

13. If the 19th term is 131, and the 20th term is 138, then d must be $138 - 131$, or 7.
    19th term $= a + (19 - 1)d$
    $131 = a + (18)7$
    $131 = a + 126$
    $a = 5$
    5, 12, 19, 26, 33

15. 30th term $= a + (30 - 1)d$
    $= 7 + 29(12)$
    $= 7 + 348$
    $= 355$

17. If the 2nd term is −4 and the 3rd term is −9, then d must be $-9 - (-4) = -5$.
    1st term = 2nd term $- d = -4 - (-5) = 1$.
    37th term $= a + (37 - 1)d = 1 + 36(-5)$
    $= 1 - 180$
    $= -179$

19. 27th term $= a + (27 - 1)d = a + 26(11)$
    27th term $= 263$
    $a + 26(11) = 263$
    $a + 286 = 263$
    $a = -23$

21. 44th term $= a + (44 - 1)d = 40 + 43d$
44th term $= 556$
$40 + 43d = 556$
$43d = 516$
$d = 12$

23. Consider a sequence with a 1st term of 2 and a 5th term of 11, and find d:
5th term $= a + (5 - 1)d = 2 + 4d = 11$
$4d = 9$
$d = \frac{9}{4} = 2\frac{1}{4}$

The sequence is $2, \frac{17}{4}, \frac{13}{2}, \frac{35}{4}, 11$.

The means are $\frac{17}{4}, \frac{13}{2}$ and $\frac{35}{4}$.

25. Consider a sequence with a 1st term of 10 and a 6th term of 20, and find d:
6th term $= a + (6 - 1)d = 10 + 5d = 20$
$5d = 10$
$d = 2$

The sequence is 10, 12, 14, 16, 18, 20.

The means are 12, 14, 16 and 18.

27. Consider a sequence with a 1st term of 10 and a 3rd term of 19, and find d:
3rd term $= a + (3 - 1)d = 10 + 2d = 19$
$2d = 9$
$d = \frac{9}{2}$

The sequence is $10, \frac{29}{2}, 19$.

The mean is $\frac{29}{2}$.

29. Consider a sequence with a 1st term of -4.5 and a 3rd term of 7, and find d:
3rd term $= a + (3 - 1)d$
$7 = -4.5 + 2d$
$2d = 11.5$
$d = 5.75$
The sequence is $-4.5, 1.25, 7$.
The mean is 1.25.

31. $a = 1, d = 3, n = 30$
$l = a + (n - 1)d = 1 + 29(3) = 88$

$S_n = \frac{n(a + l)}{2} = \frac{30(1 + 88)}{2} = \frac{30(89)}{2} = 1335$

33. $a = -5, d = 4, n = 17$
$l = a + (n - 1)d = -5 + 16(4) = 59$
$S_n = \frac{n(a + l)}{2} = \frac{17(-5 + 59)}{2} = 459$

35. $d =$ 3rd term $-$ 2nd term $= 12 - 7 = 5$
1st term $=$ 2nd term $- d = 7 - 5 = 2$
$a = 2, d = 5, n = 12$
$l = a + (n - 1)d = 2 + 11(5) = 57$
$S_n = \frac{n(a + l)}{2} = \frac{12(2 + 57)}{2} = \frac{12(59)}{2} = 354$

37. Evaluate $f(1), f(2), f(3), f(4), \ldots$
The sequence: $3, 5, 7, 9, \ldots$ $(a = 3, d = 2)$
nth term $= 31$
$a + (n - 1)d = 31$
$3 + (n - 1)2 = 31$
$(n - 1)2 = 28$
$n - 1 = 14$
$n = 15$

$S_n = \frac{n(a + l)}{2} = \frac{15(3 + 31)}{2} = \frac{15(34)}{2} = 255$

39. The sequence is $1, 2, 3, 4, \ldots$ $(a = 1, d = 1)$
$S_n = \frac{n(a + l)}{2} = \frac{50(1 + 50)}{2} = \frac{50(51)}{2} = 1275$

41. The sequence is 1, 3, 5, 7, ...$(a = 1, d = 2)$
 50th term $= a + (50 − 1)d = 1 + 49(2) = 99$
 $S_n = \dfrac{n(a+l)}{2} = \dfrac{50(1+99)}{2} = 2500$

43. 60, 110, 160, 210, 260, 310
 We want the 121st term.
 121st term $= 60 + 120(50) = \$6060$

45. The sequence is 1, 2, 3, 4, ... We want the sum of the 1st 150 terms.
 $S_n = \dfrac{n(a+l)}{2} = \dfrac{150(1+150)}{2} = \dfrac{150(151)}{2} = 11{,}325$ bricks needed

47. To find the distance fallen during the 12th second, find the distance fallen after the 12th second and subtract the distance fallen after the 11th second.
 $t = 12 \Rightarrow s = 16(12)^2 = 16(144) = 2304$
 $t = 11 \Rightarrow s = 16(11)^2 = 16(121) = 1936$
 $2304 − 1936 = 368$ feet fallen during the 12th second.

49. Consider a sequence with 1st term of a and 3rd term of b, and find d:
 $\text{3rd term} = a + (3 − 1)d = a + 2d = b$
 $2d = b − a$
 $d = \dfrac{b − a}{2}$
 Thus the 2nd term (the mean) is equal to $a + d = a + \dfrac{b-a}{2} = \dfrac{2a}{2} + \dfrac{b-a}{2} = \dfrac{a+b}{2}$.

51. $\displaystyle\sum_{k=1}^{4} 6k = 6(1) + 6(2) + 6(3) + 6(4) = 6 + 12 + 18 + 24 = 60$

53. $\displaystyle\sum_{k=3}^{4} (k^2 + 3) = (3^2 + 3) + (4^2 + 3) = (9 + 3) + (16 + 3) = 12 + 19 = 31$

55. $\displaystyle\sum_{k=4}^{4} (2k + 4) = 2(4) + 4 = 8 + 4 = 12$

57. $\displaystyle\sum_{k=1}^{5} 5k = 5(1) + 5(2) + 5(3) + 5(4) + 5(5) = 5(1 + 2 + 3 + 4 + 5) = 5\displaystyle\sum_{k=1}^{5} k$

59. $\displaystyle\sum_{k=1}^{n} 3 = \displaystyle\sum_{k=1}^{n} 3k^0 = 3(1)^0 + 3(2)^0 + 3(3)^0 + \cdots + 3(n)^0 = 3 + 3 + 3 + \cdots + 3$, where there are a total of n 3's added together. Thus, $\displaystyle\sum_{k=1}^{n} 3 = 3n$.

Review Exercises (page 849)

1. $3(2x^2 − 4x + 7) + 4(3x^2 + 5x − 6) = 6x^2 − 12x + 21 + 12x^2 + 20x − 24 = 18x^2 + 8x − 3$

3. $\dfrac{3a+4}{a-2} + \dfrac{3a-4}{a+2} = \dfrac{(3a+4)(a+2)}{(a-2)(a+2)} + \dfrac{(3a-4)(a-2)}{(a+2)(a-2)} = \dfrac{3a^2+10a+8}{(a+2)(a-2)} + \dfrac{3a^2-10a+8}{(a+2)(a-2)}$

$= \dfrac{3a^2+10a+8 + 3a^2-10a+8}{(a+2)(a-2)}$

$= \dfrac{6a^2+16}{(a+2)(a-2)}$

Exercise 14.4 (page 854)
1. 3, 6, 12, 24, 48

3. $-5, -1, -\dfrac{1}{5}, -\dfrac{1}{25}, -\dfrac{1}{125}$

5. 3rd term $= ar^{3-1} = 2r^2 = 32$
$r^2 = 16$
$r = \pm 4$
Since $r > 0$, $r = 4$ is the solution.
2, 8, 32, 128, 512

7. 4th term $= ar^{4-1} = -3r^3 = -192$
$r^3 = 64$
$r = 4$
$-3, -12, -48, -192, -768$

9. 5th term $= ar^{5-1} = -64r^4 = -4$
$r^4 = \dfrac{-4}{-64}$
$r^4 = \dfrac{1}{16}$
$r = \pm \dfrac{1}{2}$
Since $r < 0$, $r = -\dfrac{1}{2}$ is the solution.
$-64, 32, -16, 8, -4$

11. 6th term $= ar^{6-1} = -64r^5 = -2$
$r^5 = \dfrac{-2}{-64}$
$r^5 = \dfrac{1}{32}$
$r = \dfrac{1}{2}$
$-64, -32, -16, -8, -4$

13. If the 2nd term is 10 and the 3rd term is 50, then r must equal $50 \div 10 = 5$. Then the 1st term must equal the 2nd term divided by r, or $10 \div 5 = 2$.
2, 10, 50, 250, 1250

15. 10th term $= ar^9 = 7 \cdot 2^9 = 7 \cdot 512 = 3584$

17. 8th term $= ar^7 = a(-3)^7 = -81$
$a(-2187) = -81$
$a = \dfrac{-81}{-2187}$
$a = \dfrac{1}{27}$

19. 6th term $= ar^5 = -8r^5 = -1944$
$r^5 = \dfrac{-1944}{-8}$
$r^5 = 243$
$r = 3$

21. Consider a sequence with a first term of 2 and a fifth term of 162, and find r:
5th term $= ar^4 = 2r^4 = 162$
$r^4 = 81$
$r = \pm 3$
There are then two possible sequences:
2, 6, 18, 54, 162, ... or 2, -6, 18, -54, 162, ...
The positive means are 6, 18 and 54.

23. Consider a sequence with a first term of -4 and a sixth term of $-12{,}500$, and find r:
6th term $= ar^5 = -4r^5 = -12{,}500$
$r^5 = 3125$
$r = 5$
The sequence is:
$-4, -20, -100, -500, -2500, -12500, ...$
The means are $-20, -100, -500$ and -2500.

25. Consider a sequence with a first term of 2 and a third term of 128, and find r:
$$\text{3rd term} = ar^2 = 2r^2 = 128$$
$$r^2 = 64$$
$$r = \pm 8$$
To get a negative mean, take $r = -8$.
The sequence is 2, −16, 128, ...
The negative mean is −16.

27. Consider a sequence with a first term of 10 and a third term of 20, and find r:
$$\text{3rd term} = ar^2 = 10r^2 = 20$$
$$r^2 = 2$$
$$r = \pm\sqrt{2}$$
To get a positive mean, take $r = \sqrt{2}$.
The sequence is 10, $10\sqrt{2}$, 20, ...
The positive mean is $10\sqrt{2}$.

29. Consider a sequence with a first term of −50 and a third term of 10, and find r:
$$\text{3rd term} = ar^2 = -50r^2 = 10$$
$$r^2 = \frac{10}{-50}$$
$$r^2 = -\frac{1}{5}$$
There is no real value of r which satisfies the requirements of the sequence. No such mean exists.

31. $a = 2, r = 3, n = 6$: $S_n = \frac{a - ar^n}{1 - r} = \frac{2 - 2(3)^6}{1 - 3} = \frac{2 - 2(729)}{-2} = \frac{2 - 1458}{-2} = \frac{-1456}{-2} = 728$

33. $a = 2, r = -3, n = 5$: $S_n = \frac{a - ar^n}{1 - r} = \frac{2 - 2(-3)^5}{1 - (-3)} = \frac{2 - 2(-243)}{4} = \frac{2 + 486}{4} = \frac{488}{4} = 122$

35. $a = 3, r = -2, n = 8$: $S_n = \frac{a - ar^n}{1 - r} = \frac{3 - 3(-2)^8}{1 - (-2)} = \frac{3 - 3(256)}{3} = \frac{3 - 768}{3} = \frac{-765}{3} = -255$

37. $a = 3, r = 2, n = 7$: $S_n = \frac{a - ar^n}{1 - r} = \frac{3 - 3(2)^7}{1 - 2} = \frac{3 - 3(128)}{-1} = \frac{3 - 384}{-1} = \frac{-381}{-1} = 381$

39. Find r by evaluating the 3rd term divided by the 2nd term: $r = \frac{1}{5} \div 1 = \frac{1}{5}$.

Then the first term = 2nd term $\div r = 1 \div \frac{1}{5} = 1 \cdot \frac{5}{1} = 5$.

$a = 5, r = \frac{1}{5}, n = 4$: $S_n = \frac{a - ar^n}{1 - r} = \frac{5 - 5\left(\frac{1}{5}\right)^4}{1 - \frac{1}{5}} = \frac{5 - 5 \cdot \frac{1}{625}}{\frac{4}{5}} = \frac{5 - \frac{1}{125}}{\frac{4}{5}} = \frac{\frac{624}{125}}{\frac{4}{5}} = \frac{156}{25}$

41. Find r by evaluating the 4th term divided by the 3rd term: $r = 1 \div (-2) = -\frac{1}{2}$.

2nd term = 3rd term $\div r = -2 \div (-\frac{1}{2}) = 4$. 1st term = 2nd term $\div r = 4 \div (-\frac{1}{2}) = -8$.

$a = -8, r = -\frac{1}{2}, n = 6$: $S_n = \frac{a - ar^n}{1 - r} = \frac{-8 - (-8)\left(-\frac{1}{2}\right)^6}{1 - \left(-\frac{1}{2}\right)} = \frac{-8 - (-8) \cdot \frac{1}{64}}{\frac{3}{2}} = \frac{-8 + \frac{1}{8}}{\frac{3}{2}}$

$$= \frac{-\frac{63}{8}}{\frac{3}{2}}$$

$$= -\frac{21}{4}$$

43. The population will form a geometric sequence: $500, 500(1.06), 500(1.06)^2, 500(1.06)^3, \ldots$
To find the population after 5 years, find the 6th term ($a = 500, r = 1.06, n = 6$).
6th term $= ar^5 = 500(1.06)^5 = 500(1.338225578) = 669.112$, or a population of about 669.

45. The amount will form a geometric sequence: $10000, 10000(0.88), 10000(0.88)^2, 10000(0.88)^3, \ldots$
To find the amount after 15 years, find the 16th term ($a = 10000, r = 0.88, n = 16$).
16th term $= ar^{15} = 10000(0.88)^{15} = 10000(0.146973853) = 1469.738$, or about $1469.74.

47. The amount will form a geometric sequence: $70000, 70000(1.06), 70000(1.06)^2, \ldots$
To find the amount in 12 years, find the 13th term ($a = 70000, r = 1.06, n = 13$).
12th term $= ar^{12} = 70000(1.06)^{12} = 70000(2.012196472) = \$140853.75$

49. The area of each square is $\frac{1}{2}$ the area of the next largest squares. The areas form a geometric sequence: $1, \frac{1}{2}, \frac{1}{4}, \frac{1}{8}, \ldots$ To find the area of the 12th square, find the 12th term:
12th term $= ar^{11} = 1 \cdot \left(\frac{1}{2}\right)^{11} = \frac{1}{2^{11}} = \frac{1}{2048} \approx 0.000488$

51. The formula stated in the exercise is $S_n = \frac{a - lr}{1 - r}$. Replace l with ar^{n-1} and simplify:
$S_n = \frac{a - lr}{1 - r} = \frac{a - ar^{n-1}r}{1 - r} = \frac{a - ar^{n-1+1}}{1 - r} = \frac{a - ar^n}{1 - r}.$

Review Exercises (page 856)

1. $\quad x^2 - 5x - 6 \leq 0$
$\quad (x - 6)(x + 1) \leq 0$

$x - 6 \quad \text{---------}0+++$
$x + 1 \quad \text{---}0+++++++++++$

$[-1, 6]$

3. $\quad \frac{x-4}{x+3} > 0$

$x - 4 \quad \text{----------}0++++$
$x + 3 \quad \text{----}0+++++++++++$

$(-\infty, -3) \cup (4, \infty)$

Exercise 14.5 (page 859)

1. $a = 8, r = \frac{1}{2}$: $S = \frac{a}{1-r} = \frac{8}{1 - \frac{1}{2}} = \frac{8}{\frac{1}{2}} = 16$

3. $a = 54, r = \frac{1}{3}$: $S = \frac{a}{1-r} = \frac{54}{1 - \frac{1}{3}} = \frac{54}{\frac{2}{3}} = 81$

5. $a = 12, r = -\frac{1}{2}$: $S = \frac{a}{1-r} = \frac{12}{1 - \left(-\frac{1}{2}\right)} = \frac{12}{\frac{3}{2}} = 8$

7. $a = -45, r = -\frac{1}{3}$: $S = \frac{a}{1-r} = \frac{-45}{1 - \left(-\frac{1}{3}\right)} = \frac{-45}{\frac{4}{3}} = -\frac{135}{4}$

9. $r = \frac{4}{3}$: No sum exists.

11. $a = -\frac{27}{2}, r = \frac{2}{3}$: $S = \frac{a}{1-r} = \frac{-\frac{27}{2}}{1-\frac{2}{3}} = \frac{-\frac{27}{2}}{\frac{1}{3}} = -\frac{81}{2}$

13. $0.\overline{1} = 0.1 + 0.01 + 0.001 + 0.0001 + \cdots = \frac{1}{10} + \frac{1}{100} + \frac{1}{1000} + \frac{1}{10,000} + \cdots$

$a = \frac{1}{10}, r = \frac{1}{10}$: $0.\overline{1} = S = \frac{a}{1-r} = \frac{\frac{1}{10}}{1-\frac{1}{10}} = \frac{\frac{1}{10}}{\frac{9}{10}} = \frac{1}{9}$

15. $-0.\overline{3} = -(0.\overline{3})$. $0.\overline{3} = 0.3 + 0.03 + 0.003 + \cdots = \frac{3}{10} + \frac{3}{100} + \frac{3}{1000} + \cdots$

$a = \frac{3}{10}, r = \frac{1}{10}$: $0.\overline{3} = S = \frac{a}{1-r} = \frac{\frac{3}{10}}{1-\frac{1}{10}} = \frac{\frac{3}{10}}{\frac{9}{10}} = \frac{3}{9} = \frac{1}{3}$. $-0.\overline{3} = -\frac{1}{3}$

17. $0.\overline{12} = 0.12 + 0.0012 + 0.000012 + \cdots = \frac{12}{100} + \frac{12}{10,000} + \frac{12}{1,000,000} + \cdots$

$a = \frac{12}{100}, r = \frac{1}{100}$: $0.\overline{12} = S = \frac{a}{1-r} = \frac{\frac{12}{100}}{1-\frac{1}{100}} = \frac{\frac{12}{100}}{\frac{99}{100}} = \frac{12}{99} = \frac{4}{33}$

19. $0.\overline{75} = 0.75 + 0.0075 + 0.000075 + \cdots = \frac{75}{100} + \frac{75}{10,000} + \frac{75}{1,000,000} + \cdots$

$a = \frac{75}{100}, r = \frac{1}{100}$: $0.\overline{75} = S = \frac{a}{1-r} = \frac{\frac{75}{100}}{1-\frac{1}{100}} = \frac{\frac{75}{100}}{\frac{99}{100}} = \frac{75}{99} = \frac{25}{33}$

21. The ball travels down 10 m, then up 5 m, then down 5 m, then up 2.5 m, then down 2.5 m, ...
Consider the "down" distances and the "up" distances separately:

DOWN $= 10 + 5 + 2.5 + \cdots = \frac{a}{1-r} = \frac{10}{1-\frac{1}{2}} = \frac{10}{\frac{1}{2}} = 20$

UP $= 5 + 2.5 + 1.25 + \cdots = \frac{a}{1-r} = \frac{5}{1-\frac{1}{2}} = \frac{5}{\frac{1}{2}} = 10$

The total distance is $20 + 10$, or 30 meters.

23. $a = 1000, r = 0.8$: $S = \frac{a}{1-r} = \frac{1000}{1-0.8} = \frac{1000}{0.2} = 5000$ moths

25. $0.\overline{9} = 0.9 + 0.09 + 0.009 + \cdots = \frac{9}{10} + \frac{9}{100} + \frac{9}{1000} + \cdots$

$a = \frac{9}{10}, r = \frac{1}{10}; \quad S = \frac{a}{1-r} = \frac{\frac{9}{10}}{1 - \frac{1}{10}} = \frac{\frac{9}{10}}{\frac{9}{10}} = 1$

27. No. $0.999999 = \frac{999,999}{1,000,000}$, which is less than 1.

Review Exercises (page 861)

1. Yes, it is a function.

3. No, it is not a function. If $x = 2$, $y = \pm\sqrt{2}$.

Exercise 14.6 (page 869)

1. # restaurants $\cdot$ # movies $= 7 \cdot 5 = 35$ ways

3. There are 10 choices for each digit:
$10 \cdot 10 \cdot 10 \cdot 10 \cdot 10 \cdot 10 = 1,000,000$ possible

5. Note that there are 9 possibilities for the first digit. Then for the second, you could have any of the 10 numbers, EXCEPT for the number picked for the first digit. Thus there are 9 possibilities for the 2nd digit. For the 3rd digit, you can pick any of the ten, EXCEPT for the two digits picked for the 1st and the 2nd digit. Thus there are 8 possibilities for the 3rd digit. The pattern continues for all six digits. $9 \cdot 9 \cdot 8 \cdot 7 \cdot 6 \cdot 5 = 136,080$ different plates

7. There are 8 choices for the first digit, and 10 choices for each of the others:
$8 \cdot 10 \cdot 10 \cdot 10 \cdot 10 \cdot 10 \cdot 10 = 8,000,000$ possible numbers

9. $P(5,5) = \frac{5!}{(5-5)!} = \frac{5!}{0!} = \frac{120}{1} = 120$

11. $P(5,3) = \frac{5!}{(5-3)!} = \frac{5!}{2!} = \frac{5 \cdot 4 \cdot 3 \cdot 2!}{2!} = 60$

13. $P(2,2) \cdot P(3,3) = \frac{2!}{(2-2)!} \cdot \frac{3!}{(3-3)!} = \frac{2!}{0!} \cdot \frac{3!}{0!} = \frac{2}{1} \cdot \frac{6}{1} = 12$

15. $\frac{P(5,3)}{P(4,2)} = \frac{\frac{5!}{(5-3)!}}{\frac{4!}{(4-2)!}} = \frac{\frac{5!}{2!}}{\frac{4!}{2!}} = \frac{\frac{5 \cdot 4 \cdot 3 \cdot 2!}{2!}}{\frac{4 \cdot 3 \cdot 2!}{2!}} = \frac{60}{12} = 5$

17. $\frac{P(6,2) \cdot P(7,3)}{P(5,1)} = \frac{\frac{6!}{(6-2)!} \cdot \frac{7!}{(7-3)!}}{\frac{5!}{(5-1)!}} = \frac{\frac{6!}{4!} \cdot \frac{7!}{4!}}{\frac{5!}{4!}} = \frac{\frac{6 \cdot 5 \cdot 4!}{4!} \cdot \frac{7 \cdot 6 \cdot 5 \cdot 4!}{4!}}{\frac{5 \cdot 4!}{4!}} = \frac{30 \cdot 210}{5} = 1260$

19. $P(6,6) = \frac{6!}{(6-6)!} = \frac{6!}{0!} = \frac{720}{1} = 720$ ways

21. $P(4,4) \cdot P(5,5) = \dfrac{4!}{(4-4)!} \cdot \dfrac{5!}{(5-5)!} = \dfrac{4!}{0!} \cdot \dfrac{5!}{0!} = \dfrac{24}{1} \cdot \dfrac{120}{1} = 2880$ ways

23. $P(25,3) = \dfrac{25!}{(25-3)!} = \dfrac{25!}{22!} = \dfrac{25 \cdot 24 \cdot 23 \cdot 22!}{22!} = 25 \cdot 24 \cdot 23 = 13{,}800$ combinations

25. $P(10,3) = \dfrac{10!}{(10-3)!} = \dfrac{10!}{7!} = \dfrac{10 \cdot 9 \cdot 8 \cdot 7!}{7!} = 10 \cdot 9 \cdot 8 = 720$ ways

27. You only need to choose the first three digits (since the last two have to be the same as the first two, but in the reverse order). This can be done in $9 \cdot 10 \cdot 10 = 900$ ways.

29. $C(5,3) = \dfrac{5!}{3!(5-3)!} = \dfrac{5!}{3!2!} = \dfrac{5 \cdot 4 \cdot 3!}{3! \cdot 2!} = \dfrac{20}{2} = 10$

31. $\binom{6}{3} = \dfrac{6!}{3!(6-3)!} = \dfrac{6!}{3!3!} = \dfrac{6 \cdot 5 \cdot 4 \cdot 3!}{3! \cdot 3 \cdot 2 \cdot 1} = \dfrac{120}{6} = 20$

33. $\binom{5}{4}\binom{5}{3} = \dfrac{5!}{4!(5-4)!} \cdot \dfrac{5!}{3!(5-3)!} = \dfrac{5!}{4!1!} \cdot \dfrac{5!}{3!2!} = \dfrac{5 \cdot 4!}{4! \cdot 1} \cdot \dfrac{5 \cdot 4 \cdot 3!}{3! \cdot 2 \cdot 1} = 5 \cdot \dfrac{20}{2} = 5 \cdot 10 = 50$

35. $\dfrac{C(38,37)}{C(19,18)} = \dfrac{\frac{38!}{37!1!}}{\frac{19!}{18!1!}} = \dfrac{\frac{38 \cdot 37!}{37! \cdot 1}}{\frac{19 \cdot 18!}{18! \cdot 1}} = \dfrac{38}{19} = 2$ **37.** $C(12,0)C(12,12) = \dfrac{12!}{0!12!} \cdot \dfrac{12!}{12!0!} = 1 \cdot 1 = 1$

39. $C(n,2) = \dfrac{n!}{2!(n-2)!}$

41. $C(14,3) = \dfrac{14!}{3!11!} = \dfrac{14 \cdot 13 \cdot 12 \cdot 11!}{3 \cdot 2 \cdot 1 \cdot 11!} = \dfrac{2184}{6} = 364$ committees

43. $C(3,3) = 1$; $C(4,3) = \dfrac{4!}{3!1!} = \dfrac{4 \cdot 3!}{3! \cdot 1} = 4$; $C(5,3) = \dfrac{5!}{3!2!} = \dfrac{5 \cdot 4 \cdot 3!}{3! \cdot 2 \cdot 1} = \dfrac{20}{2} = 10 \Rightarrow 5$ students total

45. $C(100,6) = \dfrac{100!}{6!94!} = \dfrac{100 \cdot 99 \cdot 98 \cdot 97 \cdot 96 \cdot 95 \cdot 94!}{6 \cdot 5 \cdot 4 \cdot 3 \cdot 2 \cdot 1 \cdot 94!} = \dfrac{100 \cdot 99 \cdot 98 \cdot 97 \cdot 96 \cdot 95}{720} = 1{,}192{,}052{,}400$

47. $C(3,2) \cdot C(4,2) = \dfrac{3!}{2!1!} \cdot \dfrac{4!}{2!2!} = \dfrac{3 \cdot 2!}{2! \cdot 1} \cdot \dfrac{4 \cdot 3 \cdot 2!}{2! \cdot 2 \cdot 1} = \dfrac{3}{1} \cdot \dfrac{12}{2} = 18$

49. $C(12,2) \cdot C(10,3) = \dfrac{12!}{2!10!} \cdot \dfrac{10!}{3!7!} = \dfrac{12 \cdot 11 \cdot 10!}{2 \cdot 1 \cdot 10!} \cdot \dfrac{10 \cdot 9 \cdot 8 \cdot 7!}{3 \cdot 2 \cdot 1 \cdot 7!} = \dfrac{132}{2} \cdot \dfrac{720}{6} = 7920$

51. $(x+y)^4 = \binom{4}{0}x^4y^0 + \binom{4}{1}x^3y^1 + \binom{4}{2}x^2y^2 + \binom{4}{3}x^1y^2 + \binom{4}{4}x^0y^4$
$= x^4 + 4x^3y + 6x^2y^2 + 4xy^3 + y^4$

53. $(2x+y)^3 = \binom{3}{0}(2x)^3y^0 + \binom{3}{1}(2x)^2y^1 + \binom{3}{2}(2x)^1y^2 + \binom{3}{3}(2x)^0y^3$
$= 1 \cdot 8x^3 + 3 \cdot 4x^2y + 3 \cdot 2xy^2 + 1 \cdot y^3$
$= 8x^3 + 12x^2y + 6xy^2 + y^3$

55. $(3x-2)^4 = \binom{4}{0}(3x)^4(-2)^0 + \binom{4}{1}(3x)^3(-2)^1 + \binom{4}{2}(3x)^2(-2)^2$
$+ \binom{4}{3}(3x)^1(-2)^3 + \binom{4}{4}(3x)^0(-2)^4$

$= 1 \cdot 81x^4 + 4 \cdot 27x^3(-2) + 6 \cdot 9x^2 \cdot 4 + 4 \cdot 3x(-8) + 1 \cdot 16$
$= 81x^4 - 216x^3 + 216x^2 - 96x + 16$

57. $\binom{5}{3} x^2(-5y)^3 = 10x^2(-125y^3) = -1250x^2y^3$

59. $\binom{4}{1}(x^2)^3(-y^3)^1 = 4x^6(-y^3) = -4x^6y^3$

Review Exercises (page 871)

1. $|2x-3| = 9$
$2x - 3 = 9$ or $2x - 3 = -9$
$2x = 12$ | $2x = -6$
$x = 6$ | $x = -3$

3. $\dfrac{3}{x-5} = \dfrac{8}{x}$

$3x = 8x - 40$
$-5x = -40$
$x = 8$

Chapter 14 Review Exercises (page 874)

1. $(4!)(3!) = (4 \cdot 3 \cdot 2 \cdot 1) \cdot (3 \cdot 2 \cdot 1) = 24 \cdot 6 = 144$ 3. $\dfrac{6!}{2!(6-2)!} = \dfrac{6!}{2!4!} = \dfrac{6 \cdot 5 \cdot 4!}{2 \cdot 1 \cdot 4!} = \dfrac{30}{2} = 15$

5. $(x+y)^5 = \binom{5}{0}x^5y^0 + \binom{5}{1}x^4y + \binom{5}{2}x^3y^2 + \binom{5}{3}x^2y^3 + \binom{5}{4}xy^4 + \binom{5}{5}x^0y^5$
$= x^5 + 5x^4y + 10x^3y^2 + 10x^2y^3 + 5xy^4 + y^5$

7. $(4x-y)^3 = \binom{3}{0}(4x)^3(-y)^0 + \binom{3}{1}(4x)^2(-y) + \binom{3}{2}(4x)(-y)^2 + \binom{3}{3}(4x)^0(-y)^3$
$= 1 \cdot 64x^3 + 3 \cdot 16x^2(-y) + 3 \cdot 4xy^2 + 1(-y^3)$
$= 64x^3 - 48x^2y + 12xy^2 - y^3$

9. $\binom{4}{2} x^2y^2 = 6x^2y^2$

11. $\binom{3}{1}(3x)^2(-4y) = 3 \cdot 9x^2(-4y) = -108x^2y$

13. The difference between the 9th term and the 7th term is equal to $2d$, twice the common difference. Thus:
$2d = 242 - 212$
$d = 15$
7th term = $a + (7-1)d = a + 6(15) = 212$
$a = 122$
sequence: 122, 137, 152, 167, 182, ...

15. $a = 11, d = 7, n = 20$
$l = a + (n-1)d = 11 + (20-1)(7) = 144$
$S_n = \dfrac{n(a+l)}{2} = \dfrac{20(11+144)}{2} = \dfrac{20(155)}{2}$
$= 1550$

17. $r = $ 5th term $\div$ 4th term $= \frac{3}{2} \div 3 = \frac{1}{2}$
4th term $= ar^{4-1} = a\left(\frac{1}{2}\right)^3 = \frac{1}{8}a = 3$
$a = 24$
sequence: $24, 12, 6, 3, \frac{3}{2}$

19. $a = \frac{1}{8}, r = -2, n = 8$
$S_n = \frac{a - ar^n}{1-r} = \frac{\frac{1}{8} - \frac{1}{8}\cdot(-2)^8}{1-(-2)} = \frac{\frac{1}{8} - \frac{1}{8}\cdot 256}{3} = \frac{\frac{1}{8} - 32}{3} = \frac{-\frac{255}{8}}{3} = -\frac{85}{8}$

21. $a = 25, r = \frac{4}{5}$: $S = \frac{a}{1-r} = \frac{25}{1-\frac{4}{5}} = \frac{25}{\frac{1}{5}} = 125$

23. The amount will form a geometric sequence: $5000, 5000(0.80), 5000(0.80)^2, \ldots$
To find the amount after 5 years, find the 6th term ($a = 5000, r = 0.80, n = 6$):
6th term $= ar^{6-1} = 5000(0.80)^5 = \$1638.40$ after 5 years

25. The acres from an arithmetic sequence: $300, 375, 450, 525, \ldots$
Find which term is 1200 (use n as a variable: $a = 300, d = 75$):
nth term $= a + (n-1)d = 300 + (n-1)75 = 300 + 75n - 75 = 225 + 75n = 1200$
$75n = 975$
$n = 13$
$n = 13$, so it will happen after 12 years.

27. $P(7,7) = \frac{7!}{(7-7)!} = \frac{7!}{0!} = \frac{5040}{1} = 5040$ **29.** $P(8,6) = \frac{8!}{(8-6)!} = \frac{8!}{2!} = \frac{40320}{2} = 20,160$

31. $C(7,7) = \frac{7!}{7!(7-7)!} = \frac{7!}{7!0!} = \frac{1}{0!} = 1$ **33.** $\binom{8}{6} = \frac{8!}{6!2!} = \frac{8\cdot 7\cdot 6!}{6!\cdot 2\cdot 1} = \frac{56}{2} = 28$

35. $C(6,3)\cdot C(7,3) = \frac{6!}{3!3!}\cdot\frac{7!}{3!4!} = \frac{6\cdot 5\cdot 4\cdot 3!}{3!\cdot 3\cdot 2\cdot 1}\cdot\frac{7\cdot 6\cdot 5\cdot 4!}{3\cdot 2\cdot 1\cdot 4!} = \frac{120}{6}\cdot\frac{210}{6} = 20\cdot 35 = 700$

37. $\sum_{k=4}^{6} \frac{1}{2}k = \frac{1}{2}(4) + \frac{1}{2}(5) + \frac{1}{2}(6) = \frac{4}{2} + \frac{5}{2} + \frac{6}{2} = \frac{15}{2}$

39. $\sum_{k=1}^{4} (3k-4) = [3(1)-4] + [3(2)-4] + [3(3)-4] + [3(4)-4] = -1 + 2 + 5 + 8 = 14$

41. $P(5,5) = \frac{5!}{(5-5)!} = \frac{5!}{0!} = 120$ ways **43.** $C(10,3) = \frac{10!}{3!7!} = \frac{10\cdot 9\cdot 8\cdot 7!}{3\cdot 2\cdot 1\cdot 7!} = 120$ ways

Chapter 14 Test (page 876)

1. $\frac{7!}{4!} = \frac{7\cdot 6\cdot 5\cdot 4!}{4!} = 210$ **3.** $\binom{5}{1}x^4(-y) = -5x^4 y$

5. 10th term $= a + (10-1)d = 3 + 9(7) = 66$

7. Consider a sequence with a 1st term of 2 and a 4th term of 98, and find d:
$$4\text{th term} = a + 3d = 2 + 3d = 98$$
$$3d = 96$$
$$d = 32$$
sequence: 2, 34, 66, 98, ...
The means are 34 and 66.

9. 7th term $= ar^{7-1} = -\frac{1}{9}(3)^6 = -\frac{1}{9} \cdot 729 = -81$

11. Consider a sequence with a 1st term of 3 and a 4th term of 648 and find r:
$$4\text{th term} = ar^3 = 3r^3 = 648$$
$$r^3 = 216$$
$$r = 6$$
sequence: 3, 18, 108, 648, ...
The means are 18 and 108.

13. $P(5,4) = \frac{5!}{(5-4)!} = \frac{5!}{1!} = \frac{120}{1} = 120$

15. $C(6,4) = \frac{6!}{4!(6-4)!} = \frac{6!}{4!2!} = \frac{6 \cdot 5 \cdot 4!}{4! \cdot 2 \cdot 1} = 15$

17. $C(6,0) \cdot P(6,5) = \frac{6!}{0!6!} \cdot \frac{6!}{1!} = 1 \cdot 720 = 720$

19. $\frac{P(6,4)}{C(6,4)} = \frac{\frac{6!}{2!}}{\frac{6!}{4!2!}} = \frac{6!}{2!} \cdot \frac{2!4!}{6!} = 4! = 24$

21. $C(7,3) = \frac{7!}{3!4!} = \frac{7 \cdot 6 \cdot 5 \cdot 4!}{3 \cdot 2 \cdot 1 \cdot 4!} = \frac{210}{6} = 35$ ways

Cumulative Review Exercises (page 876)

1. $y = x^4 + x^2 - 5$

<u>about x-axis</u>
$-y = x^4 + x^2 - 5$
$y = -x^4 - x^2 + 5$
not identical to original
NO SYMMETRY

<u>about origin</u>
$-y = (-x)^4 + (-x)^2 - 5$
$-y = x^4 + x^2 - 5$
$y = -x^4 - x^2 + 5$
not identical to original
NO SYMMETRY

<u>about y-axis</u>
$y = (-x)^4 + (-x)^2 - 5$
$y = x^4 + x^2 - 5$
identical to original
SYMMETRY

3. $y = \frac{1}{2}x^2 - 2$

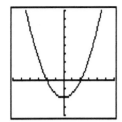

domain: all real numbers
range: all real numbers ≥ -2

5. $(f \cdot g)(x) = f(x)g(x) = 3x(x^2 - 1) = 3x^3 - 3x$

7.
$$y = \frac{x+3}{3}$$
$$x = \frac{y+3}{3}$$
$$3x = 3 \cdot \frac{y+3}{3}$$
$$3x = y + 3$$
$$3x - 3 = y, \quad f^{-1}(x) = 3x - 3$$
The inverse is a function.

9. $x^2 + (y+1)^2 = 9$: $C(0, -1)$, $r = 3$

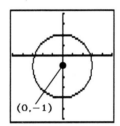

11. $y = \left(\frac{1}{2}\right)^x$

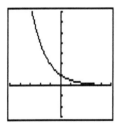

13. $\log_x 25 = 2$
$$x^2 = 25$$
$$x = \pm 5$$
The only valid solution is $x = 5$.

15. $\log_3 x = -3$
$$3^{-3} = x$$
$$\frac{1}{3^3} = x$$
$$\frac{1}{27} = x$$

17.
$$y = \log_2 x$$
$$x = \log_2 y$$
$$2^x = y, \text{ or } y = 2^x$$

19. $\log 98 = \log 7 \cdot 14 = \log 7 + \log 14 = 0.8451 + 1.1461 = 1.9912$

21. $\log 49 = \log 7^2 = 2 \log 7 = 2(0.8451) = 1.6902$

23.
$$2^{x+2} = 3^x$$
$$\log 2^{x+2} = \log 3^x$$
$$(x+2)\log 2 = x \log 3$$
$$x \log 2 + 2 \log 2 = x \log 3$$
$$2 \log 2 = x \log 3 - x \log 2$$
$$2 \log 2 = x(\log 3 - \log 2)$$
$$\frac{2 \log 2}{\log 3 - \log 2} = x$$

25. The amounts form a geometric sequence:
9000, 9000(0.88), 9000(0.88)², ...
Find the 10th term:
10th term $= ar^9 = 9000(0.88)^9 = \$2848.31$

27. $\frac{6!7!}{5!} = \frac{6! \cdot 7 \cdot 6 \cdot 5!}{5!} = 720 \cdot 7 \cdot 6 = 30{,}240$

29. $\binom{8}{6}(2x)^2(-y)^6 = 28 \cdot 4x^2 y^6 = 112x^2 y^6$

31. $a = 6, d = 3, n = 2033.$ $\sum_{k=1}^{3} 3k^2 = 3(1)^2 + 3(2)^2 + 3(3)^2$
$l = a + 19d = 6 + 19(3) = 63$
$S_n = \frac{n(a+l)}{2} = \frac{20(6+63)}{2} = \frac{20(69)}{2} = 690$

33. $\sum_{k=1}^{3} 3k^2 = 3(1)^2 + 3(2)^2 + 3(3)^2 = 3(1) + 3(4) + 3(9) = 3 + 12 + 27 = 42$

35. 7th term $= ar^6 = \frac{1}{27}(3)^6 = \frac{1}{27} \cdot 729 = 27$

37. Consider a sequence with a 1st term of -3 and a 4th term of 192, and find r:
4th term $= ar^3 = (-3)r^3 = 192$
$r^3 = -64$
$r = -4$
Sequence: -3, 12, -48, 192, ...
the means are 12 and -48.

39. $P(9,3) = \frac{9!}{(9-3)!} = \frac{9 \cdot 8 \cdot 7 \cdot 6!}{6!} = 504$

41. $\frac{C(8,4)C(8,0)}{P(6,2)} = \frac{\frac{8!}{4!4!} \cdot \frac{8!}{0!8!}}{\frac{6!}{4!}} = \frac{70 \cdot 1}{30} = \frac{7}{3}$

43. $P(7,7) = \frac{7!}{0!} = \frac{5040}{1} = 5040$ ways